SCHÄFFER
POESCHEL

Ingo Balderjahn/Günter Specht

Einführung in die Betriebswirtschaftslehre

6., überarbeitete Auflage

2011
Schäffer-Poeschel Verlag Stuttgart

Prof. Dr. Ingo Balderjahn, Lehrstuhl für Betriebswirtschaftslehre mit dem Schwerpunkt Marketing, Universität Potsdam;
Prof. Dr. Dr. h. c. mult. Günter Specht leitete das Institut für Betriebswirtschaftslehre, insbesondere Technologiemanagement und Marketing, an der Technischen Universität Darmstadt.

Dozenten finden Powerpoint-Folien und
PDF-Dateien der Abbildungen für dieses
Lehrbuch unter: www.sp-dozenten.de/3096
(Registrierung erforderlich)

Bibliografische Information der Deutschen Nationalbibliothek
Die Deutsche Nationalbibliothek verzeichnet diese Publikation in der Deutschen
Nationalbibliografie; detaillierte bibliografische Daten sind im Internet
über <http://dnb.d-nb.de> abrufbar.

Gedruckt auf chlorfrei gebleichtem, säurefreiem und alterungsbeständigem Papier

ISBN 978-3-7910-3096-8

© 2011 Schäffer-Poeschel Verlag für Wirtschaft · Steuern · Recht GmbH
www.schaeffer-poeschel.de
info@schaeffer-poeschel.de

Einbandgestaltung: Melanie Frasch (Abbildung: Shutterstock, Inc.™)
Druck und Bindung: CPI – Ebner & Spiegel GmbH, Ulm
Layout: Ingrid Gnoth | GD 90
Satz: Claudia Wild, Konstanz

Printed in Germany
Juli 2011

Schäffer-Poeschel Verlag Stuttgart
Ein Tochterunternehmen der Verlagsgruppe Handelsblatt

Vorwort zur sechsten Auflage

In der vorliegenden sechsten Auflage wurden erforderliche Aktualisierungen der Literaturquellen durchgeführt und Gesetzesänderungen aufgenommen. Neben diesen notwendigen Arbeiten für eine Neuauflage haben wir uns nochmals sehr intensiv mit den Texten des Buches auseinandergesetzt und versucht, die Lesbarkeit und Verständlichkeit weiter zu optimieren. Das beinhaltete nicht nur die Veränderung einiger Formulierungen, sondern insbesondere das Einfügen weiterer Ergänzungen und Erklärungen. Darüber hinaus sind kleinere Korrekturen in der Struktur vorgenommen worden. Insbesondere wird dem Rechnungswesen jetzt ein eigenes Kapitel gewidmet. Durch neue verlagstechnische Möglichkeiten wurde das Layout deutlich verbessert. So werden zentrale Definitionen kenntlich gemacht und durch sogenannte Marginalien, an den Buchrändern stehende Begriffe bzw. Kurzüberschriften, die Übersichtlichkeit des Buches weiter erhöht. In Ergänzung zu den Kontrollfragen und Aufgaben sind in der neuen Auflage auch Lernziele enthalten. Das spezielle Profil dieses Lehrbuchs, in kompakter Form, übersichtlich, gut lesbar und verständlich, an vielen Stellen auch kritisch reflektierend das einschlägige, moderne betriebswirtschaftliche Grundlagenwissen auf anspruchsvollem Niveau dem Leser und der Leserin zu vermitteln, konnte in der neuen Auflage noch besser verwirklicht werden. Wir wollen insbesondere Studierende an Universitäten und Fachhochschulen in Bachelor-Studiengängen, die sich in die Grundlagen der Betriebswirtschaftslehre einarbeiten müssen, ansprechen. Das Buch eignet sich hervorragend als ergänzendes Lehrmittel in einführenden Veranstaltungen zur Betriebswirtschaftslehre an Universitäten und Fachhochschulen. Aber auch andere an den Grundlagen der Betriebswirtschaftslehre Interessierte aus Praxis und Gesellschaft werden es wegen der Verständlichkeit, Übersichtlichkeit und Nachvollziehbarkeit zu schätzen wissen. Darüber hinaus kann das Buch auch sehr gut dem Selbststudium dienen.

Wir bedanken uns sehr herzlich bei Frau Ines Belitz, Sekretärin am Lehrstuhl Balderjahn, sowie bei den wissenschaftlichen Mitarbeiterinnen und Mitarbeitern Frau Dipl.-Kffr. Alexandra Glöckner, Herrn Dipl.-Kfm. Max Beuchel und Herrn Dipl.-Kfm. Mathias Peyer für ihre Mitarbeit bei der Rechtschreibkorrektur der Arbeit und für die zahlreichen wertvollen inhaltlichen Anregungen. Konstruktive Kommentare und Anregungen zum Buch sind uns jederzeit willkommen (Kontakt: ingo.balderjahn@uni-potsdam.de).

Potsdam und Berlin, im Januar 2011
Ingo Balderjahn

Darmstadt, im Januar 2011
Günter Specht

Vorwort zur ersten Auflage

Die Grundlagen für diesen Text wurden an der Technischen Hochschule Darmstadt in einer einsemestrigen Vorlesung mit dem Titel »Einführung in die Betriebswirtschaftslehre« geschaffen, die sich in erster Linie an Wirtschaftsingenieure, Wirtschaftsinformatiker und Ingenieure richtete. Ziel dieser Veranstaltung war es, in knapper, kompakter Form einen umfassenden Überblick über die Inhalte dieses Fachs zu geben. Diesem Anspruch folgt auch das vorliegende Buch. Kurz und bündig – aber anspruchsvoll – soll das Buch Leser ansprechen, die an einer Einführung interessiert sind, die sowohl wissenschaftliche als auch praktische Problemstellungen und -lösungen aufgreift. Inhaltlich steht das aktuelle Grundwissen der Betriebswirtschaftslehre im Vordergrund. Dennoch sollten und konnten einige Akzente gesetzt werden. So wurden beispielsweise Fragen des F&E-, Innovations- und Technologiemanagements relativ größere Beachtung geschenkt. als dies in den meisten einführenden Lehrbüchern der Betriebswirtschaftslehre der Fall ist. Bemerkenswert ist weiterhin, dass die Behandlung von Produktionsfaktoren und Produktionsfunktionen nicht wie üblich im Rahmen der Erörterung fertigungswirtschaftlicher Fragen erfolgt, sondern betriebsfunktionsübergreifend in einem Abschnitt über die Betriebswirtschaft als produktives System. Damit wird dem Gedanken Rechnung getragen, dass in allen betrieblichen Funktionsbereichen Leistungen erstellt werden. In einer Zeit, in der Dienstleistungen immer wichtiger werden, kommt einer solchen Umorientierung in der Behandlung von Produktionsfaktoren und -funktionen programmatische Bedeutung zu. Hinsichtlich der wissenschaftstheoretischen Grundlegung in den ersten Kapiteln des Buches mag der eine oder andere Leser die Frage stellen, ob ein derartiges Thema in einer Einführung angebracht ist. Die Antwort kann unterschiedlich ausfallen. Jeder, der sich mit Problemen in Betrieben und in der Betriebswirtschaftslehre beschäftigt, sollte jedoch darüber nachdenken, warum und mit welchem Ziel er dies tut. Einen Anstoß dazu soll speziell die Diskussion von zentralen Aufgaben der Wissenschaft geben. Studenten des Wirtschaftsingenieurwesens haben mir bei der textlichen Überarbeitung meines Vorlesungsskriptums wertvolle Hilfe geleistet. An erster Stelle möchte ich cand. Wirtschaftsingenieur Matthias Beck danken, der mit großer Sorgfalt das Vorlesungsskriptum auf dem PC geschrieben und dabei zahlreiche Verbesserungen vorgenommen hat. Stud. Wirtschaftsingenieur Carsten Schildknecht und stud. Wirtschaftsingenieur Johannes Becker-Flügel haben in der Endphase der Textbearbeitung mitgeholfen und zahlreiche Schaubilder und Tabellen angefertigt. Auch dafür bedanke ich mich bestens.

Darmstadt, im März 1990 *Günter Specht*

Inhaltsverzeichnis

Abkürzungsverzeichnis

Abs.	Absatz
AktG	Aktiengesetz
Aufl.	Auflage
BetrVG	Betriebsverfassungsgesetz
BDA	Bundesvereinigung der Deutschen Arbeitgeberverbände
BDI	Bundesverband der Deutschen Industrie e. V.
BGB	Bürgerliches Gesetzbuch
CAD	Computer Aided Design
CAM	Computer Aided Manufacturing
CIM	Computer Integrated Manufacturing
CPM	Critical Path Method
DIW	Deutsches Institut für Wirtschaftsforschung
EMAS	Environmental (Eco-) Management and Audit Scheme
et al.	et alii (lat.) (und andere)
EStG	Einkommensteuergesetz
f.	folgende
ff.	fortfolgende
GbR	Gesellschaft bürgerlichen Rechts
GE	Geldeinheit
GmbHG	GmbH-Gesetz
GewSt	Gewerbesteuer
GuV	Gewinn- und Verlustrechnung
GWB	Gesetz gegen Wettbewerbsbeschränkungen
HGB	Handelsgesetzbuch
Hrsg.	Herausgeber
IHK	Industrie- und Handelskammer
KMU	Kleine und mittelständische Unternehmen
ME	Mengeneinheit
NGO	Non-Governmental Organization (Nichtregierungsorganisation)
OECD	Organisation für wirtschaftliche Zusammenarbeit und Entwicklung
PPS	Produktionsplanung und -steuerung
SGF	Strategisches Geschäftsfeld
u. a.	und andere/unter anderem
u. U.	unter Umständen
vgl.	vergleiche
ZE	Zeiteinheit

1 Der Gegenstand der Betriebswirtschaftslehre

Lernziele

- Sie kennen das Erkenntnisobjekt der BWL und können es erläutern.

- Sie wissen, was unter Wirtschaften zu verstehen ist.

- Sie wissen, was ein Betrieb ist und welche Arten von Betrieben es gibt.

- Sie wissen, was Menschenbilder sind und wozu sie in der BWL gebraucht werden.

- Sie wissen, was Wirtschaftsgüter sind und können sie klassifizieren.

- Sie kennen das Wirtschaftlichkeitsprinzip allgemein und in seinen beiden Formen.

- Sie können die Begriffe Effizienz und Effektivität voneinander abgrenzen.

- Sie können einen allgemeinen Produktionsprozess beschreiben und kennen unterschiedliche Arten an Produktionsfaktoren.

- Sie kennen die Produktivität und die Rentabilität als Effizienzkennziffern.

1.1 Betriebswirtschaftslehre in der Praxis

Unternehmen begegnen uns im täglichen Leben in unterschiedlicher Form. Dazu gehören einerseits große private *Industriebetriebe* wie Automobilhersteller (z.B. Volkswagen, Toyota), *Handelsbetriebe* (z.B. Aldi, Metro) und *Dienstleistungsunternehmen* wie Banken (z.B. Deutsche Bank, Commerzbank) und Versicherungen (z.B. Allianz, Iduna) sowie andererseits auch *mittelständische und kleinere Unternehmen* (z.B. Handwerksbetriebe, landwirtschaftliche Betriebe). Neben privat geführten Unternehmen gibt es auch Unternehmen, die in öffentlicher Hand stehen. Trotz aller Unterschiede im Leistungsangebot und in der Struktur dieser Unternehmen gibt es eine wesentliche Gemeinsamkeit: Alle Unternehmen bieten auf Märkten Produkte an, also Sach- und Dienstleistungen, die wir als Konsumenten zur Befriedigung unserer Bedürfnisse benötigen. Auch die Unternehmen selbst benötigen Materialien, Vorprodukte und Vorleistungen, um ihrerseits Güter herstellen zu können. Absatzobjekte setzen sich meistens aus Sach- und Dienstleistungen zusammen. Eine Sachleistung, z.B. ein Pkw, ist immer mit einem Dienstleistungsangebot verbunden (z.B. Garantieleistungen, Kundendienst). Zur Verdeutlichung der Sachverhalte, mit denen sich die Betriebswirtschaftslehre auseinanderzusetzen hat, sollen exemplarisch die nachfolgenden Beispiele dienen.

Unternehmensgründung

Die Diskussion um die Förderung der Gründung innovativer Unternehmen nimmt in der Bundesrepublik breiten Raum ein. Durch spezielle Förderprogramme wird versucht, den »Existenzgründern« bei der Lösung typischer Gründungsprobleme zu helfen. Die Betriebswirtschaftslehre kann in vielfältiger Weise bei Unternehmensgründungen behilflich sein. Zu den Problemen der Unternehmensgründung gehören u. a.:

▸ Probleme bei der Erstellung des sogenannten *Business-Plans*, insbesondere die Beschreibung der Geschäftsidee, des Marktes, der Fähigkeiten des Gründers, der angebotenen Produkte sowie des Finanzierungsbedarfs.

▸ Finanzierungsprobleme: Woher bekommt ein Existenzgründer das erforderliche Startkapital (z. B. Förderprogramme, Kredite, Gesellschafter)?

▸ Probleme mit gründungsrelevanten rechtlichen Vorschriften (z. B. Handelsrecht, Steuerrecht).

▸ Qualifikationsprobleme bei den Gründern, die oft entweder nur technisch oder nur kaufmännisch qualifiziert sind.

▸ Marketingprobleme: Über welchen einzigartigen Kundennutzen verfügen die angebotenen Sach- und Dienstleistungen? Wie soll der Markt erschlossen werden (z. B. persönliche Kontakte, Werbung)?

▸ Personalprobleme: Welche Qualifikationen von Partnern und Mitarbeitern sind erforderlich?

▸ Raum- und Standortprobleme: Wo, in welchen Räumen, soll die Geschäftstätigkeit stattfinden?

▸ Probleme mit der Bürokratie (z. B. Erfordernis zahlreicher Behördengänge und Genehmigungen).

Insbesondere in der betriebswirtschaftlichen Teildisziplin *Entrepreneurship* erfolgt eine Behandlung von Unternehmensgründungen und Gründerpersönlichkeiten.

Diversifikation und Konzentration

Wenn von Diversifikation gesprochen wird, dann ist damit die Ausweitung der betrieblichen Tätigkeiten auf neuartige Leistungsbereiche des Unternehmens gemeint. Mit einer derartigen Diversifikationsstrategie versuchten insbesondere in den 1990er Jahren viele Unternehmen, sich durch weitere »Standbeine« in anderen Märkten weniger krisenanfällig zu machen oder dort neue Wachstumsmöglichkeiten zu erschließen. In der heutigen Zeit der Globalisierung sind allerdings häufiger Konzentrationstendenzen bei großen internationalen Unternehmen zu beobachten. Seit Mitte der 1980er Jahre diversifizierte der Automobilkonzern *Daimler-Benz* unter seinem damaligen Vorstandsvorsitzenden *Edzard Reuter* in die Bereiche Luftfahrt (»Deutsche Aerospace AG«, DASA) und Verkehrstechnik (»ADtranz«). Die »Deutsche Airbus GmbH« und die »Daimler-Benz Inter Services« (debis) wurden als Tochtergesellschaften gegründet. *Jürgen Schrempp*, der 1995 Reuter ablöste, trennte sich dann von vielen dieser Verlust bringenden Tochtergesellschaften und konzentrierte das Unternehmen wieder auf den Automobilbau. Zu dieser Strategie gehörte auch 1998 die Fusion mit Chrysler zu *DaimlerChrysler*, die im Jahr 2007 allerdings wieder rückgängig gemacht wurde. Auch *Siemens* befindet sich in einem Umbauprozess. Der traditionsreiche Mischkonzern fokussiert sich heute auf die drei Geschäftsfelder Energie, Industrie und Gesundheit. Unternehmensbereiche, die nicht dazu passen und erwartete Renditeziele verfehlten, wie z. B. die Handysparte (ging an *BenQ*), das Netzgeschäft (wurde in das Gemeinschaftsunternehmen *Nokia Siemens Network* eingebracht) und der Autozulieferer *Siemens VDO* (ging an Continental), wurden abgestoßen. Zur Stärkung der Medizintechnik wurde dafür der amerikanische Laborspezialist *Dade Behring* übernommen. Die *Preussag AG* wurde 1923 als Preußische Bergwerks- und Hütten-Aktiengesellschaft gegründet und hat sich nach mehrmaligem Umbau zuerst durch Diversifikation zu einem Mischkonzern und heute durch Konzentration zu einem Freizeitunternehmen entwickelt. Seit 2002 firmiert die Preussag AG unter *TUI AG*. Durch die Konzentration auf bestimmte Branchen bzw. Bereiche versuchen die Unternehmen, ihre Position auf diesen Märkten zu verbessern. Oft wird angestrebt, dort die Nummer 1 bzw. 2 zu werden.

Krisenmanagement (»Turn Around«)

Unternehmen können in Krisensituationen geraten, wenn

▸ ihre Produkte nicht mehr wettbewerbsfähig sind und keine neuen, innovativen Produkte den Konsumenten angeboten werden können,

▸ das Management eines Unternehmens (z. B. bei Korruptionsvorwürfen) oder seine Produkte (z. B. bei Sicherheitsmängeln) unter Druck geraten (z. B. bei öffentlichen Skandalen),

▸ die Wirtschaft im Allgemeinen oder eine spezielle Branche, zu der ein Unternehmen gehört, sich in einer Krise befindet.

In Krisensituationen entwickeln sich die Umsätze oft rückläufig, zusätzlich kann es zu Kostensteigerungen (z. B. durch Schadensersatzansprüche) und Imageschäden kommen. Um eine Unternehmenskrise erfolgreich zu überwinden,

▸ müssen die Ursachen der Krise identifiziert werden (z. B. ein Liquiditätsengpass),

▸ muss ein Krisenplan erstellt werden, der angibt, wie sich ein Unternehmen vorstellt, aus der Krise herauszukommen (z. B. Gespräche mit der Bank führen, um die Finanzierung zu sichern),

▸ muss im Rahmen eines Maßnahmen-Audit die Wirkung der getroffenen Maßnahmen noch vor Abschluss ihrer Realisierung überprüft werden, um unter Umständen so schnell wie möglich Korrekturmaßnahmen einleiten zu können.

Darüber hinaus müssen Unternehmen aus Krisen lernen und ihre Fähigkeiten, mit Krisen umzugehen (Krisenbereitschaft), verbessern.

Fazit

Unternehmen bieten im Wettbewerb mit Konkurrenten Produkte auf nationalen und internationalen Märkten an. Der Markterfolg ist wesentlich davon abhängig, wie gut es dem Unternehmen gelingt, Produkte kundengerecht zu entwickeln und kostengünstig herzustellen. Das erfordert, dass an allen Stellen im Unternehmen wirtschaftlich entschieden wird und dass arbeitsteilige Prozesse auf gesetzte Ziele ausgerichtet werden. Tätigkeiten im Unternehmen umfassen die Analyse und Planung wirtschaftlich relevanter Aspekte, das Treffen, Durchsetzen und Kontrollieren von Entscheidungen sowie Aufgaben der Organisation und Führung des Unternehmens als Ganzes und seiner einzelnen Funktions- und Geschäftsbereiche.

1.2 Wirtschaften und Betriebe

Erkenntnisobjekt der BWL

Die Probleme und Fragestellungen, mit denen sich eine Wissenschaft beschäftigt, richten sich auf den sogenannten Erkenntnisgegenstand (Objektbereich). Der Erkenntnisgegenstand bzw. das Erkenntnisobjekt der Betriebswirtschaftslehre sind wirtschaftliche Entscheidungen über knappe Güter in Betrieben (Wöhe/Döring 2010, S. 33; Schweitzer 2009a, S. 52 ff.). Wirtschaftliches Entscheiden beinhaltet das Problem, menschliche Bedürfnisse zielorientiert mittels knapper Güter (Sach- und Dienstleistungen) möglichst optimal zu befriedigen. Hier ergibt sich ein *Spannungsverhältnis* zwischen den im Prinzip unbegrenzten menschlichen Bedürfnissen einerseits und den begrenzten bzw. knappen Gütern andererseits (Abb. 1.1). Dieses Spannungsverhältnis zwingt zum Wirtschaften. Wirtschaften beinhaltet somit das Entscheiden darüber, welche knappen Güter zur Befriedigung menschlicher Bedürfnisse eingesetzt werden. Nur knappe Güter unterliegen dem Zwang zum Wirtschaften (vgl. Kap. 1.4). Sogenannte *freie Güter* wie die Luft zum Atmen stehen dem Menschen dagegen unbeschränkt (allerdings in unterschiedlichen Qualitäten) zur Verfügung.

Wirtschaften

Wirtschaften ist ein zentraler Begriff innerhalb der Betriebswirtschaftslehre. Er kann unterschiedlich definiert werden:

▸ Wirtschaften heißt entscheiden, welchen Bedürfnissen welche (knappen) Mittel zugewiesen werden.
▸ Wirtschaften ist das Disponieren über knappe Güter, die am Markt gehandelt werden und sich zur Befriedigung menschlicher Bedürfnisse eignen (Schierenbeck/Wöhle 2008, S. 4).
▸ Wirtschaften ist das Entscheiden über knappe Güter in Betrieben (Schweitzer 2009a, S. 52).

Den Definitionen ist zu entnehmen, dass sich der *Wert eines Gutes* sowohl durch seine Fähigkeit zur Bedürfnisbefriedigung als auch durch seine Knappheit ergibt. Nach einer noch heute in den Wirtschaftswissenschaften gängigen Auffassung wird das

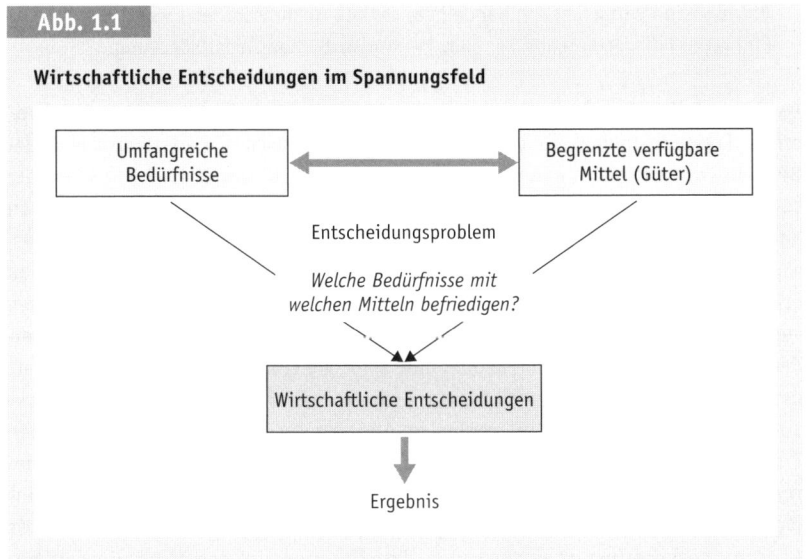

Abb. 1.1

Wirtschaftliche Entscheidungen im Spannungsfeld

mit dem Streben nach Beseitigung eines wahrgenommenen Mangels verbundene Gefühl als *Bedürfnis* bezeichnet, und in der Beseitigung des Mangels besteht die Befriedigung des Bedürfnisses (Balderjahn 1995). Durch die Absicht, mit dem Erwerb von Wirtschaftsgütern (Sach- und Dienstleistungen) Bedürfnisse befriedigen zu wollen, entsteht ein *Bedarf*. Stehen ausreichend Geldmittel für einen Kauf dieser Güter zur Verfügung, so bildet sich eine Nachfrage. Die *Nachfrage* ist der durch die Fähigkeit zum Kauf *(Kaufkraft)* gestützte Bedarf. Je besser es einem Wirtschaftsgut gelingt, vorhandene Bedürfnisse zu befriedigen, desto höher ist die *Zufriedenheit* des Käufers mit diesem Produkt. Die *Knappheit* eines Produktes spiegelt sich in seinem Preis wider.

> *Wirtschaften* definieren wir als der von Wirtschaftseinheiten (Betrieben) gezielt und wirtschaftlich durchgeführte Einsatz knapper Mittel zum Zwecke der Bedürfnisbefriedigung.

Zur Definition von Betrieben gibt es zwei unterschiedliche Auffassungen. Nach der ersten ist jede Wirtschaftseinheit ein Betrieb, unabhängig davon, ob in dieser Wirtschaftseinheit produziert (Unternehmen) oder konsumiert (Haushalte) wird. Diese Auffassung führt dazu, dass private Haushalte ebenso Betriebe sind wie Unternehmen und dass die Betriebswirtschaftslehre eine Einzelwirtschaftslehre ist. Folgt man der zweiten Auffassung, so ist der Betrieb eine spezifische Wirtschaftseinheit mit dem Primärzweck der Güterherstellung (Produktion). Danach werden Haushalte aus der Betriebswirtschaftslehre ausgeschlossen und einer speziellen »*Hauswirtschaftslehre*« zugeordnet. Wir folgen der ersten Auffassung und definieren Betriebe wie folgt:

Betriebe

> *Betriebe* sind wirtschaftlich handelnde, soziale, technische und rechtliche
> Einheiten mit der Aufgabe der selbstverantwortlichen Bedarfsdeckung.

Abgrenzungskriterien

Da »Wirtschaften« in Betrieben stattfindet, kann der Betrieb einerseits als theoretisches Erkenntnisobjekt und andererseits als praktisches *Erfahrungsobjekt* der Betriebswirtschaftslehre aufgefasst werden (vgl. Wöhe/Döring 2010, S. 33; Schneider 1987, S. 162). Es ist allerdings nicht ganz einfach, den wissenschaftlichen Aspekt von anderen, praktischen Aspekten abzugrenzen. Um den Gegenstandsbereich, also das, womit sich die Betriebswirtschaftslehre als Wissenschaft zu beschäftigen hat, genau erfassen zu können, werden sogenannte *Abgrenzungskriterien* bzw. *Auswahlprinzipien* verwendet (Wöhe/Döring 2010, S. 33). Anhand dieser Kriterien kann überprüft werden, ob ein spezifisches Problem oder eine spezielle Fragestellung zur Wissenschaft der Betriebswirtschaftslehre gehört oder zu anderen Fachdisziplinen (vgl. Schweitzer 2009a, S. 50f.). In der Literatur werden zur Abgrenzung des betriebswirtschaftlichen Erkenntnisobjektes neben dem Kriterium der Güterknappheit die Gewinnmaximierung und die Kombination der Produktionsfaktoren als Abgrenzungskriterien genannt (vgl. Schweitzer 2009a, S. 50ff.). Gegen die (langfristige) *Gewinnmaximierung* als Abgrenzungskriterium ist einzuwenden, dass Unternehmen neben dem Gewinnstreben zahlreiche andere Ziele verfolgen (z. B. Marktanteilsziele). Obwohl dem Ziel der (langfristigen) Gewinnmaximierung große Bedeutung in der Wirtschaft zukommt, ist es oft nicht das dominante Ziel von Unternehmen. Gemeinnützige, öffentliche Betriebe, die nicht nach Gewinn streben, würden nach diesem Abgrenzungskriterium nicht von der Betriebswirtschaftslehre erfasst werden. Das wäre nicht zweckmäßig. Zudem ist zu bedenken, dass eine strikte Ausrichtung am Gewinnziel gesellschaftliche und ökologische Belange vernachlässigen würde. Gegen die *Kombination der Produktionsfaktoren* im Rahmen der Fertigung als Abgrenzungskriterium spricht, dass sich das betriebliche Geschehen dann auf rein funktionale Zusammenhänge in Form technischer Input-Output-Beziehungen reduzieren würde, also nur auf einen Teilbereich des wirtschaftlichen Problembereichs (Schweitzer 2009a, S. 51). Hier wird der Auffassung gefolgt, dass das Wirtschaften, also das Entscheiden über knappe Güter in Betrieben, den Erkenntnisgegenstand der Betriebswirtschaftslehre darstellt und als Abgrenzungskriterium dient (Schweitzer 2009a, S. 52).

> *Erkenntnisobjekt* der Betriebswirtschaftslehre ist das Entscheiden über knappe
> Güter in Betrieben.

Unternehmen

Betrieb ist der Oberbegriff für Haushalte und Unternehmen. Ein Unternehmen ist ein Betrieb der *Fremdbedarfsdeckung* (Produktionsentscheidungen), während Haushalte dem primären Zweck der *Eigenbedarfsdeckung* (»Konsumentscheidungen«) dienen (vgl. Abb. 1.2). Zur Deckung eines fremden Bedarfs sind im *Unternehmen* überwiegend Produktionsaufgaben zu lösen. Entscheidungen werden unabhängig und unter Tragen des wirtschaftlichen Risikos getroffen (vgl. Schweitzer 2009a, S. 29ff.). *Haushalte* sind dagegen konsumorientiert und verfolgen die Deckung des eigenen Bedarfs. Unternehmen können in private und öffentliche Unternehmen gegliedert werden (vgl. Abb. 1.2). Bei *privaten Unternehmen* sind die Eigentümer Privatpersonen bzw. private Gesellschaften, während *öffentliche Unternehmen* ganz oder überwiegend im Besitz der »öffentlichen Hand« (Staat und Gebietskörperschaften) stehen (z. B. Stadtwerke). Private Unternehmen verfolgen privatwirtschaftliche Ziele (z. B. Gewinnsteigerung, Marktanteilserhöhung) und öffentliche Unternehmen orientieren sich an gemeinwirtschaftlichen Zielen (Kostendeckung, Verbesserung der allgemeinen Lebensqualität). Ähnlich können auch Haushalte unterschieden werden. *Private Haushalte* (z. B. der Familienhaushalt) decken den individuellen Bedarf der Mitglieder, während öffentliche Haushalte größeren sozialen Gebilden (Gemeinschaften) Güter zur Deckung eines kollektiven Bedarfs bereitstellen (z. B. Gesundheitsfürsorge, Bildung). *Öffentliche Haushalte* sind Körperschaften, Anstalten und öffentlich-rechtliche Stiftungen (vgl. Schweitzer 2009a, S. 36; vgl. auch Kap. 7.3.2).

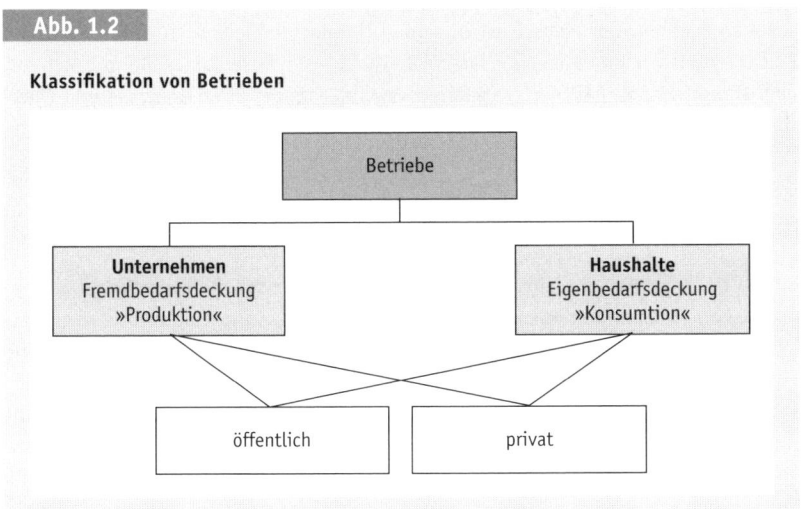

Abb. 1.2

Klassifikation von Betrieben

1.3 Der Mensch als Wirtschaftssubjekt: Manager, Mitarbeiter und Konsumenten

1.3.1 Menschenbilder

Der Mensch wird in der Betriebswirtschaftslehre einerseits als Mitarbeiter in einem Unternehmen mit leitenden Funktionen (Bereich Management; vgl. Kap. 6) oder mit ausführenden Aufgaben (Bereich Personalwirtschaft; vgl. Kap. 8.7) und andererseits als Nachfrager oder Konsument von Wirtschaftsgütern (Bereich Marketing; vgl. Kap. 8.2) betrachtet. Allerdings interessiert sich die Betriebswirtschaftslehre nicht für das gesamte Verhaltensspektrum von Menschen, sondern nur für solche Verhaltensaspekte, die für das betriebliche Geschehen relevant sind. Als sogenannte »Aspektlehre« (vgl. Schneider 1987, S. 15) könnte sich die Betriebswirtschaftslehre auf die Betrachtung »wirtschaftlichen« Handelns und Entscheidens von Menschen beschränken. Das wäre allerdings eine viel zu enge Auffassung, da das betriebliche

Betriebliches Handeln

1.3 **Der Gegenstand der Betriebswirtschaftslehre**
Der Mensch als Wirtschaftssubjekt: Manager, Mitarbeiter und Konsumenten

8

Geschehen auch von Verhaltensweisen bestimmt wird, die keinen unmittelbaren Bezug zum Aspekt der Wirtschaftlichkeit aufweisen. Hierbei handelt es sich um

- soziale Aspekte (z. B. Machtausübung, Kommunikation),
- psychische Aspekte (z. B. Motivation, Zufriedenheit),
- technische Aspekte (z. B. Mensch-Maschine-Schnittstellen, Technologieakzeptanz),
- ökologische Aspekte (z. B. Umweltschutz),
- ergonomische Aspekte (z. B. Gestaltung von Arbeitsplätzen) und
- Aspekte der Informationsverarbeitung (z. B. Datenschutz).

Homo oeconomicus

Auch das *Kaufverhalten der Konsumenten* wird nicht nur von den Produktpreisen und wahrgenommenen Produktqualitäten bestimmt, sondern auch von Gefühlen und sozialen Normen. Der Mensch ist in seinen Unterschiedlichkeiten und vielfältigen Erscheinungsformen kaum zu erfassen. Deshalb legen Wissenschaften, die sich mit dem Menschen beschäftigen, sogenannte *Menschenbilder* ihren Analysen und Theorien zugrunde (vgl. Schweitzer 2009a, S. 44 ff.).

> *Menschenbilder* stellen vereinfachte Annahmen über das menschliche Verhalten dar.

So legt die Volkswirtschaftslehre ihren Theorien das Menschenbild des *Homo oeconomicus*, des rational handelnden Menschen, zugrunde. In der Betriebswirtschaftslehre wurde der Mensch im Sinne der *Gutenbergschen Systematik* lange auf seine Funktion als Produktionsfaktor reduziert (vgl. Kap. 1.6). Für die *Führung* von Menschen in Unternehmen ist allerdings ein besseres Verständnis und damit ein realistischeres Menschenbild erforderlich (zur Führung vgl. Kap. 6). Von den jeweiligen, zugrunde gelegten Menschenbildern sind Führungsstile und Führungsmodelle abhängig. Auch das aus den Annahmen des *Homo oeconomicus* abgeleitete Leitbild der *Konsumentensouveränität* ist zu realitätsfern, um den Anforderungen des Marketing standhalten zu können (vgl. Kroeber-Riel et al. 2009, S. 683 ff.). Innerhalb der Betriebswirtschaftslehre werden folgende Menschenbilder vertiefend diskutiert: der rational handelnde Mensch, der Mensch als soziales Wesen und der Mensch als Potenzial von Fähigkeiten und Fertigkeiten.

Der beschränkt-rational handelnde Mensch

Der rational handelnde Mensch wird durch die realitätsfremden Annahmen der klassischen Nationalökonomie als »Homo oeconomicus« beschrieben (vgl. Schweitzer 2009a, S. 45). Hiernach wird angenommen, dass sich Menschen ausschließlich rational verhalten (*Rationalprinzip*), d. h. sich immer für die Alternative entscheiden, die mit Sicherheit ihren persönlichen Nutzen maximiert. Nach diesen Annahmen können Menschen am Arbeitsplatz nur durch ökonomische Anreize (*Incentives*), wie z. B. höhere Löhne oder kürzere Arbeitszeiten, und nicht durch nicht-ökonomische Anreize, wie z. B. ein breiteres Aufgabenspektrum, zur Leistung motiviert werden.

Taylorismus

Im *Taylorismus* findet diese »rationale« Denkhaltung eine frühe Umsetzung. In dem 1911 veröffentlichten Buch »The Principals of Scientific Management« schlägt

Taylor zur Erhöhung der Arbeitsproduktivität folgende Maßnahmenbereiche (sogenannte *Managementprinzipien*) vor (vgl. Staehle 1999, S. 24):

▸ systematische Durchführung von Zeitstudien als Voraussetzung von differenzierten Akkordsätzen,
▸ Trennung von Planung und Ausführung,
▸ Einsatz wissenschaftlicher Arbeitsmethoden,
▸ Kontrolle durch das Management und
▸ funktionale Organisation, also z. B. Arbeitsteilung durch Fließfertigung.

In der Entwicklung von Arbeitsmethoden ging es *Taylor* insbesondere darum, Arbeitsprozesse genau zu analysieren und in möglichst kleine Aufgabenelemente, die von verschiedenen Arbeitern erledigt werden können, zu zerlegen. Damit wurde ein rationellerer Einsatz von Menschen und Maschinen im Produktionsprozess angestrebt. Das nach den Managementprinzipien zweite wesentliche Element des Taylorismus ist die konsequente Trennung von ausführender und planender Tätigkeit (*Funktionsmeistersystem*). Durch eine extreme *Arbeitsteilung* sollten Arbeiten auf möglichst einfache Verrichtungseinheiten reduziert werden, zu denen keine besonderen Qualifikationen erforderlich waren. Man sah in dieser Art der Arbeitsteilung einen wesentlichen ökonomischen Vorteil. Eine Weiterentwicklung des *Taylorismus* ist der *Fordismus*. Darunter versteht man die Managementprinzipien des Automobilherstellers *Henry Ford* nach dem Ersten Weltkrieg, die neben der arbeitsorganisatorisch optimalen Anordnung von Menschen und Maschinen bei der Montage uniformer Massenprodukte auch eine drastische Lohnerhöhung, eine Arbeitszeitverkürzung und eine erhebliche Senkung der Verkaufspreise zur Steigerung des Absatzes vorsahen. Grundlage des Fordismus ist das *Prinzip der Fließfertigung*, das bei *Ford* ab 1913 zur Automobilproduktion eingesetzt wurde (zur Fließfertigung vgl. Kap. 8.4.3).

Das Menschenbild des Homo oeconomicus ist für die Betriebswirtschaftslehre unzweckmäßig, da es als reines Denkmodell realitätsfremd ist und somit nicht als Grundlage zur Führung von Menschen im Betrieb und zur zielorientierten Beeinflussung von Konsumenten im Markt herangezogen werden kann. Realistischer dagegen ist die Annahme beschränkt-rational handelnder Menschen. Der beschränkt-rational handelnde Mensch ist aufgrund einer begrenzten Gedächtniskapazität, begrenzter Zeitbudgets und sonstiger Ressourcenknappheiten meistens nicht in der Lage und oft auch nicht willens, nach der optimalen, d. h. bestmöglichen Entscheidungsalternative zu suchen. Zufriedenstellende Handlungsergebnisse reichen dem Menschen meistens aus. Daraus resultiert ein *beschränktes Rationalverhalten*, das gekennzeichnet ist durch

▸ eine Beschränkung der Suche auf relativ gute, zufriedenstellende Handlungsalternativen (*Satisfying versus Maximizing*),
▸ überwiegend einfache, wenig komplexe und oft emotional gefärbte Entscheidungsregeln und Entscheidungsprozeduren,
▸ überwiegend von Gewohnheiten geprägtes (habitualisiertes) Verhalten,
▸ »Muddling Through-Verhaltenstendenzen« (Durchwursteln; vgl. Staehle 1999, S. 522).

1.3 Der Gegenstand der Betriebswirtschaftslehre
Der Mensch als Wirtschaftssubjekt: Manager, Mitarbeiter und Konsumenten

10

Der Mensch als soziales Wesen (*Human Relations*)

Im Gegensatz zum rationalen Menschenbild steht die Vorstellung vom Menschen als soziales Wesen. Hiernach orientiert sich das Verhalten der Mitarbeiter weniger an den ökonomischen Anreizen und Kontrollen, sondern stärker an den sozialen Beziehungen mit anderen Individuen und in Gruppen. Während die *psychotechnische Forschung* in erster Linie die Abhängigkeit der Arbeitsleistung von den objektiven physikalischen Arbeitsbedingungen untersucht hat, versucht der *Human-Relations-Ansatz*, die Wirkung sozialer Phänomene wie z.B. Gruppenidentität und Gruppennormen auf die Arbeitsleistung zu erfassen. Analysiert wird, wie sich in Organisationen soziale Gruppen bilden und wie sie sich am besten zu einer produktiven Gemeinschaft entwickeln.

Zu den *Führungsprinzipien* nach diesem Menschenbild gehören:
▸ die Motivation der Mitarbeiter,
▸ der direkte persönliche Kontakt zu den Mitarbeitern,
▸ die Delegation von Entscheidungsaufgaben sowie die
▸ Information und Partizipation von Mitarbeitern.

Ein wesentliches Ergebnis dieses Human-Relations-Ansatzes sind Kenntnisse über die Wirkung der *Arbeitsmotivation*. Die sogenannten *Hawthorne-Experimente* haben gezeigt, dass allein die Anwesenheit der Forscher und deren Interesse für die Arbeiter deren Leistung erhöht, auch wenn keine Veränderung der Arbeitsbedingungen stattgefunden hat (vgl. Staehle 1999, S. 33). Führungspersonen im Betrieb sollten demnach weniger technische als vielmehr soziale Fertigkeiten aufweisen (Human-Relations-Techniken). Dazu gehören das Durchführen von Mitarbeitergesprächen, Anerkennung guter Leistungen und ein gutes kooperatives, partizipatives Führungsverhalten.

Der Mensch als Potenzial von Fähigkeiten und Fertigkeiten (*Human Resources*)

Diese Ausrichtung, auch als *Human Resources* bezeichnet, rückt das Individuum mit seinen eigenen Potenzialen gegenüber der Gruppe wieder stärker in den Mittelpunkt der Betrachtung (vgl. Staehle 1999, S. 39). Mitarbeiter werden als Quelle von unternehmensnützlichen Fähigkeiten und Fertigkeiten betrachtet, die es gilt, zu Tage zu bringen, zu fördern und weiterzuentwickeln. Hieraus wurden zahlreiche *Motivationstheorien* entwickelt (z.B. *Bedürfnishierarchie* von Maslow, *Theorie X und Y* von McGregor und *Zwei-Faktoren-Theorie* der Arbeitszufriedenheit von Herzberg, Mausner und Snydermann; vgl. Staehle 1999, S. 39). Die Bedeutung der Identifikation mit dem Arbeitsplatz und die Arbeitszufriedenheit von Mitarbeitern nimmt eine zentrale Position in diesem Ansatz ein.

1.3.2 Die soziale Verantwortung von Unternehmen

Die Unternehmensführung trägt sowohl eine soziale Verantwortung für die eigenen Mitarbeiterinnen und Mitarbeiter als auch für diejenigen der Lieferanten. Neben der vorherrschenden Konzentration auf Wettbewerbsfähigkeit und Arbeitsproduktivität

Corporate Social
Responsibility

sollte sich die Unternehmensführung auch zur Übernahme sozialer Verantwortung bekennen (Corporate Social Responsibility, CSR).

> *Corporate Social Responsibility* (CSR) stellt ein Leitbild dar, nach dem sich Wirtschaftsunternehmen zu einer umfassenden Übernahme von Verantwortung für die Umwelt und Gesellschaft verpflichten.

Möglichkeiten dazu sind z. B. die Schaffung humaner Arbeitsbedingungen, die Gewährleistung von Organisationsfreiheit, die Beseitigung jeglicher Diskriminierung am Arbeitsplatz und der Einsatz umweltfreundlicher Technologien im Unternehmen. Solche Forderungen gehören z. B. zu den zehn Prinzipien des *UN Global Compact*, einer weltweit verbreiteten Initiative zur Förderung sozial und ökologisch verantwortungsbewussten Managements (*Corporate Responsibility*), die vom damaligen Generalsekretär der Vereinten Nationen, *Kofi Annan*, initiiert und im Jahr 2000 gegründet wurde. Beitretende Unternehmen verpflichten sich öffentlich, die zehn Prinzipien des UN Global Compact zu befolgen (vgl. Balderjahn 2004, S. 24 ff.). Solche freiwilligen *Selbstverpflichtungen* ergänzen nationales und internationales Recht, wie z. B.

Vorschriften des Arbeitsrechts (z. B. Kündigungsschutzgesetz) und des Sozialrechts (z. B. Bestimmungen über die Arbeitslosenversicherung). Ein weiteres Instrument zur Förderung einer sozial verantwortlichen Unternehmensführung ist der SA 8000. Der *Social Accountability 8000* (SA 8000) zielt auf eine globale Verbesserung und Sicherung von Arbeitsbedingungen (*Human Rights for Workers*). Er wurde 1998 von der amerikanischen NGO *Social Accountability International* (SAI) gegründet und orientiert sich in seinen Standards an den Arbeitsnormen der *International Labour Organization* (ILO). Diese international gültigen und zertifizierbaren Sozialstandards erfassen die Bereiche Gesundheit und Sicherheit am Arbeitsplatz, Recht auf kollektive Verhandlungen, Verbot von Kinder- und Zwangsarbeit, Verbot von Diskriminierung und physischen Disziplinarmaßnahmen sowie humane Arbeitszeiten und faire Bezahlung.

1.3.3 Determinanten menschlichen Verhaltens in Betrieben

Jedes menschliche Verhalten, auch das hier betrachtete Verhalten *V* als Manager oder Mitarbeiter in einem Unternehmen oder als Konsument von Produkten, ist das Ergebnis interagierender Prozesse zwischen einem Individuum *P* und seiner (physischen und sozialen) Umwelt *U*. Die Gesamtheit der Verhalten bestimmenden »Feldkräfte« *P* und *U* wurde von Lewin (vgl. Lewin 1963, S. 272) als »Lebensraum« einer Person bezeichnet.

Lewins Feldkräfte

$$V = f (P, U)$$

Handlungsabläufe werden hiernach auf die Bedingungskonstellation des jeweiligen Lebensraums zurückgeführt und erklärt. Verhaltensrelevant sind persönliche Merkmale *P* wie z. B. das Wissen, Einstellungen und Fähigkeiten einer Person (vgl. Kap. 8.2.2). Zur Umwelt *U* gehören das *gesellschaftliche Umfeld* (z. B. Familie,

Freunde, Arbeitskollegen), das *technologische Umfeld* (z. B. IT-Systeme, Medien, Maschinen am Arbeitsplatz), das *materielle Umfeld* (Architektur, Arbeitsplatzgestaltung, Innengestaltung von Shopping Centern) und das *ökologische Umfeld* (z. B. die Qualität des Wassers, der Luft und des Bodens).

Nach *Silberer* (1979, S. 50 ff.) lassen sich Verhaltensweisen des Menschen in der Wirtschaft auf zwei *Basisprinzipien* zurückführen:

▸ **Nach dem Gratifikationsprinzip** strebt der Mensch nach Belohnung und versucht, Bestrafung zu vermeiden. Dies ist verbunden mit dem Lernprinzip der *operanten Konditionierung*: Verhaltensweisen, die zum Erfolg führen, werden in der Zukunft wiederholt ausgeführt und solche, die zu einem Misserfolg führen, werden unterdrückt.

▸ **Nach dem Kapazitätsprinzip** ist uneingeschränkt rationales Handeln aufgrund des begrenzten mentalen Leistungsvermögens des Menschen (begrenzte Informationsaufnahme- und -verarbeitungskapazitäten) nicht möglich. Die menschliche Urteilsbildung erfolgt nicht so wie es das mikroökonomische Menschenbild des Homo oeconomicus uns nahe legt. Abweichungen von einer rationalen Entscheidung, sogenannte *Urteilsverzerrungen*, entstehen u. a. durch Begrenzungen bei der Informationsverarbeitung (z. B. Erinnerungs- und Denkprozesse) des Menschen.

Das Verhalten von Menschen bzw. Gruppen wird innerhalb der Betriebswirtschaftslehre, insbesondere in den Teilgebieten Personalführung (vgl. Kap. 8.7) und Marketing (vgl. Kap. 8.2), und dort insbesondere in den Fachgebieten *Konsumentenverhalten* und *organisationales Beschaffungsverhalten* behandelt (vgl. Backhaus/Voeth 2010; Balderjahn/Scholderer 2007).

1.4 Wirtschaftsgüter

Wirtschaftsgüter dienen der Befriedigung menschlicher Konsumbedürfnisse und haben einen Preis, der von ihrer Knappheit (*Preis als Knappheitsindikator*) und der Dringlichkeit der durch sie zu befriedigenden Bedürfnisse abhängt (*Preis als Äquivalent zum Nutzen*).

Dem gegenüber stehen sogenannte *freie Güter*, die in ausreichenden Mengen vorhanden sind (z. B. Luft und Wasser), jedem kostenlos zur Verfügung (vgl. Abb. 1.3). Allerdings können auch freie Güter, jedenfalls in akzeptablen Qualitätsbereichen, knapp werden. Die Luft zum Atmen kostet im Allgemeinen nichts, allerdings ist die Luft in stark industrialisierten Gebieten oder an stark befahrenen Straßenkreuzungen oft gesundheitlich bedenklich. Wer bessere Luft haben will, z. B. im Urlaub, muss dafür bezahlen (z. B. Luftkurorte). Auch das Wasser von Seen und Meeren hat eine unterschiedliche Qualität und das Trinkwasser ist inzwischen teuer geworden.

Güter können nach folgenden Kriterien unterschieden bzw. klassifiziert werden (vgl. Bea et al. 2006, S. 3; Schierenbeck/Wöhle 2008, S. 4 f.):

- **Stellung im Leistungsprozess:** *Einsatzgüter* (Input) werden dem Leistungsprozess zugeführt (z. B. Rohstoffe) und *Ausbringungsgüter* (Output) sind das Ergebnis des Leistungsprozesses (z. B. erzeugte Güter wie Computer).
- **Funktion im Leistungsprozess:** In einer Geldwirtschaft dienen *Nominalgüter* (Geld und Rechte auf Geld) dem Tausch und als Recheneinheit. *Realgüter* stiften dagegen selbst einen unmittelbaren Nutzen (z. B. Rohstoffe).
- **Verwendungsreife:** Nach der Verwendungsreife werden unterschieden: Ur- oder Rohstoffe (z. B. Öl, Bauxit, Kohle), Halbfertigerzeugnisse und Halbwaren (z. B. Metalle, Kunststoffe), Zwischenprodukte (z. B. Kotflügel, Zahnräder), Fertigerzeugnisse (Endprodukte).
- **Größenordnung der Fertigung:** *Massenprodukte* (z. B. Fotokameras, Speicherchips) oder *Individualprodukte* (z. B. Maßanzug, Eigenheim, Frisur).
- **Grad der Materialität:** Materielle Güter (*Sachgüter* wie Automobile, Getränke, Bekleidung) oder immaterielle Güter (*Dienstleistungen* wie Urlaubsreisen, Versicherungen, Softwareprogramme). Der Begriff »Produkt« wird in diesem Buch als Oberbegriff für Sach- und Dienstleistungen verwendet (vgl. auch Abb. 1.3).
- **Verwendungszweck:** *Konsumgüter* werden direkt von Letztverbraucher nachgefragt (z. B. Personal Computer, Bücher, Kinofilme) und *Industriegüter* von Unternehmen beschafft, um damit weitere Güter zu erstellen (z. B. Gasturbinen, Industrieroboter, Druckmaschinen).
- **Nutzungsdauer:** *Verbrauchsgüter* (kurzlebige Güter) sind zum einmaligen Gebrauch bzw. Verzehr geeignet (z. B. Brot, Zahnpasta, Wein) und *Gebrauchsgüter* (langlebige Güter) werden über eine längere Zeit eingesetzt (z. B. Kühlschränke, Waschmaschinen, Bekleidung).
- **Beziehungen zwischen den Gütern:** *Komplementäre Güter* ergänzen (z. B. CD-Player und CDs) und *substitutive Güter* ersetzen sich gegenseitig bei der Nutzung. Substitutionsgüter stellen Nutzungsalternativen in Entscheidungssituationen dar (z. B. Bahn- oder Flugzeugreise).
- **Grad der Güterähnlichkeit:** *Homogene Güter* sind völlig bzw. nahezu identisch (z. B. elektrischer Strom unterschiedlicher Anbieter) und *heterogene Güter* unterscheiden sich hinsichtlich bestimmter Qualitätsmerkmale (z. B. Fernseher).
- **Beschaffungsaufwand:** Unterschieden werden: *Convenience Goods* (minimaler Beschaffungsaufwand, z. B. Milch und Käse), *Shopping Goods* (höherer Aufwand für Suche und Bewertung, z. B. Computer, Bekleidung) und *Speciality Goods* (sehr hoher Beschaffungsaufwand wie z. B. bei Hobbyprodukten).
- **Beschaffungsrisiko:** Unterschieden werden: *Suchgüter* (Beurteilung vor dem Kauf möglich wie z. B. bei einer Lampe), *Erfahrungsgüter* (Beurteilung erst mit der Nutzung nach dem Kauf möglich wie z. B. bei einer Urlaubsreise) und *Vertrauensgüter* (Qualitätsbeurteilung kaum bzw. nicht möglich wie z. B. bei ärztlichen Leistungen).

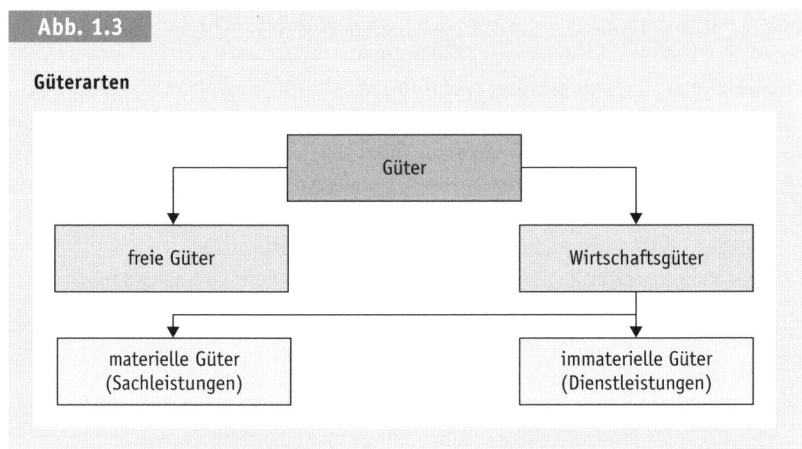

Abb. 1.3

Güterarten

Wirtschaftsgüter zeichnen sich durch folgende *Merkmale* aus:

Wirtschaftsgüter

▸ Sie eignen sich zur Bedürfnisbefriedigung und haben deshalb einen *Nutzen* für den Nachfrager (*Customer Value*),

▸ Sie sind relativ knapp und haben deshalb einen *Preis*.

▸ Sie werden auf Märkten gehandelt, d. h., sie werden von Herstellern bzw. Händlern angeboten und von Konsumenten (Business-to-Consumer/B-to-C-Markt) bzw. Organisationen (Business-to-Business/B-to-B-Markt) nachgefragt. Der *relevante Markt* umfasst alle zwischen Anbietern und Nachfragern von Produkten stattfindenden Austauschbeziehungen (*Transaktionen*). Neben Gütermärkten beschäftigt sich die Betriebswirtschaftslehre auch mit Arbeits- und Kapitalmärkten.

1.5 Das Wirtschaftlichkeitsprinzip

Effizienz

Wirtschaften wurde definiert als das Entscheiden über knappe Güter in Betrieben (vgl. Schweitzer 2009a, S. 52). Bei mehreren Entscheidungs- bzw. Handlungsmöglichkeiten geht es darum, die *optimale Lösung*, also die für eine spezifische Situation bestmögliche Lösung, zu finden und auszuwählen. Für diese Aufgabe werden *Entscheidungskriterien* verwendet. Das wichtigste Entscheidungskriterium bzw. -prinzip für die Betriebswirtschaftslehre ist die Effizienz (vgl. Abb. 1.4) .

> Die *Effizienz* (Wirtschaftlichkeit) einer Entscheidung bzw. einer Handlungsoption ergibt sich aus dem Verhältnis des Ertrags dieser Handlung (Output bzw. Ergebnis) zu den eingesetzten Mitteln, um diesen Ertrag zu erreichen (Input bzw. Aufwand).

Aus einer Menge möglicher Entscheidungs- bzw. Handlungsoptionen ist diejenige optimal, die mit der höchsten Effizienz verbunden ist (höchstes Output/Input-Verhältnis). Das Effizienzkriterium wird auch als *Rationalprinzip* bzw. Wirtschaftlichkeitsprinzip (ökonomisches Prinzip) bezeichnet. Wirtschaftssubjekte handeln dann rational, wenn sie sich stets für die effizientere Lösung entscheiden (Wöhe/Döring 2010, S. 33). Zur Beurteilung wirtschaftlichen Handelns lassen sich spezifische *Effizienzkennziffern* bilden (vgl. Kap. 1.6).

Da zur Lösung dieses *Optimierungsproblems* nicht gleichzeitig der Aufwand minimiert und der Ertrag maximiert werden kann, müssen zwei Formen des Wirtschaftlichkeitsprinzips unterschieden werden:

Ökonomisches Prinzip

‣ **Nach dem Maximumprinzip** wird stets die Handlungsoption ausgewählt, die mit vorhandenen Mitteln (fester Aufwand) den höchsten Ertrag erbringt.

‣ **Nach dem Minimumprinzip** wird stets die Handlungsoption ausgewählt, die ein vorgegebenes Ergebnis (fester Ertrag) mit dem geringsten Mitteleinsatz (Aufwand) erreicht.

Beim Wirtschaftlichkeitsprinzip handelt es sich um eine grundsätzliche, auf Rationalität ausgerichtete Zielrichtung bei Entscheidungen. Insbesondere aufgrund von Entscheidungsunsicherheiten durch fehlende oder mangelhafte Informationen über relevante Entscheidungsaspekte und unzureichende Erfahrung der Entscheider genügen betriebliche Entscheidungen in der Praxis nur selten dem Optimalitätsanspruch. Insofern muss sich die Betriebswirtschaftslehre auch mit *suboptimalen Entscheidungen* beschäftigen. Neben der *Optimierung* (z.B. Maximierung der Rendite) treten deshalb in der Praxis die *Satisfizierung* durch Definition eines »Zufriedenheitsniveaus« (z.B. das Erreichen einer Rendite von mindestens 12%) und die *Fixierung* (Erreichen einer 12%-Rendite) als Ziele in Erscheinung.

Das klassische Wirtschaftlichkeitsprinzip bezieht sich nur auf ökonomische Kriterien, d.h. auf die *ökonomische Effizienz*. Ökologische und soziale Aspekte von Handlungsalternativen bleiben hiervon unberücksichtigt. Während ökologisches Handeln auch nach Effizienzkriterien (sogenannte »ökologische Effizienz«) beurteilt werden kann, sind soziale Aktivitäten von Unternehmen besser mit Effektivitätskriterien zu bewerten (vgl. Balderjahn 2004, S. 59 f.).

Effektivität

> Die *Effektivität* ist die Wirksamkeit und misst den Grad, zu dem mit bestimmten Maßnahmen geplante Ziele erreicht werden (Maß für den Grad der Zielerreichung).

Da ökologische und soziale Konsequenzen betrieblicher Entscheidungen nicht oder nur eingeschränkt durch das ökonomische Prinzip erfasst werden, ist es notwendig, das Erkenntnisobjekt der Betriebswirtschaftslehre auf betrieblich relevante Schnittstellen zu Nachbarwissenschaften wie z.B. zu der Soziologie, der Psychologie und den Naturwissenschaften zu erweitern (vgl. Schanz 2009, S. 112), ohne dadurch die Wissenschaftlichkeit der betriebswirtschaftlichen Analysen aufgeben zu müssen (*Dilettantismusvorwurf*). Voraussetzung dafür ist eine Öffnung der Betriebswirtschaftslehre zu den Sozialwissenschaften. Reale Probleme sind in der Regel nicht rein disziplinär, sondern nur interdisziplinär zu lösen.

1.6 Leistungserstellung und Effizienz im Betrieb

Unternehmen haben die Aufgabe, unter Einsatz von sogenannten *Produktionsfaktoren* (Inputgüter) marktfähige Produkte (Outputgüter in Form von Sach- und Dienstleistungen) zu erstellen (vgl. Abb. 1.4). Die Transformation von Inputgütern (z. B. Holz, Lack, Kleber, Energie) in Outputgüter (z. B. Stühle und Tische) wird als Produktionsprozess bezeichnet (vgl. Schmalen/Pechtl 2009, S. 4). Der betriebliche Leistungsprozess umfasst insofern die Phasen Beschaffung (Bereitstellung) der Produktionsfaktoren, Kombination der Produktionsfaktoren (Fertigung) und Absatz der erstellten Erzeugnisse (vgl. Schierenbeck/Wöhle 2008, S. 233).

Der Produktionsprozess
Unter *Produktion* im engeren Sinne wird die Fertigung von Gütern in Unternehmen verstanden. Im weiteren Sinne umfasst dieser Begriff jegliche Leistungserstellung in allen betrieblichen Funktionsbereichen (z. B. auch in Forschung und Entwicklung, Beschaffung, Vertrieb) und in sämtlichen Wirtschaftsbranchen (z. B. Handel, Dienstleistungen).

> Der Vorgang der Umwandlung bzw. Transformation von Inputgütern, den Produktionsfaktoren, in Erzeugnisse bzw. Produkte im Rahmen einer Input-Output-Beziehung wird als *Produktionsprozess* bezeichnet.

Infolge von realen Produktionsprozessen werden allerdings nicht nur die gewünschten Produkte hergestellt, sondern es fallen auch unerwünschte Emissionen in Form fester (z. B. Produktionsabfälle) und energetischer (z. B. Abwärme) Abfälle an. Darüber hinaus können auch Schadstoffemissionen (z. B. Chlorgasemissionen) und Strahlungen entstehen (Abb. 1.4).

Die Produktionsfaktoren
Voraussetzung für die Leistungserstellung im Produktionsprozess ist die Bereitstellung von Produktionsfaktoren.

> *Produktionsfaktoren* sind materielle und immaterielle Güter, die zur Leistungserstellung benötigt und eingesetzt werden.

Dazu gehören u. a. Grundstücke, Fabrikations- und Verwaltungsgebäude, Maschinen, Rohstoffe, Umweltgüter (Luft, Wasser, Boden), Energie (Erdöl, Erdgas, Strom), Arbeitskräfte und Informationen (Wissen). *Gutenberg* hat mit dem Ziel, die Entstehung von Produkten zu beschreiben, ein *System produktiver Faktoren* entworfen, das zwischen Elementarfaktoren und dispositiven Faktoren unterscheidet (vgl. Abb. 1.5). Danach sind *Elementarfaktoren* Betriebsmittel, Werkstoffe und ausführende menschliche Arbeitsleistung. *Betriebsmittel* sind alle im Betrieb zur Produktion eingesetzten Gegenstände, die nicht Bestandteil des Outputs werden (z. B. Grundstücke, Gebäude, Maschinen, Werkzeuge). Der Kauf von Betriebsmitteln wird als *Investition* bezeichnet (vgl. Schmalen/Pechtl 2009, S. 4, Kap. 8.8). *Werkstoffe* werden ganz oder teilweise

Bestandteil des Outputs (z. B. Rohstoffe, Materialien) oder sind zum Betrieb von Betriebsmitteln (Betriebsstoffe) erforderlich (z. B. Energie, Schmierstoffe; vgl. Schierenbeck/Wöhle 2008, S. 233). Die *menschliche Arbeitsleistung*, also die im Betrieb erbrachten Leistungen von Menschen, wird in ausführende Tätigkeiten (z. B. Lackieren, Buchhaltung) und *dispositive Arbeit* (Dispositiver Faktor, z. B. Unternehmensführungsaufgaben) untergliedert. Im Rahmen der Leitung und Steuerung von Unternehmen ist es die Aufgabe des dispositiven Faktors, die Elementarfaktoren wirtschaftlich effizient zu kombinieren. Dazu gehören insbesondere die Funktionen der Planung und Organisation (vgl. Kap. 6.3).

Das System der Produktionsfaktoren von *Gutenberg* genießt bis heute große Beachtung, obwohl auch Kritik daran formuliert wird (z. B. Wissen als Produktionsfaktor fehlt). So gibt es noch weitere Vorschläge, Produktionsfaktorsysteme zu entwickeln. Ulrich (1970, S. 47) unterscheidet z. B. die Produktionsfaktoren Mensch, Anlagen, Materialien, Energie, Informationen und Geld. Auch dieses System von Ulrich wird kritisiert, da der »Faktor Geld« auf einer anderen Ebene als die anderen Faktoren anzusiedeln ist. Mit Geld lassen sich die anderen Produktionsfaktoren beschaffen. Wichtig erscheint allerdings der Hinweis, dass *Informationen* (Wissen, Erfahrungen, Know-how) zu den – oft entscheidenden – Produktionsfaktoren gehören. Umstritten ist, ob die *Zeit* ein Produktionsfaktor ist. Da kein Einsatz von Produktionsfaktoren ohne den Verbrauch von Zeit denkbar ist, kann die Zeit kaum als eigenständiger Produktionsfaktor interpretiert werden. Allerding spielt die Zeit bei der Bewertung der Effizienz bzw. der Produktivität eine große Rolle. Weiterhin wird die Zeit zur Unterscheidung der Produktionsfaktoren nach der *Dauer der Nutzenabgabe* benötigt. Hierbei wird zwischen *Repetierfaktoren* (Verbrauchsfaktoren, Werkstoffe), die ihren Nutzen nur im Moment des Verbrauchs entfalten (z. B. Treibstoffe), und *Potenzialfaktoren* (Gebrauchsfaktoren wie menschliche Arbeitsleistung, Maschinen und Grundstücke), die ihren Nutzen während der ganzen Zeit des Gebrauchs stiften, differenziert (vgl. 4.1).

> **Abb. 1.4**

Grundmodell eines betrieblichen Produktionsprozesses

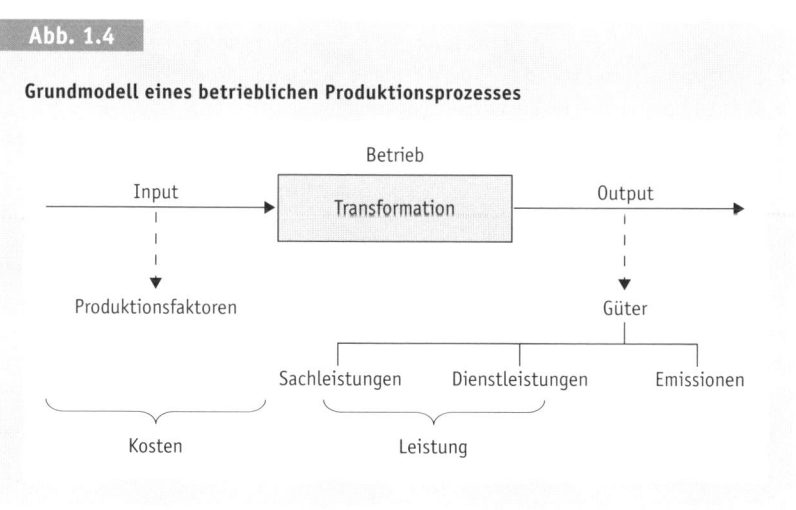

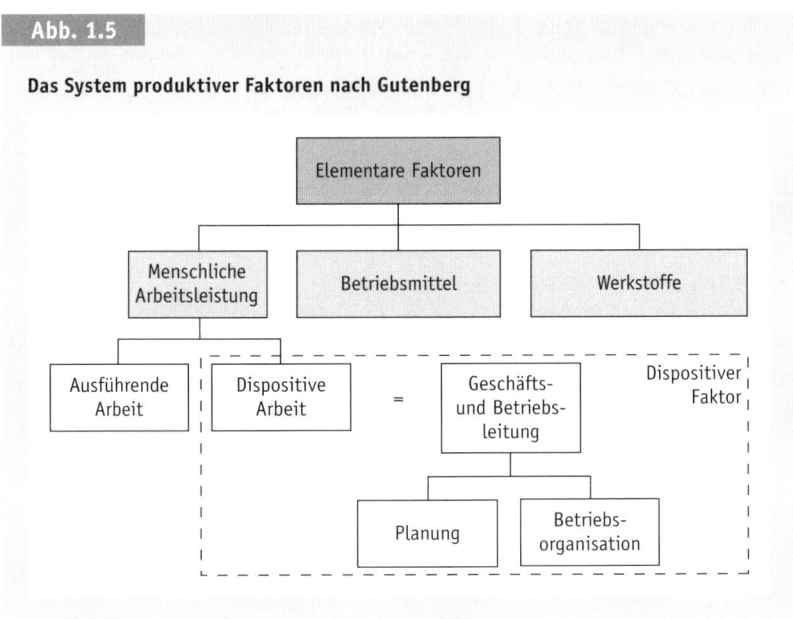

Abb. 1.5

Das System produktiver Faktoren nach Gutenberg

Bereitstellungsplanung

Zur Beschaffung bzw. Bereitstellung der Produktionsfaktoren ist eine Bereitstellungsplanung notwendig. Die Bereitstellungsplanung ist zum einen eine technische Aufgabe, da der Produktionsprozess weitgehend Art, Menge, Qualität, Zeit und den Ort der Güterbereitstellung bestimmt (vgl. Schierenbeck/Wöhle 2008, S. 237). Zum anderen handelt es sich auch um eine ökonomische Aufgabe, denn es gilt, die Differenz zwischen den »Bereitstellungserlösen« und den »Bereitstellungskosten« möglichst zu maximieren. Da sich die Erlöse oft nicht exakt den Bereitstellungsaktivitäten zurechnen lassen, beschäftigt man sich bei der Bereitstellungsplanung primär mit der Erfassung der Bereitstellungskosten, die wie folgt gegliedert werden können:

▸ direkte und indirekte *Beschaffungskosten* (z. B. Planungskosten),
▸ *Reservierungskosten* (z. B. spezielle Lagerkosten) und
▸ *Fehlmengenkosten* (z. B. Kosten der Produktionsumstellung, wenn bestimmte Faktoren fehlen).

Effizienzkennziffern

Produktionsfunktion

Die *Wirtschaftlichkeit* betrieblichen Handelns kann mit Effizienzkennziffern beurteilt und geprüft werden. Solche Effizienzkennziffern lassen sich aus dem Produktionsprozess ableiten. Der Produktionsprozess wird durch Produktionsfunktionen, die den Zusammenhang zwischen der Ausbringungsmenge M der Fertigung eines Produkts und den Produktionsfaktor-Einsatzmengen r_1 bis r_n darstellen, beschrieben (vgl. Gleichung 1 und die weiterführenden Darstellungen in Kap. 4.1).

$$M = f(r_1, r_2, ..., r_n) \tag{1}$$

Da der Zusammenhang in Gleichung 1 von der jeweiligen Art des Produktionsprozesses abhängig ist, gibt es eine sehr große Anzahl verschiedenartiger Produktionsfunktionen. Die Ausbringungsmenge M wird auch als *Produktionsertrag* bezeichnet.

Eine wichtige Effizienzkennziffer zur Beurteilung der Wirtschaftlichkeit eines Produktionsprozesses ist die Produktivität.

Produktivität

> Die Produktivität ist eine Kennzahl zur *mengenmäßigen* Wirtschaftlichkeit und dient der Beurteilung der Ergiebigkeit des Einsatzes von Produktionsfaktoren.

Sie ergibt sich durch das (mengenmäßige) Verhältnis zwischen Output (Ausbringungsmenge) und Input (Faktoreinsatzmenge) eines Produktionsprozesses (vgl. Wöhe/Döring 2010, S. 38; Thommen/Achleitner 2009, S. 120; sowie Gleichung 2).

$$\text{Produktivität} = \frac{\text{Ausbringungsmenge}}{\text{Faktoreinsatzmenge}} = \frac{\text{mengenmäßiger Output}}{\text{mengenmäßiger Input}} \qquad (2)$$

Bei der Produktivitätskennziffer tritt das Problem ungleicher Maßeinheiten der Produktionsfaktoren auf (z. B. Energie in kWh und Material in kg). Deshalb können nur *partielle Produktivitäten* für einzelne Produktionsfaktoren berechnet werden wie z. B.:

$$\text{Arbeitsproduktivität} = \frac{\text{Ausbringungsmenge}}{\text{Arbeitsstunden}} \qquad (3a)$$

oder

$$\text{Maschinenproduktivität} = \frac{\text{Ausbringungsmenge}}{\text{Maschinenlaufzeit}} \qquad (3b)$$

Eine wertmäßige Wirtschaftlichkeitskennziffer, die Wirtschaftlichkeit, lässt sich auf der Basis von Ertrag und Aufwand bzw. Erlöse (Leistung) und Kosten bestimmen (vgl. Abb. 1.4; Bea et al. 2006, S. 4; Schierenbeck/Wöhle 2008, S. 6). Während durch den *Ertrag* der Wert aller in einer Periode erbrachten Leistungen ausgedrückt wird, erfasst der *Aufwand* den Wert aller in einer Periode verbrauchten Leistungen (vgl. Kap. 8.9.2). *Kosten* ergeben sich aus dem in Geld bewerteten Input eines Betriebes bzw. eines Produktionsprozesses und unter *Erlösen* bzw. *Leistung* versteht man den in Geld bewerteten Output eines Betriebes bzw. eines Produktionsprozesses (vgl. Schmalen/Pechtl 2009, S. 9. Zur Abgrenzung der Begriffe vgl. auch Domschke/Scholl 2008, S. 305 ff.). Während die Leistung den mit Preisen bewerteten, gesamten betriebsbedingten Zuwachs an Sachgütern und Dienstleistungen innerhalb einer Abrechnungsperiode erfasst, beziehen sich die Erlöse (*Umsatz*) nur auf die verkauften Güter (vgl. Domschke/Scholl 2008, S. 307). Die Wirtschaftlichkeit ist eine dimensionslose Zahl, die im Gegensatz zur Produktivität zwischen Produktionsprozessen und Betrieben verglichen werden kann.

Wirtschaftlichkeit

$$\text{Wirtschaftlichkeit} = \frac{\text{wertmäßiger Output}}{\text{wertmäßiger Input}} = \frac{\text{Erlöse (Leistung)}}{\text{Kosten}} \text{ bzw. } \frac{\text{Ertrag}}{\text{Aufwand}} \qquad (4)$$

Gewinn

Nach dem *erwerbswirtschaftlichen Prinzip* soll die Produktion nach Art und Menge so durchgeführt werden, dass ein möglichst hoher Gewinn bzw. eine möglichst hohe Rentabilität erreicht wird (Schmalen/Pechtl 2009, S. 10). Der *Gewinn* G (Operativer Gewinn bzw. Betriebsergebnis, vgl. Kap. 5.2.1) ergibt sich aus der Differenz zwischen Umsatz *U* und Kosten *K*:

$$G = U - K \tag{5a}$$

Der *Umsatz U* ergibt sich aus der Summe der mit Preisen p_j bewerteten Mengen x_j der abgesetzten Güter *j = 1... m.*:

$$U = \sum_{j=1}^{m} x_j p_j \tag{5b}$$

Die *Gesamtkosten K* ergeben sich aus der Summe der mit Preisen q_i bewerteten Einsatzmengen r_i der Einsatzgüter bzw. Produktionsfaktoren *i = 1... n*:

$$K = \sum_{i=1}^{n} r_i q_i \tag{5c}$$

Rentabilität

> Die *Rentabilität* ist ein Maß für die Höhe der Verzinsung des in den Betrieb investierten Eigen- bzw. Gesamtkapitals während einer bestimmten Zeitperiode.

Es wird zwischen der *Eigenkapitalrentabilität* R_{EK} und der *Gesamtkapitalrentabilität* R_{GK} unterschieden (vgl. Gleichung 6a und 6b; weitere Rentabilitätskennziffern siehe Schierenbeck/Wöhle 2008, S. 81).

$$R_{EK} = \frac{G}{EK} \times 100 \ [\%] \tag{6a}$$

$$R_{GK} = \frac{G + i_{FK}}{EK + FK} \times 100 \ [\%] \quad \text{und} \quad GK = EK + FK \tag{6b}$$

mit: GK = Gesamtkapital
      EK = Eigenkapital
      FK = Fremdkapital
      i_{FK} = Fremdkapitalzinsen

Das Eigenkapital *EK* wird von den Eigentümern und das Fremdkapital *FK* von den Gläubigern der Unternehmung bereitgestellt (vgl. Kap. 8.8.3).

Die *Umsatzrentabilität* R_U (prozentualer Anteil des Gewinns am Umsatz) ergibt sich aus:

$$R_U = \frac{G}{U} \times 100 \ [\%] \tag{7}$$

Die Eigenkapitalrentabilität R_{EK} kann mit Hilfe der Umsatzrentabilität R_U folgendermaßen ausgedrückt werden:

$$R_{EK} = \left[\frac{G}{U}\right] \times \left[\frac{U}{EK}\right] \times 100 \; [\%] \tag{8}$$

Nach Gleichung 8 kann eine hohe Eigenkapitalrentabilität durch eine hohe *Umsatzrentabilität* (G/U) und/oder durch einen hohen *Kapitalumschlag* (U/EK) erzielt werden. Die Rentabilität wird als *Return on Investment* (ROI) bezeichnet, wenn sie sich auf das Betriebsergebnis (Zähler) und auf das zu Betriebszwecken eingesetzte Kapital (Nenner) bezieht (vgl. Schmalen/Pechtl 2009, S. 10; Schierenbeck/Wöhle 2008, S. 100 und Kap. 8.9.1).

Kontrollfragen Kapitel 1

1. *Welches ist das Erkenntnisobjekt der BWL?*
2. *Was versteht man unter »Wirtschaften«?*
3. *Was sind Wirtschaftsgüter?*
4. *Was ist ein Betrieb?*
5. *Was wird unter einem Unternehmen verstanden?*
6. *Was versteht man unter dem »Ökonomischen Prinzip« und welche Arten dieses Prinzips lassen sich unterscheiden?*
7. *Welches sind die Managementprinzipien des Taylorismus?*
8. *Welches sind Führungsprinzipien des Human-Relations-Ansatzes?*
9. *Welche Güterarten lassen sich unterscheiden?*
10. *Was versteht man unter dem Begriff »Produktion«?*
11. *Was ist ein Produktionsprozess?*
12. *Was sind Produktionsfaktoren? Nennen Sie konkrete Beispiele.*
13. *Beschreiben Sie das System produktiver Faktoren nach Gutenberg.*
14. *Was versteht man unter Repetier- und Potenzialfaktoren?*
15. *Was beschreibt eine Produktionsfunktion?*
16. *Was versteht man unter Produktivität?*
17. *Definieren Sie die Begriffe Effektivität und Effizienz.*
18. *Was ist ein Effizienzkriterium?*
19. *Wie ist die Wirtschaftlichkeit definiert?*
20. *Was versteht man unter Rentabilität und welche Arten gibt es?*

Übungsaufgabe Kapitel 1

Aufgabenstellung

In einem chemischen Großlabor eines pharmazeutischen Unternehmens wurde im vergangenen Jahr ein neues Medikament zur akuten Behandlung eines Schlaganfalls eingeführt. Zur Herstellung von M = 10 Mengeneinheiten (ME) des Wirkstoffes »SLAG-Antagonist«, der für das neue Medikament benötigt wird, sind 7,2 kg des Rohstoffes »ß-Saft«, 5 kWh elektrische Energie und 30 min Arbeitszeit erforderlich. Während des Herstellungsprozesses gehen aufgrund der Hitzeentwicklung 10 % des eingesetzten

Rohstoffes »ß-Saft« verloren. Die Einkaufpreise der Produktionsfaktoren betragen für »ß-Saft« 0,25 €/kg, für die Elektrizität 0,08 €/kWh und für die Arbeitskraft 25,00 €/h. Der Wirkstoff SLAG-Antagonist wird für 6,– €/ME verkauft.

Fragen

a) *Bestimmen Sie für die drei Produktionsfaktorarten Rohstoff, Elektrizität und Arbeitskraft die Produktivitäts- und Wirtschaftlichkeitskennziffern.*

b) *Berechnen Sie die Gesamtwirtschaftlichkeit über alle Faktorverbäuche. Was sagt diese Kennziffer aus?*

Lösung

Teilproduktivitäten

$$\text{Teilproduktivität}_{\text{Rohstoff}} = \frac{10\,\text{ME}}{8\,\text{kg}} = 1{,}25\,\frac{\text{ME}}{\text{kg}}$$

Hinweis: Bei der Bestimmung der Teilproduktivität bzw. Wirtschaftlichkeit des Faktors »Rohstoff« ist zu beachten, dass im Rahmen des Produktionsprozesses 10 % des Rohstoffes verloren gehen.

Es gilt: 7,2 kg = $r_{Rohstoff}$ – 0,1 $r_{Rohstoff}$, daraus ergibt sich $r_{Rohstoff}$ = 7,2 kg/0,9 = 8 kg

$$\text{Teilproduktivität}_{\text{Energie}} = \frac{10\,\text{ME}}{5\,\text{kWh}} = 2\,\frac{\text{ME}}{\text{kWh}}$$

$$\text{Teilproduktivität}_{\text{Arbeitszeit}} = \frac{10\,\text{ME}}{30\,\text{min}} = \frac{10\,\text{ME}}{0{,}5\,\text{h}} = 20\,\frac{\text{ME}}{\text{h}}$$

Teilwirtschaftlichkeit

$$\text{Teilwirtschaftlichkeit}_{\text{Rohstoff}} = \frac{\text{Ausbringungsmenge} \times \text{Verkaufspreis}}{\text{Einsatzmenge} \times \text{Faktorpreis}} = \frac{10\,\text{ME} \times 6\,€/\text{ME}}{8\,\text{kg} \times 0{,}25\,€/\text{kg}} = 30$$

$$\text{Teilwirtschaftlichkeit}_{\text{Energie}} = \frac{10\,\text{ME} \times 6\,€/\text{ME}}{5\,\text{kWh} \times 0{,}08\,€/\text{kWh}} = 150$$

$$\text{Teilwirtschaftlichkeit}_{\text{Arbeitszeit}} = \frac{10\,\text{ME} \times 6\,€/\text{ME}}{0{,}5\,\text{h} \times 25\,€/\text{h}} = 4{,}8$$

Gesamtwirtschaftlichkeit

$$\text{Gesamtwirtschaftlichkeit} = \frac{\text{Ausbringungsmenge} \times \text{Verkaufspreis}}{\sum \text{Einsatzmenge des Faktors i} \times \text{Preis des Faktors i}}$$

Gesamtwirtschaftlichkeit =

$$\frac{10\,ME \times 6\,€}{(8\,kg \times 0{,}25\,€/kg) + (5\,kWh \times 0{,}08\,€/kWh) + (0{,}5h \times 25\,€/h)} = \frac{60}{14{,}90} = 4{,}03$$

Interpretation: 60 Euro Umsatz werden mit 14,90 Euro an Faktorkosten erzielt. Es wird ca. das Vierfache der Kosten an Umsatz erreicht.

Weiterführende Literatur

Bea, F. X./Friedl, B./Schweitzer, M. (2006): Einleitung Leistungsprozess, in: Bea, F. X./Friedl, B./Schweitzer, M. (Hrsg.), Allgemeine Betriebswirtschaftslehre, Bd. 3: Leistungsprozess, 9. Aufl., Stuttgart, S. 1–7.

Domschke, W./Scholl, A. (2008): Grundlagen der Betriebswirtschaftslehre, 4. Aufl., Berlin u. a.

Schierenbeck, H./Wöhle, C. B. (2008): Grundzüge der Betriebswirtschaftslehre, 17. Aufl., München.

Schmalen, H./Pechtl, H. (2009): Grundlagen und Probleme der Betriebswirtschaft, 14. Aufl., Stuttgart.

Schweitzer, M. (2009a): Gegenstand und Methoden der Betriebswirtschaftslehre, in: Bea, F. X./Schweitzer, M. (Hrsg.), Allgemeine Betriebswirtschaftslehre, Bd. 1: Grundfragen, 10. Aufl., Stuttgart, S. 23–80.

Thommen, J.-P./Achleitner, A.-K. (2009): Allgemeine Betriebswirtschaftslehre, 6. Aufl., Wiesbaden.

2 Betriebswirtschaftslehre als Wissenschaft

Lernziele

▶ Sie kennen die Aufgaben und Funktionen einer Wissenschaft.

▶ Sie können die BWL in das allgemeine System der Wissenschaften einordnen.

▶ Sie wissen, was eine Nominaldefinition ist.

▶ Sie kennen das Hempel- und Oppenheim-Schema wissenschaftlicher Erklärungen.

▶ Sie können das Falsifikationsprinzip erläutern.

▶ Sie wissen, was ein Modell ist und wozu Modelle in der BWL benötigt werden.

▶ Sie wissen, an welchen Stellen Werturteile in der BWL getroffen werden können.

2.1 Wissenschaft und ihre Aufgaben

Wissenschaft ist jede Tätigkeit, die darauf zielt, systematisch und intersubjektiv nachvollziehbar unter Verwendung anerkannter wissenschaftlicher Methoden und Regeln Erkenntnisse aus bestimmten, gegenseitig abgegrenzten Erkenntnisobjekten der Wissenschaft zu gewinnen (vgl. Peters et al. 2005, S. 1 ff.). Jede Wissenschaft ist insofern durch die drei Elemente

Wissenschaft

▶ Erkenntnisobjekt,
▶ Erkenntnisziele und
▶ Methoden und Regeln der Erkenntnisgewinnung

vollständig beschrieben.

Allgemeine Ziele einer Wissenschaft sind das Entdecken und Beschreiben relevanter Sachverhalte innerhalb des Erkenntnisobjekts, das Erklären und Begründen von Zusammenhängen und Wirkungsstrukturen sowie die Formulierung gestaltungsorientierter bzw. technologischer Aussagen.

Wirtschaftswissenschaft

> Die *Wirtschaftswissenschaft* zielt auf die Beschreibung und Erklärung realer gesamtwirtschaftlicher (Volkswirtschaftslehre) und einzelwirtschaftlicher (Betriebswirtschaftslehre) Phänomene.

Es ist das erklärte Ziel der Wirtschaftswissenschaften, wirtschaftlich relevante *Gesetzmäßigkeiten* (z. B. Konjunkturzyklen, Zahlungsbereitschaften von Konsumenten) zu erkennen, innerhalb von Theorien und Modellen zu beschreiben und diese dazu zu nutzen, wirtschaftliche Ereignisse zu erklären und zu prognostizieren. Während sich die *Volkswirtschaftslehre* auf gesamtwirtschaftliche Fragestellungen und Zusammenhänge konzentriert und die Wirtschaft als komplexes System aus zahlreichen Wirtschaftseinheiten (Betriebe, Staat) auffasst (*makroskopische Betrachtungsweise*), betrachtet die *Betriebswirtschaftslehre* den einzelnen Betrieb (Unternehmung und Haushalt) in seinen geschäftlichen Verflechtungen (*mikroskopische Betrachtungsweise*). Aufgabe der Betriebswirtschaftslehre ist das Beschreiben und Erklären wirtschaftlicher Prozesse und Entscheidungen in Betrieben sowie das Formulieren von Empfehlungen zur bestmöglichen Erfüllung betrieblicher Zielsetzungen (vgl. Peters et al. 2005, S. 5 f.).

Wissenschaft kann aufgefasst werden als
▸ *Tätigkeit* der Erkenntnisgewinnung (wissenschaftliche Analyse wie z. B. Durchführung einer empirischen Studie),
▸ *Institution* der Erkenntnisgewinnung (Personen und Einrichtungen, die wissenschaftlich tätig sind wie z. B. Universitäten) und
▸ *Ergebnis* der Erkenntnisgewinnung (Entwicklung von Theorien, Ansätzen und Modellen zu einem Erkenntnisobjekt wie z. B. betriebswirtschaftliche Kostentheorien; vgl. Weber/Kabst 2009, S. 27).

Wissenschaftsfunktionen

Das wissenschaftliche Ergebnis kann, *subjektiv* betrachtet, das systematisch geordnete und reflektierte Wissen einer einzelnen Person ausdrücken (z. B. in einem Fachaufsatz) oder, *objektiv* gesehen, ein systematisch geordnetes Gefüge von intersubjektiv nachprüfbaren Sätzen oder Aussagen darstellen (z. B. wissenschaftliche Theorien). Es können drei *Funktionen von Wissenschaft* unterschieden werden (vgl. Raffée 1974, S. 16):
▸ Wissenschaft hat eine *fundierende Funktion*, die sich ausdrückt in der
  – *Wissenschaftstheorie*, die theoretische Aussagen über Wissenschaft selbst formuliert,
  – *Wissenschaftsethik bzw. Philosophie*, die darüber reflektiert, was Wissenschaft leisten sollte,
  – *Theoriebildung* mit Ursache-Wirkungs-Aussagen über Zusammenhänge in der Realität (kausale Theorien) und
▸ *Technologie-Bereitstellung* in Form von Ziel-Mittel-Aussagen zur Lösung denkbarer praktischer Probleme (praktisch-normative Funktion).
▸ Wissenschaft hat eine *kritische Funktion*, die sich einerseits ausdrückt in der Kritik an den Aussagensystemen der Wissenschaft (z. B. Theorien durch Falsifikationsversuche zu überprüfen) und andererseits in der Kritik an der realen Wissenschaftspraxis.
▸ Wissenschaft hat eine *utopische Funktion*, die sich durch die Formulierung von Leitbildern und Zukunftsmodellen (Denkmodellen) ausdrückt.

2.2 Die Betriebswirtschaftslehre im System der Wissenschaften

Grundsätzlich wird zwischen Formal- und Realwissenschaften unterschieden. *Formalwissenschaften* (z. B. Mathematik) zeichnen sich dadurch aus, dass
▸ sie keinen Bezug zu realen Objekten haben bzw. benötigen,
▸ sie ein System von Zeichen mit Regeln zur Verwendung dieser Zeichen besitzen und
▸ ihre Aussagen nur logisch überprüfbar sind, also keinen faktischen Wahrheitsgehalt haben.

Realwissenschaften (z. B. BWL) hingegen
▸ haben einen Bezug zu realen Sachverhalten und
▸ ihre Aussagen sind sowohl logisch als auch faktisch überprüfbar.

Die *Betriebswirtschaftslehre* (BWL) lässt sich nun in dieses Schema einordnen als eine Realwissenschaft, die sich formalwissenschaftlicher Methoden bedient (vgl. Abb. 2.1).

Die Betriebswirtschaftslehre als Teil der Wirtschaftswissenschaften (Ökonomie) untergliedert sich weiter in unterschiedliche betriebswirtschaftliche Teildisziplinen bzw. »Spezielle Betriebswirtschaftslehren«. Damit kommt die zunehmende Spezialisierung und erforderliche Professionalisierung innerhalb der Betriebswirtschaftslehre ebenso zum Ausdruck (Differenzierung nach betriebswirtschaftlichen Funktionen bzw. Aufgaben) wie spezifische institutionelle Besonderheiten, welche

Abb. 2.1

Die Betriebswirtschaftslehre im System der Wissenschaften

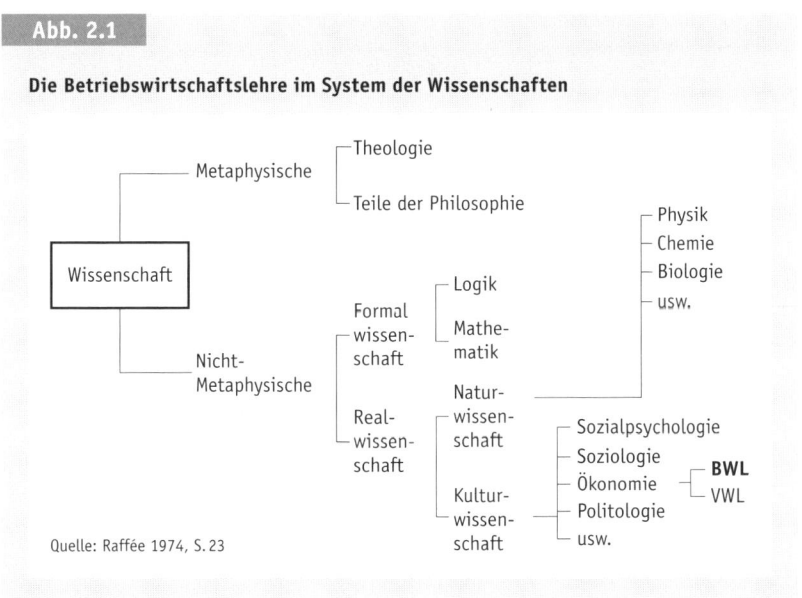

Quelle: Raffée 1974, S. 23

die betriebswirtschaftliche Lehre und Forschung berücksichtigen muss (Differenzierung nach Wirtschaftszweigen bzw. Branchen; vgl. Abb. 2.2). Die einzelnen speziellen Betriebswirtschaftslehren sind wiederum in weitere Themenfelder untergliedert. So kann das Marketing beispielsweise in Teilbereiche wie Strategisches Marketing, Marketing-Mix, Konsumentenverhalten und Marktforschung weiter untergliedert werden. Zudem gibt es zahlreiche Themenfelder, die sich aus der Schnittmenge mehrerer Teildisziplinen ergeben wie z. B. das Dienstleistungsmanagement (Marketing, Personalwesen, Organisation u. a.). Neben den speziellen Betriebswirtschaftslehren existiert noch die sogenannte »Allgemeine Betriebswirtschaftslehre«, die solche Bereiche zusammenfasst, die für alle Betriebe charakteristisch sind (vgl. Weber/Kabst 2009, S. 25 f.). Hierzu gehören zum einen allgemeine Fragestellungen wie z. B. nach der Rechtsform und dem betrieblichen Standort (sogenannte *konstitutive Bereiche*) und zum anderen grundlegende Teilbereiche aus den jeweiligen speziellen Betriebswirtschaftslehren (z. B. grundlegende Aspekte der Organisationsgestaltung).

Abb. 2.2

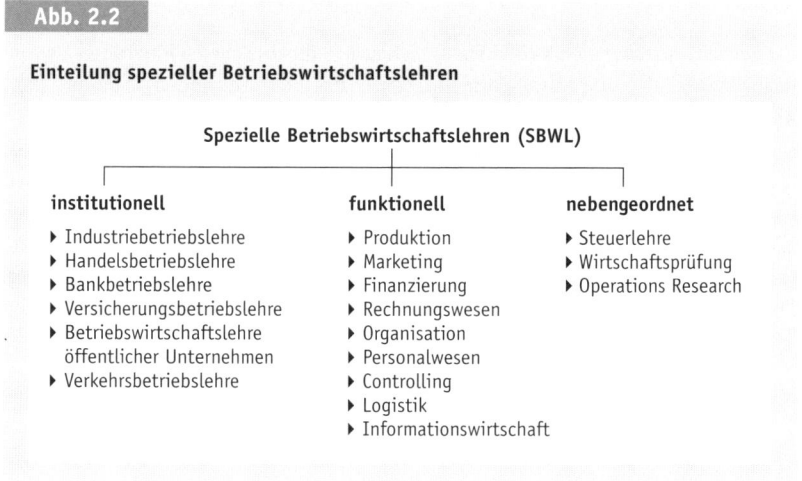

Einteilung spezieller Betriebswirtschaftslehren

Spezielle Betriebswirtschaftslehren (SBWL)

institutionell	funktionell	nebengeordnet
▸ Industriebetriebslehre	▸ Produktion	▸ Steuerlehre
▸ Handelsbetriebslehre	▸ Marketing	▸ Wirtschaftsprüfung
▸ Bankbetriebslehre	▸ Finanzierung	▸ Operations Research
▸ Versicherungsbetriebslehre	▸ Rechnungswesen	
▸ Betriebswirtschaftslehre öffentlicher Unternehmen	▸ Organisation	
▸ Verkehrsbetriebslehre	▸ Personalwesen	
	▸ Controlling	
	▸ Logistik	
	▸ Informationswirtschaft	

2.3 Aussagekategorien in der Betriebswirtschaftslehre

2.3.1 Definitionen und Begriffe

Voraussetzung wissenschaftlicher Tätigkeit ist die Klarheit, Präzision und Widerspruchsfreiheit der verwendeten Sprache und Aussagen. Jede Wissenschaft bildet Fachsprachen heraus, die bestimmte Begriffe (Fachtermini) eindeutig und präzise definiert verwenden und sich dadurch von der Umgangssprache unterscheiden (vgl. Weber/Kabst 2009, S. 31 ff.). Definitionen und (definierte) Begriffe nehmen in der wissenschaftlichen Theoriebildung eine zentrale Rolle ein.

> Die *Definition* ordnet einen bekannten Vorstellungsinhalt (sogenanntes *Definiens*: das Definierende) einem Wort oder einer Wortkombination (sogenanntes *Definiendum*: das zu Definierende) zu.

So definiert die Betriebswirtschaftslehre den bewerteten, sachzielbezogenen Güterverbrauch (Definiens) durch das Wort »Kosten« (Definiendum). Mit Hilfe der Definition wird also eine Vereinbarung darüber getroffen, einem bestimmten Sachverhalt ein ganz bestimmtes (definiertes) Wort, das in der Wissenschaft als *Begriff* oder *Terminus* bezeichnet wird, zuzuordnen (vgl. Weber/Kabst 2009, S. 31). Hierbei handelt es sich um eine sogenannte *Nominaldefinition*. Nominaldefinitionen sind sprachliche Konventionen und legen fest, was ein bestimmter Begriff bedeutet. Sie können deshalb weder wahr noch falsch, sondern nur mehr oder weniger zweckmäßig sein (Weber/Kabst 2009, S. 31).

Wichtige Dimensionen eines *Begriffs* sind sein Inhalt, sein Umfang und die an den Begriff gestellten Anforderungen.

▸ Der *Begriffsinhalt* erfasst die Gesamtheit der Merkmale und Beziehungen von Gegenständen, die der Begriffsbildung dienen (z.B. die Ableitung des Begriffs *Kosten* aus anderen Sachverhalten).
▸ Der *Begriffsumfang* bezieht sich auf die Klasse aller Gegenstände, die durch einen bestimmten Begriff widergespiegelt werden (z.B. beim Begriff *Kosten* alle Kostenarten).
▸ Die *Begriffsanforderungen* sind vor allem Klarheit, Präzision und Zweckmäßigkeit, d.h. die Differenzierbarkeit von anderen Begriffen, und die Operationalität, worunter eine möglichst eindeutige Zuordnung realer Sachverhalte zu dem Begriff zu verstehen ist.

2.3.2 Hypothesen und Theorien

Die Hauptaufgabe einer Wissenschaft besteht darin, Theorien über Sachverhalte bzw. Phänomene ihres Objektbereiches zu entwerfen. Theorien werden benötigt, um Ursache-Wirkungs-Zusammenhänge aufzudecken (Aufgabe der Erklärung). Mit der Kenntnis kausaler Zusammenhänge ist es möglich, einerseits zielorientiert gestaltend in solche Zusammenhänge einzugreifen (Aufgabe der Gestaltung) und andererseits, Vorhersagen über zukünftige Entwicklungen abzugeben (Aufgabe der Prognose).

> *Theorien* sind Systeme miteinander verbundener Hypothesen und haben die Aufgabe, einen Ausschnitt der Realität in einen begrifflichen Zusammenhang zu bringen.

Sie versuchen, reale Sachverhalte zu erklären, formulieren Gesetzmäßigkeiten und haben eine prognostische Relevanz (Kirsch et al. 2007, S. 7). *Hypothesen* sind kausale Aussagen über Beziehungen zwischen zwei oder mehreren Sachverhalten (Variablen) in Form von »wenn-dann« oder »je-desto«-Sätzen. Von den kausalen (explikativen) Aussagen können noch *deskriptive Aussagen* unterschieden werden, die der Beschreibung von Sachverhalten dienen.

Reichenbachschema

Der wissenschaftliche Forschungsprozess ist arbeitsteilig und umfasst nach dem sogenannten Reichenbachschema drei Phasen (vgl. Kirsch et al. 2007, S. 10; auch Weber/Kabst 2009, S. 33):

Der Entdeckungszusammenhang: In dieser Phase geht es um die Frage, wie wissenschaftliche Erkenntnisse gewonnen werden können. Im Allgemeinen werden drei unterschiedliche Vorgehensweisen bzw. *Erkenntnisprinzipien* unterschieden:
▸ Die *Induktion*: Bei dieser Methode wird von Einzelbeobachtungen der Realität auf eine allgemein gültige Aussage, eine *Hypothese*, geschlossen.
▸ Die *Deduktion*: Die Deduktion setzt das Vorliegen schon von Theorien voraus. Aus diesen Theorien werden dann schlüssig und logisch korrekt weitere Erkenntnisse abgeleitet.
▸ Die *Hermeneutik*: Hier dient der Verstand als Erkenntnisquelle. Versucht wird, ein Problem gedanklich zu durchdringen, um so zu einer Lösung zu kommen.

Der Begründungszusammenhang: Diese Phase umfasst die wissenschaftliche Überprüfung von Hypothesen und Theorien. Nach dem *kritischen Rationalismus* sind Theorien vorläufige und spekulative Vermutungen, die der Mensch entwickelt, um seine Probleme zu überwinden. Da der Mensch nicht in der Lage ist, über Raum und Zeit hinweg die »Richtigkeit« einer Hypothese zu beweisen (Verifikation), erfolgt eine Überprüfung nach dem sogenannten *Falsifikationsprinzip* (vgl. Kirsch et al. 2007, S. 10 f.). Danach wird eine Hypothese immer wieder mit der Realität konfrontiert. Hypothesen, die diesen »Widerlegungsversuchen« standhalten, werden als »*nomologische*« bzw. bewährte Hypothesen bezeichnet. Voraussetzung für Falsifikationsversuche ist, dass Hypothesen *gehaltvoll* sind, d. h., sie müssen einen möglichst hohen Allgemeinheitsgrad aufweisen, also wenig in der *Wenn-Komponente* ausschließen und in der *Dann-Komponente* der Hypothese präzise Aussagen machen (Kirsch et al. 2007, S. 8). Theorien müssen also falsifizierbar sein, da sie sonst ohne Aussagegehalt sind.

Der Verwendungszusammenhang: In dieser Phase geht es um die Frage, welchen Beitrag wissenschaftliche Theorien zur menschlichen Problemlösung leisten können. Theorien übernehmen drei Aufgaben (vgl. Weber/Kabst 2009, S. 35):
▸ Theorien können Realitätsausschnitte erklären (*Erklärungsfunktion*),
▸ Theorien können das Eintreten von Ereignissen in der Zukunft vorhersagen (*Prognosefunktion*) und
▸ Theorien ermöglichen Aussagen über eine zielorientierte Gestaltung von realen Zusammenhängen (*pragmatische Funktion*).

Schema von Hempel-Oppenheim

Eine Struktur zur Ableitung wissenschaftlicher Aussagen liefert das logisch-deduktive Schema von Hempel-Oppenheim (vgl. Kirsch et al. 2007, S. 9; Schanz 2009, S. 86; Abb. 2.3). Nach diesem Schema wird ein einzelner beobachtbarer Sachverhalt E (das *Explanandum*) aus einer erklärenden Aussagenmenge G (Gesetze, Theorien, Hypothesen) unter Beachtung von Anfangsbedingungen (Antezedenzbedingungen) *A* logisch-deduktiv abgeleitet (vgl. Schanz 2009, S. 86). *G* und *A* werden zusammengefasst als *Explanans* bezeichnet. Nehmen wir als Beispiel eine lineare Preisabsatzfunktion der Form: $x_A = 100 - 5\,p_A$. Wird der Preis p_A für das Produkt A vom Anbieter auf 10 Euro festgelegt (Anfangsbedingung), so wird sich, die Gültigkeit der Preisabsatzfunktion unterstellt (G), ein Absatz x_A von 50 Mengeneinheiten (Prognose) ergeben. Wird beobachtet, dass 50 Mengeneinheiten von Produkt A abgesetzt werden, dann kann dieser Absatz mit der Höhe des Preises von 10 Euro erklärt werden (Erklärung). Wenn ein Anbieter 50 Mengeneinheiten seines Produkts A verkaufen möchte, dann muss er dieses Produkt zum Preis von 10 Euro anbieten (Technologie, Gestaltung).

Abb. 2.3

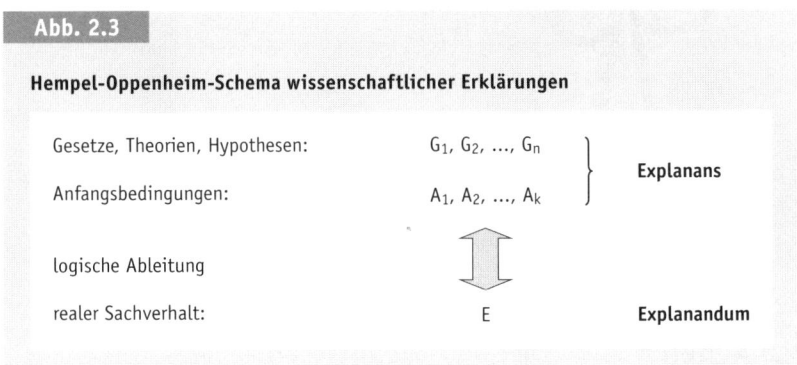

Hempel-Oppenheim-Schema wissenschaftlicher Erklärungen

Gesetze, Theorien, Hypothesen:	$G_1, G_2, \ldots, G_n$	
Anfangsbedingungen:	$A_1, A_2, \ldots, A_k$	**Explanans**
logische Ableitung		
realer Sachverhalt:	E	**Explanandum**

2.3.3 Modelle der Betriebswirtschaftslehre

Die Betriebswirtschaftslehre setzt in hohem Maße realtheoretische Modellanalysen zur Erkenntnisgewinnung und -formulierung ein.

> *Modelle* sind strukturgleiche, vereinfachte Abbilder der Wirklichkeit, die von allen für den Untersuchungsgegenstand unwesentlichen Inhalten abstrahieren (z. B. Marktmodelle, Entscheidungsmodelle).

Durch die Abstraktion vom Unwesentlichen wird eine gewünschte Komplexitätsreduktion erreicht (vgl. Bea 2009a, S. 344). Modelle sollen die Komplexität der wirtschaftlichen Realität vereinfachen und übersichtlicher machen, um so zu Erkenntnissen insbesondere über kausale Zusammenhänge zu gelangen, die sonst unerkannt bleiben würden. Da auch Modelle den Anspruch der Allgemeingültigkeit verfolgen, werden die Begriffe Modell und Theorie oft synonym verwendet.

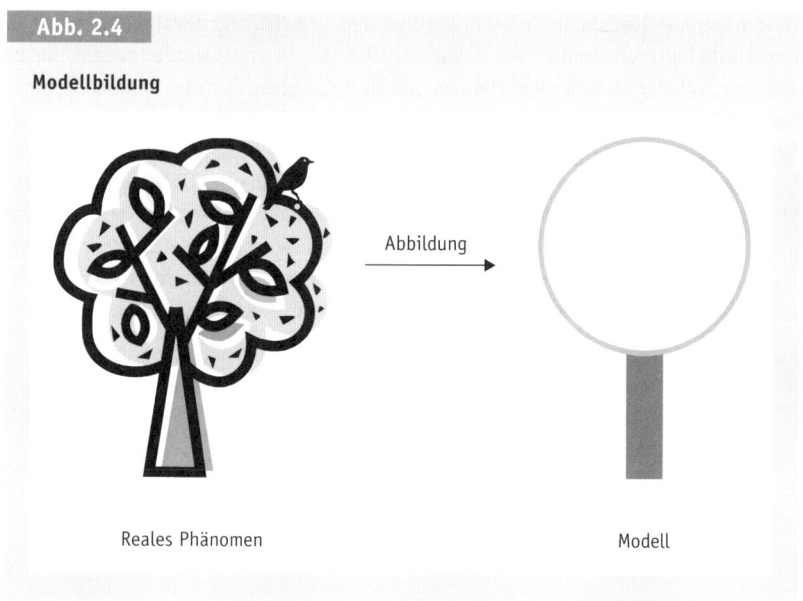

Abb. 2.4

Modellbildung

Abbildung →

Reales Phänomen   Modell

2.3.4 Werturteile in der Betriebswirtschaftslehre

Über die Frage, ob die Betriebswirtschaftslehre als Wissenschaft oder der einzelne Wissenschaftler bzw. die einzelne Wissenschaftlerin in Person Werturteile abgeben darf, d. h. (subjektive) Aussagen darüber machen darf, was gut und was nicht gut ist, oder nicht (sogenanntes *Werturteilsproblem*), findet seit vielen Jahrzehnten eine intensive Diskussion statt, ohne dass heute von einer einheitlichen Auffassung zu diesem Problem gesprochen werden kann (vgl. Schanz 2009, S. 101 ff.; Wöhe/Döring 2010, S. 10). Wissenschaftliches Arbeiten erfordert allerdings, zwischen Sachaussagen (wahrheitsfähige Aussagen) und Werturteilen (nicht wahrheitsfähige Aussagen) zu unterscheiden. Werturteile müssen insofern als solche zu erkennen sein. Sie können folgendermaßen unterschieden werden (vgl. Kirsch et al. 2007, S. 52; Weber/Kabst 2009, S. 37 f.):

▸ *Werturteile im Basisbereich* betreffen das Wissenschaftsprogramm einer Disziplin und sind unumgänglich für jede Forschung. Dazu gehören die Auswahl der Probleme, die wissenschaftlich bearbeitet werden sollen, und die Auswahl der dazu verwendeten Forschungsmethoden durch Wissenschaftler.

▸ *Werturteile im Objektbereich* sind Wertungen von Menschen, die Gegenstand der wissenschaftlichen Forschung sind (z. B. Experten, die im Rahmen einer empirischen Studie befragt werden).

▸ *Werturteile im Aussagenbereich* sind Wertungen von Wissenschaftlern selbst (z. B. die Aussage »Mitbestimmung der Arbeitnehmer ist gut«). Hier ist das eigentliche Werturteilsproblem angesprochen: Darf ein Wissenschaftler durch seine Aussagen Wertungen treffen oder müssen wissenschaftliche Äußerungen wertfrei sein?

Eine wertfreie Wissenschaft kann es demnach nicht geben. Wertfreiheit ist nur im Aussagenbereich möglich. In der Betriebswirtschaftslehre gibt es im Hinblick auf das Werturteilsproblem normative und nicht-normative Ansätze:

▸ **Normative Ansätze**:
  – Ethisch-normative Betriebswirtschaftslehre: Ausgangspunkt sind ethische Grundwerte, aus denen Normen für wirtschaftliches Handeln abgeleitet werden (vgl. Schanz 2009, S. 101 f.).
  – Neo-normative Betriebswirtschaftslehre: Wohl begründete, offene Empfehlungen werden als zulässig angesehen.
▸ **Nicht-normative Ansätze**: Nicht-normative Ansätze, wie der praktisch-normative Ansatz der Betriebswirtschaftslehre, geben Handlungsempfehlungen über den Mitteleinsatz, nicht aber über die zu erreichenden Ziele, ab (vgl. Schanz 2009, S. 114 f.).

Weiterhin gibt es eine Diskussion darüber, ob die Betriebswirtschaftslehre eine reine oder eine angewandte Wissenschaft sein soll. Eine *reine Wissenschaft* verfolgt nur Erkenntnisziele und keine praktischen Ziele. Die *angewandte Wissenschaft* will praktische Probleme lösen helfen, und zwar primär mittels wertfreier Aussagen. Die Betriebswirtschaftslehre in ihrer *praktisch-normativen Ausrichtung* ist daher den angewandten Wissenschaften zuzuordnen, da sie versucht, praktische Probleme in Betrieben lösen zu helfen.

Kontrollfragen Kapitel 2

1. *Nennen Sie drei wichtige Aufgaben von Wissenschaft und erläutern Sie, was darunter zu verstehen ist.*
2. *Es lassen sich verschiedene Arten von Wissenschaften unterscheiden. Ordnen Sie die BWL ein.*
3. *Was versteht man unter einer Definition? Bilden Sie ein Beispiel aus der BWL!*
4. *Was ist eine Theorie?*
5. *Welche Phasen unterscheidet das Reichenbachschema? Geben Sie für jede Phase ein Beispiel.*
6. *Aus welchen Komponenten besteht das logisch-deduktive Erklärungsschema?*
7. *Welche Erkenntnisprinzipien gibt es?*
8. *Was wird unter Falsifikation verstanden?*
9. *Wann ist eine Hypothese gehaltvoll und wie wird sie dann bezeichnet?*
10. *Was versteht man unter der pragmatischen Funktion von Theorien?*
11. *Was ist ein Modell?*
12. *Welche Aufgaben kommen den Modellen in der BWL zu?*
13. *Nennen und erläutern Sie die drei Werturteilsarten.*
14. *Worin unterscheiden sich eine normative und eine nicht-normative BWL?*
15. *Inwiefern kann die BWL als angewandte Wissenschaft bezeichnet werden?*

Weiterführende Literatur

Bea, F. X. (2009a): Entscheidungen des Unternehmens, in: Bea, F. X./Schweitzer, M. (Hrsg.), Allgemeine Betriebswirtschaftslehre, Bd. 1: Grundfragen, 10. Aufl., Stuttgart, S. 333–437.

Kirsch, W./Seidl, D./van Aaken, D. (2007): Betriebswirtschaftliche Forschung, Stuttgart.

Peters, S./Brühl, R./Stelling. J. N. (2005): Betriebswirtschaftslehre, 12. Aufl., München, Wien.

Raffée, H. (1974): Grundprobleme der Betriebswirtschaftslehre, Göttingen.

Schanz, G. (2009): Wissenschaftsprogramme der Betriebswirtschaftslehre, in: Bea, F. X./Schweitzer, M. (Hrsg.), Allgemeine Betriebswirtschaftslehre, Bd. 1: Grundfragen, 10. Aufl., Stuttgart, S. 81–159.

Weber, W./Kabst, R. (2009): Einführung in die Betriebswirtschaftslehre, 7. Aufl., Wiesbaden.

Wöhe/Döring, G. (2010): Einführung in die Allgemeine Betriebswirtschaftslehre, 24. Aufl., München.

3

Basiskonzepte der Betriebswirtschaftslehre

Lernziele

▶ Sie kennen die Unterschiede zwischen dem ökonomistischen und dem sozialwissenschaftlichen Basiskonzept der BWL.

▶ Sie wissen, was ein Paradigma ist und was Wissenschaftsprogramme sind.

▶ Sie kennen den faktoranalytischen Ansatz von *Gutenberg*.

▶ Sie können die Grundaussage und die einzelnen Elemente des entscheidungsorientierten Ansatzes von *Heinen* erläutern.

▶ Sie können Entscheidungssituationen hinsichtlich ihres Informationsstandes klassifizieren.

▶ Sie kennen das Grundmodell der präskriptiven Entscheidungstheorie.

▶ Sie kennen Entscheidungsregeln bei Sicherheit, Risiko und Unsicherheit und können diese auf konkrete Entscheidungssituationen anwenden.

▶ Sie sind in der Lage, einen Entscheidungsbaum aufzustellen.

▶ Sie kennen verschiedene Ansätze der BWL.

3.1 Allgemeine Basiskonzepte

Basiskonzepte der Betriebswirtschaftslehre stellen Übereinkünfte von Wissenschaftlern dar, aus welcher Perspektive und mit welchen wissenschaftlichen Methoden betriebswirtschaftliche Probleme zu bearbeiten sind. Es handelt sich um breit angelegte Entwürfe zu den Grundsätzen einer Wissenschaft (z. B. Abgrenzung des Erkenntnisobjekts, Art der eingesetzten wissenschaftlichen Methoden), die als *Leitideen* dem arbeitsteiligen Forschungsprozess eine Richtung geben (vgl. Schanz 2009, S. 88 ff.). Auf einer sehr allgemeinen, ersten Ebene kann nach Raffée (1974, S. 77 ff.) zwischen dem ökonomistischen und dem sozialwissenschaftlichen Basiskonzept unterschieden werden (vgl. Abb. 3.1).

Nach dem ökonomistischen Basiskonzept ist die Betriebswirtschaftslehre eine eigenständige, autonome und von anderen wissenschaftlichen Disziplinen (sogenannte Nachbarwissenschaften) eindeutig abgegrenzte Wissenschaft, die sich vornehmlich mit dem Aspekt der Einkommenserzielung und -verwendung durch wirtschaftliche Tätigkeit beschäftigt (vgl. dazu Schneider 1995, S. 117 ff.).

Ökonomistisches Basiskonzept

Eine interdisziplinäre Öffnung zu anderen Wissenschaften, insbesondere zu den Verhaltenswissenschaften (z. B. Psychologie, Soziologie), wird von den Anhängern dieses Basiskonzepts mit dem Argument abgelehnt, dass dadurch die Eigenständigkeit der Betriebswirtschaftslehre als Wissenschaft verloren geht (vgl. Schneider

1995, S. 142). Zudem hätte eine mangelnde Professionalität der Betriebswirtschaftler in anderen Wissenschaften ein Dilettieren in Nachbardisziplinen zur Folge.

Das sozialwissenschaftliche Basiskonzept, das eng mit dem entscheidungsorientierten Ansatz von *Edmund Heinen* verbunden ist (vgl. Schanz 2009, S. 111 ff. und Kap. 3.2.1), öffnet demgegenüber die Betriebswirtschaftslehre für andere Wissenschaften und verfolgt ein interdisziplinäres, auf die Leitidee der menschlichen Bedürfnisbefriedigung gerichtetes, wissenschaftliches Forschungsprogramm (vgl. Schanz 2009, S. 116). Dieses Basiskonzept, das in Deutschland die meisten Anhänger findet, fasst die Betriebswirtschaftslehre als eine spezielle Sozialwissenschaft auf. Für dieses Konzept sprechen die folgenden Argumente:

▸ Wirtschaften ist ein *Ausschnitt sozialen Handelns*, der ohne Einbeziehung der Verhaltenswissenschaften (z. B. der Psychologie) nicht angemessen erklärt werden könnte.

▸ *Interdisziplinäre Fragestellungen und Probleme*, d. h. Schnittmengen und Schnittstellen der Betriebswirtschaftslehre mit anderen Wissenschaften, werden durch dieses Konzept nicht ausgeklammert. Durch die Öffnung zu den Sozialwissenschaften lässt sich ein realitätsnäheres, theoretisches und auf praktische Anwendungen bezogenes Wissen erlangen. So könnten z. B. im Marketing und im Personalwesen ohne Rückgriff auf verhaltenswissenschaftliche Erkenntnisse relevante Sachverhalte (z. B. die Kundenzufriedenheit im Marketing und die Leistungsmotivation im Personalwesen) nur sehr unzureichend bearbeitet werden. Eine auf rein ökonomische Prozesse fokussierte Analyse würde die Betriebswirtschaftslehre in ihrem Erklärungsanspruch unangemessen stark einengen. Die Tragfähigkeit dieses Basiskonzepts lässt sich insbesondere am Forschungserfolg in den betriebswirtschaftlichen Teildisziplinen Management (vgl. Kap. 6), Personalwirtschaft (vgl. Kap. 8.7) und Marketing (vgl. Kap. 8.2) erkennen.

▸ Das sozialwissenschaftliche Basiskonzept ermöglicht die Integration von Fragen der *ethischen und sozialen Verantwortung* von Unternehmen (vgl. auch Kap. 1.3.2 und Kap. 3.2.5).

Abb. 3.1

Grundkonzepte erster Ordnung

Ökonomistisches Basiskonzept	Sozialwissenschaftliches Basiskonzept
▸ BWL als eigenständige, autonome Wirtschaftswissenschaft ▸ Idee der Einkommensorientierung	▸ BWL als spezielle, interdisziplinär geöffnete Sozialwissenschaft ▸ Idee der Bedürfnisbefriedigung

Quelle: in Anlehnung an Raffée 1974, S. 79ff.

Für diese beiden grundlegenden Basiskonzepte lassen sich konkretere Ausformungen identifizieren. In diesem Zusammenhang wird häufig von spezifischen Wissenschafts- bzw. Forschungsprogrammen, *Paradigmen* oder Ansätzen gesprochen, die als Grundkonzeptionen eine spezifische Einordnung und wissenschaftliche Behandlung von Einzelproblemen der Betriebswirtschaftslehre unter Einsatz eines speziellen methodologischen Konzepts ermöglichen (vgl. Schanz 2009, S. 81 ff.; Schweitzer 2009b, S. 5 f.). Heute existiert ein Nebeneinander von mehreren Wissenschaftsprogrammen, ohne dass eines davon den Anspruch erhebt, herrschend oder dominant für die Betriebswirtschaftslehre zu sein. Es kann vielmehr ein *Wissenschaftspluralismus* festgestellt werden. Das Spektrum der gegenwärtigen Wissenschaftsprogramme umfasst folgende Ansätze (vgl. auch Schweitzer 2009b, S. 5):

Wissenschaftsprogramme

▸ faktoranalytischer Ansatz von *Erich Gutenberg*,
▸ entscheidungsorientierter Ansatz von *Edmund Heinen*,
▸ systemorientierter Ansatz von *Hans Ulrich*,
▸ situativer Ansatz,
▸ ökologieorientierter bzw. nachhaltigkeitsorientierter Ansatz,
▸ verhaltenswissenschaftlicher Ansatz,
▸ institutionenorientierter Ansatz und
▸ prozess- und kompetenzorientierter Ansatz.

Gutenberg fasst die Betriebswirtschaftslehre als Wissenschaft von der Produktivitätsbeziehung auf (vgl. Schanz 2009, S. 82). Ausgangsbasis des faktoranalytischen Ansatzes ist ein System produktiver Faktoren (vgl. Kap. 1.6). Der Betriebsprozess wird primär unter dem Aspekt der Kombination produktiver Faktoren analysiert. *Gutenberg* strebte mit seiner methodischen Ausrichtung auf die *klassische Mikroökonomie* eine theoretische Geschlossenheit sowie eine starke Formalisierung bzw. Mathematisierung der Betriebswirtschaftslehre an (vgl. Schanz 2009, S. 104 ff.). Die Enge dieses auf Fragen der Produktions-, Finanz- und Absatzwirtschaft fokussierten Ansatzes sowie seine theoretisch-abstrakte Ausrichtung sind oft kritisch reflektiert worden. Argumentiert wird, dass qualitative und nicht-monetäre betriebliche Aspekte, die insbesondere in den Managementbereichen Marketing, Organisation, Führung und Personalwesen eine zentrale Rolle spielen, ausgeklammert werden. Insofern liegen die Schwächen des faktoranalytischen Ansatzes in seinen idealtypischen, praxisfernen Prämissen (z. B. rationales Entscheidungsverhalten) und der damit verbundenen empirischen Gehaltlosigkeit (Vorwurf des *Modell-Platonismus*; vgl. auch Kap. 2.3.2) sowie im Verzicht auf die Einbeziehung verhaltenswissenschaftlicher Erkenntnisse (vgl. Schanz 2009, S. 110). Wegen seiner Eigenständigkeit und einseitigen Orientierung an der Interessenlage der Unternehmung (partikulärer Ansatz) kann das Wissenschaftsprogramm Gutenbergs dem ökonomistischen Basiskonzept zugeordnet werden. Heute hat dieser Ansatz an Bedeutung verloren. Die anderen Konzepte werden im Folgenden näher beschrieben.

Faktoranalytischer Ansatz

3.2 Spezielle Basiskonzepte

3.2.1 Der entscheidungsorientierte Ansatz

3.2.1.1 Grundlagen und Merkmale des entscheidungsorientierten Ansatzes

Der entscheidungsorientierte Ansatz als Grundkonzeption der Betriebswirtschaftslehre wurde maßgeblich von *Edmund Heinen* geprägt. Da Wirtschaften als das Entscheiden über knappe Güter in Betrieben definiert wird (vgl. Kap. 1.2), ist es nicht überraschend, dass sich die Betriebswirtschaftslehre Entscheidungsproblemen annimmt. Das Besondere an diesem Ansatz ist, dass Entscheidungen als realwissenschaftliche Phänomene bei Menschen, Organisationen und in der Gesellschaft aufgefasst und nicht mehr im Kontext des *Homo oeconomicus* der klassischen Mikroökonomie betrachtet werden. Die Analyse solcher Entscheidungen erfordert nach Heinen deshalb zwingend eine Integration von Erkenntnissen der Sozialwissenschaften und die Orientierung an empirisch überprüfbaren Theorien und Hypothesen (vgl. Schanz 2009, S. 113; Kap. 2.3.2 und Abb. 3.2). Damit ist der entscheidungsorientierte Ansatz eine Konkretisierung des sozialwissenschaftlichen Basiskonzepts der Betriebswirtschaftslehre. Reale Entscheidungen sind insbesondere von der Unsicherheit des Entscheiders in konkreten Entscheidungssituationen geprägt. Dieser Ansatz genießt noch heute eine beachtliche Stellung innerhalb der Betriebswirtschaftslehre.

Der entscheidungsorientierte Ansatz der Betriebswirtschaftslehre umfasst folgende Teilbereiche (vgl. Abb. 3.2):
▸ *Die Zielanalyse*: Welche Ziele sollen vom Unternehmen verfolgt werden?
▸ *Systematisierung von Aufgabenfeldern*: Welche betrieblichen Entscheidungsprobleme sollen gelöst werden (z. B. Beschaffungs-, Produktions-, Absatz-, Personal- und Finanzierungsprobleme)?

Abb. 3.2

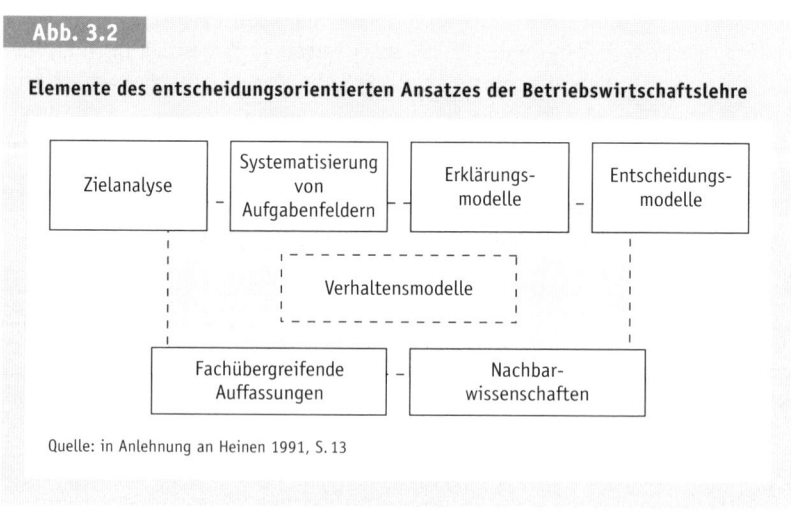

Elemente des entscheidungsorientierten Ansatzes der Betriebswirtschaftslehre

Quelle: in Anlehnung an Heinen 1991, S. 13

▸ Entwicklung von *Erklärungsmodellen*: Welches Wissen steht zur Problemlösung und Entscheidungsfindung zur Verfügung (z. B. Kenntnis von Kosten- und Preisabsatzfunktionen)?

▸ Bereitstellung von *Entscheidungsmodellen und -regeln*: Wie soll unter bestimmten Bedingungen wirtschaftlich entschieden werden? Hierbei geht es um die Frage, wie Mittel effizient eingesetzt werden sollen, um die gesetzten Ziele zu erreichen. Wegen dieser *Gestaltungsaufgabe* fasst sich die Betriebswirtschaftslehre auch als praktisch-normative Wissenschaft auf (vgl. Schanz 2009, S. 114 f.).

Der realwissenschaftliche Ansatz Heinens untersucht das tatsächliche (deskriptive), und nicht das für das Erreichen eines bestimmten Zieles bei vorhandenen Restriktionen optimale (normative) Entscheidungsverhalten von Menschen und Organisationen. Reale Entscheidungsprozesse, die als *Problemlösungsprozess* aufgefasst werden, umfassen sämtliche Aktivitäten, die von der Entstehung eines Problems bis zu dessen Lösung durchgeführt werden müssen (vgl. Staehle 1999, S. 295). Dieser Prozess kann in vier Phasen bzw. Aufgaben (*Entscheidungsphasen*) zerlegt werden (vgl. Abb. 3.3):

▸ *Problemstellungsphase:* Erkennen und Analysieren des Entscheidungsproblems.

▸ *Lösungsfindungsphase:* Suchen, Identifizieren, Analysieren und Formulieren von potenziellen Alternativen zur Problemlösung.

▸ *Urteilsphase:* Festlegen von Bewertungskriterien, Bewerten der Alternativen und Alternativen nach Präferenzen ordnen.

▸ *Implementierungsphase*: Entscheidung für eine Alternative, Durchsetzung, Kontrolle und Überwachung (Monitoring) sowie Anpassung im Zeitablauf.

Abb. 3.3

Phasen eines extensiven Entscheidungsprozesses

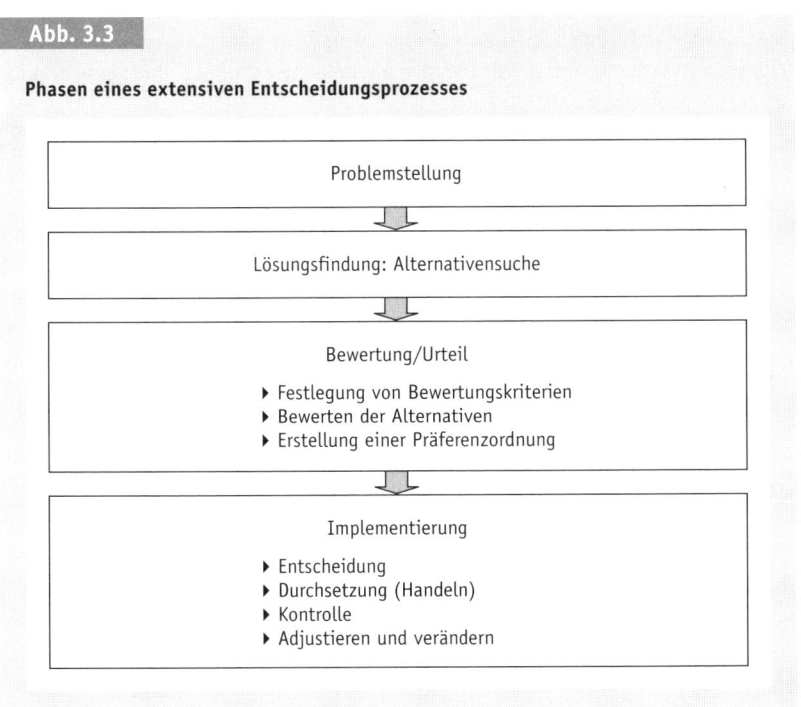

Merkmale betrieblicher
Entscheidungen

Jede dieser Phasen kann wiederum als (Sub-)Entscheidungsprozess aufgefasst werden (vgl. Staehle 1999, S. 295 f.). Dadurch findet ein Übergang von der Betrachtung der Makro-Prozesse auf die Analyse von Mikro-Prozessen von Entscheidungen statt. Normalerweise laufen Entscheidungsprozesse mit Rückkopplung ab, so dass Korrekturen in vorangegangenen Entscheidungsphasen möglich sind. Es lassen sich folgende Merkmale von betrieblichen Entscheidungen bzw. Entscheidungssituationen unterscheiden:

▸ Träger der Entscheidung (Individuum oder Gruppe),
▸ Anlass der Entscheidung (antizipativ oder reaktiv),
▸ Planungsintensität der Entscheidung (extensiv oder habitualisiert),
▸ Objekt der Entscheidung (Ziele oder Mittel),
▸ Art der Entscheidung (Führungsentscheidungen oder operative Entscheidungen),
▸ Häufigkeit der Entscheidung, der Entscheidungssituation bzw. des Entscheidungsproblems (innovativ oder routiniert),
▸ Informationsstand des Entscheiders (Entscheidung unter Sicherheit, Risiko oder Ungewissheit) und
▸ Struktur des Entscheidungsproblems (wohl strukturiert oder unstrukturiert).

Wohl strukturierte Entscheidungsprobleme zeichnen sich durch eine vollständige, in sich abgeschlossene und eindeutige Beschreibung aller Elemente des Entscheidungsfeldes aus, so dass mit Hilfe exakter, formal-mathematischer Methoden (Algorithmen) eine optimale Lösung gefunden werden kann.

Bei schlecht strukturierten Problemen liegen keine vollständigen Informationen über das gesamte Entscheidungsfeld vor, so dass heuristische Lösungsverfahren (Näherungsmethoden) eingesetzt werden müssen, die zwar gute, aber keine optimalen Lösungen garantieren.

Präskriptive
Entscheidungstheorie

Nach der *Präskriptiven Entscheidungstheorie* (vgl. Bamberg et al. 2008, S. 1 ff.) umfasst eine Entscheidungssituation (*Entscheidungsfeld*) die Komponenten Entscheidungsziele und -präferenzen (sogenanntes Subjektsystem) sowie Entscheidungsalternativen, Umweltzustände und Entscheidungskonsequenzen bzw. -ergebnisse (sogenanntes Objektsystem; vgl. Kap. 3.2.1.2). Eine zentrale Rolle bei betrieblichen Entscheidungen spielt das Wissen, über das ein Entscheidungsträger/-organ in einer konkreten Problemsituation verfügt (Informationsstand). Informationsunsicherheiten bei realen Entscheidungen liegen häufig hinsichtlich der Umweltzustände (Bedingungen, unter denen Entscheidungen zu treffen sind) und der Entscheidungskonsequenzen (Ergebnisse von Entscheidungen) vor. Dementsprechend werden nach dem *Informationsstand* die Entscheidungssituationen »Sicherheit«, »Risiko« und »Unsicherheit« unterschieden (vgl. Abb. 3.4). *Entscheidungen unter Sicherheit* sind dadurch charakterisiert, dass vollständige Informationen über alle Entscheidungselemente vorliegen. Insbesondere sind der zu berücksichtigende Umweltzustand und die Ergebnisse bzw. Konsequenzen einzelner Entscheidungsalternativen bekannt. Liegen über Elemente des Objektsystems (Umweltzustände, Entscheidungsalternativen und Entscheidungsergebnisse) keine vollständigen Informationen vor, so wird von einer ungewissen Entscheidungssituation gesprochen (vgl. Abb. 3.4).

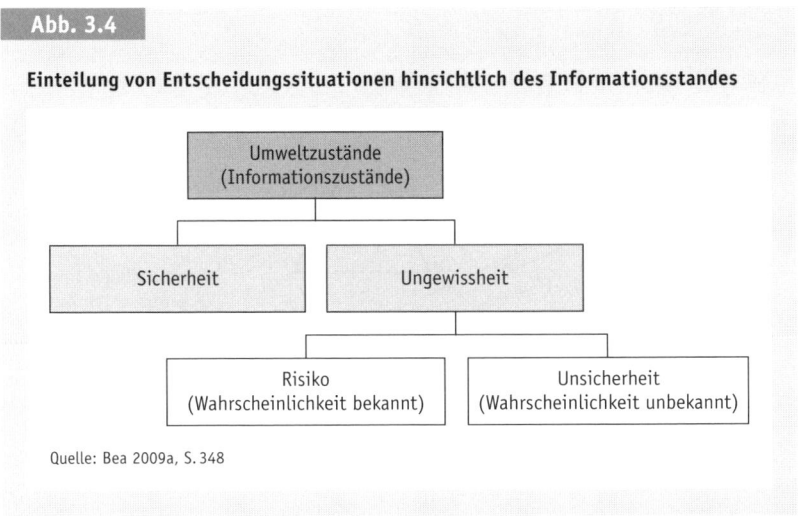

Abb. 3.4

Einteilung von Entscheidungssituationen hinsichtlich des Informationsstandes

Quelle: Bea 2009a, S. 348

Zur Behandlung ungewisser Entscheidungen reicht es aus, nur für ein Element des Objektsystems Ungewissheit zu unterstellen. Ohne Einschränkung der Allgemeinheit wird deshalb in der hier folgenden Darstellung davon ausgegangen, dass nur über die Umweltzustände unvollständige Informationen vorliegen. Entscheidungsalternativen und -ergebnisse sind demgegenüber vollständig bekannt (vgl. Bamberg et al. 2008, S. 25 f.). Ungewisse Entscheidungssituationen werden weiter in Entscheidungen unter Risiko und unter Unsicherheit aufgeteilt. Bei *Entscheidungen unter Risiko* liegt eine Wahrscheinlichkeitsverteilung für das Eintreten verschiedener Umweltzustände bei sicheren Erwartungen für Ziele, Alternativen und Entscheidungskonsequenzen vor. Es ist also bekannt, mit welcher Wahrscheinlichkeit die einzelnen Umweltzustände eintreten können (z. B. Wahrscheinlichkeit dafür, dass ein Konkurrent seine Preise senkt). Die Wahrscheinlichkeiten können sowohl objektiv ermittelt als auch subjektiv geschätzt werden. Demgegenüber lassen sich bei *Entscheidungen unter Unsicherheit* keine Wahrscheinlichkeiten für das Eintreten bestimmter Umweltsituationen angeben. Es ist lediglich bekannt, dass bestimmte Umweltzustände eintreten können, nicht aber, mit welcher Wahrscheinlichkeit.

Im Mittelpunkt eines Entscheidungsproblems stehen Ziele und das Problem, diese Ziele zu erreichen (Problemlösungen). Alle Überlegungen zur Lösung von Problemen beziehen sich auf eine Ausgangssituation (das Problem) und auf eine zukünftige Situation (Lösung des Problems). Allgemein betrachtet können Probleme durch folgende drei Komponenten gekennzeichnet sein (vgl. Dörner 1979, zitiert bei Staehle 1999, S. 294; vgl. Abb. 3.5): Durch

- einen unerwünschten Ausgangszustand S_0,
- einen mit bestimmten Aktivitäten zu erreichenden erwünschten End- bzw. Zielzustand S_{t1},
- Barrieren, die das Erreichen von S_{t1} ganz oder teilweise verhindern, so dass eine von der angestrebten Zielsituation S_{t1} abweichende, zukünftige Realsituation S_{t2} erreicht wird und ein neues Problem entsteht.

Entscheidungsproblem

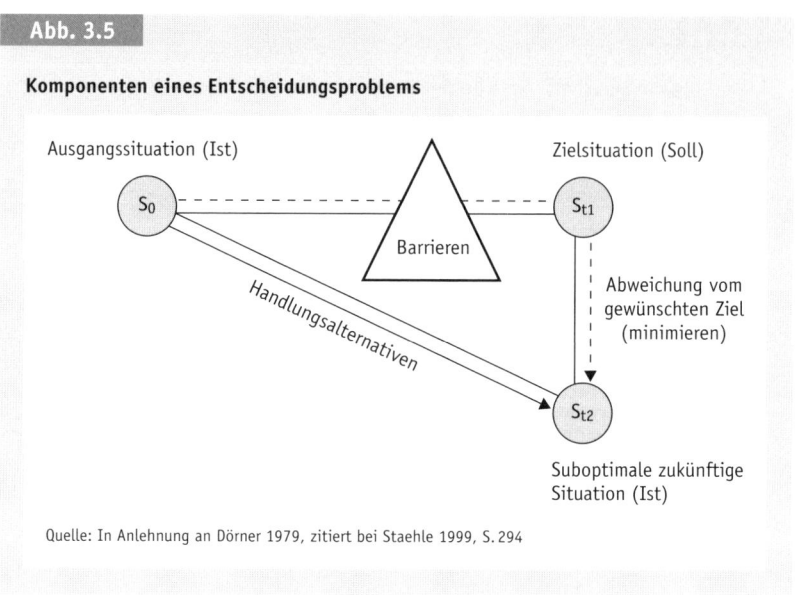

Abb. 3.5

Komponenten eines Entscheidungsproblems

Ausgangssituation (Ist)

Zielsituation (Soll)

S_0

S_{t1}

Barrieren

Handlungsalternativen

Abweichung vom
gewünschten Ziel
(minimieren)

S_{t2}

Suboptimale zukünftige
Situation (Ist)

Quelle: In Anlehnung an Dörner 1979, zitiert bei Staehle 1999, S. 294

3.2.1.2 Entscheidungsmodelle und Entscheidungskalküle

Deskriptive Entscheidungstheorie

Die Deskriptive Entscheidungstheorie untersucht reale Entscheidungsprozesse bei Individuen und Gruppen unter Berücksichtigung von Ergebnissen der Verhaltenswissenschaften (vgl. Bamberg et al. 2008, S. 4 ff.; Wöhe/Döring 2010, S. 92). Demgegenüber trifft die *Präskriptive Entscheidungstheorie* (auch Normative Entscheidungstheorie genannt) im Rahmen ihrer Entscheidungslogik Aussagen über optimales Entscheiden nach dem Rationalitätspostulat unter Annahme des Ziels der Nutzenmaximierung. Dieser Ansatz spielt im ökonomistischen Basiskonzept der Betriebswirtschaftslehre eine große Rolle (vgl. Bamberg et al. 2008, S. 3 f.). Mit Hilfe einer formalen Entscheidungslogik werden unter der Annahme geschlossener, wohl strukturierter Entscheidungsmodelle dem Rationalitätspostulat folgend Handlungsempfehlungen gegeben. *Entscheidungsmodelle* dienen insofern zur Ermittlung optimaler Handlungsalternativen.

Grundmodell der Entscheidungstheorie

Das Grundmodell der (präskriptiven) Entscheidungstheorie unterscheidet folgende Elemente (vgl. Bea 2009a, S. 342 ff. Wöhe/Döring 2010, S. 94 f.):

▸ **Umweltzustände** (Situationen) $S = \{S_j \ (j=1,...,m)\}$: Hierbei handelt es sich um vom Entscheider nicht zu beeinflussende Faktoren, die die Ergebnisse von Handlungsalternativen mit beeinflussen (z. B. konjunkturelle Entwicklungen). Die Umweltzustände bilden den Zustandsraum des Entscheidungsfeldes.

▸ **Ziele** $Z = \{Z_k \ (k=1,...,p)\}$: Ziele sind Aussagen über angestrebte Zustände. Sie dienen in der Entscheidungslogik als *Entscheidungskriterien* zur Bewertung der Alternativen nach ihrem Zielerreichungsgrad (z. B. Erhöhung des Marktanteils).

▸ **Handlungsalternativen** $A = \{A_i \ (i=1,...,n)\}$: Handlungsalternativen sind voneinander unabhängige und vom Entscheider beeinflussbare Optionen zur Erreichung angestrebter Ziele. Sie bilden den *Aktionsraum* des Entscheidungsfeldes und beinhalten alle ihm zur Verfügung stehenden Handlungsmöglichkeiten (z. B. Senkung des Preises für ein bestimmtes Produkt).

▸ **Ergebnisse** $E = \{e_{ijk}\}$: Die Handlungskonsequenzen (Zielbeiträge) werden als Ergebnisse bezeichnet. Jeder Kombination eines Zieles Z_k, einer Handlungsalternative A_i sowie eines Umweltzustandes S_j wird ein Ergebnis e_{ijk} zugeordnet. Diese Zuordnung wird als Ergebnisfunktion bezeichnet und durch eine *Ergebnismatrix* dargestellt (vgl. Abb. 3.6).

Abb. 3.6

Allgemeine Form einer Ergebnismatrix

Umweltzustände		S_1					...		S_m		
Alternativen	Ziele	Z_1	Z_2	...	Z_p	...		Z_1	Z_2	...	Z_p
A_1		e_{111}	e_{112}	...	e_{11p}	...		e_{1m1}	e_{1m2}	...	e_{1mp}
A_2		e_{211}	e_{212}	...	e_{21p}	...		e_{2m1}	e_{2m2}	...	e_{2mp}
...		...	...	...	...	e_{ijk}		...	...	...	...
A_n		e_{n11}	e_{n12}	...	e_{n1p}	...		e_{nm1}	e_{nm2}	...	e_{nmp}

Um eine Entscheidungsgrundlage zu erhalten, müssen die Ergebniswerte e_{ijk} nach ihren *Zielerreichungsgraden* in Nutzenwerte $u_{ijk} = u(e_{ijk})$ transformiert werden (vgl. Bamberg et al. 2008, S. 36). Je höher der Zielerreichungsgrad, desto höher der Nutzen eines Ergebnisses. Diese Matrix wird dann als Nutzen- bzw. *Entscheidungsmatrix* bezeichnet. Zur Entscheidung werden Entscheidungskalküle bzw. -regeln verwendet, die das entscheidungsrelevante Wissen erfassen und strukturieren.
Entscheidungskalküle lassen sich prinzipiell in zwei Typen untergliedern:

▸ **Entscheidungslogische Kalküle** (Entscheidungsregeln): Mit Hilfe von *Entscheidungsregeln* kann der rationale Entscheider für genau definierte Entscheidungsprobleme unter bestimmten Annahmen die jeweils optimale Alternative auswählen. Diese Regeln zeichnen sich durch ein axiomatisch-deduktives Vorgehen bei idealtypischen Entscheidungsmodellen aus. Die Entscheidung ist hier eine logische Folge der Annahmen.

▸ **Realwissenschaftliche Entscheidungskalküle**: Solche Kalküle, die dem *Operations Research* zugeordnet werden, dienen der Entscheidungsfindung bei realen Problemstellungen (z. B. Probleme der Produktion oder Logistik). Hier kommen mathematische Optimierungs- und Simulationsmodelle zum Einsatz (vgl. Kap. 3.2.1.7).

Im Gegensatz zum dargestellten Modell der klassischen Entscheidungstheorie, die von einer passiven Umweltsituation ausgeht, unterstellt die *Spieltheorie* einen rational handelnden Gegenspieler. Die Ergebnisse von Entscheidungen hängen danach nicht von den unbeeinflussbaren Umweltzuständen, sondern vom Handeln der Gegenspieler ab (vgl. Warning/Welzel 2007, S. 56; Wöhe/Döring 2010, S. 100 f.).

Für die nun folgenden Entscheidungsregeln gehen wir vom Grundmodell der prä-
skriptiven Entscheidungstheorie aus. Die bekanntesten entscheidungslogischen
Kalküle sind die Entscheidungsregeln bei Sicherheit, Risiko und Unsicherheit (vgl.
Abb. 3.4). Ohne Einschränkung der Gültigkeit der Entscheidungsregeln wird voraus-
gesetzt, dass nur hinsichtlich der Umweltzustände S_j Ungewissheit bestehen kann.
Für die anderen Entscheidungselemente (Ziele, Alternativen und Ergebnisse) wird
Sicherheit unterstellt (vgl. Bamberg et al. 2008, S. 25).

3.2.1.3 Entscheidungsregel bei Sicherheit

Die Entscheidungsregel bei Sicherheit wird auf Entscheidungssituationen angewandt, die dadurch gekennzeichnet sind, dass ein Umweltzustand $S_j = S$ mit Sicherheit eintritt und die Ergebnisse e_{ik} der Alternativen A_i hinsichtlich der Ziele Z_k
bekannt sind (vgl. Bamberg et al. 2008, S. 41 ff.). Diese Entscheidungsregel besagt,
dass diejenige Alternative A_i auszuwählen ist, deren Summe der gewichteten Zielerreichungsgrade u_{ik} (Nutzenwerte) am größten ist (*Entscheidungskriterium der
Nutzenmaximierung*). Vor Anwendung der Entscheidungsregel wird mit Hilfe des
Dominanzkriteriums der Aktionsraum A auf die zulässigen Aktionen reduziert (vgl.
Bamberg et al. 2008, S. 38). Zulässig sind alle Handlungsalternativen A_i, die nicht von
einer anderen Alternative dominiert werden. Eine Alternative A_i dominiert eine Alternative $A_{i'}$, wenn sie bei keinem Ziel Z_k zu einem schlechteren Ergebnis und bei mindestens einem Ziel zu einem besseren Ergebnis führt.

Nutzwertanalyse

Für Entscheidungsprobleme bei Sicherheit bietet sich die sogenannte Nutzwertanalyse an (wird auch als Punktwertmodell oder *Scoring-Modell* bezeichnet; vgl. Bea
2009a, S. 355 f.). Die Nutzwertanalyse ist ein Verfahren zur Entscheidungsfindung
bei mehreren, unterschiedlich gewichteten quantitativen und qualitativen Zielen
(vgl. Kap. 6.4.3). Hiernach werden die Entscheidungsergebnisse e_{ik} anhand des Prä-
ferenzsystems des Entscheiders bewertet (der Index j kann wegfallen, da nur ein
Umweltzustand betrachtet wird). Dazu wird eine *Nutzenskala* bzw. Punkteskala verwendet, die in Abhängigkeit des Zielerreichungsgrades dem Ergebnis e_{ik} einen Punk-
tewert u_{ik} zuordnet (*Bernoulli-Prinzip*). Die Berechnung der *Nutzenwerte U_i* der einzelnen Handlungsalternativen A_i erfolgt nach der Formel:

$$U_i = \sum_{k=1}^{p} g_k u_{ik}$$

Dabei ist g_k das Gewicht bzw. die Bedeutung von Ziel Z_k und u_{ik} ist der mit Punkten
bewertete Zielerreichungsgrad der Alternative A_i bei Z_k (vgl. Abb. 3.7). Im Beispiel
der Abb. 3.7 ist die Alternative A_1 zu wählen.

3.2.1.4 Entscheidungsregel bei Risiko

Bei diesem Entscheidungsproblem ist zum Entscheidungszeitpunkt noch ungewiss,
welcher der potenziell möglichen Umweltzustände S_j eintreten wird. Der Entscheidungsträger kennt aber für die einzelnen Umweltzustände S_j deren *Eintrittswahrscheinlichkeiten* $w_j = w(S_j)$, wobei gilt, dass $\sum w_{j=1\ldots m} = 1$. Dazu können objektive,
aus der Wahrscheinlichkeitstheorie berechnete Wahrscheinlichkeiten ebenso zum
Einsatz kommen wie subjektive Wahrscheinlichkeiten, die vom Entscheidungsträger

Abb. 3.7

Beispiel einer Nutzenmatrix für eine Entscheidung bei Sicherheit

Ziele:	Z_1	Z_2	Z_3	Nutzenwert
Gewichtung:	$g_1 = 0.6$	$g_2 = 0.3$	$g_3 = 0.1$	U_i
Alternativen:				
A_1	5	2	9	☞ 4.5
A_2	3	4	7	3.7
A_3	1	5	5	2.6

Nutzenskala: 0 = niedrigste Zielerreichung bis 10 = maximale Zielerreichung

aus persönlicher Erfahrung geschätzt werden. Zur Vereinfachung der Entscheidungs-situation wird hier angenommen, dass nur ein Ziel $Z_k = Z$ verfolgt wird (der Index k entfällt). Bei ungewissen Entscheidungssituationen muss die *Risikoneigung*, d. h. der Grad der Bereitschaft eines Entscheidungsträgers, mögliche, aber ungewollte Er-gebnisse seiner Entscheidung in Kauf zu nehmen, berücksichtigt werden. Es werden *risikoneutrale* (orientiert sich an der statistischen Erwartung), *risikoscheue* bzw. *risi-koaverse* (versucht, Verluste zu vermeiden bzw. zu minimieren) und *risikofreudige* Neigungen (orientiert sich an den potenziellen Chancen) unterschieden (Wöhe/ Döring 2010, S. 96).

Nach der für dieses Entscheidungsproblem anzuwendenden Entscheidungsregel wird diejenige Alternative A_i, deren statistischer Erwartungswert *EW* für das Er-gebnis e_i

$$EW_i(e_i) = \sum_{j=1}^{m} w_j e_{ij}$$

am höchsten ist, ausgewählt (*Entscheidungskriterium der Erwartungswertmaximie-rung*). Dabei ist e_{ij} das erwartete Ergebnis bei Alternative A_i, wenn der Umweltzu-stand S_j eintritt. Diese Regel wird auch als *Bayesche-Regel* bezeichnet (vgl. Bea 2009a, S. 349). Wird diese Regel nicht direkt auf die Ergebnisse, sondern auf Nut-zenwerte u_{ij} angewendet, spricht man vom *Bernoulli-Prinzip* (vgl. Abb. 3.8). Die Ergebnisse e_{ij} werden dann in Nutzenwerte u_{ij} überführt und der Erwartungswert des Nutzens bestimmt. u_{ij} ist der mit Punkten bewertete Zielerreichungsgrad der Alter-native A_i bei S_j. Der Entscheidungsträger, der diese Regel anwendet, wird als *risiko-neutral* bezeichnet. Im Beispiel der Abb. 3.8 ist die Alternative A_2 zu wählen.

Abb. 3.8

Beispiel einer Nutzenmatrix für eine Entscheidung bei Risiko

Situationen:	S_1	S_2	S_3	Erwartungs-wert
Wahrscheinlichkeiten:	$w_1 = 0.2$	$w_2 = 0.6$	$w_3 = 0.2$	
Alternativen:				
A_1	3	5	7	5.0
A_2	5	8	6	☞ 7.0
A_3	2	6	7	5.4

Nutzenskala: 0 = niedrigste Zielerreichung bis 10 = maximale Zielerreichung

3.2.1.5 Entscheidungsregeln bei Unsicherheit

Bei Entscheidungssituationen unter Unsicherheit können den Umweltzuständen keine Eintrittswahrscheinlichkeiten zugeordnet werden. Es sind lediglich die Umweltzustände S_j bekannt, die eintreten können. Auch hier wird vereinfachend vorausgesetzt, dass der Entscheider nur ein Ziel verfolgt (vgl. Bamberg et al. 2008, S. 111 ff.). In Abhängigkeit der Risikoneigung des Entscheiders können folgende Entscheidungsregeln unterschieden werden (vgl. Bea 2009a, S. 349 ff.):

▸ **Die Laplace-Regel** entspricht der *Bayes-Entscheidungsregel* unter der Annahme, dass alle potenziellen Umweltzustände S_j mit gleicher Wahrscheinlichkeit $w = w_j = 1/m$ auftreten können. Ausgewählt wird nach dieser Regel, die einen risikoneutralen Entscheider unterstellt, diejenige Alternative A_i mit der höchsten Nutzensumme U_i:

$$U_i = \sum_{j=1}^{m} u_{ij}.$$

Im Beispiel der Abb. 3.9 wird Alternative A_2 gewählt ($U_2 = 18$).

▸ **Die Minimax-Regel** (wird auch als *Wald-Regel* bezeichnet) ist eine Pessimismus-Regel, die für einen risikoscheuen bzw. risikoaversen Entscheider geeignet ist. Ausgewählt wird diejenige Alternative, die bei Eintritt des ungünstigsten Umweltzustandes zum relativ besten Ergebnis führt, d. h. die Alternative mit dem maximalen Minimum. Zu maximieren ist das Zeilenminimum der Entscheidungsmatrix. Im Beispiel der Abb. 3.9 wird Alternative A_3 gewählt ($U_{3min} = 3$).

▸ **Die Maximax-Regel** ist eine Optimismus-Regel, die für den risikofreudigen Entscheider geeignet ist. Ausgewählt wird diejenige Alternative, die bei Eintritt des günstigsten Umweltzustandes das bestmögliche Ergebnis verspricht, unabhängig davon, ob das Ergebnis bei Eintritt eines anderen Umweltzustandes schlechter ist als das anderer Alternativen. Zu maximieren ist das Zeilenmaximum der Entscheidungsmatrix. Im Beispiel der Abb. 3.9 wird Alternative A_1 gewählt ($U_{1max} = 10$).

▸ **Die Pessimismus-Optimismus-Regel** *(Hurwicz-Regel)*: Die Minimax-Regel orientiert sich nur an den minimalen und die Maximax-Regel nur an den maximalen Ergebnissen. Die Pessimismus-Optimismus-Regel berücksichtigt durch die Spezi-

---

Abb. 3.9

Beispiel für Entscheidungsregeln bei Unsicherheit

Situationen:	S_1	S_2	S_3	Lacplace-Regel	Minimax-Regel	Maximax-Regel	Hurwicz-Regel $\alpha = 0,7$
Alternativen:							
A_1	4	10	1	15	1	10	7,3
A_2	2	8	8	18	2	8	6,2
A_3	7	3	5	15	3	7	5,8

fikation eines sogenannten *Optimismusparameters* α ($0 \le \alpha \le 1$) beide Extremwerte. Je nach Risikoneigung des Entscheiders kann dieser Parameter einen hohen (risikofreudig) oder einen geringen (risikoscheu) Wert annehmen. Je größer α ist, umso optimistischer ist der Entscheider. Ausgewählt wird nach dieser Entscheidungsregel diejenige Alternative A_i, deren Summe aus dem mit α gewichteten maximalen und dem mit ($1-\alpha$) gewichteten minimalen Ergebnis am höchsten ist [$U_i = \alpha \, U_{imax} + (1-\alpha) \, U_{imin}$]. Im Beispiel der Abb. 3.9 wird Alternative A_1 gewählt ($U_1 = 7,3$).

▸ **Die Savage-Niehans-Regel** (Prinzip des kleinsten Bedauerns): Entscheidungsgrundlage ist hier der potenziell mögliche Nutzenverlust (Opportunitätskosten) bzw. der Nachteil, der eintritt, wenn nicht die optimale Alternative gewählt wurde. Dazu wird für jeden möglichen Umweltzustand S_j das Nutzenmaximum U_{jmax} [$u_{ij} \rightarrow$ max ($i = 1...n$)] bestimmt. Für jeden Umweltzustand S_j werden nun von diesem Nutzenmaximum U_{jmax} die Nutzenwerte u_{ij} für alle Alternativen a_i ($i = 1...n$) abgezogen [$U_{jmax}-u_{ij}$ ($i = 1...n$)]. Diese Differenzwerte sind nun Maße für die Höhe des Bedauerns darüber, für den eingetretenen Umweltzustand nicht die optimale Alternative gewählt zu haben (vgl. Bea 2009a, S. 352 f.). Für die Entscheidungssituation in Abb. 3.9 ist die sogenannte Opportunitätskostenmatrix in Abb. 3.10 dargestellt (vgl. Bamberg et al. 2008, S. 37).

Typisch an dieser Opportunitätskostenmatrix ist, dass in jeder Spalte mindestens eine Null steht. In diesen Fällen ist die optimale Alternative bei gegebenem Umweltzustand S_j gewählt worden und es besteht kein Grund, zu bedauern. Alternative A_2 ist optimal, da hier ein maximaler möglicher Nachteil von 5 Nutzeneinheiten im Vergleich zu 7 bei den beiden anderen Alternativen eintreten kann. Diese Regel (wie auch die Minimax-Regel) unterstützt risikoaverse Entscheidungen.

Die vorgestellten Entscheidungsregeln bieten in vielerlei Hinsicht Anlass zur Kritik. Zunächst wird immer rationales Verhalten (Maximierer, Minimierer) unterstellt, obwohl in der Realität oft andere Gesichtspunkte den Ausschlag geben. Der Wert der lediglich subjektiv ermittelten Wahrscheinlichkeiten für das Eintreten von Umweltzuständen dürfte ebenfalls oft zweifelhaft sein. Darüber hinaus sind in realen Entscheidungssituationen weder alle Handlungsalternativen noch alle Umweltsituatio-

Savage-Niehans-Regel am Beispiel der Daten von Abb. 3.9

Situationen:	S_1	S_2	S_3	maximaler Nachteil
Alternativen:				
A_1	3	0	7	7
A_2	5	2	0	5
A_3	0	7	3	7

nen zum Zeitpunkt der Entscheidung bekannt. Schwierigkeiten bereitet es auch, exakte Zielerreichungsgrade anzugeben. Von daher ist von den Entscheidungsregeln nur ein geringer Beitrag zur Bewältigung realer Probleme im Betrieb zu erwarten. Auf der anderen Seite sind in der Praxis oft auch zufrieden stellende Lösungen ausreichend und das Risiko kann unter Umständen durch eine flexible Planung abgefangen werden, was die Modelle nicht berücksichtigen.

3.2.1.6 Mehrstufige Entscheidungsprobleme

Dynamische Entscheidungsmodelle

Bei den oben behandelten Entscheidungsproblemen sind wir davon ausgegangen, dass eine Entscheidung zu einem bestimmten Zeitpunkt getroffen wird (*statisches Entscheidungsmodell*). In der betrieblichen Praxis sind Ergebnisse allerdings oft Resultate von Entscheidungssequenzen. Entscheidungen fallen dann zeitlich gestaffelt nacheinander an und die jeweils zeitlich vorangehende (Teil-)Entscheidung beeinflusst das Ergebnis der nachfolgenden (Teil-)Entscheidung (vgl. Bamberg et al. 2008, S. 239 f.; Schierenbeck/Wöhle 2008, S. 451). In diesen Fällen haben wir es also nicht mehr mit einer einzelnen, auf einen bestimmten Zeitpunkt bezogenen Entscheidung, sondern mit einer aufeinander bezogenen Entscheidungsfolge a_i (i = 1, ...n) im Zeitablauf t = 0, ... T zu tun. Der Prozess beginnt zu t_0 mit einem Anfangszustand Z_0. Jede nachfolgende Entscheidung a_i zum Zeitpunkt t liefert ein Ergebnis e_i (Z_{t-1}, a_i), das zu einem End- bzw. Zwischenzustand Z_t führt. Modelle, die zeitliche Interdependenzen zwischen den Entscheidungen berücksichtigen, werden als dynamische Entscheidungsmodelle bezeichnet. Das Ziel dieser Modelle ist, diejenige Entscheidungssequenz auszuwählen, die zum optimalen (End-)Ergebnis führt.

Stochastischer Entscheidungsbaum

Unter der Voraussetzung einer endlichen Anzahl von Entscheidungen und damit erreichten Zuständen kann der zeitlich gestaffelte Entscheidungsprozess grafisch in Form eines Entscheidungsbaums dargestellt werden. Ein *Entscheidungsbaum* besteht aus rechteckig dargestellten *Zustands- bzw. Ergebnisknoten* Z_t, welche die Entscheidungssituation zu den jeweiligen Zeitpunkten t erfassen, und den Entscheidungen a_t, welche die Kanten des Entscheidungsbaumes bilden (vgl. Bamberg et al. 2008, S. 242; Bea 2009a, S. 337). Durch eine bestimmte Entscheidung a_i zum Zeitpunkt t-1 tritt eine neue Entscheidungssituation Z_{it} zum Zeitpunkt t mit einem (Zwischen-)Ergebnis e_{it} ein. Bei Entscheidungssequenzen gibt der Index i den Verlauf der gewählten Aktivitäten a_i an. Wenn es möglich ist, der Entscheidung a_i mit Sicherheit ein Ergebnis e_i

zuzuordnen, dann liegt ein *deterministischer Entscheidungsbaum* vor (vgl. Bamberg et al. 2008, S. 242; Domschke/Scholl 2008, S. 70). Bei einer Risikosituation hingegen sind Entscheidungsergebnisse bzw. Zustände Z_{t+1} nicht mehr mit Sicherheit aus vorangegangenen Entscheidungen a_i zum Zeitpunkt t vorhersagbar, sondern unterliegen einer Wahrscheinlichkeitsverteilung (vgl. Bamberg et al. 2008, S. 240). Diese Situation wird in einem *stochastischen Entscheidungsbaum* durch die Einführung von durch Kreise dargestellten Zufallsknoten S_i (*stochastische Knoten*) abgebildet. Die Kanten dieser Zufallsknoten beschreiben die Wahrscheinlichkeiten p_i dafür, dass ein Zustand Z_t durch eine Entscheidung a_i zum Zeitpunkt t in den Zustand Z_{t+1} überführt wird (vgl. Bamberg et al. 2008, S. 243).

In der Abb. 3.11 ist zur Veranschaulichung dieser Methode ein einfaches, über zwei Perioden laufendes Entscheidungsproblem dargestellt (aus Gründen der Übersichtlichkeit sind die Zustandsbezeichnungen für die Endergebnisse nicht angegeben). Ein Unternehmen steht vor der Entscheidung (Z_0), einen bestimmten Auslandsmarkt mit den eigenen Produkten zu beliefern. Die Geschäftsführung ist sich aber uneinig. Während einige zuerst prüfen lassen wollen (a_1), ob die Situation dafür günstig bzw. ungünstig eingeschätzt wird, lehnen andere Mitglieder der Geschäftsleitung ein Auslandsengagement rundweg ab (a_2). Bei einer Wahrscheinlichkeit von p_1, dass die Prüfung günstig ausfällt ($e_{11} \rightarrow Z_{11}$), wird erwogen, gemeinsam mit einem Partner vor Ort in die Produktion und den Vertrieb des Produkts zu investieren (a_3) oder die Investi-

Abb. 3.11

Stochastischer Entscheidungsbaum am Beispiel

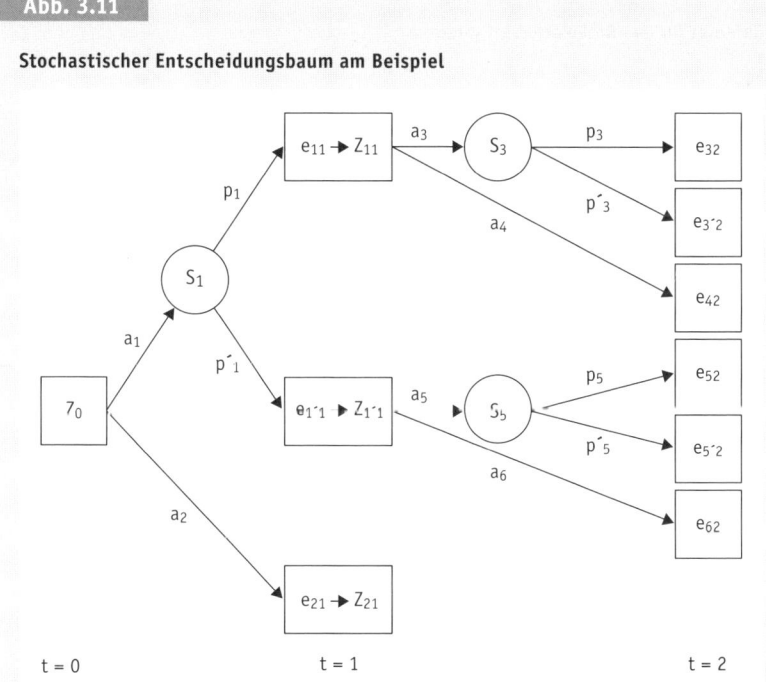

tionen selbst zu tragen (a_4). Falls ein Partner beteiligt wird (a_3), gilt es als unsicher (S_3), ob der Partner sich mit einem hohen (p_3) oder nur mit einem geringen Betrag ($1\text{-}p_3$) an den Investitionskosten beteiligen wird. Bei der eigenen Investitionsdurchführung (a_4) wird von sicheren Gewinnerwartungen ausgegangen. Bei ungünstiger Einschätzung des Auslandsgeschäfts ($e_{1\cdot1} \rightarrow Z_{1\cdot1}$) ist geplant, die Produkte entweder indirekt (a_5) oder direkt (a_6) zu exportieren. Für den indirekten Export (a_5) sind zwei Varianten mit unterschiedlicher Ergebniserwartung (p_5 bzw. $1\text{-}p_5$) möglich. Übernimmt das Unternehmen den Auslandsvertrieb selbst (a_6), so wird die Gewinnerwartung als sicher eingeschätzt. Für den Fall, dass ein Auslandssegment komplett ausgeschlossen wird (a_2), ergeben sich sichere Gewinnerwartungen ($e_{21} \rightarrow Z_{21}$).

Roll-Back-Verfahren

Die optimale Entscheidungsfolge lässt sich mit dem sogenannten *Roll-Back-Verfahren* (Rückwärtsrechnung) ermitteln (vgl. Bamberg et al. 2008, S. 245 ff.; Domschke/Scholl 2008, S. 72). Beginnend bei den Ergebnissen der letzten Entscheidungsperiode, werden für die vorangehenden stochastischen Knoten *Ergebniserwartungen* aus der Summe der mit den (bedingten) Wahrscheinlichkeiten p_i multiplizierten alternativen Ergebnisse e_i berechnet. Die jeweils maximale Ergebniserwartung $e_{i,max}$ eines Entscheidungsknotens dient als Grundlage für die weitere Berechnung der Ergebniserwartung des davor liegenden Entscheidungsknotens. Ausgewählt wird die Entscheidungssequenz mit der höchsten Ergebniserwartung. Dieses Verfahren kann anhand der Abb. 3.12 erläutert werden.

Abb. 3.12

Beispiel für das Roll-Back-Verfahren

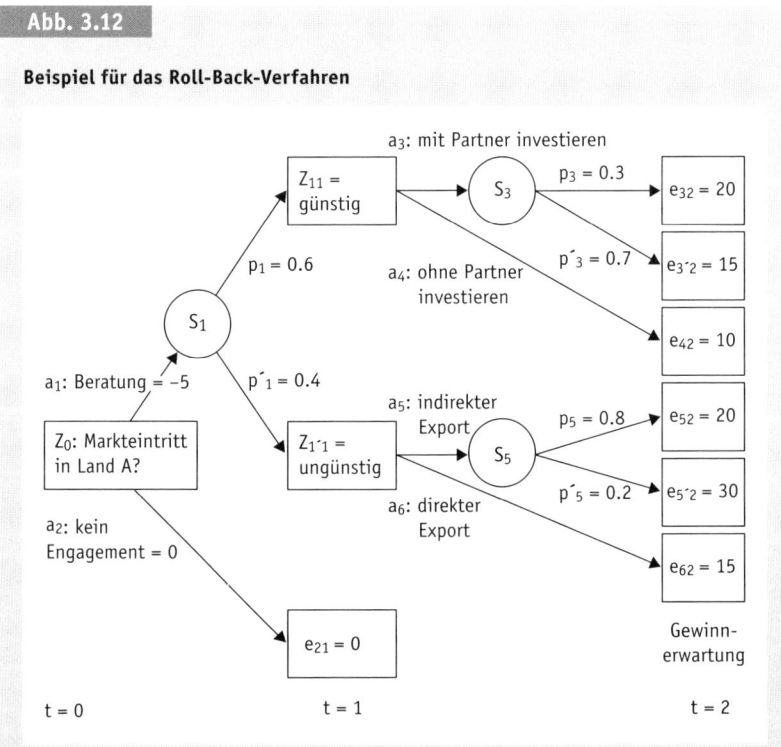

Die Zahlenangaben zu den Gewinnerwartungen in Abb. 3.12 sind in Geldeinheiten (GE) angegeben. Die Gewinnerwartung bei günstiger Einschätzung des Auslandsgeschäfts beträgt für den Fall der Kooperation mit einem Partner (S_3) $0,3 \times 20 + 0,7 \times 15$ = 16,5 GE. Der Gewinn von 10 GE im Fall der Aufnahme einer Geschäftätigkeit ohne Partner gilt in diesem Beispiel als sicher. Für den Entscheidungsknoten Z_{11} wird nun das höhere Ergebnis, also e_{11} = 16,5 GE, zugrunde gelegt. Die Gewinnerwartung bei *ungünstiger* Einschätzung des Auslandsgeschäfts beträgt für den Fall des indirekten Exports (S_5) $0,8 \times 20 + 0,2 \times 30 = 22$ GE. Beim direkten Export gilt die Gewinnerwartung in Höhe von 15 GE als sicher, so dass für $Z_1{'}_1$ eine Erwartung von $e_1{'}_1$ = 22 GE angesetzt wird. Für die Beratungsalternative (S_1) beträgt die Gewinnerwartung demnach 18,7 = $0,6 \times 16,5 + 0,4 \times 22$. Hiervon müssen noch die Kosten für die Expertise in Höhe von 5 GE abgezogen werden, so dass sich für diesen Entscheidungsstrang eine Gewinnerwartung von 13,7 GE ergibt. Da die Alternative a_2 eine Gewinnerwartung von e_{21} = 0 GE aufweist, ist unter dem Prinzip der Nutzenmaximierung die Alternative a_1 auszuwählen. Bei günstiger Einschätzung des Auslandsgeschäfts ist dann die Kooperation (a_3) und bei ungünstiger Einschätzung der indirekte Export (a_5) optimal.

Die Durchführung einer Entscheidungsbaumanalyse scheitert in der Praxis oft an den nicht vorhandenen Daten. Auch die Schätzungen der Wahrscheinlichkeiten sind oft sehr unsicher. Zudem reagiert das Modell sehr sensibel auf Veränderungen der Wahrscheinlichkeiten (vgl. Schierenbeck/Wöhle 2008, S. 454). Vorteilhaft ist, dass dieses Verfahren Entscheider dazu zwingt, mehrstufige Entscheidungsprobleme in ihren Konsequenzen zu durchdenken.

3.2.1.7 Modellgestützte Lösung von realen Entscheidungsproblemen

Zur Lösung von Entscheidungsproblemen wird die optimale Alternative gesucht, diejenige also, die gegebene Ziele bestmöglich erreicht. Reale Entscheidungsprobleme sind allerdings oft sehr komplex und erfordern deshalb zur Lösung modellgestützte Optimierungsverfahren (vgl. Domschke/Scholl 2008, S. 72 f.). Das Ziel solcher Verfahren, die das *Operations Research* (OR) bereitstellt, ist, durch eine möglichst genaue Erfassung der realen Sachverhalte des Entscheidungsproblems (deskriptives Modell) ein mathematisches Modell aufzustellen, für das unter Einsatz von Optimierungsmethoden eine optimale Lösung gefunden werden kann. Operations Research-Verfahren sind umso geeigneter, je besser es gelingt, reale Probleme in formale Optimierungsmodelle zu überführen. Anwendung finden diese Methoden insbesondere bei Problemen in den Bereichen Produktion, Logistik, Investition und Finanzierung.

Nach der Lösungsqualität lassen sich zwei verschiedene *Verfahrensansätze* zur Lösungsfindung unterscheiden (vgl. Bea 2009a, S. 353 ff.; Domschke/Scholl 2008, S. 73):

▸ **Exakte Optimierungsverfahren** setzen mathematische Algorithmen ein, die garantieren, dass die optimale Lösung in einer endlichen Anzahl von Rechenschritten gefunden wird. Solche Verfahren sind allerdings nur bei wohlstrukturierten Problemsituationen, die oft zur Vereinfachung des Modells sehr restriktive Annahmen über die Realität treffen, anwendbar (z. B. Verfahren der *Linearen Optimierung*).

▸ **Heuristische Verfahren** bestehen oft aus einer Anzahl von Regeln oder Bearbeitungsschritten, die zur Lösung eines Problems durchgeführt werden müssen. Diese Verfahren garantieren nicht, die optimale Lösung – soweit überhaupt vorhanden – zu finden, sondern sie zielen auf brauchbare, Erfolg versprechende, zufrieden stellende Ergebnisse. Es handelt sich also um *Näherungsverfahren*. Die verwendeten Verfahren können entweder mathematisch-heuristisch (z.B. Simulationsverfahren) oder nicht-mathematisch-heuristisch (z.B. Heuristische Regeln) sein (vgl. Bea 2009a, S. 356 f.).

3.2.2 Der systemtheoretische Ansatz

Der Systemansatz von *Hans Ulrich* fasst das Unternehmen als ein sehr komplexes produktives und soziales System auf (vgl. Schanz 2009, S. 116 ff.). Er ist demzufolge dem sozialwissenschaftlichen Basiskonzept zuzuordnen. Ein *System* wird definiert als eine geordnete Gesamtheit von Elementen, zwischen denen schon Relationen bestehen oder noch herbeigeführt werden können. Dieser Ansatz zielt darauf, mit Hilfe von Begriffen und Erkenntnissen der *Systemtheorie* und der *Kybernetik* betriebswirtschaftliche Sachverhalte zu beschreiben und zu gestalten. Dieser Ansatz von Ulrich versteht sich als »Gestaltungslehre«. Das Suchen nach wissenschaftlichen Erklärungen steht nicht im Vordergrund (vgl. Schanz 2009, S. 121). Die Aussagensysteme haben keinen empirischen Wahrheitsgehalt, sondern nur eine *heuristische Funktion*, d.h. sie helfen, Lösungen im Vorfeld der Theorienfindung oder im Rahmen gestaltungsorientierter Analysen zu finden.

Regel- und Steuersysteme

Aus systemtheoretischer Perspektive sind Unternehmen *regelungsbedürftige Systeme*, auf die die Kybernetik als allgemeine Regelungslehre angewendet werden kann (vgl. Schanz 2009, S. 117 f.). Regel- und Steuersysteme zeichnen sich dadurch aus, dass sie nach Störungen, die ihr Gleichgewicht beeinträchtigen, mit Hilfe von Steuerungs- und Regelungsmechanismen wieder in den Gleichgewichtszustand

Abb. 3.13

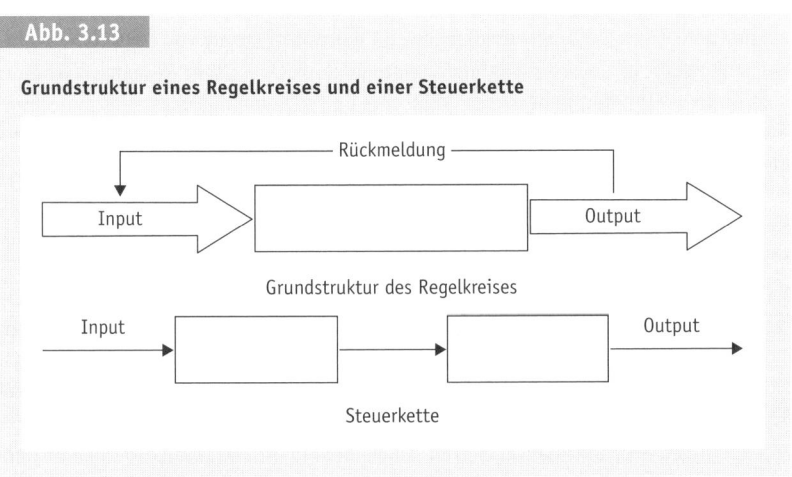

Grundstruktur eines Regelkreises und einer Steuerkette

(Homöostase) zurückkehren bzw. einen neuen Gleichgewichtszustand einnehmen. Ein *Regelkreis* bildet ein geschlossenes Rückkopplungssystem, das automatisch Soll-Ist-Abweichungen korrigiert (z. B. Thermostat bei Heizungen). Unter *Steuerung* versteht man dagegen eine antizipative Störungskompensation, die ohne Rückkopplung auskommt (vgl. Abb. 3.13).

Die Grundgedanken des Systemansatzes und der Kybernetik lassen sich auf den Betrieb übertragen. Jedes Unternehmen kann als System interpretiert und mit systemtheoretischen Begriffen beschrieben werden. Die Möglichkeit zur Interpretation des Unternehmens als ein kybernetisches System ist in Abb. 3.14 dargestellt. Zur Korrektur betrieblicher Störungen (z. B. Produktionsausfälle) werden die Ergebnisse (Ist-Werte) eines Betriebsprozesses (Regelstrecke) mit den Vorgaben (Soll-Werte) verglichen und gegebenenfalls Anpassungsmaßnahmen ergriffen. Das Planungssystem kann durch ein zweites Regelkreismodell beschrieben werden, das nach einer Abweichungsanalyse gegebenenfalls neue Soll-Werte festlegt.

Der systemorientierte Ansatz fasst Unternehmen als offene, produktive und soziale Systeme auf (vgl. dazu Kap. 4). Ein Unternehmen aus systemtheoretischer Sicht ist demzufolge ein

▸ offenes (d. h. ein System mit Beziehungen nach außen),
▸ äußerst komplexes (d. h. ein nicht vollständig überschaubares System),
▸ dynamisches (d. h. ein sich mit der Zeit veränderndes System),

Abb. 3.14

Regelkreismodell des betrieblichen Führungsprozesses

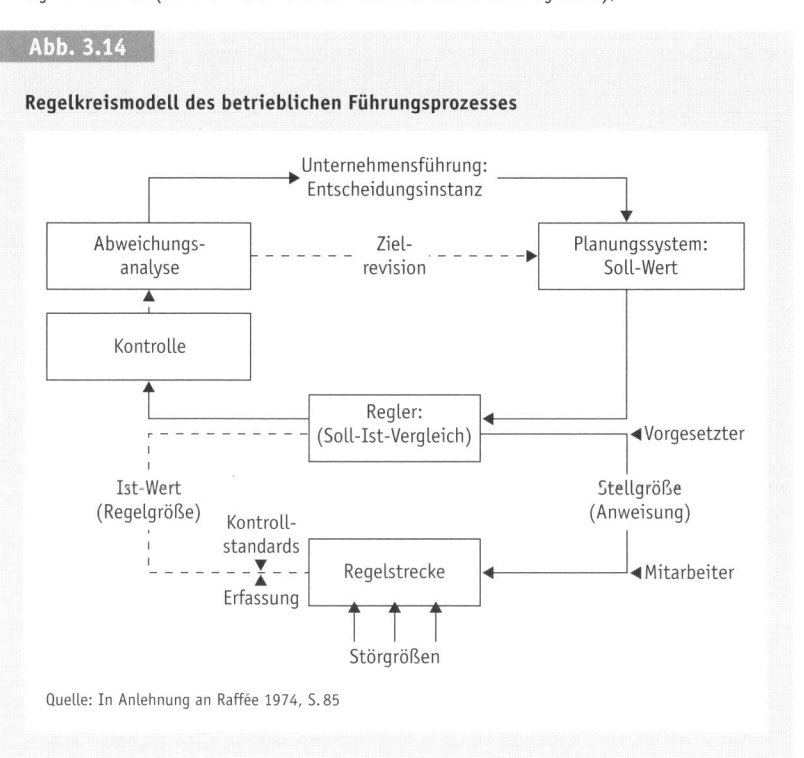

Quelle: In Anlehnung an Raffée 1974, S. 85

▸ nicht deterministisches (d. h. ein System, dessen Verhalten nicht eindeutig prognostizierbar und stochastischen Gesetzmäßigkeiten unterworfen ist),
▸ zielorientiertes,
▸ sozio-technisches System (d. h. auf Produktivität angelegtes soziales System).

Im Unternehmen selbst können weitere *In-Systeme* (Subsysteme wie Produktion; vgl. Abb. 3.16 und Kap. 4) identifiziert werden und Unternehmen sind darüber hinaus eingebettet in andere *Um-Systeme* (Supersysteme wie z. B. Märkte, soziale Gesellschaften etc.). Diese Um-Systeme, die zusammengefasst auch als *Umfelder* einer Unternehmung bezeichnet werden (vgl. Kap. 4.4.1), sind in Abb. 3.15 zweckmäßigerweise in ein ökonomisches und in ein gesellschaftspolitisches Um-System eingeteilt worden. Das *ökonomische Um-System* erfasst jene Systeme, mit denen das Unternehmen in unmittelbarer geschäftlicher Beziehung steht (z. B. Märkte des Unternehmens wie Absatz-, Arbeits- und Kapitalmärkte). Das *gesellschaftspolitische Um-System* umfasst die Systeme, mit denen das Unternehmen in mittelbarer Beziehung steht (z. B. Politik). Soweit aus diesen Systemen eine vom Unternehmen nicht zu beeinflussende Wirkung auf das Unternehmen ausgeht, wird auch von *Rahmenfaktoren* gesprochen (vgl. Kap. 4.4).

Für Unternehmen sind Forderungen interner (z. B. Mitarbeiter, Aktionäre) und externer, gesellschaftspolitischer *Anspruchsgruppen* relevant (vgl. Kap. 4.4.1). Von diesen Um-Systemen gehen mittel- bis unmittelbare Einflüsse auf das Unternehmensgeschehen aus. Im Unternehmen selbst lassen sich unter drei verschiedenen Aspekten (Herrschaft, Wertschöpfung und Güterfluss) In-Systeme unterscheiden (vgl. Abb. 3.16).

Der Systemansatz ist zur Beschreibung komplexer, dynamischer, rückgekoppelter Organisationen gut geeignet. Er konzentriert sich auf die Gestaltungsaufgabe und verzichtet dabei weitgehend auf deduktiv-nomologische Erklärungsansätze (vgl. Schanz 2009, S. 121). Als Vorteil wird seine abstrakte, Disziplinen übergreifende

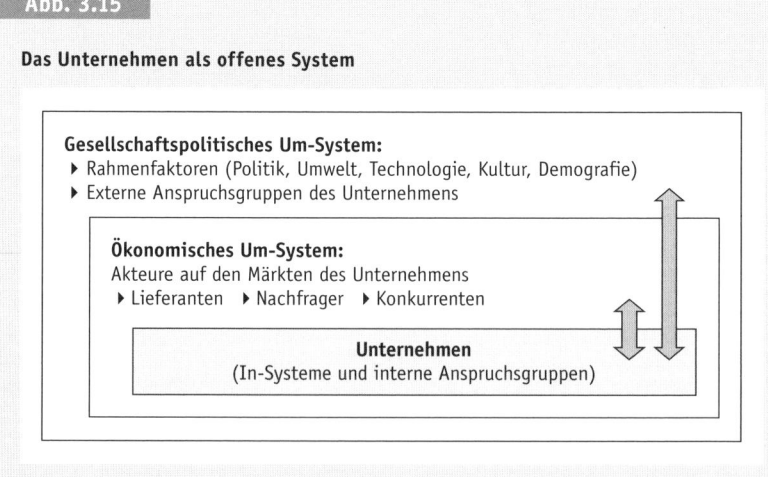

Abb. 3.15

Das Unternehmen als offenes System

Gesellschaftspolitisches Um-System:
▸ Rahmenfaktoren (Politik, Umwelt, Technologie, Kultur, Demografie)
▸ Externe Anspruchsgruppen des Unternehmens

Ökonomisches Um-System:
Akteure auf den Märkten des Unternehmens
▸ Lieferanten ▸ Nachfrager ▸ Konkurrenten

Unternehmen
(In-Systeme und interne Anspruchsgruppen)

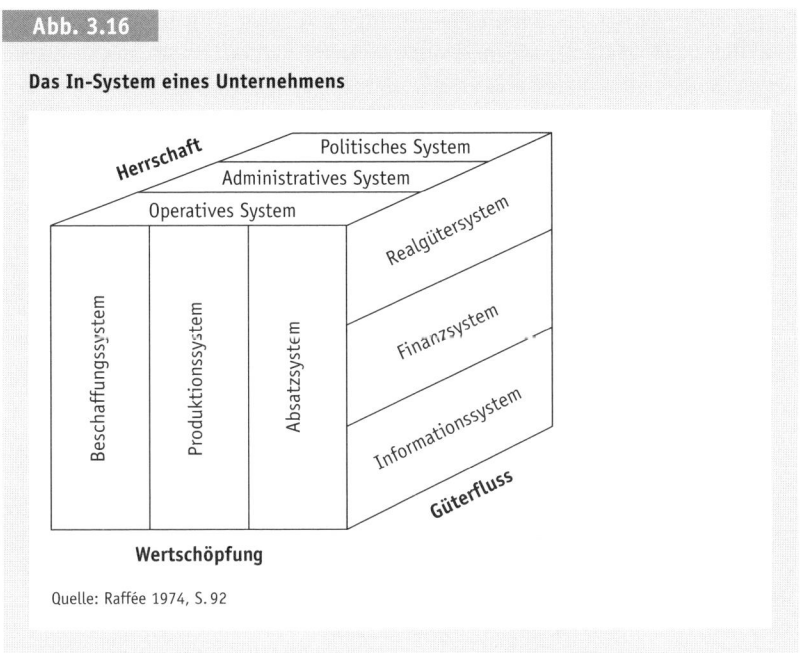

Abb. 3.16

Das In-System eines Unternehmens

Quelle: Raffée 1974, S. 92

Sprache und Orientierung sowie sein heuristisches Potenzial, d. h. seine Möglichkeiten beim Auffinden neuer Fragestellungen und bei der Suche nach neuen Gesetzen, genannt. Ein weiterer Vorteil ist seine Anschaulichkeit. Dies führt zu einer Reduzierung der Realitätskomplexität und zu einer Steigerung der Theoriekomplexität. Darüber hinaus fördert dieser Ansatz das Denken in Analogien, was den Wissenstransfer erleichtert. Allerdings richtet sich gerade gegen die Abstraktheit der Begriffe erhebliche Kritik. So sind nach Ansicht von Schanz (2009, S. 123) Begriffe für die wissenschaftliche Analyse umso unbrauchbarer, je allgemeiner sie sind. Sie tragen eher dazu bei, Sachverhalte zu verschleiern als diese aufzudecken.

3.2.3 Der situative Ansatz der Betriebswirtschaftslehre

Auch wenn sich der systemtheoretisch-kybernetische Ansatz als gestaltungsorientiert ausgibt, so weist er doch einen sehr hohen Formalisierungs- und Abstraktionsgrad auf. Die Kritik daran hat verstärkt den Ruf nach konkreten Gestaltungsempfehlungen für die Managementpraxis bzw. Unternehmensführung laut werden lassen (vgl. Staehle 1999, S. 48 ff.). Die situativen Ansätze (auch konsistenztheoretische Ansätze; *Contingency Approach*) begegnen diesen Forderungen mit einem dezidierten empirischen Forschungsprogramm, das Abhängigkeiten zwischen der Situation (Unternehmensumwelt), der Organisationsstruktur und der Effizienz von Organisationen und Führung empirisch ermitteln will (vgl. Staehle 1999, S. 48). Es wird angenommen, dass eine erfolgreiche Führung eines Unternehmens von der jeweiligen

Kongruenz-Effizienz-
Hypothese

Situation, in der sich das Unternehmen befindet, abhängt (situative Führung; vgl. Bea 2005, S. 3 f.). Es lassen sich zwei situative Ansätze unterscheiden, der klassische und der verhaltenswissenschaftliche situative Ansatz (vgl. Staehle 1999, S. 48).

Der *klassische situative Forschungsansatz* gibt die hohen Ansprüche einer allgemeinen Theorie auf (z. B. die Generalisierbarkeit) und versucht, Aussagen auf mittleren Abstraktionsniveaus herauszuarbeiten. Das Ziel ist, den Zusammenhang zwischen der Unternehmenssituation (unabhängige Variable), der Organisation (intervenierende Variable) und der Führung (abhängige Variable) empirisch aufzudecken, um so dem Management Empfehlungen für erfolgreiches Handeln geben zu können (vgl. Staehle 1999, S. 50). Nach der *Kongruenz-Effizienz-Hypothese* ist die Effizienz einer Organisation bzw. eines Unternehmens umso höher, je stärker die Kongruenz (Übereinstimmung, der sogenannte *Fit*) zwischen Situation, Struktur und Verhalten ist (vgl. Abb. 3.17; Staehle 1999, S. 50). Managementhandeln im Unternehmen ist also durch den Einfluss der jeweiligen Unternehmenssituation (z. B. Wettbewerbsintensität einer Branche) auf die Organisationsstruktur determiniert. Dieser *Situative Determinismus* des klassischen Ansatzes reduziert unternehmerische Entscheidungen auf ein bloßes Anpassungsverhalten an interne und externe Umweltgegebenheiten.

Kritisiert wird dieser Ansatz nicht nur wegen seiner stark deterministischen, mechanischen Sichtweise, sondern insbesondere aufgrund der Dominanz empirischer Methoden im Forschungsprogramm. Betrachtet werden nur messbare Größen. Verhaltensrelevante qualitative Einflussfaktoren wie z. B. Macht und Führungsverhalten werden hingegen vernachlässigt (vgl. Staehle 1999, S. 53). Zudem zeichnen sich die Aussagen durch einen geringen Bewährungsgrad (Allgemeingültigkeit), durchweg niedrige Korrelationen zwischen den Dimensionen Situation, Struktur und Verhalten des Modells sowie durch inkonsistente Forschungsergebnisse aus (vgl. Staehle 1999, S. 51). Darüber hinaus sind situative Aussagen prinzipiell nicht falsifizierbar, da in der Wenn-Komponente eine ganz spezifische Situation festgehalten wird (vgl. Kap. 2.3.2). Aus der Kritik, verhaltensbestimmende, qualitative Einflussgrößen zu vernachlässigen, wurde im situativen Forschungsprogramm der *verhaltenswissenschaftlich situative Ansatz* entwickelt, der zwischen der Situation und der Organisa-

Abb. 3.17

Deterministischer (klassischer) situativer Ansatz

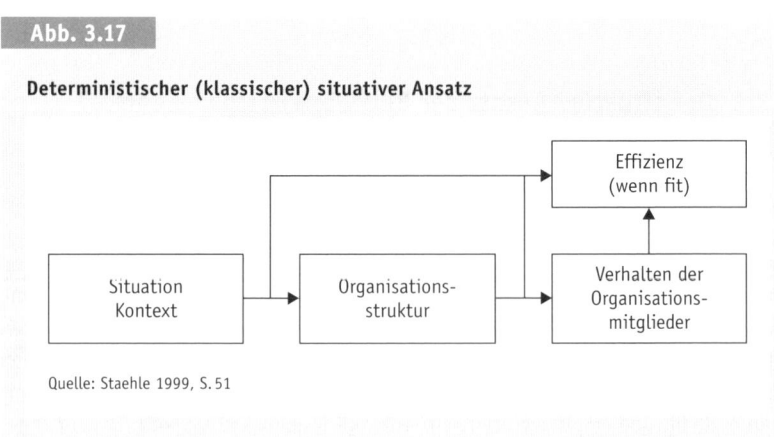

Quelle: Staehle 1999, S. 51

tion den *Handlungsspielraum* schaltet. Handlungsspielräume befreien den klassischen Ansatz zudem vom Determinismusvorwurf (vgl. Staehle 1999, S. 55).

3.2.4 Der verhaltenswissenschaftliche Ansatz

Der verhaltenswissenschaftliche Ansatz stellt das reale menschliche Verhalten in den Mittelpunkt der Betrachtung und öffnet sich ganz bewusst den Sozialwissenschaften. Mit Hilfe allgemeiner Theorien über das Verhalten von Menschen sollen wirtschaftlich relevante Sachverhalte (z. B. das Verhalten von Konsumenten) erklärt werden (vgl. Schanz 2009, S. 143 f.). Dieser Ansatz rückt insbesondere vom neoklassischen Menschenbild des *Homo oeconomicus* ab (vgl. Kap. 1.3.1). Die Betriebswirtschaftslehre, und hier insbesondere die *Organisations- und Personallehre* (vgl. Kap. 6.3 und Kap. 8.7) sowie das *Marketing* (vgl. Kap. 8.2), aber auch andere Disziplinen wie *Behavioral Finance* und *Behavioral Accounting*, öffnet sich Erkenntnissen der Verhaltenswissenschaften (z. B. Sozialpsychologie) zur Erklärung spezifischer Probleme und zur Theorieentwicklung (vgl. Schanz 2009, S. 143 ff.). Angenommen wird zum einen, dass nicht nur naturwissenschaftliche Vorgänge, sondern auch soziale und psychische Prozesse bestimmten Gesetzen folgen, die mit Hilfe von Theorien erfasst werden können. Allerdings sind psychische und soziale Prozesse nie deterministisch, sondern folgen immer einer bestimmten Wahrscheinlichkeitsverteilung. Zum anderen wird als treibende Kraft beim Menschen das Streben nach *Nutzenmaximierung* bzw. Bedürfnisbefriedigung unterstellt. Beispiele aus dem Personalwesen sind Führungsstile, Gruppenbeziehungen, Konflikte und Machtfragen sowie Verhaltensanreize bzw. Gratifikationen. Aus dem Marketing ist insbesondere auf die Theorien zum *Konsumentenverhalten* hinzuweisen (vgl. Balderjahn/Scholderer 2007; Kroeber-Riel et al. 2009).

3.2.5 Der Nachhaltigkeitsansatz

Im Nachhaltigkeitsansatz der Betriebswirtschaftslehre wird das ökonomische Handeln bzw. das ökonomische Prinzip ergänzt durch die Berücksichtigung ökologischer und sozialer Aspekte wirtschaftlichen Handelns. Im Rahmen des gesellschaftspolitischen Leitbildes der »Nachhaltigen Entwicklung« *(Sustainable Development)* bedeutet *nachhaltiges Wirtschaften* im Betrieb ein Handeln, das einerseits die Lebenschancen zukünftiger Generationen gegenüber den Möglichkeiten der derzeitigen Generation nicht verschlechtert (sogenannte *intergenerative Gerechtigkeit*) und wonach sich andererseits ein Wohlstandsausgleich zwischen armen und reichen Ländern dieser Welt einstellen soll (sogenannte *intragenerative Gerechtigkeit*; vgl. Balderjahn 2004, S. 1). Der Begriff »Sustainable Development« stand im Zentrum der Konferenz der Vereinten Nationen für Umwelt und Entwicklung (United Nations Conference on Environment and Development: UNCED) in Rio de Janeiro im Juni 1992. 178 Staaten auf der *Rio-Konferenz* bekannten sich zur gemeinsamen Verantwortung für den Erhalt der Lebensgrundlagen der Menschheit auf dieser Welt. Nachhaltiges Wirtschaften umfasst die drei Prinzipien:

Sustainable Development

‣ Verantwortungsprinzip,
‣ Kreislaufprinzip und
‣ Kooperationsprinzip.

Corporate Social
Responsibility

Das *Verantwortungsprinzip* stellt das normative bzw. ethisch-moralische Element nachhaltigen Wirtschaftens im Betrieb dar. Jeder Einzelne und jede gesellschaftliche Gruppe, jede Organisation und damit auch jedes Unternehmen ist für die Folgen eigenen Handelns verantwortlich. Alle Menschen in allen Ländern der Welt tragen nach diesem Leitprinzip die Verantwortung für den Erhalt und die Sicherung der sozialen und natürlichen Lebensgrundlagen der Menschen (vgl. Balderjahn 2004, S. 4). Das Verantwortungsprinzip ist die Grundlage von Corporate Social Responsibility (CSR), das als unternehmerisches Leitbild eine Verpflichtung zur umfassenden Übernahme von Verantwortung für Umwelt und Gesellschaft beinhaltet (vgl. Kap. 1.3.2). Das *Kreislaufprinzip* ist ein Schlüsselprinzip nachhaltigen Wirtschaftens. Es zielt auf die Schaffung und Aufrechterhaltung geschlossener Stoffströme in allen Wertschöpfungsphasen, insbesondere in betrieblichen Produktionsprozessen. Das *Kooperations- und Partnerschaftsprinzip* erfordert auf betrieblicher Ebene eine Zusammenarbeit aller an Wertschöpfungs- und Stoffkreisläufen beteiligten, betroffenen oder interessierten Akteure (z. B. Unternehmen, Institutionen, Anspruchsgruppen). Nachhaltiges Wirtschaften bedeutet ökonomisches, umwelt- und sozialverträgliches Handeln in Betrieben (vgl. Abb. 3.18).

Zur Analyse der *Umweltverträglichkeit* im Betrieb werden vor allem ökologieorientierte Kennzahlen und sogenannte Öko-Bilanzen eingesetzt. *Ökologieorientierte Kennzahlen* sind wichtige Instrumente nachhaltigen Wirtschaftens. Sie verdichten Informationen und machen die Leistungen nachhaltigen Wirtschaftens messbar und vergleichbar. In der Betrachtung von Entwicklungen sind Fortschritte durch Kenn-

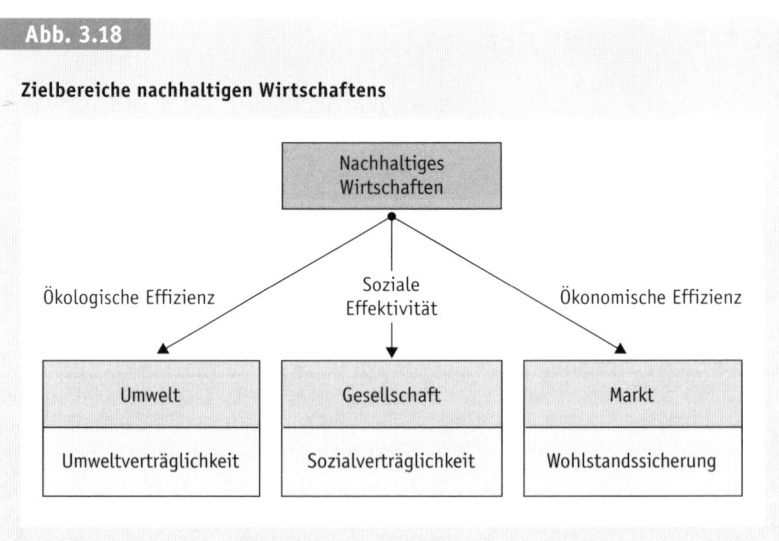

Abb. 3.18

Zielbereiche nachhaltigen Wirtschaftens

zahlen erkennbar und Schwachstellen können aufgedeckt werden. Darüber hinaus werden Kennzahlen zur Zielformulierung eingesetzt (z. B. Energiekosten je Output-Einheit).

Öko-Bilanzen werden mit dem Ziel erstellt, durch eine systematische Erfassung und Bewertung potenzieller Umwelteinwirkungen von Stoffen, Produkten und Verfahren ökologische Schwachstellen im Betrieb sowie Möglichkeiten ihrer Beseitigung zu erkennen. Alle umweltrelevanten *Stoff- und Energieströme* werden erfasst und in einem *Input-Output-Tableau* dargestellt (vgl. Abb. 3.19). Zur Analyse und Bewertung der mit diesen Strömen verbundenen Umwelteinwirkungen werden Methoden der Öko-Bilanzierung eingesetzt (vgl. Balderjahn 2004, S. 90 ff.). Umweltverträgliche Strukturen im Betrieb können durch sogenannte *Umweltmanagementsysteme* nach der EG-Öko-Audit-Verordnung (EMAS) oder nach der ISO 14001-Norm implementiert werden (vgl. Balderjahn 2004, S. 195 ff.).

Öko-Bilanzen

Abb. 3.19

Grundmodell einer Öko-Bilanz

Input	Output
Güter und Materialien ▸ Rohstoffe ▸ Hilfsstoffe ▸ Betriebsstoffe ▸ Wasser ▸ Luft	**Stoffliche Emissionen** ▸ Abfall/Sekundärstoffe ▸ Abwasser ▸ Abluft
Energien ▸ Elektrische Energie ▸ Thermische Energie	**Konsumgüter** **Verpackungen** **Energetische Emissionen** ▸ Abwärme ▸ Lärm
Bodenversiegelung	

Die Sozialverträglichkeit betrieblichen Handelns kann u. a. beurteilt werden durch
▸ die Einhaltung der Menschenrechte im Betrieb,
▸ die Möglichkeit der Versammlungs- und Verhandlungsfreiheit,
▸ ein Verbot von Zwangs- und Kinderarbeit und
▸ ein Diskriminierungsverbot im Betrieb.

Während die Umweltverträglichkeit betrieblichen Handelns relativ gut messbar ist (z. B. mittels Stoff- und Energiebilanzen), ist die Sozialverträglichkeit nur qualitativ zu erfassen und zu bewerten. Auf internationaler Ebene gibt es inzwischen einige Initiativen, die die Förderung nachhaltigen Wirtschaftens und insbesondere auch die Förderung sozialverträglichen Handelns zum Ziel haben (vgl. Abb. 3.20).

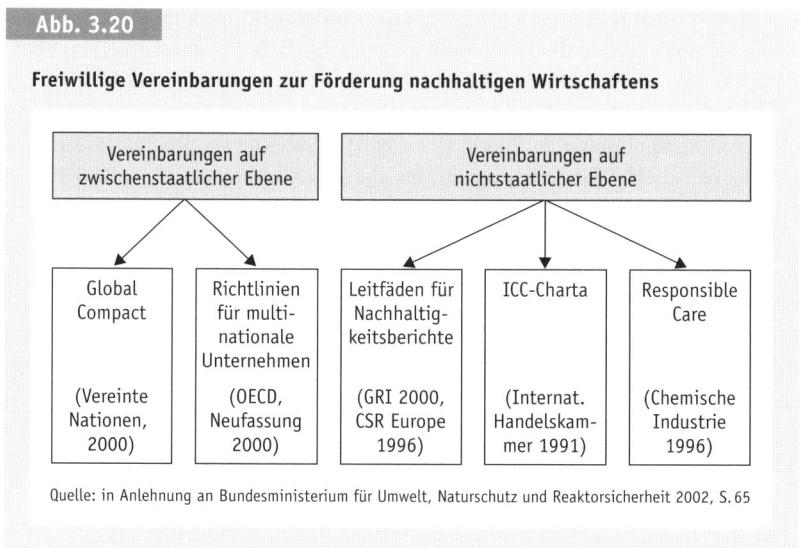

Abb. 3.20

Freiwillige Vereinbarungen zur Förderung nachhaltigen Wirtschaftens

Vereinbarungen auf zwischenstaatlicher Ebene		Vereinbarungen auf nichtstaatlicher Ebene		
Global Compact	Richtlinien für multinationale Unternehmen	Leitfäden für Nachhaltigkeitsberichte	ICC-Charta	Responsible Care
(Vereinte Nationen, 2000)	(OECD, Neufassung 2000)	(GRI 2000, CSR Europe 1996)	(Internat. Handelskammer 1991)	(Chemische Industrie 1996)

Quelle: in Anlehnung an Bundesministerium für Umwelt, Naturschutz und Reaktorsicherheit 2002, S. 65

3.2.6 Ansatz der Neuen Institutionenökonomik

Die Neue Institutionenökonomik (*Informationsökonomischer Ansatz*) stellt eine Weiterentwicklung der neoklassischen Theorie dar und beschäftigt sich damit, wie Institutionen entstehen, wie sie auf das ökonomische Verhalten von Menschen wirken und wie sie rational und effizient gestaltet werden können (vgl. Ebers/Gotsch 2006, S. 247 ff.; Picot et al. 2003, S. 38).

> *Institutionen* sind »sozial sanktionierbare Erwartungen, die sich auf die Handlungs- und Verhaltensweisen eines oder mehrerer Individuen beziehen« (z. B. Rechtsordnungen, Unternehmensverfassungen, Organisationen; Picot et al. 2003, S. 38 f.).

Ökonomische Aktivitäten vollziehen sich nicht nur auf Märkten, sondern wegen eingeschränkter Rationalität der Akteure (z. B. durch unvollkommene Informationen) auch innerhalb von Institutionen (z. B. Unternehmen; vgl. Macharzina/Wolf 2010, S. 54). *Transaktionen*, also der Austausch von Gütern zwischen wirtschaftlichen Akteuren, können also grundsätzlich auf dem Markt oder innerhalb des Unternehmens abgewickelt werden (vgl. Macharzina/Wolf 2010, S. 54). Dieser Sachverhalt spielt aus betriebswirtschaftlicher Sicht insbesondere bei der Frage nach einem Fremdbezug oder der Eigenfertigung von Gütern und Leistungen (*Make-or-Buy-Problem*) und den damit verbundenen *Outsourcing-Aktivitäten* eine große Rolle.

Zur Neuen Institutionenökonomik werden insbesondere drei theoretische Ansätze zusammengefasst (vgl. Macharzina/Wolf 2010, S. 54 ff.; Schanz 2009, S. 133 ff.):

Die Theorie der Verfügungsrechte (*Property-Rights-Theory*) setzt sich mit dem Einfluss institutioneller Regelungen und Bedingungen auf das Verhalten von Wirtschaftssubjekten auseinander. Diese Theorie geht davon aus, dass die Verteilung und Nutzung von Wirtschaftsgütern maßgeblich von der Ausgestaltung bestimmter Verfügungs- und Handlungsrechte abhängig ist (vgl. Macharzina/Wolf 2010, S. 56). Verfügungsrechte legen den Nutzen, den Individuen aus dem Besitz von Gütern ziehen können, fest. Diese Rechte betreffen Festlegungen zur Art der Güternutzung, Veränderung von Gütern, Aneignung von Gewinnen aus der Güternutzung und Festlegungen zur Veräußerung von Gütern. Weiterhin wird unterstellt, dass die Verteilung von Handlungsrechten Konsequenzen für die Effizienz der Güterverwendung hat (vgl. Schanz 2009, S. 135 f.).

Die Transaktionskostentheorie beschäftigt sich mit den Kosten, die zum einen bei der Anbahnung, der Formulierung und dem Abschluss (Ex-ante-Transaktionskosten wie z. B. Kosten von Vertragsverhandlungen) von Verträgen und Vereinbarungen entstehen und die zum anderen bei der Überwachung auf Einhaltung dieser Verträge (Ex-post-Transaktionskosten wie z. B. Kosten für die Sicherung der Durchsetzung von Verträgen) anfallen (vgl. Schanz 2009, S. 137 ff.). Untersucht wird, wie Transaktionen in bestimmten institutionellen Arrangements effizient abgewickelt und organisiert werden können. Zudem wird dieser Ansatz herangezogen, um die Entstehung von Institutionen zu erklären. Institutionen bilden sich danach dann, wenn der Leistungserstellungsprozess über den Markt (Preis als Koordinationsinstrument) teurer ist als im Unternehmen (Anweisung als Koordinationsinstrument; vgl. Macharzina/Wolf 2010, S. 58).

Die Agency-Theorie (*Prinzipal-Agent-Theorie*) setzt sich mit *Delegationsbeziehungen* (Agenturverhältnis) zwischen Auftraggebern (*Prinzipale*) und Auftragnehmern (*Agenten*) auseinander. Für die Betriebswirtschaftslehre sind insbesondere die Beziehungen zwischen Eigentümern und Managern sowie zwischen Vorgesetzten und weisungsabhängigen Mitarbeitern von großer Bedeutung (vgl. Schanz 2009, S. 139 f.). Die zentrale Annahme dieses Ansatzes besteht darin, dass Informationen und Wissen innerhalb einer Delegationsbeziehung einseitig zugunsten des Agenten verteilt sind (Existenz sogenannter *Informationsasymmetrien*). So fehlen dem Prinzipal einerseits oft Informationen über wichtige Eigenschaften des Agenten (sogenannte *Hidden Characteristics*) und andererseits können dem Prinzipal Absichten und Handlungen (*Hidden Intentions* und *Hidden Actions*) des Agenten weitgehend verborgen bleiben. Der Prinzipal muss also grundsätzlich davon ausgehen, dass Agenten ihren Handlungsspielraum opportunistisch ausnutzen (vgl. Schanz 2009, S. 139 f.). Dieser Aspekt ist deshalb von Interesse, weil die Geschäftsführung in großen Unternehmen oft durch die Eigentümer auf angestellte Manager übertragen wird (z. B. bei der Aktiengesellschaft). Die Eigentümer delegieren Entscheidungsbefugnisse auf das Management und tragen dabei das Risiko, von diesem übervorteilt zu werden (*Moral Hazard*). Die Agency-Theorie soll eine möglichst effiziente Lösung des Agenturverhältnisses ermöglichen.

3.2.7 Der prozess- und ressourcenorientierte Ansatz

Der prozessorientierte Ansatz (vgl. Gaitanides 2007) betont die Bedeutung der Arbeitsabläufe für den Erfolg des Unternehmens.

Prozessorientierter Ansatz

> *Prozesse* sind Folgen von Aktivitäten zur Realisierung von Aufgabenkomplexen.

Jeder Prozess hat einen Input und einen Output, wobei der Input über Transformationen in Output überführt wird. Der Output von Prozessen soll für dessen unternehmensinterne oder -externe Abnehmer einen Wert besitzen. In Unternehmen geht es um die Definition von *Geschäftsprozessen*, wobei Kernprozesse (z. B. Leistungserstellungsprozesse) und unterstützende Prozesse (z. B. Führungsprozesse) unterschieden werden können. Die Unternehmensführung kann als eine Folge von Planungs-, Organisations-, Mitarbeiterführungs-, Koordinations- und Kontrolltätigkeiten aufgefasst werden, die sich innerhalb von Prozessen realisieren (vgl. Macharzina/Wolf 2010, S. 46). Das Ziel der Prozessorientierung ist eine abteilungs- und funktionsübergreifende, integrierende Optimierung der Aufgabenerfüllung und eine Reduzierung von Schnittstellenproblemen (vgl. Specht 2000, S. 265 ff.). Dies trägt zur Verringerung von Prozesszeiten, Kostensenkungen, Qualitätssteigerung, Erhöhung der Flexibilität und zur Steigerung der Produktivität bei. Für das Marketing (vgl. Kap. 8.2) bedeutet dies z. B., dass Marketingaktivitäten über alle *Wertschöpfungsstufen* hinweg auf die Wertvorstellungen der Kunden hin ausgerichtet werden müssen, wenn das Unternehmen Erfolg haben will. Ein Anwendungsfall einer unternehmensübergreifenden Prozessorientierung ist die Optimierung der Aktivitäten innerhalb einer Produktions- und Lieferkette durch *Supply-Chain-Management*. Ein anderes Beispiel ist der Innovationsprozess, der speziell durch die Organisation von *Simultaneous Engineering Teams* (vgl. Kap. 8.3.8.2) gefördert wird.

Ressourcenorientierter Ansatz

Nach dem ressourcenorientierten Ansatz der Betriebswirtschaftslehre (*Resource-based-View*) ist der Erfolg eines Unternehmens von unternehmensinternen, einzigartigen und spezifischen Ressourcen abhängig. Damit unterscheidet sich dieser Ansatz deutlich vom *Structure-Conduct-Performance-Paradigma* der Industrieökonomik (vgl. Porter 1980), wonach die Branchenstruktur, unternehmensexterne Faktoren also, maßgeblich die Wettbewerbsposition eines Unternehmens bestimmt. Der ressourcenorientierte Ansatz bezweifelt insbesondere die in diesem Paradigma zum Ausdruck kommende Dominanz marktorientierter, externer Faktoren auf den Unternehmenserfolg. Stattdessen wird unterstellt, dass es spezifische, einzigartige Potenziale von Unternehmen sind, die erfolgswirksam sind und als Kernkompetenzen oder Ressourcen bezeichnet werden (vgl. Macharzina/Wolf 2010, S. 65).

> Unter dem Begriff *Ressourcen* sind solche wettbewerbsrelevante Bündel von Inputgütern zu verstehen, die wertvoll (haben einen hohen Nutzen), selten (nur sehr wenige Konkurrenten besitzen sie), nicht imitierbar und nicht substituierbar sind.

Diese Ressourcen, z. B. Fähigkeiten, Organisationsprozesse, Patente und Vermögenswerte, dienen dem Management zur Verbesserung der Marktstellung des Unternehmens. Es wird zwischen *tangiblen* (z. B. Anlagen, Rohstoffversorgung) und *intangiblen* (z. B. Wissen, Unternehmensimage) Ressourcen unterschieden. Intangible Ressourcen, die nach außen kaum in Erscheinung treten, wie z. B. die Unternehmenskultur, werden auch als *tacit* oder *narrative* bezeichnet. Die Aufgabe des Managements nach dem ressourcenbasierten Ansatz ist, die Ressourcen erfolgswirksam einzusetzen und für das Ressourcenpotenzial »Einzigartigkeit« zu erlangen (vgl. Macharzina/Wolf 2010, S. 66). Dazu sind *Managementkompetenzen* erforderlich, die einen effizienten und Erfolg bringenden Einsatz der vorhandenen Ressourcen herbeiführen.

Kontrollfragen Kapitel 3

1. *Worin unterscheidet sich das sozialwissenschaftliche von dem ökonomistischen Basiskonzept der BWL?*
2. *Charakterisieren Sie kurz den faktoranalytischen Ansatz von Gutenberg.*
3. *Welches sind wichtige Elemente des entscheidungsorientierten Ansatzes in der BWL?*
4. *Welche Entscheidungsphasen durchläuft ein Problemlösungsprozess?*
5. *Welche Merkmale betrieblicher Entscheidungen können unterschieden werden?*
6. *Was versteht man unter schlecht strukturierten Problemen?*
7. *Erläutern Sie den Unterschied zwischen der präskriptiven und der deskriptiven Entscheidungstheorie.*
8. *Erläutern Sie das Grundmodell der präskriptiven Entscheidungstheorie.*
9. *Was unterscheidet Entscheidungen bei Sicherheit, Risiko und Unsicherheit?*
10. *Erläutern Sie eine Entscheidungsregel bei Sicherheit.*
11. *Erläutern Sie eine Entscheidungsregel bei Risiko.*
12. *Erläutern Sie vier Entscheidungsregeln bei Unsicherheit.*
13. *Was wird mit einem Entscheidungsbaum dargestellt?*
14. *Worin unterscheiden sich Optimierungsverfahren von heuristischen Lösungsmethoden?*
15. *Was ist ein System?*
16. *Wie kann ein Unternehmen aus systemtheoretischer Sicht beschrieben werden?*
17. *Welches sind die Nachteile des Systemansatzes in der BWL?*
18. *Welche Um-Systeme eines Unternehmens können unterschieden werden?*
19. *Welches sind die Merkmale eines situativen Ansatzes der BWL?*
20. *Was besagt die Kongruenz-Effizienz-Hypothese des situativen Ansatzes?*
21. *Erläutern Sie den Begriff »Nachhaltigkeit«.*
22. *Welche Prinzipien unterstützen nachhaltiges Wirtschaften?*
23. *Welche drei Zielbereiche verfolgt nachhaltiges Wirtschaften?*
24. *Welches sind die drei Teiltheorien der Neuen Institutionenökonomik?*
25. *Wann entstehen nach dem Transaktionskostenansatz Institutionen?*
26. *Was sind Ressourcen? Durch welche vier Eigenschaften sind sie charakterisiert?*

Übungsaufgabe Kapitel 3

Aufgabenstellung

Die Geschäftsführung eines Unternehmens steht vor der Frage, ein neues Produkt am Markt einzuführen. Bei der Einführung würden Ausgaben in Höhe von 100.000 Euro anfallen. Vor der möglichen Produkteinführung möchte die Geschäftsführung eine Kampagne zur Imageverbesserung des Unternehmens durchführen. Diese ist mit Ausgaben in Höhe von 50.000 Euro verbunden. Die Erfolgsquote einer solchen Kampagne liegt erfahrungsgemäß bei 60 %. Die Geschäftsleitung möchte bei ihrem Entscheidungsproblem auch die beiden möglichen Nachfrageszenarien »hoher Absatz« und »niedriger Absatz« berücksichtigen. Bei hohem Absatz werden die erwarteten Einnahmen auf 700.000 Euro, bei niedrigem auf nur 50.000 Euro geschätzt. Falls sich der Ruf nach der Imagekampagne tatsächlich verbessert haben sollte, werden diese 700.000 Euro mit einer Wahrscheinlichkeit von 85 % erzielt, falls sich das Image aber verschlechtert haben sollte, beträgt die Wahrscheinlichkeit dafür nur 10 %. Wird auf die Imagekampagne verzichtet, werden die Einnahmen in Höhe von 700.000 Euro mit einer Wahrscheinlichkeit von 45 % erzielt. Die Geschäftsführung muss nun entscheiden, ob das neue Produkt eingeführt werden soll und ob eine vorherige Imagekampagne sinnvoll ist.

Frage

Seien Sie der Geschäftsführung dabei behilflich und ermitteln Sie unter Voraussetzung der Risikoneutralität die optimale Politik. Lösen Sie das vorliegende Entscheidungsproblem mit Hilfe eines Entscheidungsbaumes.

Lösung

Die Entscheidung zur Durchführung einer Imagekampagne mit anschließender Produkteinführung hat mit 257.500 Euro die höchste Ergebniserwartung.

Abb. 3.21

Entscheidungsbaum mit Gewinnerwartungen an den Entscheidungsknoten

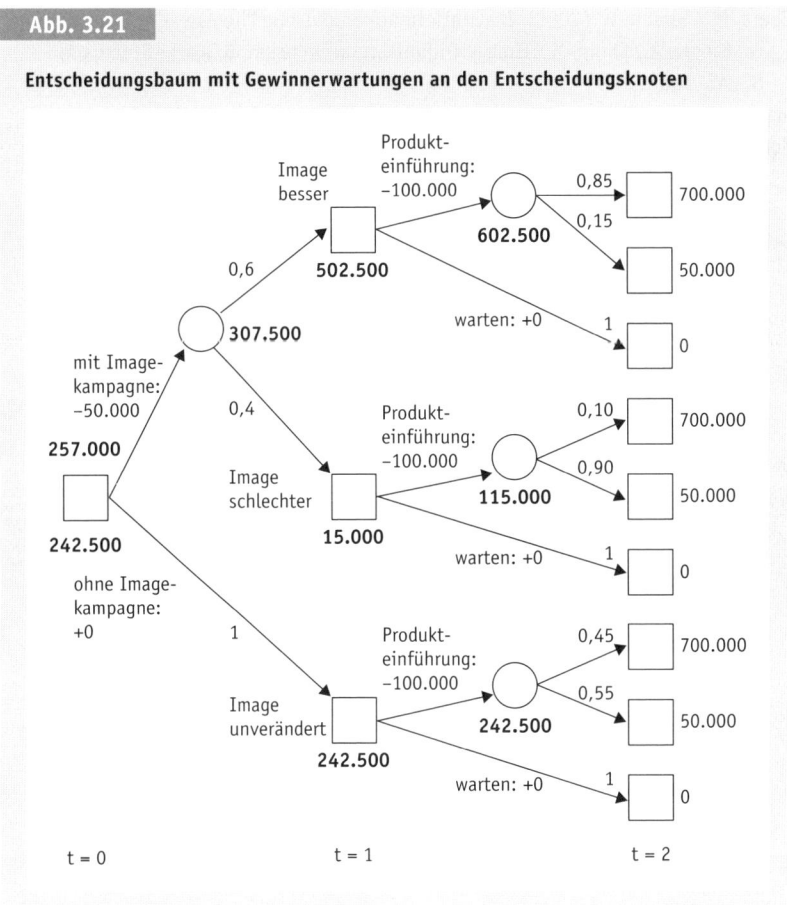

Weiterführende Literatur

Balderjahn, I. (2004): Nachhaltiges Marketing-Management, Stuttgart.

Bamberg, G./Coenenberg, A. G./Krapp, M. (2008): Betriebswirtschaftliche Entscheidungslehre, 14. Aufl., München.

Bea, F. X. (2005): Einleitung: Führung, in: Bea, F. X./Friedl, B./Schweitzer, M.
(Hrsg.), Allgemeine Betriebswirtschaftslehre, Bd. 2: Führung, 9. Aufl., Stuttgart,
S. 1–15.

Bea, F. X. (2009a): Entscheidungen des Unternehmens, in: Bea, F. X./Schweitzer, M.
(Hrsg.), Allgemeine Betriebswirtschaftslehre, Bd. 1: Grundfragen, 10. Aufl.,
Stuttgart, S. 332–437.

Domschke, W./Scholl, A. (2008): Grundlagen der Betriebswirtschaftslehre, 4. Aufl.
Berlin u. a.

Ebers, M./Gotsch, W. (2006): Institutionenökonomische Theorien der Organisation, in: Kieser, A./Ebers, M. (Hrsg.), Organisationstheorien, 6. Aufl., Stuttgart, S. 247–308.

Macharzina, K./Wolf, J. (2010): Unternehmensführung, 7. Aufl., Wiesbaden.

Schanz, G. (2009): Wissenschaftsprogramme der Betriebswirtschaftslehre, in: Bea, F. X./Schweitzer, M. (Hrsg.), Allgemeine Betriebswirtschaftslehre, Bd. 1: Grundfragen, 10. Aufl., Stuttgart, S. 83–161.

Schweitzer, M. (2009b): Grundfragen, in: Bea, F. X./Schweitzer, M. (Hrsg.), Allgemeine Betriebswirtschaftslehre, Bd. 1: Grundfragen, 10. Aufl., Stuttgart, S. 1–22.

Schneider, D. (1995): Betriebswirtschaftslehre, Bd. 1, 2. Aufl., Wiesbaden.

Specht, G. (2000): Schnittstellenmanagement: Marketing und Forschung und Entwicklung, in: Herrmann, A./Hertel, G./Virt, W./Huber, F. (Hrsg.), Kundenorientierte Produktgestaltung, München, S. 265–285.

Staehle, W. H. (1999): Management, 8. Aufl., München.

Warning, S./Welzel, P. (2007): Industrieökonomik, in: Busse von Colbe, W./Coenenberg, A. G./Kajüter, P./Linnhoff, U./Pellens, B. (Hrsg.), Betriebswirtschaft für Führungskräfte, 3. Aufl., Stuttgart, S. 47–85.

4 Die Subsysteme eines Betriebes

Lernziele

- ▶ Sie wissen, was eine Produktions-funktion ist.

- ▶ Sie kennen substitutionale, homo-gene, inhomogene und limitationale Produktionsfunktionen.

- ▶ Sie wissen, was eine Verbrauchs-funktion beschreibt.

- ▶ Sie können erläutern, was ein Gozinto-Graph ist.

- ▶ Sie wissen, wie Kosten definiert sind und was eine Kostenfunktion ist.

- ▶ Sie können erläutern, was eine Minimalkostenkombination ist.

- ▶ Sie kennen die Begriffe Beschäfti-gung und Beschäftigungsgrad.

- ▶ Sie können die Kostenbegriffe fixe Kosten, variable Kosten, Stückkos-ten und Grenzkosten voneinander abgrenzen.

- ▶ Sie kennen unterschiedliche Grup-penprozesse, die auf die Arbeitspro-duktivität wirken.

- ▶ Sie wissen, was Anspruchsgruppen sind und welche Arten es gibt.

- ▶ Sie kennen einschlägige Mitbestim-mungsgesetze.

4.1 Der Betrieb als produktives System

Der systemorientierte Ansatz der Betriebswirtschaftslehre fasst Unternehmen als offene, produktive und soziale Systeme auf (vgl. Kap. 3.2.2). Wir nehmen Bezug dar-auf und werden in diesem Kapitel einzelne interne Subsysteme (In-Systeme) sowie Beziehungen des Unternehmens zu externen Systemen (Um-Systeme) behandeln. Der Betrieb als produktives System umfasst die produktiven Faktoren (Produktions-faktoren) und die mit ihnen erzeugten Produkte sowie die zwischen den Faktoren und zwischen ihnen und den Gütern vorhandenen Beziehungen (Produktionsprozesse). Aus betriebswirtschaftlicher Sicht geht es hier einerseits um die Bereitstellung der zur Herstellung der Absatzleistung (Sach- und Dienstleistungen) erforderlichen Pro-duktionsfaktoren (*Bereitstellungsplanung*; vgl. Schierenbeck/Wöhle 2008, S. 237 ff.) und andererseits um die Kombination der Produktionsfaktoren im Produktionspro-zess (*Produktionsplanung*; vgl. Schierenbeck/Wöhle 2008, S. 262 ff.). Grundlage der Produktionsplanung ist die Kenntnis der Produktionsfunktion. Nach Schierenbeck/ Wöhle (2008, S. 271) stellt eine Produktionsfunktion den quantitativen Zusammen-hang zwischen den zur Leistungserstellung einzusetzenden Mengen r_i (i = 1... n) der Produktionsfaktoren i und der Ausbringungsmenge M eines Produkts in einer Pla-nungsperiode dar (Gleichung 9):

$$M = f(r_1, r_2, ..., r_n) \text{ mit } r_i > 0. \tag{9}$$

Produktionsfunktion

Solche Funktionen sind Modelle, die reale Produktionsprozesse sehr vereinfacht darstellen und von organisatorischen und technischen Details abstrahieren (vgl. Domschke/Scholl 2008, S. 86). Die *Produktionstheorie* hat zum Ziel, solche funktionalen Zusammenhänge aufzuzeigen (Wöhe/Döring 2010, S. 293). Entsprechend den unterschiedlichen Beziehungen zwischen Input (Produktionsfaktoren) und Output (hergestelltes Gut) werden verschiedene Arten von Produktionsfunktionen betrachtet. In Abhängigkeit davon, ob es zwischen den Produktionsfaktoren ein technisch zwingendes, mengenmäßiges Einsatzverhältnis gibt (z. B. $r_1/r_2 = 1/3$) oder nicht ($r_1 \times r_2$ = const), wird zwischen substitutionalen und limitationalen Produktionsfunktionen unterschieden (vgl. Schierenbeck/Wöhle 2008, S. 272).

Substitutionale Produktionsfunktionen

Substitutionale Produktionsfunktionen zeichnen sich durch ein variables Mengenverhältnis bzw. durch variable Mengenkombinationen ($r_1, r_2, ..., r_n$) der eingesetzten Produktionsfaktoren aus (vgl. Bloech/Lücke 2006, S. 202 ff.). Die Einsatzmengen der Produktionsfaktoren können bei der Erbringung einer Leistung (Output) gegenseitig ausgetauscht (substituiert) werden, ohne dass sich die *M* verändert (vgl. Abb. 4.1). Bei beliebiger Teilbarkeit der Faktoreinsatzmengen r_i kann die mit einer bestimmten Faktoreinsatzkombination erzielte Produktionsmenge *M* als sogenannte *Isoquante* dargestellt werden (vgl. Abb. 4.1). Ein verringerter Mengeneinsatz eines Faktors $r_1 \rightarrow r'_1$ (z. B. Maschinenstunden) kann durch den höheren Mengeneinsatz eines anderen Faktors $r_2 \rightarrow r'_2$ (Arbeitsstunden) ausgeglichen werden (*periphere Substitution*; vgl. Bloech/Lücke 2006, S. 204). Darüber hinaus kann noch zwischen der partiellen und der totalen Substitution unterschieden werden. Bei einer *partiellen Substitution* kann ein Produktionsfaktor nur teilweise, aber nicht vollständig durch einen oder mehrere andere Faktoren ersetzt werden (z. B. eine erforderliche Mindestmenge). Kann dagegen ein Faktor vollständig durch andere ersetzt werden, so wird von einer *totalen Substitution* gesprochen (vgl. Domschke/Scholl 2008, S. 88; Thommen/Achleitner 2009, S. 409). Zur Erreichung eines höheren Produktionsniveaus ($M_2 > M_1$) können alle Faktoreinsatzmengen gemeinsam im gleichen Verhältnis erhöht werden (*totale Faktorvariation*; vgl. diagonalen Pfeil in Abb. 4.1) oder es kann die Einsatzmenge nur eines Faktors bei Konstanz der anderen Einsatzmengen erhöht werden (*partielle Faktorvariation*; horizontaler bzw. vertikaler Pfeil in Abb. 4.1; vgl. Schmalen/Pechtl 2009, S. 545).

Cobb-Douglas-Produktionsfunktion

Ein Beispiel für eine substitutionale Produktionsfunktion ist die Cobb-Douglas-Produktionsfunktion: $M = c \, r_1^{\gamma} \, r_2^{1-\gamma}$, mit c = konstant und $0 \leq \gamma \leq 1$ (hier für zwei Einsatzfaktoren r_1 und r_2; vgl. Domschke/Scholl 2008, S. 90; Schmalen/Pechtl 2009, S. 545). Die Cobb-Douglas-Produktionsfunktion ist auch ein Beispiel für eine linearhomogene Produktionsfunktion. Eine Produktionsfunktion ist homogen vom Grade α, wenn durch eine Erhöhung des totalen Faktormengeneinsatzniveaus um das λ-fache ($\lambda r_1, \lambda r_2, ..., \lambda r_n$) die Produktionsmenge *M* um das λ^{α}-fache ansteigt. Es gilt also für eine homogene Produktionsfunktion vom Grade α:

$$M \, \lambda^{\alpha} = f(\lambda r_1, \lambda r_2, ..., \lambda r_n) \tag{10}$$

Abb. 4.1

Substitutionale Produktionsfunktion

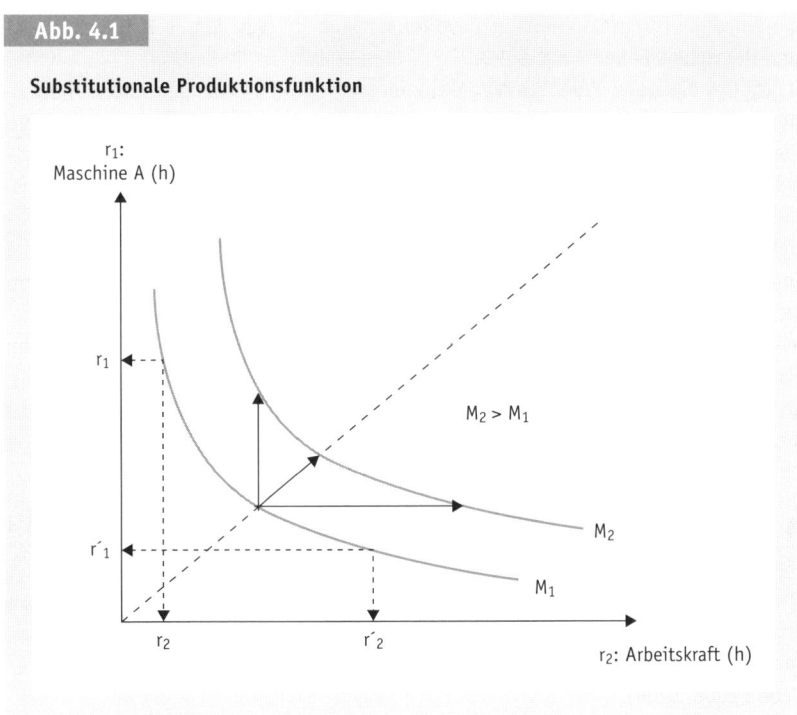

Verdoppelt sich die Ausbringung M, wenn der Faktormengeneinsatz verdoppelt wird, ist $\alpha = 1$. Dann wird von einer linear-homogenen Produktionsfunktion gesprochen. Bei $\alpha < 1$ besitzt die Funktion abnehmende (degressiv-homogene) und bei $\alpha > 1$

Abb. 4.2

Arten homogener Produktionsfunktionen

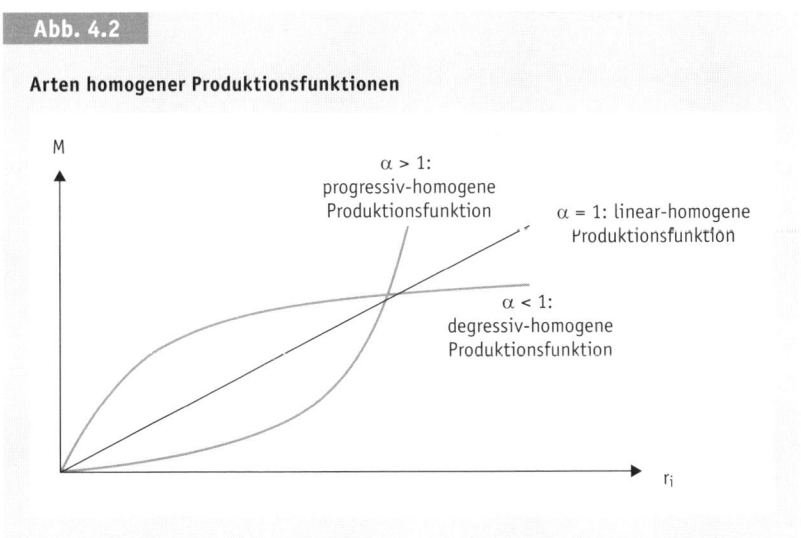

Ertragsgesetzliche
Produktionsfunktion

zunehmende (progressiv-homogene) Grenzerträge M' (vgl. Abb. 4.2, Gleichung 11 und Domschke/Scholl 2008, S. 90).

Nicht-homogene Produktionsfunktionen werden als *inhomogen* bezeichnet. In der Industrie sind substitutionale Produktionsfunktionen eher selten anzutreffen. Sie lassen sich häufiger in der Landwirtschaft finden. Eine solche, aus der Landwirtschaft abgeleitete substitutionale, inhomogene Produktionsfunktion ist die ertragsgesetzliche Produktionsfunktion, die auch als *Produktionsfunktion vom Typ A* bezeichnet wird (vgl. Abb. 4.3). In Abhängigkeit der Entwicklung der Ausbringung M und der Grenzerträge M' können verschiedene Typen von Ertragsfunktionen unterschieden werden (Schierenbeck/Wöhle 2008, S. 275). Sehr häufig wird ein S-förmiger Ertragsverlauf postuliert. Wird ein Faktor r_i (z. B. Arbeitskraft) bei Konstanz aller anderen Produktionsfaktoren (z. B. Dünger und Saatgut) variiert (partielle Faktorvariation), so ergeben sich nach dem *S-förmigen Ertragsverlauf* zunächst steigende, dann sinkende und nach Erreichen des Ertragsmaximums M_{max} rückläufige Ertragszuwächse bzw. *Grenzerträge* oder *Grenzproduktivitäten* M':

$$M'(r_i) = \frac{\partial M}{\partial r_i} \tag{11}$$

Unter Berücksichtigung von zwei partiell gegenseitig substituierbaren Faktoren ergibt sich das sogenannte *Ertragsgebirge*, das in einer dreidimensionalen Darstellung abgebildet werden kann (vgl. Abb. 4.4; Wöhe/Döring 2010, S. 298; Domschke/Scholl 2008, S. 89).

Alle alternativen Faktormengenkombinationen (r_1, r_2), bei denen die Ausbringungsmenge M konstant bleibt, liegen auf einem Kurvenzug, der *Isoquante* (vgl. Schierenbeck/Wöhle 2008, S. 273).

Abb. 4.3

S-förmiger ertragsgesetzlicher Kurvenverlauf

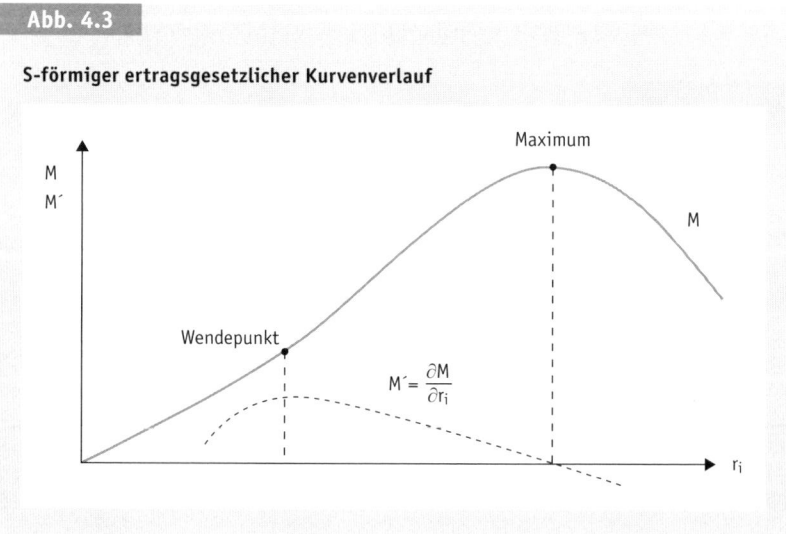

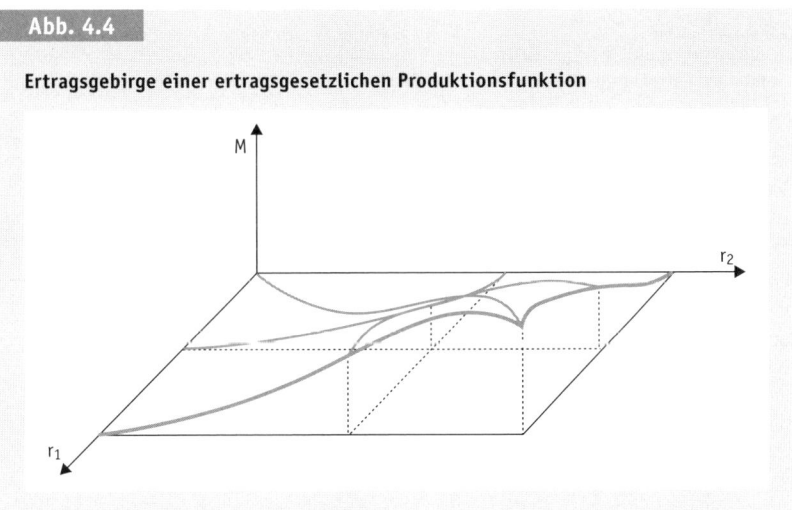

Abb. 4.4

Ertragsgebirge einer ertragsgesetzlichen Produktionsfunktion

Limitationale Produktionsfunktionen

Limitationale Produktionsfunktionen, auch *Produktionsfunktionen vom Typ B* bzw. Produktionsfunktion von Gutenberg genannt, geben ein festes Einsatzverhältnis (z. B. $\Delta r_1/\Delta r_2$ = ß in Abb. 4.5) der Faktoren vor (vgl. Bloech/Lücke 2006, S. 206 ff.; Domsche/Scholl 2005, S. 92 f.). Produktionsfaktoren können also nicht gegenseitig substituiert werden. Diese Produktionsfunktionen sind für die industrielle Produktion typisch (z. B. stehen zur Herstellung eines Tisches die Materialien Holz, Lack und Schrauben in einem festen Verhältnis). Nur eine totale Variation aller Faktoreinsatzmengen (z. B. um einen bestimmten Prozentwert) ändert die Ausbringungsmenge M (vgl. diagonalen Pfeil in Abb. 4.5). Dagegen erhöht sich der Output nicht, wenn nur die Einsatzmenge eines Faktors bei Konstanz der anderen erhöht wird. Für jede Ausbringungsmenge M ergibt sich nur eine mögliche effiziente Faktormengenkombination, die geometrisch als Prozessgerade dargestellt werden kann (Wöhe/Döring 2010, S. 298 f.).

Diese Produktionsfunktion wurde von Gutenberg mit dem Ziel entwickelt, den Verbrauch an Betriebsstoffen (z. B. Öl, Strom) und die Abnutzung von Betriebsmitteln bei der Produktion erklären zu können. Danach ist die Ausbringungsmenge M abhängig von der Leistung bzw. *Intensität d* (Ausbringungsmenge M je Zeiteinheit) eines Betriebsmittels bzw. eines Aggregats (Gruppe von Betriebsmitteln) und von der *Laufzeit t* des Aggregats (Produktionszeit):

$$M = d \times t \tag{12}$$

Der Zustand eines Aggregats (technische Merkmale) wird als konstant angenommen. Durch *Verbrauchsfunktionen* α_i *(d)* wird der Zusammenhang zwischen der Leistung eines Aggregats d und dem *spezifischen Verbrauch* α_i von Faktor i (i = 1 … n), bezogen auf eine ME des Outputs M, dargestellt. Verbrauchsfunktionen verlaufen typischerweise konvex, d. h., die verbrauchsgünstigste Leistung d_{opt} (das *Betriebsoptimum*) liegt zwischen der minimal d_{min} und maximal d_{max} möglichen Leistung eines Aggregats

Verbrauchsfunktionen

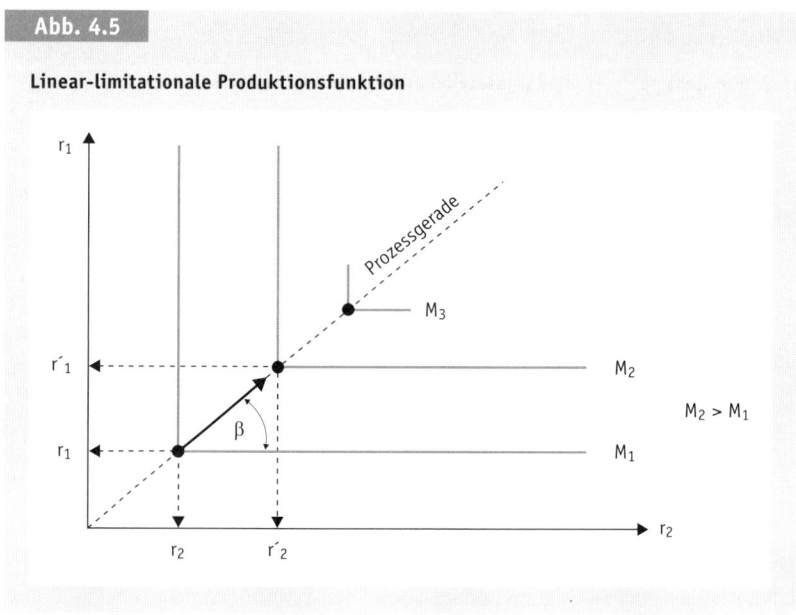

Abb. 4.5

Linear-limitationale Produktionsfunktion

(vgl. Domschke/Scholl 2008, S. 97; Wöhe/Döring 2010, S. 319). Über die Verbrauchsfunktionen können nach Gleichung 13 die für eine Produktion benötigten Faktoreinsatzmengen $r_1, ... r_n$ ermittelt werden.

$$r_i = \alpha_i (d) \times M = \alpha_i (d) \times d \times t \tag{13}$$

Die von *Heinen* entwickelte *Produktionsfunktion vom Typ C*, eine Weiterentwicklung der Produktionsfunktion vom Typ B (Gutenberg-Produktionsfunktion), zerlegt den Produktionsprozess in viele Teilprozesse (sogenannte *Elementarkombinationen*; vgl. Bloech/Lücke 2006, S. 208 f.), so dass eindeutige Beziehungen zwischen technischen (Leistung der Betriebsmittel je Zeiteinheit) und ökonomischen Leistungen (Verbrauch an Werkstoffen je Mengeneinheit) dargestellt werden können (vgl. Domschke/Scholl 2008, S. 99).

Mehrstufige Produktionsfunktionen

Nach der Anzahl der Endprodukte können Produktionsfunktionen für den *Einproduktbetrieb*, der in der Industrie allerdings selten vorkommt, und für den *Mehrproduktbetrieb*, der den Regelfall darstellt, unterschieden werden. Nach der Anzahl der Produktionsstufen werden *einstufige* Produktionsfunktionen, die zur Fertigung nur einen Produktionsschritt benötigen, und *mehrstufige Produktionsfunktionen*, bei denen die Fertigung in mehreren aufeinander folgenden Prozessen bzw. Arbeitsgängen erfolgt, unterschieden. Während einstufige Produktionsfunktionen eher selten sind, stellen mehrstufige Produktionsfunktionen in der Industrie den Normalfall dar. Mehrstufige Produktionsprozesse können, lineare Limitationalität vorausgesetzt, durch sogenannte Gozinto-Graphen dargestellt werden (vgl. Domschke/Scholl 2008, S. 95 f.). Ein *Gozinto-Graph* ist ein gerichteter Graph, der die zwischen Rohstoffen, Zwischen-

Gozinto-Graph

und Endprodukten (stellen die Knoten i, j im Graphen dar) bestehenden Mengenbeziehungen *(i, j)* durch Pfeile darstellt. Die mit den Pfeilen verbundenen *Produktionskoeffizienten* a_{ij} geben an, wie viele ME von *i* unmittelbar zur Herstellung einer ME von *j* benötigt werden. In Abb. 4.6 ist als Beispiel ein Gozinto-Graph für eine mehrstufige, lineare Produktionsfunktion zur Herstellung von Lkw-Anhängern in einem Mehrproduktbetrieb dargestellt (vgl. Müller-Merbach 1976, S. 45 f.; Abb. 4.6).

Abb. 4.6

Gozinto-Graph einer Lkw-Anhänger-Produktion

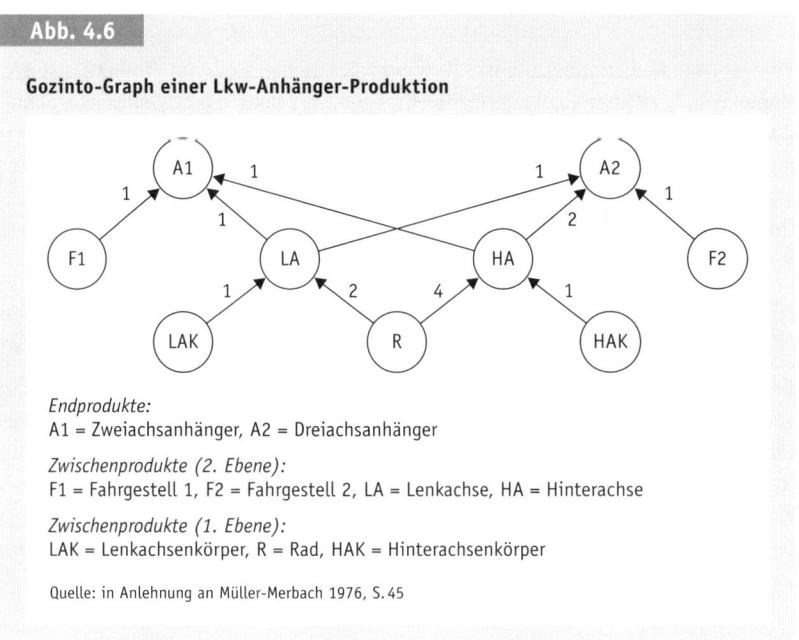

Endprodukte:
A1 = Zweiachsanhänger, A2 = Dreiachsanhänger

Zwischenprodukte (2. Ebene):
F1 = Fahrgestell 1, F2 = Fahrgestell 2, LA = Lenkachse, HA = Hinterachse

Zwischenprodukte (1. Ebene):
LAK = Lenkachsenkörper, R = Rad, HAK = Hinterachsenkörper

Quelle: in Anlehnung an Müller-Merbach 1976, S. 45

Die Produktionsfunktionen vom Typ B für das Lkw-Anhänger-Beispiel lassen sich durch folgendes Gleichungssystem darstellen, wobei die Mengen der einzelnen End- und Zwischenprodukte mit $X_R, ..., X_{LA}, ..., X_1$ bezeichnet sind:

$$
\begin{aligned}
X_{A1} &= X_1 \\
X_{A2} &= X_2 \\
X_{LA} &= X_1 + X_2 \\
X_{HA} &= X_1 + 2\,X_2 \\
X_{LAK} &= X_{LA} \\
X_{HAK} &= X_{HA} \\
X_R &= 2\,X_{LA} + 4\,X_{HA}
\end{aligned}
$$

In der Praxis werden diese Produktionsstrukturen in sogenannten *Stücklisten* erfasst, um daraus den (Sekundär-)Bedarf an Material und Halbfabrikaten zu ermitteln (vgl. Bloech/Lücke 2006, S. 216 ff.). In Matrixform (*Direktbedarfsmatrix*) geschrieben, sieht obiges Gleichungssystem wie folgt aus:

$$
\begin{pmatrix}
X_{A1} \\
X_{A2} \\
X_{LA} \\
X_{HA} \\
X_{LAK} \\
X_{HAK} \\
X_R
\end{pmatrix}
=
\begin{pmatrix}
1 & 0 & 0 & 0 \\
0 & 1 & 0 & 0 \\
1 & 1 & 0 & 0 \\
1 & 2 & 0 & 0 \\
0 & 0 & 1 & 0 \\
0 & 0 & 0 & 1 \\
0 & 0 & 2 & 4
\end{pmatrix}
\begin{pmatrix}
X_1 \\
X_2 \\
X_{LA} \\
X_{HA}
\end{pmatrix}
$$

Eine allgemeine Formulierung von *Verbrauchsfunktionen* bzw. von Produktionsfunktionen vom *Typ B* kann folgendermaßen durchgeführt werden (vgl. Domschke/Scholl 2008, S. 93): Sei M_j die Ausbringungsmenge von Produkt j (j = 1... J), r_{ij} die Einsatzmenge von Verbrauchsgut i (i = 1 ... n) (Werkstoff, auch *Repetierfaktor* genannt) für Menge M_j von Produkt j und a_{ij} der Verbrauch von Faktor i je ME von Produkt j (*Produktionskoeffizient*), so ergibt sich der Gesamtverbrauch von Faktor i für das gesamte Produktionsprogramm j = 1 ... J aus Gleichung 14:

$$
r_i = \sum_{j=1}^{J} r_{ij} = \sum_{j=1}^{J} a_{ij} x_j \tag{14}
$$

Der Verbrauch von *Potenzialfaktoren* p_k (Betriebsmittel und menschliche Arbeit) kann ebenfalls durch Gleichung 14 bestimmt werden, wobei für a_{ij} der spezifische Verbrauch a_{kj} von Potenzialfaktor k zur Herstellung einer ME von Produkt j eingesetzt werden muss. Die für den Einsatz der Potenzialfaktoren k (k = 1 ... K) benötigten Mengen an *Repetierfaktoren* r_i (z. B. Betriebsstoffe) sind gemäß Gleichung 15 zu bestimmen, wobei h_{ik} den spezifischen Verbrauch des Repetierfaktors i in Abhängigkeit von der Nutzung des Potenzialfaktors k angibt.

$$
r_i = \sum_{k=1}^{K} r_{ik} = \sum_{k=1}^{K} h_{ik} p_k \tag{15}
$$

In der Praxis müssen die Funktionen für jeden einzelnen Produktionsvorgang bestimmt werden, was nicht immer einfach ist.

4.2 Der Betrieb als ökonomisches System

4.2.1 Kostentheorie und Kostenfunktionen

Die ökonomische Dimension des Betriebes ergänzt die Betrachtung produktiver Zusammenhänge durch eine ökonomische, auf Preisen beruhende Bewertung von Produktionsprozessen (*Wertbetrachtung*). Dazu werden die durch Produktionsfunktionen (vgl. 4.1) dargestellten mengenmäßigen Beziehungen zwischen Input- und Outputgütern innerhalb der Kostentheorie einer wertmäßigen Betrachtung unterzogen. Durch eine Bewertung aller zur Herstellung einer Marktleistung M (Sach- oder Dienstleistung) verbrauchten Mengen an Produktionsfaktoren r_1, r_2, ..., r_n (sogenanntes *Mengengerüst* der Kosten) mit ihren jeweiligen Preisen q_1, q_2, ..., q_n

(sogenanntes *Wertegerüst* der Kosten) werden die Kosten ermittelt (vgl. Schmalen/ Pechtl 2009, S. 543).

> *Kosten* sind definiert als der wertmäßige Ge- und Verbrauch von Gütern, die zur Erfüllung des Betriebszwecks und zur Aufrechterhaltung der Leistungsbereitschaft des Betriebes eingesetzt werden (vgl. Bloech/Lücke 2006, S. 218).

Die Beschreibung des Zusammenhangs zwischen den Faktorverbräuchen r_i und den Faktorpreisen q_i wird durch eine Kostenfunktion K in der folgenden Form dargestellt:

$$K = \sum_{i=1}^{n} r_i q_i \tag{16}$$

Werden die Faktorpreise q_i als vorgegeben vorausgesetzt (z. B. feste Marktpreise), so sind die Gesamtkosten K nach Gleichung 16 von den Faktoreinsatzmengen r_i abhängig. Faktorpreise q_i unterscheiden sich nach der Art der Inputgüter (z. B. Materialpreise, Arbeitslöhne, Kreditzinsen), nach dem Bewertungszeitpunkt (z. B. Anschaffungspreise, Wiederbeschaffungspreise, Tagespreise) und nach ihrem Realisierungsgrad (z. B. Angebotspreise, Marktpreise).

Die *Kostentheorie* zielt darauf, zentrale Kosteneinflussgrößen sichtbar zu machen (vgl. Kap. 4.2.2) und solche Faktormengenkombinationen zu ermitteln, mit denen eine gegebene Produktionsmenge M zu minimalen Kosten K hergestellt werden kann (sogenannte Minimalkostenkombination; vgl. Bloech/Lücke 2006, S. 219 f.). Liegt eine substitutionale Produktionsfunktion vor (vgl. Kap. 4.1), so dass eine bestimmte, feste Produktionsmenge $\overline{M}$ durch den Einsatz verschiedener Mengenkombinationen $(r_1, r_2, ..., r_n)$ der Produktionsfaktoren hergestellt werden kann, dann ist es möglich, mit Hilfe der faktormengenabhängigen Kostenfunktion $K(r_i)$ die Minimalkostenkombination zu ermitteln (vgl. Bloech/Lücke 2006, S. 219). Für das Beispiel fester Faktorpreise q_1 und q_2 und einer von der Faktormengenkombination (r_1, r_2) abhängigen Kostenfunktion $K = r_1 q_1 + r_2 q_2$ stellt Abb. 4.7 die Ermittlung der Minimalkostenkombination dar. Die Steigung dieser linearen Kostenfunktion ist vom Verhältnis der Faktorpreise (q_2/q_1) abhängig. Für vier verschiedene feste Kostenniveaus K_1 bis K_4 sind die sogenannten *Isokostengeraden* $\overline{K}_i =$ konstant $= r_1 q_1 + r_2 q_2$ abgebildet. Das Faktormengeneinsatzverhältnis (r_1, r_2) ist dort kostenminimal, wo erstmals eine vom Nullpunkt aus parallel verschobene Isokostengerade $\overline{K}_i$ die *Isoquante* $\overline{M} = \overline{M}(r_1, r_2)$ berührt (vgl. Abb. 4.7 und Bloech/Lücke 2006, S. 219 f.).

Weiterhin stellt die Kostentheorie ein konzeptionelles Fundament des betrieblichen *Rechnungswesens* dar (vgl. Schmalen/Pechtl 2009, S. 543). So übernimmt die primäre Wertkategorie *Preis* sowohl im Rahmen der Ermittlung wesentlicher Größen des Rechnungswesens (sekundäre Wertkategorien wie Erfolg, Ertrag und Gewinn) als auch bei Beschaffungsentscheidungen (z. B. Bewertung der Preisgünstigkeit von Angeboten) eine zentrale Funktion. Die wesentliche Aufgabe des Managements ist, Preise bzw. Wertkategorien dauerhaft zu beobachten, zu analysieren und bei Entscheidungen zu berücksichtigen.

Minimalkostenkombination

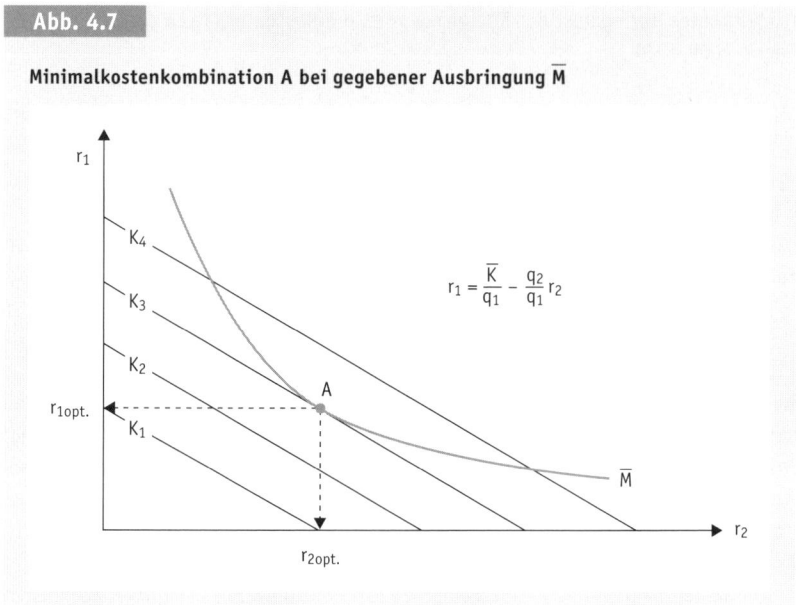

Abb. 4.7

Minimalkostenkombination A bei gegebener Ausbringung $\overline{M}$

$$r_1 = \frac{\overline{K}}{q_1} - \frac{q_2}{q_1} r_2$$

4.2.2 Kosteneinflussgrößen

Wesentlich für eine wert- bzw. kostenmäßige Beurteilung der Produktionsprozesse ist die Kenntnis von den Einflussgrößen auf die Kosten. Folgende Einflussgrößen wirken auf die Kosten (vgl. Domschke/Scholl 2008, S. 101; Schmalen/Pechtl 2009, S. 543 ff.):

▸ *Faktorpreise* beeinflussen die Kosten unmittelbar und über die Einsatzmengen beeinflussen die *Faktorqualitäten* die Kosten.
▸ Das *Produktionsprogramm* beeinflusst die Kosten zum einen durch die Art und Anzahl der herzustellenden Produkte und zum anderen durch die dafür erforderliche Ausstattung mit Potenzialfaktoren und menschlicher Arbeitsleistung.
▸ Die *Gestaltung des Fertigungsablaufes* hinsichtlich des Fertigungstyps (Massen-, Sorten-, Serien und Einzelfertigung) und des Fertigungsverfahrens (Fließfertigung vs. Werkstattfertigung (vgl. Kap. 8.4.2).
▸ Die *Betriebsgröße* wird durch die Fertigungskapazität, die durch die gesamte Ausstattung des Betriebes mit Potenzialfaktoren (z. B. Produktionsanlagen) und menschlicher Arbeitskraft bestimmt ist, definiert. Die Bereitstellung dieser Kapazität verursacht Kosten.

Beschäftigungsgrad

▸ Der Beschäftigungsgrad

$$\frac{M_{ist}}{M_{max}} \times 100 \; [\%]$$

gibt die prozentuale Auslastung der maximalen Produktionskapazität M_{max} (Kapazitätsgrenze) eines Betriebes in Prozent an. Als Beschäftigung wird in diesem Zusammenhang die Ausbringungsmenge M bezeichnet. Veränderungen der Beschäftigung (d.h. Ausbringungsmenge pro Zeiteinheit) haben in der Regel durch Veränderungen des Verbrauchs an Produktionsfaktoren einen mittelbaren Einfluss auf die Kosten (beschäftigungsvariable Kosten; vgl. Kap. 4.2.3). Auch der Beschäftigungsgrad schlägt sich auf die Kosten nieder: Unter- bzw. Überschreitungen der Kapazitätsgrenze haben zusätzliche Kosten zur Folge (vgl. Domschke/Scholl 2008, S. 101). Hinsichtlich der Veränderung des Beschäftigungsgrades (Beschäftigungsabweichungen) sind die Begriffe Nutzkosten und Leerkosten wichtig (vgl. Schmalen/Pechtl 2009, S. 547). Leerkosten entstehen bei Unterbeschäftigung, d.h. dann, wenn die mit Fixkosten K_f bereitgestellte Produktionskapazität nicht ausgelastet ist ($M_{ist} < M_{max}$). In diesem Fall werden vorhandene Produktionskapazitäten, die fixe Kosten verursachen, nur zum Teil genutzt. Der Fixkostenanteil für die genutzte Produktionskapazität wird entsprechend als Nutzkosten K_N bezeichnet (vgl. Schierenbeck/Wöhle 2008, S. 852 f.). Er berechnet sich aus dem Produkt von Beschäftigungsgrad und Fixkosten (vgl. Abb. 4.8). Die Summe aus Nutzkosten und Leerkosten ergibt die Fixkosten.

Abb. 4.8

Nutz- und Leerkostenverläufe

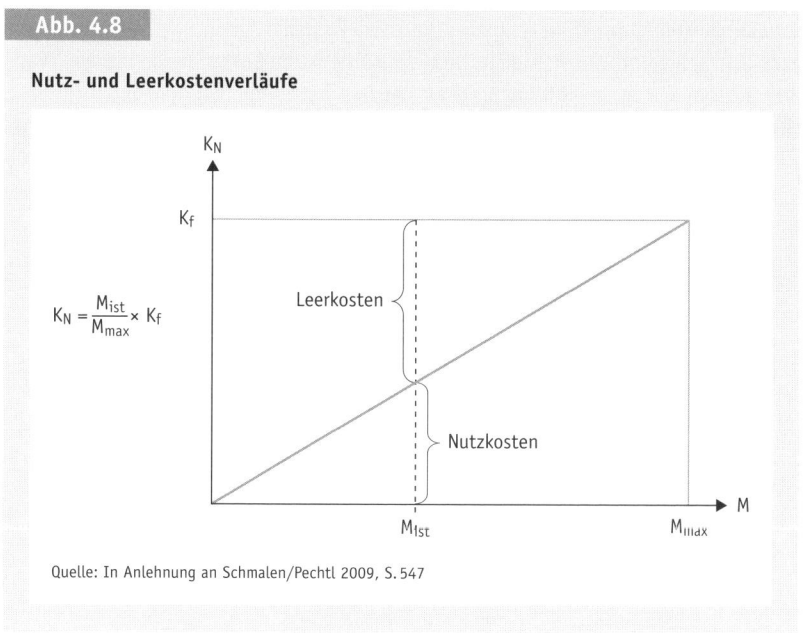

$$K_N = \frac{M_{ist}}{M_{max}} \times K_f$$

Quelle: In Anlehnung an Schmalen/Pechtl 2009, S. 547

4.2.3 Kostenverläufe

Aus Vereinfachungsgründen nehmen wir im Folgenden an, dass nur ein Produkt hergestellt wird. Da zur Produktion einer vorgegebenen Menge M eines Produkts die in der Produktionsfunktion festgelegten Mengen an Inputgütern r_i erforderlich sind, können die *Gesamtkosten K* auch in Abhängigkeit der Menge des Produkts bzw. der Beschäftigung *M* dargestellt werden:

$$K = K(M) \tag{17}$$

Diese von Änderungen der Beschäftigung *M* abhängigen Gesamtkosten *K(M)* ergeben sich aus der Summe von (beschäftigungs-)fixen K_f und (beschäftigungs-)variablen K_v Kosten:

$$K = K_f + K_v(M) \tag{18}$$

Während die *fixen Kosten* durch einen von der Beschäftigung unabhängigen Faktorverbrauch entstehen und für unterschiedliche Mengen von *M* konstant bleiben (Kosten für die Aufrechterhaltung der Betriebsbereitschaft), verändern sich die *variablen Kosten*, wenn sich *M* verändert (z. B. Materialkosten). Mit zunehmender Ausbringungsmenge *M* verteilen sich die (konstanten) Fixkosten auf eine größer werdende Stückzahl, so dass die Fixkostenbelastung je Stück (K_f/M) sinkt (sogenannte *Fixkostendegression*). Bei der *Einproduktfertigung* lassen sich die variablen Kosten K_v als Funktion der Beschäftigung *M* beschreiben (vgl. Gleichung 18; Bloech/Lücke 2006, S. 221). Zudem können Kosten auch dahingehend unterschieden werden, ob sie durch eine zu treffende Entscheidung beeinflusst werden können (entscheidungsvariable Kosten) oder nicht (entscheidungsfixe Kosten). Zur optimalen Lösung eines Entscheidungsproblems werden nur die beeinflussbaren Kosten herangezogen. Variable Kosten K_v können in Abhängigkeit der Beschäftigung *M* proportional (linear), progressiv (konvex), degressiv (konkav) und regressiv (konvex) verlaufen (vgl. Abb. 4.9; Domschke/Scholl 2008, S. 102).

Fixkostendegression

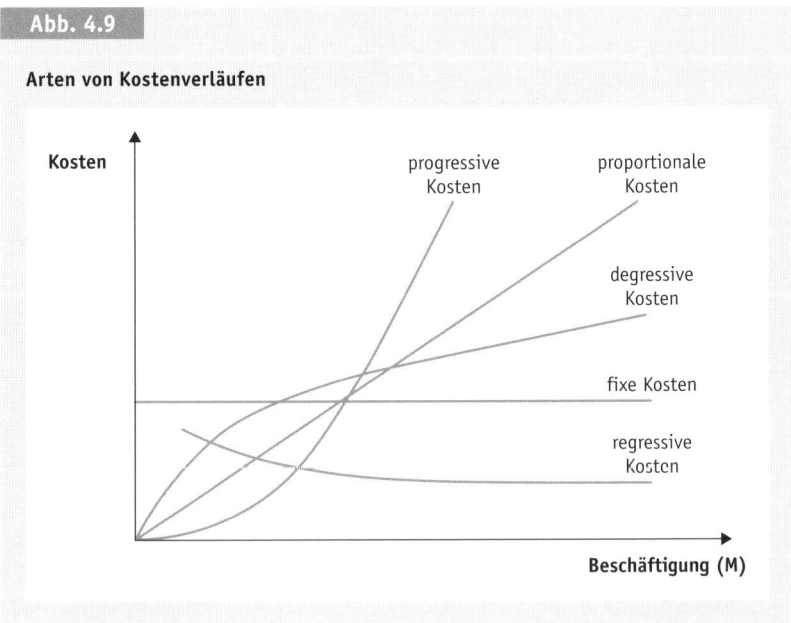

Abb. 4.9

Arten von Kostenverläufen

Es können folgende *Kostengrößen* definiert werden:

▸ Stück- oder Selbstkosten: $k(M) = \dfrac{K(M)}{M}$

▸ Variable Stückkosten: $k_v(M) = \dfrac{K_v(M)}{M}$

▸ Grenzkosten: $K'(M) = \dfrac{dK(M)}{dM}$

Die mit einer marginalen Steigerung *dM* der Produktionsmenge *M* zusätzlich verursachten Kosten *dK* werden als *Grenzkosten* bezeichnet. Die Grenzkosten entsprechen der ersten Ableitung *K´(M)* der Gesamtkostenfunktion *K(M)* an der Stelle *M* (vgl. Domschke/Scholl 2008, S. 103). Für einen *ertragsgesetzlichen Kostenverlauf* sind die Kostengrößen in Abb. 4.10 dargestellt.

Die Gesamtkosten *K* steigen bis zum Wendepunkt *W* degressiv und danach progressiv an. Bei M_1 sind die Grenzkosten *K´* minimal und im Minimum der variablen Stückkosten k_v bei M_2 sind die Grenzkosten und die variablen Stückkosten gleich. Dieses Minimum wird auch als *kurzfristige Preisuntergrenze* bezeichnet (vgl. Bloech/Lücke 2006, S. 224). Im Minimum der Stückkosten *k* bei M_3 sind die Grenzkosten mit den Stückkosten gleich. Dieses Minimum wird auch als *langfristige Preisuntergrenze* bzw.

Preisuntergrenze

Abb. 4.10

Kostenverläufe bei ertragsgesetzlicher Anpassung

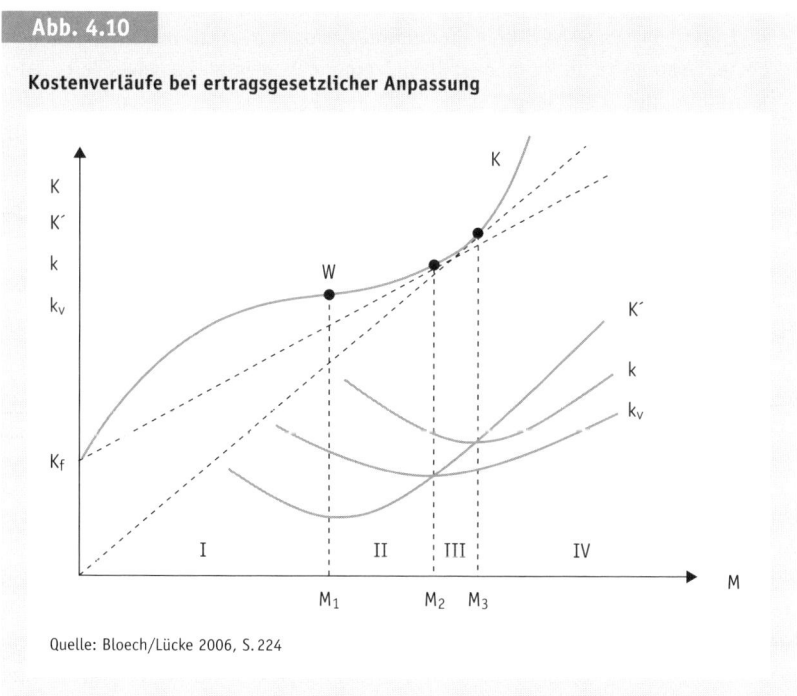

Quelle: Bloech/Lücke 2006, S. 224

Anpassungsmaßnahmen

Betriebsoptimum bezeichnet (vgl. Bloech/Lücke 2006, S. 225; auch Schierenbeck/ Wöhle 2008, S. 283 f.).

Kostenfunktionen für eine Gutenberg-Produktionsfunktion sind in Abhängigkeit von Anpassungsmaßnahmen bei Veränderung des Beschäftigungsgrades sehr unterschiedlich. Anpassungsmaßnahmen sind erforderlich, wenn sich die Produktionsmengen in den Planungsperioden ändern sollen. Durch Bewertung des spezifischen Verbrauchs α_i von Faktor i mit dem Preis q_i einer ME von *i* können die *spezifischen Faktorkosten* $(\alpha_i \times q_i)$ je ME des Outputs ermittelt werden (vgl. Kap. 4.1 und Bloech/ Lücke 2006, S. 225). Für die Menge *M* ergeben sich dann die variablen Kosten K_{vi} für Faktor i aus Gleichung 19:

$$K_{vi} = \alpha_i(d) \times q_i \times d \times t \tag{19}$$

Fixe Kosten werden nicht über Verbrauchsfunktionen ermittelt. Aus der Summe aller variablen Kosten K_{vi} (1 = 1... n) zuzüglich der fixen Kosten ergeben sich dann die Gesamtkosten. Es werden folgende Anpassungsarten unterschieden:

▸ **Bei der zeitlichen Anpassung** wird die Laufzeit *t* der Aggregate bei konstanter Leistung d verändert (z. B. Erhöhung der Bandgeschwindigkeiten, Mehrschichtbetrieb). Bleiben die Faktorkosten q_i über die Ausbringungsmengen *M* konstant, so ist der Kostenverlauf linear. Verändern sich die Faktorpreise bei bestimmten Ausbringungsmengen sprunghaft, so liegt eine stückweise lineare Kostenfunktion vor.

▸ **Bei der leistungs- bzw. intensitätsmäßigen Anpassung** wird die Leistung d so verändert, dass innerhalb einer Produktionsperiode eine bestimmte Menge *M* hergestellt werden kann. Hieraus ergibt sich ein nicht-linearer, konvexer Verlauf der Kostenfunktion (vgl. Bloech/Lücke 2006, S. 231 f.).

▸ **Bei der quantitativen Anpassung** wird die Anzahl der beanspruchten Aggregate verändert (z. B. Stilllegung oder Zuschaltung von Maschinen). Dadurch verändern sich in der Regel die Fixkosten sprunghaft (Sprungkosten).

4.3 Der Betrieb als soziales System

4.3.1 Gruppen und Gruppeninteraktionen

Die *soziale Dimension* des Betriebes erfasst die Menschen, die in einem Betrieb arbeiten, und die zwischen ihnen bestehenden Beziehungen.

Diese Aspekte betrieblichen Geschehens lassen sich am besten an Gruppen, die Subsysteme der Unternehmung darstellen, beschreiben. Es ist zwischen formellen und informellen Gruppen zu unterscheiden. *Formelle Gruppen* sind in der Organisationsstruktur des Unternehmens vorgesehen. Dagegen bilden sich *informelle Gruppen* innerhalb einer Organisation spontan und ungeplant aufgrund persönlicher Werte und Sympathiegefühle der Mitglieder (vgl. Staehle 1999, S. 269; Steinmann/ Schreyögg 2005, S. 596 f.). Das Modell von Steinmann und Schreyögg (2005, S. 599) liefert einen geeigneten schematischen Rahmen zur Darstellung verschiedener Gruppenprozesse (vgl. Abb. 4.11). Es unterteilt die Bereiche Gruppeninput (Individuen), Gruppenprozesse (Interaktion) und Gruppenoutput (Effektivität). Der *Gruppeninput* wird bestimmt durch die Gruppenmitglieder und durch auf sie einwirkende Einflüsse der gruppenexternen Organisationsumwelt (z. B. Entlohnungssystem; vgl. Abb. 4.11). In Unternehmen bilden sich zahlreiche kleine Gruppen, sogenannte *Primärgruppen*, die sich durch länger anhaltende, regelmäßig wiederkehrende, intensive Interaktion, insbesondere Kommunikation, zwischen den Gruppenmitgliedern auszeichnen.

Abb. 4.11

Die Gruppe als Subsystem der Unternehmung

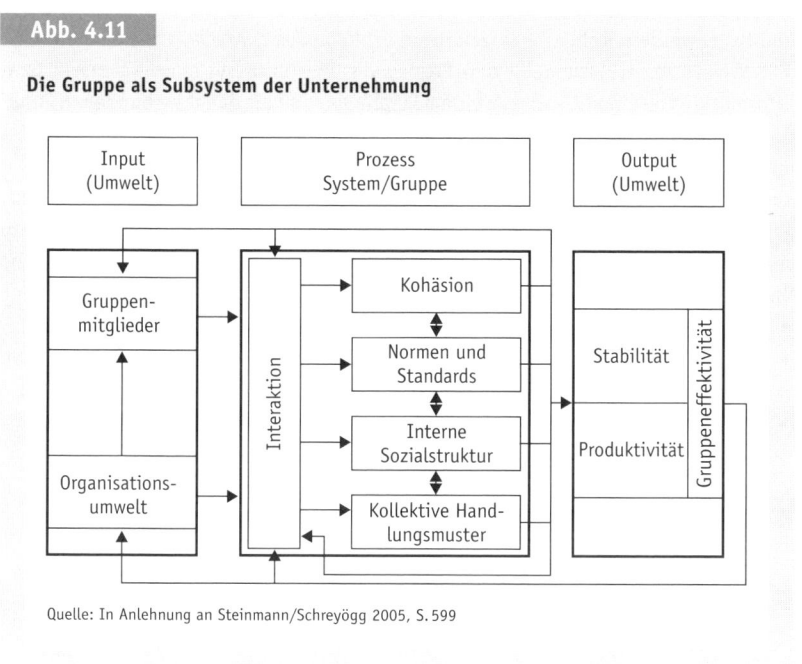

Quelle: In Anlehnung an Steinmann/Schreyögg 2005, S. 599

Die Gruppenmitglieder selbst verfolgen oft die gleichen Ziele und sind hinsichtlich ihrer persönlichen Werte, Normen, Bedürfnisse und Präferenzen ähnlich (homogene Gruppenzusammensetzung). Gruppen
▸ werden von Außenstehenden als Einheit wahrgenommen,
▸ haben eine eigene Identität (Wir-Gefühl),
▸ verfügen über eine innere soziale Ordnung bzw. Struktur (z. B. Hierarchie, Rollen),
▸ teilen spezifische Ziele, Normen und Werte und
▸ vermitteln ein Gefühl der Zusammengehörigkeit

(vgl. Balderjahn/Scholderer 2007, S. 94 f.; Kroeber-Riel et al. 2009, S. 478). Als Beispiele können kleine Abteilungen, Projektgruppen, Teams, Freundeskreise und Cliquen im Betrieb genannt werden.

Gruppenbildung und Gruppenhandeln werden durch Interaktionsprozesse gesteuert. Unter *Interaktion* versteht man Formen wechselseitiger Einwirkung und

Interaktionsprozesse

Bezugnahme von an der Interaktion beteiligten Personen durch Kommunikation und Handeln.

> *Kommunikation* dient allgemein der Übermittlung von Informationen, Bedeutungsinhalten und Bewertungen zum Zwecke der zielorientierten Beeinflussung von Überzeugungen, Erwartungen, Einstellungen und Verhaltensweisen (vgl. Balderjahn/Scholderer 2007, S. 187).

Kommunikationsinhalte sind u. a. Anweisungen, Befehle, Erläuterungen, Hinweise und Beschwerden. Abb. 4.12 skizziert ein *Grundmodell der technischen Kommunikation*. Dieses Modell beschreibt den Prozess der Übermittlung einer Nachricht bzw. Information von einem Sender zu einem Empfänger und die damit verbundenen Funktionen kodieren (Botschaft in Sprache übertragen), senden, empfangen und dekodieren (Sprache entschlüsseln und Botschaft verstehen; vgl. Staehle 1999, S. 300). Kommunikationsprozesse unterliegen verschiedenen *Störungen*, die bewirken können, dass nicht immer das, was ein Sender beabsichtigt zu kommunizieren, auch so vom Empfänger verstanden wird. Kommunikationsstörungen können verschiedene Ursachen haben:

▸ *technische Störungen* im Übertragungskanal (z. B. Rauschen im Telefon),
▸ *semantische Störungen*, die durch Verwendung von mehrdeutigen Zeichen bzw. Wörtern hervorgerufen werden und Interpretation und Verständnis erschweren,
▸ *prädispositionsbedingte Störungen* führen zur selektiven Wahrnehmung von Informationen beim Empfänger (z. B. Verdrängung unerwünschter Nachrichten).

Abb. 4.12

Grundmodell eines Kommunikationsprozesses

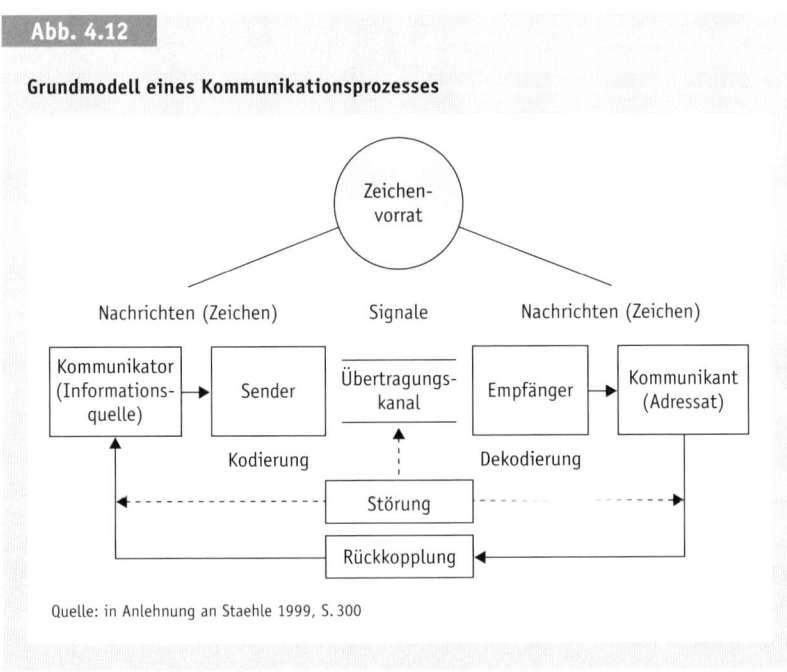

Quelle: in Anlehnung an Staehle 1999, S. 300

In Betrieben findet Kommunikation innerhalb der Personalführung (vgl. Kap. 6) zur zielgerichteten Beeinflussung von Einstellungen und Verhaltensweisen von Mitarbeitern und Gruppen sowie ungeplant aufgrund persönlicher, informeller Kontakte (*soziale Kommunikation*) statt. Das Verhältnis der Kommunikationspartner zueinander und der Informationsfluss werden durch die Kommunikationsstruktur bestimmt (vgl. Staehle 1999, S. 304 ff.).

4.3.2 Gruppenprozesse

Nach dem Modell von Steinmann/Schreyögg (2005, S. 599; Abb. 4.11) unterscheiden wir die vier interaktiven Gruppenprozesse Gruppenkohäsion, Gruppennormen und Standards, interne Sozialstruktur der Gruppe und kollektive Handlungsmuster, die einen Einfluss auf die Gruppenleistung ausüben.

Gruppenkohäsion

Die Gruppenkohäsion, der Zusammenhalt der Gruppe, wird durch die Attraktivität einer Gruppe für den Einzelnen, das erlebte Gemeinschaftsgefühl und durch persönliche Bindungen zu Gruppenmitgliedern bestimmt. Sie wird auch als Ausmaß, in dem eine Gruppe eine stabile kollektive Einheit bildet, verstanden (vgl. Steinmann/ Schreyögg 2005, S. 602). *Absentismus* (Abwesenheit von der Gruppe) und *Fluktuation* (Wechsel zwischen Gruppen) sind Indikatoren für eine nachlassende Gruppenkohäsion (vgl. Berthel/Becker 2007, S. 79 ff.; Staehle 1999, S. 280 ff.).

Normen und Standards

> *Normen* sind Erwartungen der sozialen Umgebung hinsichtlich spezifischer Verhaltensweisen, deren Einhaltung kontrolliert und sanktioniert wird.

Innerhalb von betrieblichen Gruppen bilden sich spezifische Normen heraus, die der Gruppe eine eigene Identität verschaffen und das Verhalten der Gruppenmitglieder beeinflussen (z. B. pünktlicher Arbeitsbeginn). Hoch *kohäsive Gruppen* zeichnen sich durch einen starken *Konformitätsdruck* aus, d. h., Normen abweichendes Verhalten wird sanktioniert (z. B. Beschimpfungen, Gruppenausschluss; vgl. Staehle 1999, S. 278 ff.; Steinmann/Schreyögg 2005, S. 605). *Standards* sind überprüfbare Verhaltenserwartungen in Form von Richtlinien und Richtwerten. Sie beziehen sich meistens auf das Leistungsniveau (z. B. Tagesleistung einer Akkordgruppe; vgl. Steinmann/Schreyögg 2005, S. 606).

Interne Sozialstruktur

Die interne Sozialstruktur einer Gruppe beschreibt Differenzierungen hinsichtlich des Status, der Rolle und der Macht von Gruppenmitgliedern (vgl. Steinmann/ Schreyögg 2005, S. 608 ff.). Der Status setzt eine hierarchische Ordnung innerhalb einer Gruppe voraus. Jedes Mitglied hat in dieser Rangordnung (Statusstruktur) eine relative Position, die als Status bezeichnet wird. Ein hoher Status ist oft mit Privile-

Status

gien und Entscheidungsvollmachten verbunden. Gruppeninterne Statusstrukturen weichen oft von Verantwortlichkeiten in formellen Organisationsstrukturen ab und beeinflussen sowohl die Kommunikation zwischen den Gruppenmitgliedern als auch das Verhalten der Gruppe. Unter einer *Rolle* versteht man gebündelte Verhaltenserwartungen der Mitglieder einer Organisation bzw. einer Gruppe an den Inhaber einer bestimmten Position in einem sozialen System (z.B. Rolle der Gruppenleiterin, die Expertenrolle).

Macht

In jedem Betrieb spielt Macht eine wichtige Rolle. Es wird z.B. von der Macht der Manager, der Eigentümer, der Gewerkschaften und der Macht der Konsumenten gesprochen. Macht liegt vor, wenn ein Verhaltenssystem (z.B. ein Individuum, eine Organisation) die Möglichkeit hat, das Verhalten eines anderen Verhaltenssystems auch gegen dessen Willen zu verursachen bzw. zu beeinflussen (vgl. Specht 1971, S. 71ff.). Macht ist insofern eine Form des sozialen Einflusses bzw. der sozialen Kontrolle (vgl. Staehle 1999, S. 398) und spielt in der Mitarbeiterführung eine zentrale Rolle. Unter Zugriff auf die jeweiligen Machtquellen und -mittel dient die *Führung* dazu, Einstellungen und Verhaltensweisen von Individuen und Interaktionen in Gruppen zielorientiert zu beeinflussen (vgl. Staehle 1999, S. 328). Es ist zwischen formellen und informellen Führungspersonen zu unterscheiden. Während sich die Machtgrundlagen *formeller Führungspersonen* auf die jeweilige Position bzw. Stelle in der Unternehmenshierarchie begründen, wird *informelle Macht* bestimmten Personen von Gruppenmitgliedern zuerkannt (vgl. Steinmann/Schreyögg 2005, S. 618). *Machtquellen* sind (vgl. Staehle 1999, S. 406):

▸ Verfügung über *Ressourcen* (Informationen, Sachen, Geld, Zeit und Personen),
▸ Verfügung über *Wissen, Fertigkeiten und Fähigkeiten*,
▸ Verfügung über *Rechte und Privilegien,*
▸ *Zugang zu Personen*, die über Machtquellen verfügen.

Aspekte der Machtausübung spielen bei der Durchsetzung von neuen Produkten innerhalb von *Innovationsprozessen* (vgl. Kap. 8.3.8.2) eine große Rolle. Die am Innovationsmanagement beteiligten Personen verfügen nach dem sogenannten *Promotorenmodell* über unterschiedliche Machtquellen und üben verschiedene Rollen aus. Die *Fachpromotoren* verfügen über ein objektspezifisches Fachwissen und die *Machtpromotoren* können ihren Einfluss aufgrund ihrer hierarchischen Position im Unternehmen und den mit dieser Position verbundenen Ressourcen ausüben (vgl. Hauschildt 1997, S. 156ff.; Specht et al. 2002, S. 378). Die Anwendung von Macht in Organisationen wird auch als *Politik* bezeichnet (vgl. Staehle 1999, S. 406). Den Machtausübenden steht eine Reihe von *Machtmitteln* bzw. Instrumenten zur Verfügung (vgl. Staehle 1999, S. 407):

▸ physischer Zwang,
▸ Überzeugung (Absichten des Einflussnehmenden sind bekannt),
▸ Manipulation (Absichten des Einflussnehmenden bleiben verborgen),
▸ selektive Weitergabe von Informationen,
▸ Kontrolle über Ressourcen (Gratifikationen).

Kollektive Handlungsmuster

Kollektive Handlungsmuster treten in Form von Entscheidungsprozessen und kon-
zertierten Gruppenaktionen auf (vgl. Steinmann/Schreyögg 2005, S. 621 ff.). Kollektive Entscheidungsprozesse sind von der erhöhten Risikobereitschaft der Gruppe und
vom Gruppendenken geprägt. In Gruppen wird oft eine erhöhte Risikobereitschaft
(*Risky Shift*) infolge von Möglichkeiten der Verantwortungsübertragung auf die
Gruppe und die damit verbundene Entlastung des Einzelnen sowie eines höheren
Informationsniveaus innerhalb der Gruppe empirisch festgestellt (vgl. Steinmann/
Schreyögg 2005, S. 621). Gruppendenken *(Groupthink)* ist geprägt durch das Streben
nach schnellen einvernehmlichen Lösungen in der Gruppe (Korps- und Teamgeist).
Das kann eine vorschnelle Einigung ohne ausreichende Prüfung von Handlungsalternativen zur Folge haben. Meinungen verfestigen sich und abweichende Meinungen,
Widerspruch und Kritik werden abgewehrt. Die Folge sind Fehlentscheidungen,
unflexibles Verhalten und Konflikte (vgl. Berthel/Becker 2007, S. 91 ff.; Staehle
1999, S. 291; Steinmann/Schreyögg 2005, S. 553 ff.). Bei Konflikten einer Gruppe
mit anderen Gruppen bzw. Organisationen oder Führungspersönlichkeiten können
sogenannte *konzertierte Gruppenaktionen* auftreten, die sich darauf richten, Zielen
der Gruppe Geltung zu verschaffen (z. B. Dienst nach Vorschrift, Streiks; vgl. Stein-
mann/Schreyögg 2005, S. 626 f.)

4.3.3 Gruppenleistungen

In Gruppen stellen sich in Abhängigkeit von der Gruppengröße, der Heterogenität
und der Persönlichkeitsmerkmale der Mitglieder, der Statushierarchie und der Kom-
munikationsbeziehungen typische gruppendynamische Effekte ein, die sich direkt
auf die Arbeitsleistung auswirken und deren Kenntnis für die Führung bzw. das
Management eines Unternehmens von großer Bedeutung ist. So hat die Kommunikationsstruktur innerhalb einer Gruppe einen Einfluss auf die Leistung der Gruppe und
die Zufriedenheit der Gruppenmitglieder (vgl. Staehle 1999, S. 304). Die Leistung
von Gruppen wird in der Regel durch die *Gruppeneffektivität* beurteilt (vgl. Stein-
mann/Schreyögg 2005, S. 627). Dahinter verbergen sich sowohl direkte Leistungs-
kriterien wie die Produktivität (z. B. Schnelligkeit, Fehlerhäufigkeit) und die Stabilität der Gruppe (z. B. Leistungskontinuität) als auch indirekte Leistungsaspekte
wie die Zufriedenheit der Gruppenmitglieder sowie Kreativität und Flexibilität bei der
Behandlung neuer Probleme (vgl. Staehle 1999, S. 304). Bestimmte Formen der
Arbeitsorganisation und Arbeitsgestaltung wie flexible Fertigungsinseln, Qualitäts-
zirkel, Job-Rotation, Job-Enlargement, Job-Enrichment oder teilautonome Arbeitsgruppen sind durch Teamstrukturen gekennzeichnet und dienen dazu, Gruppenmitglieder zur Leistungsabgabe zu motivieren (vgl. Steinmann/Schreyögg 2005,
S. 569 ff.). Der Freiraum zur Selbstorganisation von Arbeitsgruppen und die damit
verbundenen Möglichkeiten zum »Selbstlernen« werden durch solche motivieren-
den Arbeitsplatzgestaltungen ebenso erhöht wie die Aufgabenvielfalt und die Wichtigkeit der zu erledigenden Aufgaben. Verhaltensqualifikationen wie Selbständig-

keit, Kooperationsbereitschaft, Fairness, Verbindlichkeit, Gerechtigkeit, Teamgeist und Solidarität gewinnen deshalb an Bedeutung.

4.4 Der Betrieb als vernetztes System

4.4.1 Anspruchsgruppen

Die Betriebswirtschaft kann nicht losgelöst von ihren Umfeldern betrachtet werden, da diese über Erfolg und Misserfolg des Betriebes mitentscheiden. Grundsätzlich haben wir zwischen dem In-System und dem Um-System eines Unternehmens zu unterscheiden (vgl. Abb. 3.15). Neben den einzelnen internen (vgl. Abb. 3.16) und externen Teilsystemen sind es insbesondere die Anspruchsgruppen eines Unternehmens, die für das Betriebsgeschehen und die Existenz eines Betriebes von Bedeutung sind.

> *Anspruchsgruppen* (auch *Stakeholder*) eines Unternehmens sind Personen, Gruppen, Institutionen oder Organisationen, die Interesse an dem Unternehmen haben, direkt oder indirekt von den Entscheidungen bzw. Aktivitäten des Unternehmens betroffen sind und von deren Unterstützung der Geschäftserfolg mehr oder weniger abhängig sein kann.

Es wird zwischen internen und externen Anspruchsgruppen unterschieden. Zu den *unternehmensinternen Anspruchsgruppen* gehören z. B. Unternehmenseinheiten wie Abteilungen oder Tochterunternehmen, Aktionäre und Gesellschafter sowie die Mitarbeiter der Unternehmung. *Unternehmensexterne Anspruchsgruppen* können in marktbezogene (z. B. Nachfrager, Handel) und gesellschaftspolitische Anspruchsgruppen (z. B. der Staat, die Medien, Umweltorganisationen) unterschieden werden. Tiefgreifende Veränderungen im sozialen und politischen Bereich haben in den vergangenen Jahren teilweise zu einer Legitimations- und Vertrauenskrise der Wirtschaft geführt. Das Interesse der breiten Öffentlichkeit und der Medien am Verhalten von Unternehmen haben sich zunehmend verstärkt. Insbesondere (Fehl-)Entwicklungen im Umwelt- und Klimaschutz, in den Arbeitsbedingungen und der Globalisierung werden von der Öffentlichkeit kritisch beobachtet. Die Schaffung einer gesellschaftlichen Akzeptanz des Unternehmensverhaltens durch eine bewusste Übernahme von Verantwortung durch die Unternehmen (*Corporate Social Responsibility*) gewinnt deshalb zunehmend auch als Wettbewerbsfaktor an Bedeutung.

Mitarbeiter als Anspruchsgruppe
Die wichtigste interne Anspruchsgruppe sind die *Arbeitnehmer*. Sie stellen die zentrale Ressource, das *Human Capital*, für die Erstellung von Betriebsleistungen dar. Das Know-how der Arbeitnehmer, deren Wissen, Fertigkeiten und Fähigkeiten sowie deren Arbeitsmotivation beeinflussen die Effizienz des Betriebes in hohem Maße. *Personalauswahl* und *Personalentwicklung* sind infolgedessen zentrale Aufgaben der Unternehmensführung (vgl. Kap. 8.7). Allgemeine Rechte und Pflichten der Arbeit-

nehmer sind heute weitgehend vom Gesetzgeber und tarifvertraglich geregelt (z. B. Kündigungsschutzgesetz, Arbeitszeitverordnung, Tarifvertrags- und Arbeitskampf-recht; vgl. Gerum/Mölls 2009, S. 253 ff.).

Von besonderer Bedeutung sind die *Mitbestimmungsgesetze*, die eine institutiona-lisierte, juristisch abgesicherte Mitwirkung von Arbeitnehmern an Entscheidungen im Betrieb gewährleisten sollen. Zur Mitbestimmung gibt es folgende Gesetze (vgl. Gerum/Mölls 2009, S. 262; vgl. auch Abb. 4.13):

Mitbestimmung

- **das Montan-Mitbestimmungsgesetz** von 1951 (Montan-MitbestG). Betrifft Kapi-talgesellschaften (vgl. Kap. 7.3.2) der Montanindustrie (Unternehmen des Berg-baus und der Eisen- und Stahl erzeugenden Industrie) mit mehr als 1.000 Beschäf-tigten.
- **das Mitbestimmungsgesetz** von 1976 (MitbestG). Betrifft große Kapitalgesell-schaften mit mehr als 2.000 Beschäftigten.
- **das Drittelbeteiligungsgesetz** von 2004 (DrittelbG, entspricht dem *Betriebsver-fassungsgesetz* von 1952). Betrifft »kleine« Kapitalgesellschaften mit mehr als 500 Beschäftigten.
- **das Betriebsverfassungsgesetz** von 1972 (BetrVG, novelliert 2001). Gilt für alle Betriebe mit mindestens fünf ständig beschäftigten Arbeitnehmern.
- **das Sprecherausschussgesetz** von 1989 (SprAuG). Gilt für alle Betriebe mit min-destens zehn leitenden Angestellten.

Grundsätzlich wird zwischen der Mitbestimmung auf Unternehmensebene (Auf-sichtsratsmitbestimmung) und der Mitbestimmung auf betrieblicher Ebene (Betriebs-rat) unterschieden (vgl. Gerum/Mölls 2009, S. 264). Die *Aufsichtsratsmitbestimmung* bezieht sich auf das »politische System« (Führungsentscheidungen) der Unterneh-mung und ist im *Aufsichtsrat* von Kapitalgesellschaften verankert (vgl. Abb. 4.13). Die Mitbestimmung vollzieht sich hier innerhalb unternehmerischer Entscheidungs-prozesse. Diese »Unternehmensmitbestimmung« schränkt somit die Entscheidungs-autonomie der Eigentümer einer Kapitalgesellschaft (Kapitaleigner) ein. Hinsicht-lich der Verteilung des Kräfteverhältnisses zwischen den Kapitalvertretern einerseits und den Arbeitnehmervertretern andererseits liegt nur im Montan-Mitbestimmungs-gesetz eine *Parität* (Gleichgewichtung der Interessen) vor. Im Mitbestimmungsgesetz ist der Arbeitnehmereinfluss unterparitätisch und im Drittelbeteiligungsgesetz deut-lich unterparitätisch geregelt (vgl. Gerum/Mölls 2009, S. 264).

Die betriebliche Mitbestimmung zielt auf das »administrative und operative Sys-tem« einer Unternehmung (vgl. Abb. 4.13). Der *Betriebsrat*, das Vertretungsorgan der Arbeitnehmer, ist nicht Bestandteil des Führungssystems einer Unternehmung. Seine Position ist durch Vertrag geregelt. Im Wesentlichen stehen dem Betriebsrat Mitwirkungsrechte (z. B. Recht auf Information), kaum dagegen wirkliche Mitbe-stimmungsrechte zu (vgl. Gerum/Mölls 2009, S. 282). Unternehmensmitbestimmung ist (primär) *rechtsformabhängig*. In Personengesellschaften und Einzelunternehmen haben die Arbeitnehmer keine Möglichkeit, auf unternehmenspolitische Entschei-dungen Einfluss auszuüben. Die betriebliche Mitbestimmung ist dagegen nicht auf eine bestimmte Rechtsform beschränkt. Sie tritt dann in Kraft, wenn im Betrieb min-destens fünf Arbeitnehmer ständig beschäftigt sind (*beschäftigtenabhängig*).

Der Betriebsrat

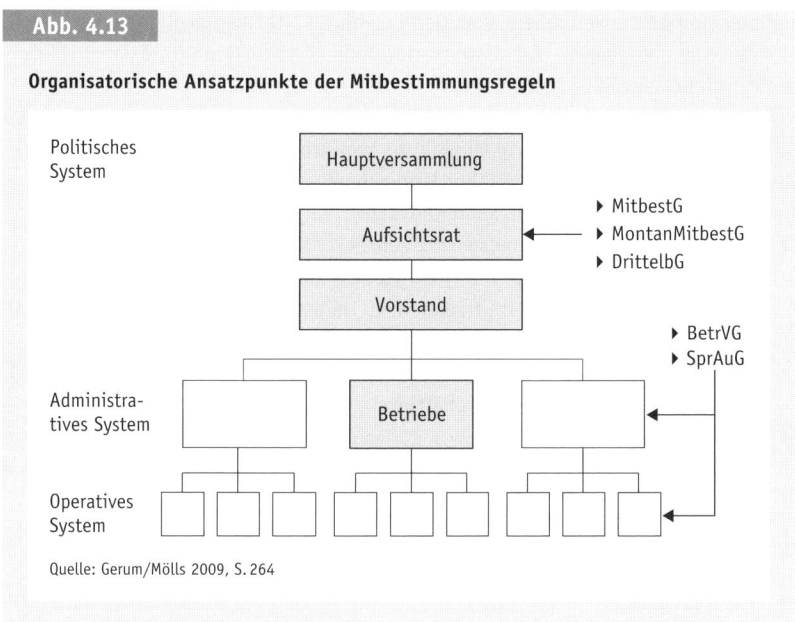

Abb. 4.13

Organisatorische Ansatzpunkte der Mitbestimmungsregeln

Quelle: Gerum/Mölls 2009, S. 264

Kapitalgeber als Anspruchsgruppe

Eine weitere wichtige Anspruchsgruppe für ein Unternehmen sind deren *Kapitalgeber*, die sowohl als interne (z. B. Gesellschafter) als auch als externe Anspruchsgruppe (z. B. Kreditinstitute) auftreten können. Sie stellen der Unternehmung Eigenkapital (*Eigentümer*) oder Fremdkapital (*Gläubiger*) zur Verfügung (vgl. Kap. 8.8). Die Kapitalgeber erhalten dafür *Gewinnanteile* (z. B. Dividende), *Fremdkapitalzinsen* oder sonstige *geldwerte Rechte* (z. B. Bezugsrechte zum Erwerb junger Aktien). Kapital suchende Unternehmen müssen möglichst positive Gewinnerwartungen vorweisen können, damit für die Kapitalgeber ein Anreiz besteht, ihr Kapital dort anzulegen.

Marktbezogene Anspruchsgruppen

Zu den Anspruchsgruppen des Marktes zählen die Lieferanten, Nachfrager und Konkurrenten.

Die Lieferanten: Der Erfolg eines Unternehmens ist in hohem Maße von den (Vor-) Leistungen ihrer Lieferanten abhängig. Ein Unternehmen muss eine lieferanten- bzw. beschaffungsbezogene Politik betreiben, denn Lieferanten sind

▸ Anbieter wichtiger Werkstoffe, Komponenten, Betriebsmittel und produkt- oder produktionsprozessrelevanter Dienstleistungen,

▸ eine Quelle von Ideen für neue Produkte und Produktionsverfahren (z. B. F&E-Kooperationen),

▸ ein Träger der Wertschöpfung (z. B. *Outsourcing*) und

▸ eine wichtige strategische Ressource (z. B. *Supply Chain Management*).

Lieferantenwechsel und Lieferantenloyalität sind deswegen in der Beschaffungspolitik (vgl. Kap. 8.6) gezielt einzusetzen. Lieferantenauswahlentscheidungen müssen kosten- und leistungsorientiert getroffen werden.

Die Nachfrager: In einer wettbewerbsintensiven Marktwirtschaft sind die Nachfrager (Organisationen auf B-to-B-Märkten und Konsumenten auf B-to-C-Märkten) die zentralen Marktakteure einer Unternehmung. Unternehmen sind langfristig nur dann erfolgreich, wenn es ihnen gelingt, Leistungen mit hohem Nutzen für die Konsumenten anzubieten (*Customer Value*). Eine der wichtigsten Entscheidungen des Unternehmens betrifft deshalb die *Zielgruppenauswahl*, d. h. die Auswahl von Marktsegmenten bzw. Kundengruppen. Grundlage der *Marktsegmentierung* (Kap. 8.2.4) ist eine systematische *Markt- bzw. Kundenanalyse* zu folgenden Fragen bzw. Problemkomplexen (vgl. Kap. 7.1):

▸ *Welche Bedürfnisse* der Nachfrager sind von den jeweiligen Produkten zu befriedigen? Bedürfnisse, Wünsche, Erwartungen und Forderungen von Konsumenten lassen sich durch Marktforschungsstudien ermitteln (vgl. Kap 8.2.3). Grundlage für die Entwicklung attraktiver Produkte mit hohem Kundennutzen ist die *Innovations- und Produktplanung* (vgl. Kap. 8.3.8.2).

▸ *Wie und zu welchen Kosten* können die Bedürfnisse durch Produkte befriedigt werden? Hier geht es um die jeweils einzusetzende *Produkttechnologie*.

▸ *Wessen Bedürfnisse* sind zu befriedigen? Welches sind attraktive Zielgruppen? Die Attraktivität von Kunden misst sich hauptsächlich daran, wie viel Geld ein Unternehmen durch diese Kunden im Laufe der Geschäftsbeziehung verdienen kann (sogenannter *Kundenwert*). Zur Bewertung der Kundenattraktivität bzw. des Kun-

Abb. 4.14

Kundenportfolio am Beispiel einer Bank

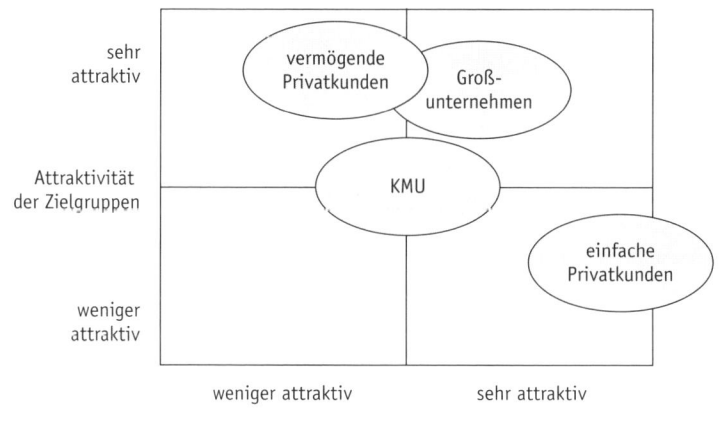

denwertes liegen mehrere Methoden vor. Häufig kommen hierfür die *ABC-Analyse* (vgl. Kap. 8.6.3) oder das Kundenportfolio (vgl. Abb. 4.14) zum Einsatz. Durch Kundenportfolios können interessante Leistungsangebote für attraktive Kunden identifiziert werden.

▸ Wie attraktiv sind die Leistungen des Unternehmens für die Nachfrager? Wie hoch ist der *Kundennutzen* (*Customer Value*) des eigenen Angebots? Der Kundennutzen ist der *Wert*, den ein Kunde einem Angebot beimisst (vgl. Abb. 4.14).

▸ *Wie zufrieden* sind die Kunden mit den Leistungen des Unternehmens? Die Herstellung von *Kundenzufriedenheit* gehört inzwischen zu den zentralen Zielen vieler Unternehmen, da mit steigender Kundenzufriedenheit auch die Loyalität und die Bindung des Kunden zum Unternehmen ansteigen.

Die Konkurrenten: Die Konkurrenten streben zu Lasten anderer Mitanbieter nach (Wettbewerbs-)Vorteilen. Konkurrenten sind vor allem jene Unternehmen einer Branche, die der gleichen strategischen Gruppe angehören bzw. auf dem gleichen *relevanten Markt* im Wettbewerb mit anderen ihre Leistungen anbieten. *Strategische Gruppen* sind Unternehmen, die sich in einer gleichen oder ähnlichen Markt- und Geschäftssituationen befinden (z. B. Qualitäts- und Preislagen, Vertriebskanäle) und sich hinsichtlich ihrer strategischen Ausrichtung ähnlich sind (vgl. Benkenstein 2009, S. 31 f.). Der relevante (abgegrenzte) *Markt* umfasst alle tatsächlichen und potenziellen Nachfrager und Anbieter gegenseitig substituierbarer Güter sowie die jeweiligen Tausch-, Geschäfts- und Wettbewerbsbeziehungen zwischen den Marktakteuren zu bestimmten Zeiten und an festgelegten Orten.

Triebkräfte
des Wettbewerbs

Die Intensität des Wettbewerbs und die damit verbundenen Gewinnchancen hängen nach dem von *Porter* (1980, S. 4) entwickelten Konzept der »Triebkräfte des Wettbewerbs« vor allem von fünf Determinanten ab (vgl. Macharzina/Wolf 2010, S. 311 ff.; Abb. 4.15):

▸ **Verhandlungsmacht der Abnehmer:** Die Abnehmer bzw. Nachfrager einer Unternehmung besitzen insbesondere durch ihre Verhandlungsmacht die Möglichkeit, die Rentabilität von anbietenden Unternehmen zu beeinflussen (z. B. durch Forderung nach einer höheren Produktqualität, geringeren Preisen, nach einem verbesserten Service oder günstigeren Lieferbedingungen). In diesem Zusammenhang spricht man auch von der *Nachfragemacht der Abnehmer*. Auf B-to-C-Märkten sind insbesondere starke Konzentrationstendenzen im *Handel* feststellbar (*Nachfragemacht des Handels*), die dem Handel einen starken Einfluss auf die Konditionenpolitik der Anbieter (Handelsspanne) ermöglicht.

▸ **Verhandlungsmacht der Lieferanten** zeichnet sich dadurch aus, dass z. B. höhere Preise für die gelieferten Produkte gefordert werden, Produkte mit einer geringeren Qualität geliefert werden bzw. die Liefermenge begrenzt wird. Einerseits ist die Verhandlungsmacht durch die üblicherweise hohe Anzahl an Lieferbetrieben in diesem Bereich relativ beschränkt. Andererseits gibt es aber eine zu beobachtende Tendenz zum »*Single Sourcing*« (Konzentration auf einen oder nur wenige Zulieferbetriebe) oder zu Entwicklungskooperationen zwischen Lieferanten und Herstellern (z. B. in der Automobilbranche), die die Verhandlungsmacht der Zulieferer stärkt.

▸ **Bedrohung durch Ersatzprodukte und -dienstleistungen.** Unter *Substitutions-güttern* sind solche Produkte zu verstehen, die für bestimmte Abnehmergruppen dieselbe Funktion besitzen, d. h. dieselben Bedürfnisse befriedigen, jedoch auf anderen, unterschiedlichen (Produkt-)Technologien basieren. Die Stärke der Sub-stitutionsbedrohung ist insbesondere vom technologischen Wandel abhängig (z. B. Filmkamera versus Digitalkamera).

▸ **Bedrohung durch neue Konkurrenten.** Potenzielle Konkurrenten sind insbeson-dere solche, die relativ leicht *Markteintrittsbarrieren* überwinden können (z. B. durch eine entsprechende Kapitalausstattung), Unternehmen, die durch den Markteintritt deutlich Synergien beziehen und solche Unternehmen, für die ein Markteintritt die logische Konsequenz ihrer Strategie ist. Außerdem gibt es Mög-lichkeiten des Markteintritts durch vertikale Vorwärts- bzw. Rückwärtsintegra-tion. *Markteintrittsbarrieren* sind solche nicht-institutionellen Faktoren, die den Eintritt in eine Branche oder in einen Markt erschweren (z. B. geringes Preisni-veau oder das Vorhandensein einer starken Marke).

▸ **Rivalität unter den bestehenden Unternehmen** eines Marktes bzw. einer Bran-che. Diese Wettbewerbskraft entsteht durch das Bestreben von Unternehmen einer Branche, die eigene Position (z. B. den eigenen Marktanteil) zu Lasten der Konkurrenten zu verbessern.

Abb. 4.15

Modell der fünf Triebkräfte des Wettbewerbs nach *Porter*

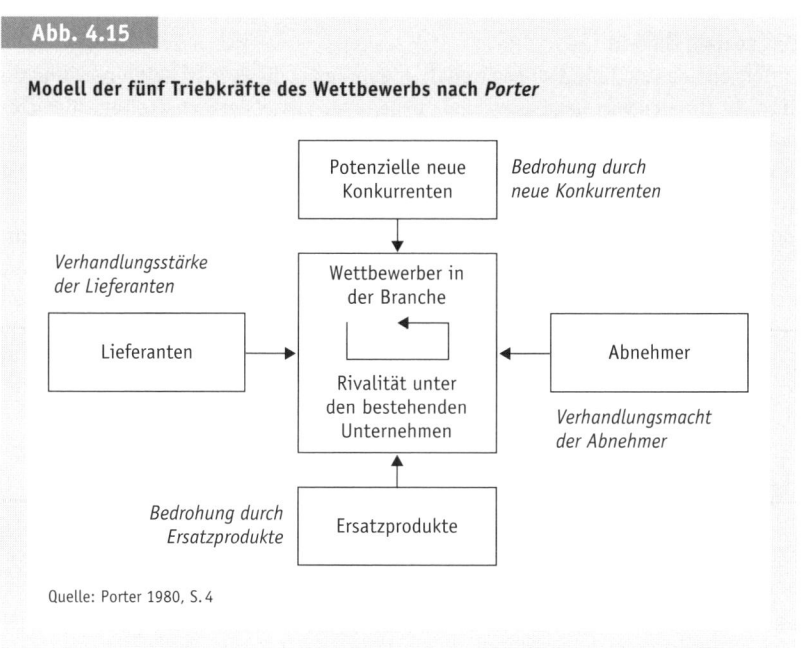

Quelle: Porter 1980, S. 4

4.4.2 Die Umfelder eines Betriebes

Unternehmen können aktiv die Beziehungen zu ihren Anspruchsgruppen mit dem Ziel gestalten, zu vermeiden, dass eigene Handlungsspielräume unangemessen eingeschränkt werden (vgl. Macharzina/Wolf 2010, S. 29). Dagegen fließen die sogenannten Rahmenfaktoren als fester Datenkranz in betriebliche Entscheidungen ein. Zu den Rahmenfaktoren zählen solche externen Einflüsse auf Unternehmensentscheidungen, die das Unternehmen hinnehmen muss, ohne selbst darauf unmittelbar Einfluss nehmen zu können (z. B. Gesetze, Inflationsraten). Veränderungen in den Rahmenfaktoren des Um-Systems stellen die Anpassungsfähigkeit der Unternehmung auf die Probe. Anzuraten sind hier *Frühaufklärungssysteme* zur Identifizierung sogenannter *Issues*, also Ansprüche von morgen, um rechtzeitig Risiken entgegenzuwirken und Chancen nutzen zu können (vgl. Macharzina/Wolf 2010, S. 30). Zu den Rahmenfaktoren gehören die Bereiche *Technologie* (z. B. Produktionstechnologien, Innovationen, Patente), *Politik und Recht* (z. B. Wirtschaftspolitik, Gesetze), *Gesellschaft und Demographie* (z. B. Bevölkerungsentwicklung, Wertewandel), *Wirtschaft* (z. B. Bruttoinlandsprodukt, internationaler Handel, Konjunktur), *Kultur* (z. B. Führungsstile, Konsumgewohnheiten) und *Umwelt* (z. B. Verfügbarkeit an Rohstoffen, Klimawandel).

Das soziale Umfeld
Unternehmen sind Teile der Gesellschaft. Sie wirken in die Gesellschaft hinein und sie sind für ihr Handeln der Gesellschaft gegenüber verantwortlich (Leitbild des *Corporate Citizenship*, vgl. Kap. 1.3.2). Insbesondere dürfen Unternehmen nicht in Widerspruch zu gesellschaftlichen Wertvorstellungen kommen (z. B. Ablehnung von Korruption). Werte und der *Wertewandel* beeinflussen das Betriebsgeschehen in zahlreichen Aspekten. Verändern sich z. B. die Einstellungen der Menschen zur Arbeit, zur Freizeit oder zum Konsum, so muss ein Unternehmen dem Rechnung tragen. Zunehmender Wertepluralismus bzw. zunehmende Wertedifferenzierung haben auch Auswirkungen auf das Konsum- und Kaufverhalten, auf das Qualitätsbewusstsein und auf viele andere unternehmensrelevante Sachverhalte. Wichtig sind auch demografische Entwicklungen, die ein Land oder sogar die ganze Welt betreffen (z. B. demografischer Wandel, Bildung und Ausbildung).

Das politisch-rechtliche Umfeld
Veränderungen im politisch-rechtlichen Umfeld laufen zwar relativ langsam und vorhersehbar ab, sie können aber, wenn sie wirksam werden, zu relativ gravierenden Veränderungen im Datenkranz der Unternehmen führen. Man denke z. B. an die Beteiligung neuer politischer Parteien an der politischen Mitverantwortung nach einer Wahl. Rechtliche Regelungen sind oft Folge langwieriger und öffentlich ausgetragener Diskussionen und Auseinandersetzungen (z. B. Gesundheitsreform, Steuerreform). Unternehmen können sich auf Gesetzesänderungen frühzeitig einstellen. Darüber hinaus haben sie die Möglichkeit, durch *Lobbyarbeit* ihrer jeweiligen Verbände Druck auf den Gesetzgeber auszuüben (z. B. Zurücknahme eines Gesetzentwurfes aufgrund einer Selbstverpflichtungserklärung betroffener Unternehmen bzw. Bran-

chen). Wichtige Rechtsbereiche für Betriebe sind das Gesellschafts-, Mitbestimmungs-, Steuer-, Umwelt-, Verbraucher- und Patentrecht.

Insbesondere vom *Steuerrecht* bzw. der Steuerpolitik sind die Unternehmen stark betroffen und die Steuerhöhe eines Landes gilt als wesentlicher *Standortfaktor* (Wöhe/Döring 2010, S. 273 f.; vgl. Kap. 7.2.2). Gemäß § 3 Abs. 1 der Abgabenordnung (AO) sind *Steuern* Geldleistungen, die kein Entgelt für eine besondere Leistung darstellen und von einem öffentlich-rechtlichen Gemeinwesen zur Erzielung von Einnahmen erhoben werden (vgl. auch Theisen 2007a, S. 420). Der *Fiskus* ist der Steuer einnehmende Staat. Er erhebt zahlreiche Steuerarten, die die Unternehmen direkt oder indirekt betreffen. Die verschiedenen *Steuerarten* lassen sich nach unterschiedlichen Kriterien ordnen. Aus betriebswirtschaftlicher Sicht wird zwischen direkten und indirekten Steuern unterschieden (Theisen 2007a, S. 423):

Steuern

▸ **Direkte Steuern:** Diese Steuern sind dadurch gekennzeichnet, dass Steuerschuldner (schuldet eine konkrete Steuer) und Steuerträger (wird durch die Steuerzahlung wirtschaftlich belastet) identisch sind. Die Steuerbelastung kann abhängig von Merkmalen des Steuerpflichtigen sein. Hierzu gehören (Schierenbeck/Wöhle 2008, S. 380 f.):
  – *Personensteuern*, die individuelle Merkmale der natürlichen bzw. juristischen Personen berücksichtigen (Einkommensteuer, Körperschaftsteuer, Erbschaftsteuer) und
  – *Real- bzw. Sachsteuern*, die Merkmale des Steuerobjekts bzw. Steuergegenstandes (der zu besteuernde Sachverhalt) berücksichtigen (Gewerbesteuer und Grundsteuer).
▸ **Indirekte Steuern:** Bei diesen Steuern sind Steuerschuldner und Steuerträger nicht identisch. Nicht der Steuerträger führt die Steuern an das Finanzamt ab, sondern andere Personen oder Organisationen. Diese Steuern sind unmittelbar mit bestimmten Handlungen (z. B. Güterkäufe) verbunden. Hierzu gehören:
  – *Verkehrssteuern*, die reine Rechtsakte (z. B. Umsatzsteuer, Grunderwerbsteuer) belasten, und
  – *Verbrauchsteuern*, die im Zusammenhang mit echter Wertschöpfung erhoben werden und den Letztverbraucher belasten (z. B. Energiesteuer).

Den Unterschied zwischen direkten und indirekten Steuern drückt Theisen (2007a, S. 423) einfach und unmissverständlich aus, wenn er sagt: »Direkte Steuern zahlt der Steuerpflichtige aus seiner Tasche, indirekte Steuern holt sich der Fiskus aus derselben.«

Die *Steuereinnahmen* der öffentlichen Haushalte (Bund, Länder und Gemeinden) in Deutschland für das Jahr 2008 nach *Steuerarten* gegliedert, können der Abb. 4.16 entnommen werden. Die *Steuerquote*, also das Steueraufkommen in Relation zum nominalen Bruttoinlandsprodukt, betrug 2008 22,5 %.

Das gesamtwirtschaftliche Umfeld

Der gesamtwirtschaftliche Rahmen beeinflusst das Geschehen im Betrieb in starkem Maße. Gesamtwirtschaftliche Entwicklungen wie Konjunkturschwankungen, Währungsparitäten, Inflationstendenzen und Zinsentwicklungen sowie die globalen öko-

Abb. 4.16

Kassenmäßige Steuereinnahmen nach wichtigen Steuerarten im Jahr 2008

Steuerart	Mrd. Euro	%
1. Lohnsteuer, veranlagte Einkommensteuer	174,580	31,1
2. Gewerbesteuer	41,037	7,3
3. Umsatzsteuer	130,789	23,3
4. Energie- und Stromsteuer	45,509	8,1
5. Tabaksteuer	13,574	2,4
6. Versicherungssteuer	10,478	1,9
7. Kraftfahrzeugsteuer	8,842	1,6
8. Grunderwerbsteuer	5,728	1,0
9. Erbschaftsteuer	4,771	0,9
10. übrige Steuern	125,874	22,4
Gesamtsteueraufkommen	561,182	100,0

Quelle: Statistisches Bundesamt Deutschland

nomischen Unterschiede zwischen Ländern dieser Welt beeinflussen die Geschäftstätigkeit einzelner Unternehmen. Die bedeutsamste aktuelle ökonomische Entwicklung ist die *Globalisierung* der Weltwirtschaft. Dazu gehören:

▸ eine zunehmende Konzentration durch *Mergers & Acquisitions* (M&A, Fusionen und Übernahmen) und das Entstehen großer, globaler Konzerne,
▸ das Entstehen großer regionaler Wirtschaftsräume (z. B. Europäische Union),
▸ das Entstehen neuer Wachstumsregionen in der Welt (z. B. die BRIC-Staaten Brasilien, Russland, Indien und China),
▸ Produktionsverlagerungen aufgrund von Unterschieden bei den Faktorkosten und -qualitäten (z. B. *Offshoring*) und
▸ eine zunehmende Beweglichkeit internationaler Geld- und Kapitalströme.

Das technologische Umfeld
Die Verfügbarkeit bzw. Beherrschung von *Schlüsseltechnologien* stellt für viele Unternehmen einen zentralen Erfolgsfaktor dar. Da das technologische Umfeld oft durch eine hohe Dynamik geprägt ist, stehen die betriebliche Forschung und Entwicklung (F&E) sowie das Innovationsmanagement (vgl. Kap. 8.3) großen Herausforderungen gegenüber. Die *Technologiedynamik* findet nicht zuletzt in kürzer werdenden Lebenszyklen von Produkten und Produktionstechniken ihren Niederschlag. In der *Mechatronik*, das sind Systeme, die mechanische und elektronische Komponenten miteinander verknüpfen, hat die Technologiedynamik insbesondere Auswirkungen auf computergesteuerte Fertigungsprozesse. Zentrale Technologiefelder sind die Informations- und Kommunikationstechnologie, die Bio- und Nanotechnologie sowie Bereiche der Verkehrs-, Medizin- und Umwelttechnologie. Die Anpassung der

Betriebe an technische Entwicklungen ist zur Erhaltung der Wettbewerbsfähigkeit unabweisbar. Notwendig ist das rechtzeitige Erkennen technischer Entwicklungen, wobei *schwache Signale*, Vorboten also für zukünftige Ereignisse, zu beachten sind und eine Technologiebewertung erfolgen muss (vgl. Specht et al. 2002).

Die Natur als Umfeld

Die in den letzten Jahren immer offener zutage getretenen ökologischen Probleme (z. B. der Klimawandel) machen Umweltmanagementsysteme in Unternehmen unerlässlich (z. B. EMAS). Eine hohe Lebensqualität für Menschen ist nur mit einer intakten natürlichen Umwelt zu erreichen. Von der Produktion und dem Konsum wirtschaftlicher Güter gehen unerwünschte Umweltbelastungen aus. Ein betriebliches Führungskonzept wird als *Umweltmanagement* bezeichnet, wenn es darauf ausgerichtet ist, Belastungen für die natürliche Umwelt in allen Verantwortungsbereichen und bei allen Aktivitäten der Unternehmung konsequent zu verringern bzw. zu vermeiden (vgl. Balderjahn 2004). Einerseits sind Unternehmen in starkem Maße durch bestehende *Umweltgesetze* und Verordnungen betroffen (z. B. Kreislaufwirtschafts- und Abfallgesetz KrW-/AbgG von 1996; EG-Öko-Audit-Verordnung von 1993, 2001), andererseits belegen viele Studien, dass sich Umweltschutz im Unternehmen auch finanziell lohnt (vgl. Gege 1997).

Betriebliches Umwelt-management

Die wichtigsten *ökologischen Ziele* sind in diesem Zusammenhang:
▸ Erhaltung und Schonung natürlicher Ressourcen,
▸ Vermeidung und Verminderung umweltschädlicher Emissionen (z. B. CO_2-Emission) und Abfälle,
▸ umweltgerechte Verwertung und Entsorgung von Abfällen,
▸ Verhinderung und Begrenzung umweltbelastender Störfälle.

Diese Umweltorientierung beinhaltet sowohl das Recycling und die Entsorgung als auch die umweltgerechte Herstellung von neuen Produkten und den Einsatz umweltverträglicher Produktionsverfahren. Auch die Beschaffung kann umweltorientiert entscheiden. Der *Staat* schafft durch Gesetze und Verordnungen Rahmenbedingungen, die von allen Unternehmen zu beachten sind. Auch der Einzelne als *Konsument* kann auf die Umweltverträglichkeit beim Kauf und bei der Nutzung von Produkten achten. Derzeit besteht allerdings eine Lücke zwischen dem geäußerten Umweltbewusstsein von Konsumenten und ihrem tatsächlichen Konsumverhalten (vgl. Balderjahn 2004, S. 152 ff.), so dass es umweltfreundliche Produkte auf dem Markt oft sehr schwer haben. Unternehmen können sich gemäß der europäischen EG-Öko-Audit-Verordnung (EMAS) oder auf der Grundlage der internationalen ISO 14001-Norm ein *Umweltmanagementsystem* einrichten (vgl. Balderjahn 2004, S. 195 ff.).

Kontrollfragen Kapitel 4

1. *Was ist eine Produktionsfunktion?*
2. *Was versteht man unter einer substitutionalen (Typ A) und was unter einer limitationalen (Typ B) Produktionsfunktion?*

3. *Was versteht man unter peripherer, partieller und totaler Substitution?*
4. *Was sind partielle und totale Faktorvariationen?*
5. *Wie lautet die Cobb-Douglas-Produktionsfunktion?*
6. *Was ist eine homogene Produktionsfunktion?*
7. *Was ist eine Verbrauchsfunktion und was versteht man unter dem Betriebsoptimum?*
8. *Was ist ein Gozinto-Graph?*
9. *Wie entstehen Kosten und was beschreibt eine Kostenfunktion?*
10. *Was wird unter einer Minimalkostenkombination verstanden?*
11. *Welche Größen beeinflussen Kosten?*
12. *Definieren Sie Stückkosten, variable Stückkosten und Grenzkosten.*
13. *Wie ist der Beschäftigungsgrad definiert?*
14. *Welche Anpassungsarten bei Änderung der Beschäftigung gibt es?*
15. *Was zeichnet Primärgruppen aus?*
16. *Welche Aspekte erfasst das Modell von Steinmann und Schreyögg?*
17. *Was versteht man unter Gruppenkohäsion?*
18. *Welche Rolle spielt die Macht innerhalb von Gruppen?*
19. *Was sind Anspruchsgruppen und welche Arten gibt es?*
20. *Welches sind die relevanten gesetzlichen Regelungen der Mitbestimmung?*
21. *Von welchen »Kräften« hängt die Intensität des Wettbewerbs nach Porter ab?*
22. *Welche relevanten Umfelder einer Unternehmung gibt es und welche Prozesse innerhalb dieser Umfelder müssen von der Unternehmensführung beachtet werden?*

Übungsaufgabe Kapitel 4

Aufgabe

Bestimmen Sie den Homogenitätsgrad der folgenden Produktionsfunktionen (inspiriert durch Domschke/Scholl 2008):

a) $M = r_1^{3/5}\, r_2^{2/5}$

b) $M = b\, r_1\, r_2$

c) $M = r_1^{3/8}\, r_2^{1/8}$

Lösung

Allgemein gilt:

Eine Produktionsfunktion ist homogen vom Grade α, wenn durch eine Erhöhung des totalen Faktoreinsatzniveaus um das λ-fache die Produktionsmenge M um das λ^α-fache ansteigt. Es gilt also für eine homogene Produktionsfunktion vom Grade α: $M \lambda^\alpha = f(\lambda r_1, \lambda r_2, ..., \lambda r_n)$

a) $M\lambda^\alpha = (r_1 \lambda)^{3/5} (r_2 \lambda)^{2/5} = M\lambda^1$

   Die Produktionsfunktion ist linear-homogen, $\alpha = 1$.

b) $M\lambda^\alpha = b\, (\lambda r_1)(\lambda r_2) = M\lambda^2$

   Die Produktionsfunktion ist homogen vom Grade 2. Eine Verdoppelung des Inputs ($\lambda = 2$) vervierfacht den Output.

   Die Produktionsfunktion ist progressiv-homogen, $\alpha > 1$.

c) $M\lambda^\alpha = (\lambda r_1)^{3/8}(\lambda r_2)^{1/8} = M\lambda^{1/2}$

Die Produktionsfunktion ist homogen vom Grade 1/2. Eine Verdoppelung des Inputs
($\lambda = 2$) vermehrt den Output nur um das $\sqrt{2}$-Fache.
Die Produktionsfunktion ist degressiv-homogen, $\alpha < 1$.

Weiterführende Literatur

Balderjahn, I. (2004): Nachhaltiges Marketing-Management, Stuttgart.

Bloech, J./Lücke, W. (2006): Produktionswirtschaft, in: Bea, F.X./Friedl, B./
   Schweitzer, M. (Hrsg.), Allgemeine Betriebswirtschaftslehre, Bd. 3: Leistungsprozess, 9. Aufl., Stuttgart, S. 183–252.

Domschke, W./Scholl, A. (2008): Grundlagen der Betriebswirtschaftslehre, 4. Aufl.,
   Berlin u. a.

Macharzina, K./Wolf, J. (2010): Unternehmensführung, 7. Aufl., Wiesbaden.

Schierenbeck, H./Wöhle, C. B. (2008): Grundzüge der Betriebswirtschaftslehre,
   17. Aufl., München.

Schmalen, H./Pechtl, H. (2009): Grundlagen und Probleme der Betriebswirtschaft,
   14. Aufl., Stuttgart.

Staehle, W. H. (1999): Management, 8. Aufl., München.

Steinmann, H./Schreyögg, G. (2005): Management, 6. Aufl., Wiesbaden.

Theisen, M. R. (2007a): Steuerpolitik der Unternehmen, in: Busse von Colbe, W./
   Coenenberg, A. G./Kajüter, P./Linnhoff, U./Pellens, B. (Hrsg.), Betriebswirtschaft für Führungskräfte, 3. Aufl., Stuttgart, S. 419–435.

5 Leitbilder, Grundsätze und Ziele in Betrieben

Lernziele

▸ Sie können das Hierarchiesystem der Unternehmensziele erläutern.

▸ Sie wissen, was Stakeholder und was Shareholder sind.

▸ Sie wissen, was Unternehmensleitbilder und –grundsätze sind.

▸ Sie kennen Anforderungen und Funktionen von Zielen.

▸ Sie sind in der Lage, Ziele operational zu formulieren.

▸ Sie kennen unterschiedliche Operationalisierungen des Gewinnziels.

▸ Sie kennen unterschiedliche Zielbeziehungen und können diese anhand von Beispielen erläutern.

5.1 Leitbilder und Grundsätze

Die Festlegung der *Business Mission* der Unternehmung bzw. des Unternehmenszwecks (Defining the Business Mission) sowie die Formulierung genereller, langfristiger Ziele und Verhaltensgrundsätze sind die Basis der betriebswirtschaftlichen Planung (vgl. Benkenstein/Uhrich 2009, S. 88). Moderne Auffassungen der Unternehmenstheorie unterstellen *Interessenpluralität* für Unternehmen. Danach entscheiden nicht nur die Eigentümer einer Unternehmung (*Shareholder*), welche Ziele verfolgt werden sollen, sondern auch die Interessen relevanter Anspruchsgruppen (*Stakeholder*; vgl. auch Kap. 4.4.1) einer Unternehmung sollen im Zielbildungsprozess Beachtung finden (vgl. Macharzina/Wolf 2010, S. 209).

Defining the Business Mission

Unternehmensziele sind wesentlich von der Unternehmenskultur und der Unternehmensphilosophie geprägt.

Unternehmenskultur

> Unter der *Unternehmenskultur* versteht man die von Management und Mitarbeitern einer Unternehmung gemeinsam akzeptierten und gelebten Denk- und Werthaltungen (*Shared Values*), die sich in den Führungsstilen und den Management- und Geschäftspraktiken sowie in der Organisationsstruktur des Unternehmens niederschlagen.

Die *Unternehmensphilosophie* legt allgemeine Werte und Zielvorstellungen der Unternehmen fest und bildet die Basis zur Ableitung eines konkreten Zielsystems.

Im Geschäftsbericht 2009 des Automobilherstellers *Daimler* steht dazu: »Unsere Philosophie ist klar: Wir geben unser Bestes für Kunden, die das Beste erwarten, und wir leben eine Kultur der Spitzenleistung, die auf gemeinsamen Werten basiert.

Unsere Unternehmensgeschichte ist geprägt von Innovationen und Pionierleistungen; sie sind Grundlage und Ansporn für unseren Führungsanspruch im Automobilbau.« Schriftlich formuliert, findet die Unternehmensphilosophie in den Unternehmensleitlinien bzw. Unternehmensgrundsätzen ihren konkreten Ausdruck. *Unternehmensgrundsätze* bilden die Basis für die Festlegung konkreter Geschäftsfelder des Unternehmens (vgl. auch Kap. 7.1). Darüber hinaus beinhalten sie generelle Aussagen über die *Unternehmensverfassung* (vgl. Kap. 7.3.1), die *Organisation* (vgl. Kap. 6.3) und über das *Managementsystem* der Unternehmung. Der Chemiekonzern *BASF* verpflichtet sich 2010 auf seiner Homepage zu den folgenden sechs Grundwerten: Nachhaltiger Erfolg, Innovationen für den Erfolg unserer Kunden, Sicherheit, Gesundheit und Umweltschutz, persönliche und fachliche Kompetenz, gegenseitiger Respekt und Dialog sowie Integrität.

Unternehmensleitbilder

Die schriftliche Fixierung von Unternehmensgrundsätzen wird oft als Leitbild der Unternehmung bezeichnet.

> *Unternehmensleitbilder* machen Aussagen über alle grundsätzlichen, allgemein gültigen und dennoch realistischen Vorstellungen der Unternehmensentwicklung sowie über angestrebte Ziele und Handlungspläne.

Sie orientieren sich an dem allgemeinen Zweck der Unternehmung und sollen für alle relevanten Akteure gelten. Für den Grundsatz Sicherheit, Gesundheit und Umweltschutz formuliert BASF vier Leitlinien. Eine davon lautet: »Wir minimieren die Belastung von Mensch und Umwelt bei Herstellung, Lagerung, Transport, Vertrieb, Verwendung und Entsorgung unserer Produkte.« Im weiteren Verlauf der strategischen Zielformulierungsphase müssen die generellen Unternehmensgrundsätze durch

Abb. 5.1

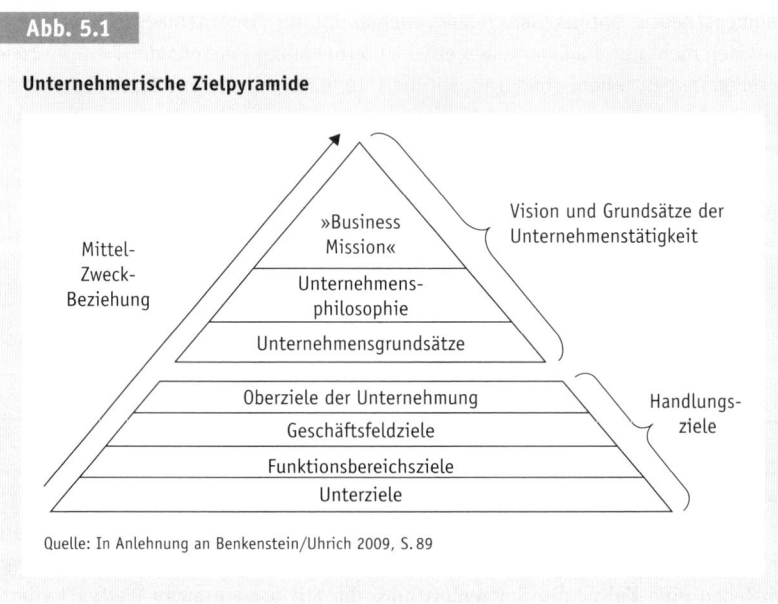

Unternehmerische Zielpyramide

Quelle: In Anlehnung an Benkenstein/Uhrich 2009, S. 89

Oberziele (z. B. globale Ausrichtung des Unternehmens), Geschäftsfeldziele (z. B. Marktanteilsziele), Funktionsziele (z. B. Produktionsziele) und Unterziele (z. B. Maschinenauslastungen) näher konkretisiert und geordnet werden (vgl. Abb. 5.1).

5.2 Ziele

> *Ziele* sind Aussagen über angestrebte zukünftige Zustände, die als Ergebnisse von betrieblichen Entscheidungen eintreten sollen.

Es wird zwischen *Sachzielen*, die sich unmittelbar auf den Betriebszweck beziehen und konkretes Handeln zur Steuerung güter- und finanzwirtschaftlicher Prozesse im Unternehmen umfassen (z. B. Höhe des Produktionsvolumens, Auslastungsgrad bestimmter Produktionsprozesse), und *Formalzielen*, die auf betriebliche Erfolgsgrößen gerichtet sind und in denen der Erfolg unternehmerischen Handelns abgelesen werden kann (z. B. Rentabilität, Produktivität), unterschieden (vgl. Thommen/Achleitner 2009, S. 114). Die Sachziele haben einen Instrumentalcharakter, da sie der Erreichung der Formalziele dienen (vgl. Wöhe/Döring 2010, S. 73).

Ziele müssen folgenden formalen Anforderungen genügen (vgl. Schierenbeck/Wöhle 2008, S. 105):
▸ Operationalität (exakte Beschreibung hinsichtlich der Zieldimensionen),
▸ Messbarkeit des Zielerreichungsgrades/Überprüfbarkeit,
▸ Realisierbarkeit,
▸ Widerspruchsfreiheit/Konsistenz,
▸ Integrierbarkeit in ein Zielsystem und
▸ Transparenz/Verständlichkeit.

Eine *operationale Zielbestimmung* erfolgt anhand von Zieldimensionen (vgl. auch Schierenbeck/Wöhle 2008, S. 107):

Zieldimensionen

▸ *Wo soll etwas erreicht werden? Zuständige Organisationseinheit* (z. B. Vertriebsabteilung)
▸ *Was soll erreicht werden? Zielinhalt,* d. h. der Tatbestand, der angestrebt wird. Es kann hier zwischen *monetären Zielinhalten* (z. B. Gewinn steigern) und *nicht-monetären* Zielinhalten (z. B. Unternehmensimage verbessern) unterschieden werden.
▸ *Wie viel soll erreicht werden? Zielausmaß,* d. h. das angestrebte Ausmaß der Zielerreichung. Es wird zwischen *Extremierung* (z. B. Gewinnmaximierung), *Fixierung* (z. B. 10 % mehr Gewinn) und *Satisfizierung* (mindestens 6 % mehr Gewinn) unterschieden.
▸ *Wann soll etwas erreicht werden? Zeitlicher Bezug,* d. h. Zeitpunkt oder Zeitraum der geplanten Zielerreichung, wobei kurz- (z. B. ein Jahr), mittel- (z. B. drei Jahre) und langfristige Ziele (z. B. fünf Jahre) unterschieden werden.
▸ *Was wird zur Zielerreichung benötigt? Erforderliche Ressourcen* (z. B. Finanzmittel)

Ein betriebliches Ziel sollte immer durch alle Dimensionen operationalisiert werden. *Beispiel*: Erhöhung des Umsatzes (Zielinhalt) im nächsten Jahr (zeitlicher Bezug) um mindestens 10% des Vorjahreswertes (Zielausmaß) durch Einsatz zusätzlicher Verkäufer/Verkäuferinnen (Ressourcen) im Vertrieb für Produkt A (Organisationseinheit). Je operationaler Ziele festgelegt werden, desto einfacher ist ihre Kontrollierbarkeit.

Ziele haben folgende *Funktionen*:

▸ Orientierungs-, Steuerungs- und Koordinationsfunktion für arbeitsteilige Prozesse (z. B. Ziele liefern Maßstäbe zur Leistungsbeurteilung, lenken Ressourcen),
▸ Bewertungs-, Entscheidungs- und Rechtfertigungsfunktion: Handlungsalternativen werden nach ihren jeweiligen Zielbeiträgen bewertet, ausgewählt und legitimiert,
▸ Kontrollfunktion durch Analyse der Zielabweichung (z. B. *Gap-Analyse*),
▸ Identifikations- und Motivationsfunktion für Mitarbeiter,
▸ Kommunikationsfunktion, d. h. Information Dritter über das Unternehmen.

Unternehmen verfolgen üblicherweise mehrere Ziele gleichzeitig. Die Gesamtheit aller von einem Unternehmen verfolgten Ziele bildet ein *Zielsystem*, das die Beziehungen der Ziele zueinander in eine Ordnung bringt (vgl. Weber/Kabst 2009, S. 208). Als Ordnungskriterien von Zielen gelten der *Rang* (Position in der Zielhierarchie des Unternehmens), die *Präferenz* (subjektive Bewertung von Zielinhalten) und *Zielbeziehungen* (vgl. Kap. 5.2.2).

5.2.1 Zielinhalte

Sach- und Formalziele

Der Inhalt eines Zieles gibt an, worauf sich das Ziel bezieht. Bei den Sachzielen wird häufig zwischen *Leistungszielen* (z. B. Festlegung des Qualitätsniveaus), *Finanzzielen* (z. B. gewünschte Kapital- und Vermögensstruktur), *Führungs- und Organisationszielen* (z. B. Führungsstile) und *sozial-ökologischen Zielen* (z. B. Umwelt- und Arbeitsschutzziele) unterschieden (vgl. Thommen/Achleitner 2009, S. 115 ff.). Formalziele umfassen Umsatz-, Kosten-, Gewinn-, Rentabilitäts- und Liquiditätsziele. In einfachen, formal-mathematischen Abhandlungen und Modellen wird oft eine Dominanz des Gewinnzieles unterstellt. Empirische Untersuchungen zeigen allerdings, dass diese Annahme überholt ist (vgl. Weber/Kabst 2009, S. 214 ff.). Erhaltung der Wettbewerbsfähigkeit, hohe Kundenzufriedenheit, ein hoher Marktanteil, Qualität des Angebots und die Liquiditätssicherung sind weitere zentrale Unternehmensziele, die in der Unternehmenspraxis oft ein höheres Gewicht als das Gewinnziel haben (vgl. Macharzina/Wolf 2010, S. 227).

Gewinnziel

Dem Gewinnziel bleibt dennoch als Erfolgsgröße eine besondere Bedeutung erhalten. Allerdings gibt es keine einheitliche Definition des Gewinns und je nach Zielsetzung können unterschiedliche Gewinnbegriffe Verwendung finden. Wird unter dem *Gewinn* derjenige Betrag verstanden, der innerhalb eines Jahres ausgegeben werden kann, ohne dass es dem Unternehmen dadurch schlechter geht, kommt es bei der

Gewinnermittlung auf das Konzept der *Substanzerhaltung* an (vgl. Coenenberg et al. 2009a, S. 65 f.). Der *Jahresüberschuss*, der in der handelsrechtlichen Gewinn- und Verlustrechnung ermittelt wird (vgl. Kap. 8.9.2.2), ergibt sich aus der Differenz zwischen *Erträgen* und *Aufwendungen*. Er ist ein globales Erfolgsmaß und Ausdruck des in einer Periode erwirtschafteten Gewinns bzw. Verlustes (vgl. Coenenberg et al. 2009b, S. 1030). Davon ist der *Bilanzgewinn* zu unterscheiden. Er gibt den Betrag an, den das Management den Eigentümern der Unternehmung zur Gewinnausschüttung vorschlägt (vgl. Bonse et al. 2007, S. 506). Während beim Jahresüberschuss sämtliche Aufwendungen zur Anrechnung kommen, ist es aus Analysezwecken sinnvoll, Erfolgsgrößen zu definieren, die den Jahresüberschuss um bestimmte Aufwendungen (einmalige, außerbetriebliche oder zahlungsunwirksame Aufwendungen) korrigieren. Gebräuchlich sind die folgenden Korrekturen (vgl. Coenenberg et al. 2009b, S. 1030 f.; Schmalen/Pechtl 2009, S. 520):

Jahresüberschuss
± Außerordentliches Ergebnis
± Ertragssteuern
= EBT (*Earnings before Taxes*)
+ Zinsaufwand
= EBIT *(Earnings before Interest and Taxes)*
+ Abschreibungen (auf Sachanlagen und immateriellen Anlagen)
= EBITDA *(Earnings before Interest, Taxes, Depreciation and Amortization)*

Aus Analysezwecken ist es auch sinnvoll, den Jahresüberschuss (Gesamterfolg) in aussagefähige Teilerfolge zu zerlegen (vgl. Wöhe/Döring 2010, S. 806 ff.). Insbesondere wird zwischen dem betrieblichen (Betriebsergebnis) und dem finanziellen Ergebnis (Finanzergebnis) unterschieden. Das *Betriebsergebnis* umfasst Aufwendungen und Erträge, die sich aus dem betrieblichen Leistungserstellungsprozess ergeben, und die Erfolgsbeiträge aus Kapitalanlagen und Fremdkapitalaufnahmen sind im *Finanzergebnis* erkennbar (vgl. Bonse et al. 2007, S. 513). Wird die betriebliche Leistungserstellung im Unternehmen betrachtet, so ergibt sich der Gewinn G als *Betriebsergebnis* (operatives Ergebnis, kalkulatorischer Erfolg) aus der Differenz zwischen den Umsatzerlösen U und den Gesamtkosten K, d. h. $G = U - K$ (vgl. Schweitzer 2009a, S. 56). So gibt der Lufthansakonzern in seinem Geschäftsbericht 2009 folgende Erfolgsgrößen an: operatives Ergebnis = 130 Mio. Euro, EBIT = 96 Mio. Euro und EBITDA = 1.743 Mio. Euro.

Die Rentabilität ist eine relative Zielgröße des Erfolgs. Rentabilitätskennziffern werden gebildet, indem der Gewinn ins Verhältnis zu bestimmten Kapitalgrößen gesetzt wird (vgl. Kap. 1.6). In Wissenschaft und Praxis sind inzwischen zahlreiche Rentabilitätskennziffern definiert worden (vgl. Schierenbeck/Wöhle 2008, S. 81).

Rentabilität und Liquidität

Unter *Liquidität* wird die Fähigkeit eines Unternehmens verstanden, zu jedem Zeitpunkt den fälligen Zahlungsverpflichtungen uneingeschränkt nachkommen zu können.

Der Begriff Liquidität wird auch als finanzielles Gleichgewicht zwischen den Zahlungsverpflichtungen einerseits und der vorhandenen Menge an Zahlungsmitteln andererseits definiert, so dass die Zahlungsfähigkeit zu jedem Zeitpunkt gewährleistet ist. Zur Erhaltung der Liquidität sind Liquiditätsreserven erforderlich (z. B. Zahlungsmittelbestände). Darüber hinaus wurden Finanzierungsregeln entwickelt, deren Beachtung Liquiditätsengpässe vermeiden soll (vgl. Kap. 8.8).

5.2.2 Zielbeziehungen und Zielsysteme

Zielbeziehungen erfassen den Zusammenhang zwischen den einzelnen Zielen und bilden die Grundlage für betriebliche Zielsysteme. In der betriebswirtschaftlichen Literatur werden kompatible und konkurrierende Zielbeziehungen unterschieden (vgl. Macharzina/Wolf 2010, S. 210 f.; Abb. 5.2). *Kompatibel* sind Ziele dann, wenn zwischen ihnen komplementäre, identische oder neutrale Zielbeziehungen vorliegen. Zwei Ziele Z_1 und Z_2 sind *komplementär*, wenn die Erreichung von Z_1 gleichzeitig zur Erfüllung von Z_2 beiträgt (z. B. die Ziele Umsatz und Marktanteil). Komplementäre Zielen lassen sich in *Ober-, Zwischen- und Unterziele* einteilen. Dadurch entstehen *Zielsysteme* bzw. Zielhierarchien (Mittel-Zweck-Zusammenhänge).

Zielhierarchien lassen sich einerseits deduktiv aus definitionslogischen Beziehungen zwischen den Teilzielen herleiten (*Kennzahlensysteme*, vgl. Abb. 5.3) und andererseits können sie auf empirischem Wege gewonnen werden (vgl. Macharzina/Wolf

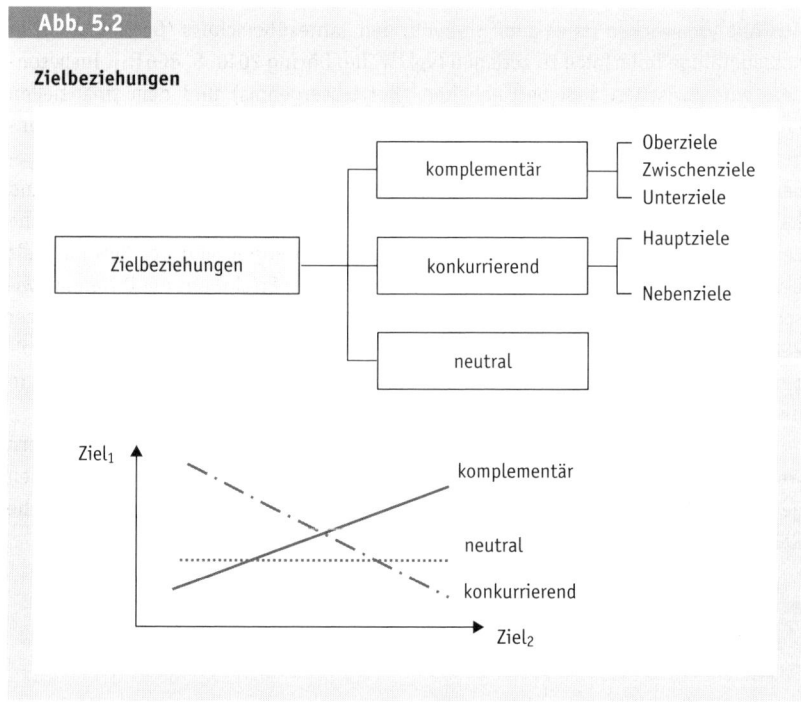

Abb. 5.2

Zielbeziehungen

2010, S. 216 ff.). Innerhalb von Zielhierarchien können Teilentscheidungen koordiniert werden.

Zielidentität liegt vor, wenn die Ziele austauschbar sind, und von *Zielneutralität* wird gesprochen, wenn sich Ziele gegenseitig nicht beeinflussen. Zwei Ziele Z_1 und Z_2 stehen dann in *Konkurrenz* zueinander, wenn die Erreichung von Z_1 die Erreichung von Z_2 vermindert bzw. verhindert (*Zielantinomie*). Als Beispiele dienen die Ziele Rentabilität und Liquidität. Konkurrierende Ziele stehen in einer Präferenzrelation, die eine Zielgewichtung in *Hauptziele* (wichtige Ziele) und *Nebenziele* (weniger wichtige Ziele oder Nebenbedingungen) erfordert, um Zielkonflikte lösen zu können (z. B. Hauptziel Rentabilität und Nebenziel Liquidität; vgl. Abb. 5.2).

Abb. 5.3

Deduktiv orientiertes Mittel-Zweck-Zielsystem (DuPont-Kennzahlensystem)

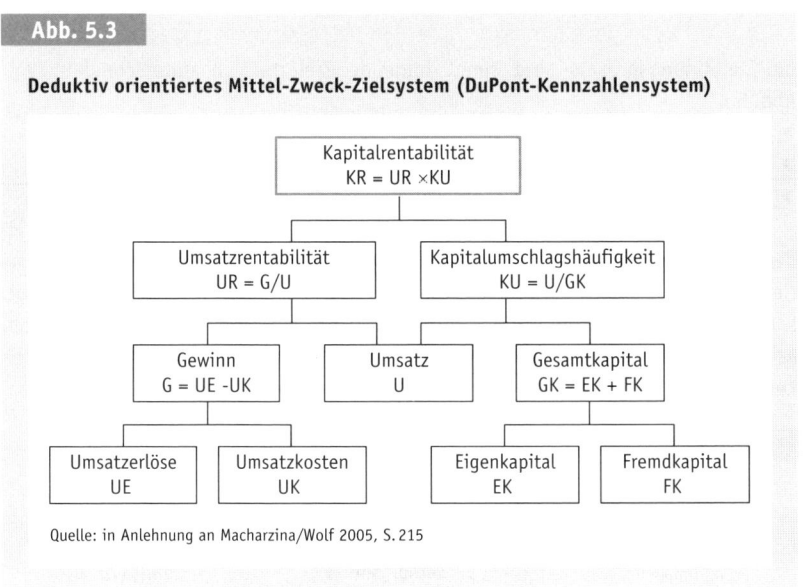

Quelle: in Anlehnung an Macharzina/Wolf 2005, S. 215

5.2.3 Zielbildungsprozesse

Unternehmensziele sind keine festen, unumstößlichen Größen, sondern vielmehr das Ergebnis *multipersonaler* Zielbildungsprozesse, an denen betriebliche (interne), marktbezogene und gesellschaftliche (externe) *Anspruchsgruppen* beteiligt sind (vgl. Kap. 4.4.1). Aus den Forderungen dieser Gruppen leiten sich Ziele für die Unternehmung ab. Das Modell eines politischen Systems der Abb. 5.4 geht davon aus, dass es in Unternehmen autorisierte *Kernorgane* gibt, die Ziele (der Unternehmung) verbindlich festlegen können (vgl. Weber/Kabst 2009, S. 206 f.). Welche »Organe« es sind, ist von der *Unternehmensverfassung* abhängig (z. B. der Vorstand bei einer Aktiengesellschaft; vgl. Kap. 7.3). Interne Unternehmensmitglieder wie Eigentümer, Manager und Mitarbeiter versuchen, ihre Interessen beim Zielbildungsprozess ebenso durchzusetzen wie externe Anspruchsgruppen (z. B. staatliche Organe, politische Parteien, Gewerkschaften). Welche Gruppen und Personen sich durchsetzen, ist insbesondere von deren *Machtposition* abhängig (vgl. Schierenbeck/Wöhle 2008, S. 71; zum Begriff der Macht vgl. Kap. 4.3.2). Vielfach wird die Meinung vertreten, dass die Geschäftsführung eines Unternehmens zuerst die Interessen der Eigentümer an einer Maximierung des Unternehmenswertes (*Shareholder Value*) sowie an einer entsprechenden Eigenkapitalverzinsung bzw. Anlagerendite (Performance) zu berücksichtigen hat. Dem steht die Meinung gegenüber, dass auch die übrigen *Stakeholder-Gruppen* angemessen zu berücksichtigen sind (z. B. das Interesse von Arbeitnehmern an einem sicheren Arbeitsplatz), da ein Ausbleiben der Unterstützung von Anspruchsgruppen das Unternehmen in existenzielle Nöte bringen kann. Bei Konflikten werden zur Erreichung von Zielen häufig Koalitionen gebildet, die ihre Ziele in Verhandlungsprozessen aufeinander abstimmen.

Im Zielbildungsprozess sind somit folgende Zielarten zu unterscheiden (vgl. Abb. 5.4):
▸ Ziele *der* Unternehmung (autorisierte Ziele),
▸ Ziele *in der* Unternehmung (von Unternehmensmitgliedern verfolgte Ziele) und
▸ Ziele *für die* Unternehmung (Forderungen von Anspruchsgruppen).

Die Bildung individueller Ziele kann insbesondere durch Motiv- und Bedürfnistheorien sowie durch Lerntheorien erklärt werden (z. B. *Bedürfnistheorie von Maslow*; vgl. Schierenbeck/Wöhle 2008, S. 72). Mitarbeiter erwarten z. B. einen angemessenen Arbeitslohn, Sozialleistungen, eine interessante Arbeit und Entwicklungsmöglichkeiten.

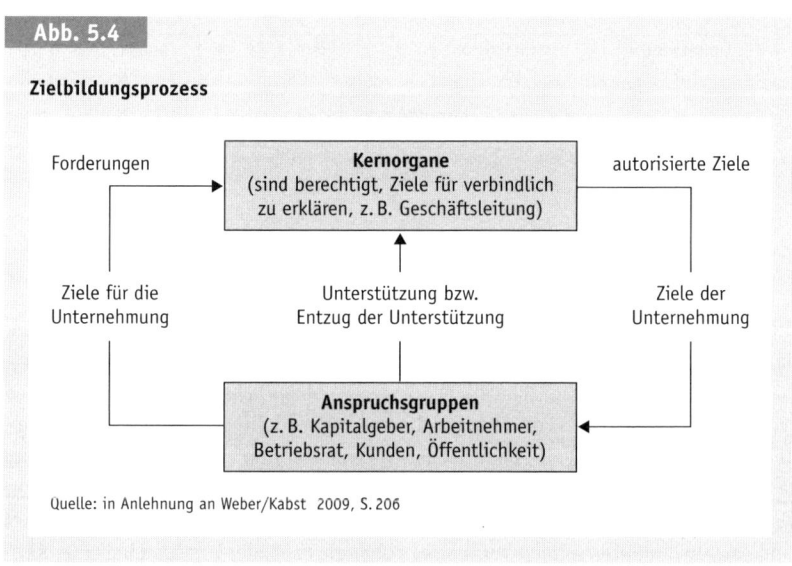

Abb. 5.4

Zielbildungsprozess

Quelle: in Anlehnung an Weber/Kabst 2009, S. 206

Kontrollfragen Kapitel 5

1. *Was versteht man unter einer Unternehmenskultur und was unter einer Unternehmensphilosophie?*
2. *Was sind Unternehmensgrundsätze und was sind Unternehmensleitbilder?*
3. *Wie unterscheiden sich Sach- und Formalziele? Nennen Sie Beispiele.*
4. *Was sind Ziele und welche Zieldimensionen sind zu unterscheiden?*
5. *Welche Ziele werden in der Praxis verfolgt?*
6. *Welche Unterscheidungen gibt es im Zielausmaß?*
7. *Nennen und erläutern Sie Anforderungen an Ziele.*
8. *Welche Funktionen üben Ziele aus?*
9. *Wie kann der Betriebserfolg (Gewinn) als Ziel definiert werden?*
10. *EBIT = 120 Mio. Euro, Abschreibungen auf Sach- und Finanzanlagen = 150 Mio. Euro. Berechnen Sie das EBITDA.*
11. *Was versteht man unter Liquidität?*
12. *Nennen und erläutern Sie unterschiedliche Zielbeziehungen.*
13. *Was ist ein Zielsystem?*
14. *Welches sind Anspruchsgruppen einer Unternehmung? Nennen Sie Beispiele.*
15. *Erläutern Sie den Zielbildungsprozess.*

Weiterführende Literatur

Bonse, A./Linnhoff, U./Pellens, B. (2007): Jahresabschlüsse, in: Busse von Colbe, W./Coenenberg, A. G./Kajüter, P./Linnhoff, U./Pellens, B. (Hrsg.), Betriebswirtschaft für Führungskräfte, 3. Aufl., Stuttgart, S. 481–517.

Coenenberg, A. G./Haller, A./Mattner, G./Schultze, W. (2009a): Einführung in das Rechnungswesen, 3. Aufl., Stuttgart.

Coenenberg, A. G./Haller, A./ Schultze, W. (2009b): Jahresabschluss und Jahresabschlussanalyse, 21. Aufl., Stuttgart.

Macharzina, K./Wolf, J. (2010): Unternehmensführung, 7. Aufl., Wiesbaden.

Schierenbeck, H./Wöhle, C. B. (2008): Grundzüge der Betriebswirtschaftslehre, 17. Aufl., München.

Schweitzer, M. (2009a): Gegenstand und Methoden der Betriebswirtschaftslehre, in: Bea, F. X./Schweitzer, M. (Hrsg.), Allgemeine Betriebswirtschaftslehre, Bd. 1: Grundfragen, 10. Aufl., Stuttgart, S. 23–80.

Weber, W./Kabst, R. (2009): Einführung in die Betriebswirtschaftslehre, 7. Aufl., Wiesbaden.

6 Führung und Management des Betriebes

Lernziele

- Sie kennen die historische Entwicklung von Managementansätzen.

- Sie können den Begriff Unternehmensführung präzisieren und einzelne Funktionen der Unternehmensführung benennen.

- Sie können den betriebswirtschaftlichen Planungsbegriff erläutern.

- Sie kennen zwei Varianten des Organisationsbegriffes.

- Sie können den Unterschied zwischen einer Aufbau- und einer Ablauforganisation erklären.

- Sie kennen verschiedene Grundmodelle der Aufbauorganisation sowie deren Vor- und Nachteile.

- Die kennen die Funktion der Aufgabenanalyse und der Aufgabensynthese.

- Sie wissen, was Stellen und Instanzen sind.

- Sie können eine Nutzwertanalyse mit dem Scoring-Modell durchführen.

- Sie kennen die vier Perspektiven der Balanced Scorecard.

- Sie können einen MPM-Netzplan für ein Projekt aufstellen.

- Sie können ein einfaches LP-Problem grafisch lösen.

6.1 Entwicklung der Managementforschung

Die »industrielle Revolution« in England Mitte des 18. Jh. gilt als Ausgangspunkt der *Managementlehre*. Als Beginn des Managements als Wissenschaft wird das Jahr 1886 angesehen. In diesem Jahr hielt der Präsident der *American Society of Mechanical Engineers* in den USA eine grundlegende und viel beachtete Rede zur Managementdisziplin (vgl. Staehle 1999, S. 22 f.). Die weitere Entwicklung des Managements kann der Abb. 6.1 entnommen werden.

Einzelne Managementansätze sind:

Managementansätze

- **Ingenieurmäßig-ökonomische Ansätze** (Scientific-Management und Industrial-Engineering): Diese Ansätze gehen auf die Arbeiten von *Taylor* und *Ford* zurück (vgl. Kap. 1.3; Staehle 1999, S. 24 ff.). In der Entwicklung von *Arbeitsmethoden* ging es *Taylor* insbesondere darum, Arbeitsprozesse genau zu analysieren und in möglichst kleine Aufgabenelemente zu zerlegen (extreme Arbeitsteilung), die nachfolgend konsequent in ausführende oder planende Aufgaben eingeteilt wurden (*Funktionsmeistersystem*). Grundlage des *Fordismus* ist das *Prinzip der Fließfertigung*, das bei *Ford* ab 1913 zur Automobilproduktion eingesetzt wurde.

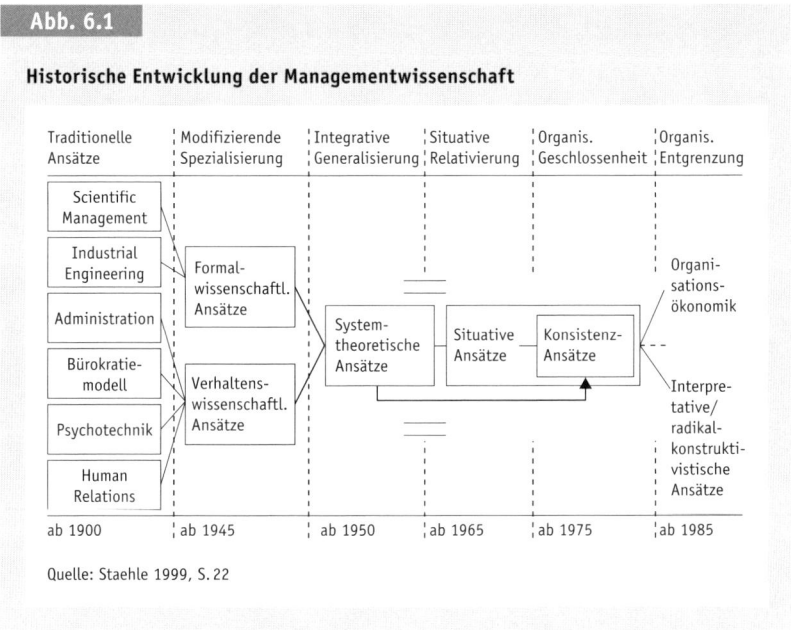

Abb. 6.1

Historische Entwicklung der Managementwissenschaft

Quelle: Staehle 1999, S. 22

▸ **Administrative Ansätze** (Verwaltungslehre): Dieser in Frankreich Anfang des 20. Jh. von *Fayol* entwickelte Ansatz zielt auf eine umfassende Analyse der Organisation. Management wird hier als ein Bündel universell nachweisbarer Funktionen in allen Organisationen aufgefasst (*Ausdifferenzierung der Managementfunktionen*). Danach umfassen Managementfunktionen die Teilbereiche Planung, Organisation, Leitung, Koordination und Kontrolle (vgl. Staehle 1999, S. 27 f.). Der Grundsatz der *Einheit der Auftragserteilung* und die damit verbundene Gliederung der Organisation durch ein Liniensystem gelten als zweites wichtiges Merkmal der Managementlehre von *Fayol*: Eine in einer Hierarchie nachgeordnete Instanz kann nur von einer vorgeordneten Instanz Weisungen erhalten (*Dienstwegprinzip*; vgl. Kap. 6.3). Neben diesem Grundsatz werden noch weitere 13 Managementprinzipien (z. B. gerechte Entlohnung) und Managementregeln (z. B. das Prinzip der optimalen Kontrollspanne) diesem Managementsystem zugeordnet.

▸ **Bürokratische Ansätze** (Bürokratiemodell): Das Bürokratiemodell geht auf *Max Weber* zurück und stellt die bürokratische Organisation durch einen kontinuierlichen, regelgebundenen Betrieb von Amtsgeschäften durch Beamte dar, welche über genau abgegrenzte Aufgabenbereiche, Befehlsgewalten und Sanktionsmittel verfügen (vgl. Staehle 1999, S. 29 f.). *Merkmale der bürokratischen Verwaltung* sind:
  – spezialisierte Aufgabenerfüllung (Arbeitsteilung),
  – streng hierarchischer Aufbau (Amtshierarchie),
  – Amtsführung durch Beamte nach technischen Regeln und Normen,
  – Aktenmäßigkeit der Verwaltung.

Modifikationen und Weiterentwicklungen des Bürokratiemodells von *Weber* versuchen, die Dysfunktion dieses Ansatzes zu reduzieren. Insbesondere wird diesem Modell fehlende Flexibilität und Anpassungsfähigkeit vorgeworfen. Häufig kommt es zu einer Verschiebung der Aufmerksamkeit von den Zielen der Organisation auf die Mittel, die dann zum Selbstzweck werden (vgl. Staehle 1999, S. 29). Das blinde Befolgen formeller Regeln und Vorschriften sowie die Überbetonung von Disziplin führen zu Starrheit und mangelnder Anpassungsfähigkeit bürokratischer Organisationen.

▸ **Physiologisch-psychologische Ansätze** (Psychotechnik): Die Psychotechnik setzt voraus, dass durch eine Berücksichtigung psychologischer Faktoren die Leistung arbeitender Menschen gesteigert werden kann. Entwickelt wurden Eignungs- und Auslesetests, Techniken des Einübens und Anpassens neuer Mitarbeiter sowie Verfahren der psychologischen Arbeitsgestaltung (vgl. Staehle 1999, S. 31 f.). Mit den körperlichen Arbeitsbedingungen beschäftigen sich die *Ergonomie* und verschiedene Richtungen der *Arbeitswissenschaft*. Der Begriff der *Psychotechnik* als Lehre von der Menschenbehandlung stammt von *Stern* (vgl. Staehle 1999, S. 31). Dieser Forschungsrichtung ging es in erster Linie darum, die positiven und negativen Einflussfaktoren auf die Arbeitsleistung zu analysieren. Psychische Faktoren der Leistungsfähigkeit sind in erster Linie die individuellen Eigenschaften und Eigenheiten der Arbeiterinnen und Arbeiter wie Belastbarkeit, Lernfähigkeit, Geschicklichkeit, Ermüdungsanfälligkeit.

▸ **Sozialpsychologische und soziologische Ansätze** (Human Relations): Während die psychotechnische Forschung in erster Linie die Abhängigkeit der Arbeitsleistung von den physikalischen Arbeitsbedingungen untersucht hat, stellt der *Human-Relations-Ansatz* die Wirkung sozialer Phänomene wie z. B. Gruppenidentität und Gruppennormen auf die Arbeitsleistung in den Vordergrund der Betrachtung (vgl. Staehle 1999, S. 33 ff.). Analysiert wird, wie sich in Organisationen soziale Gruppen bilden und wovon die Gruppenleistung abhängt (vgl. Kap. 4.3.1). Weitere Managementansätze der Abb. 6.1 sind in Kap. 3.2 eingehend besprochen worden.

6.2 Unternehmensführung

Die *Unternehmensführung* (*General-Management*) dient der zielorientierten Steuerung arbeitsteiliger Prozesse des gesamten Unternehmens in allen Wertschöpfungs- und Handlungsbereichen.

Die Begriffe Unternehmensführung und *Management* werden im deutschsprachigen Raum synonym verwendet. Die *Personalführung* (oft nur als Führung bezeichnet), die die zielorientierte Steuerung interpersonaler Beziehungen zwischen Vorgesetzten und Mitarbeitern zur Aufgabe hat, ist Teil der Unternehmensführung (vgl. Macharzina/Wolf 2010, S. 40 f.; Kap. 8.7). Management kann aus einer institutionellen und einer funktionalen Perspektive aus betrachtet werden (vgl. Steinmann/Schreyögg 2005, S. 6). *Management als Institution* erfasst die Organe, Träger, Gruppen bzw. Personen mit Anweisungsbefugnissen (z. B. Vorstände, Vorgesetzte). Personen, die sich mit diesen Unternehmensführungsaufgaben befassen, sind Funktionsträger mit Entscheidungs- und Anordnungskompetenzen. Nach der Stellung in der Unternehmenshierarchie kann noch zwischen dem *Top-, Middle- und Lower-Management* unterschieden werden (vgl. Schierenbeck/Wöhle 2008, S. 113). Mit den Aufgaben, die zur Steuerung des gesamten Unternehmens erforderlich sind, beschäftigt sich das *Management als Funktion*. Hierbei handelt es sich um Querschnittsfunktionen, die im Managementprozess den Meta-Bereichen *Willensbildung* (Planung und Entscheidung) und *Willensdurchsetzung* (Führung und Kontrolle) zugeordnet werden können (vgl. Abb. 6.2; Macharzina/Wolf 2010, S. 38; Schierenbeck/Wöhle 2008, S. 113 f.).

Aufgaben des Managements

Einzelne Aufgaben des Managements sind (vgl. Staehle 1999, S. 81; Steinmann/Schreyögg 2005, S. 9 ff.):

▸ **Planung**: Systematisches und methodenorientiertes »Durchdenken« zukünftiger Umfeldentwicklungen und Festlegung von adäquaten Handlungsplänen.

▸ **Unternehmensführungsentscheidungen**: Alle grundsätzlichen Entscheidungen von Führungspersonen mit hoher Bindungswirkung und hohem monetären Wert, die die Gestaltung und Koordination aller Wertschöpfungsprozesse des gesamten Unternehmens zum Gegenstand haben.

▸ **Organisation** (vgl. Kap. 6.3): Regelt die Gestaltung des Unternehmensgefüges (Aufbauorganisation) und die im Unternehmen ablaufenden Prozesse (Ablauforganisation).

▸ **Personaleinsatz**: Auswahl, Bereitstellung und Schulung von Personal (vgl. Kap. 8.7).

▸ **Anweisung und Durchsetzung** (Führung): Treffen von Anweisungen zur Umsetzung von Einzelentscheidungen.

▸ **Koordination**: Zielorientierte Abstimmung und Verknüpfung arbeitsteiliger Prozesse.

▸ **Kontrolle**: Laufende Überprüfung des Aufgabenvollzuges und der Ergebnisentwicklung.

Abb. 6.2

Unternehmensführung im Überblick

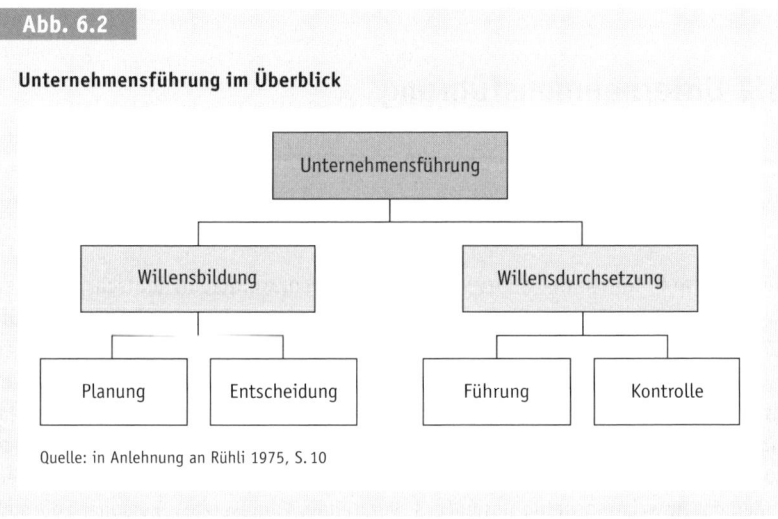

Quelle: in Anlehnung an Rühli 1975, S. 10

Planung

Planung zielt auf eine systematisch angelegte und methodengestützte Antizipation zukünftiger Markt- und Umfeldentwicklungen zur Festlegung darauf zugeschnittener Handlungspläne (strategische Perspektive) sowie auf die formale Erfassung betrieblicher Leistungsprozesse zur Steuerung und Koordination im arbeitsteiligen Verbund stehender Organisationseinheiten mit Hilfe von Planvorgaben (operative Perspektive). Die *Komponenten der Planung* sind (vgl. Macharzina/Wolf 2010, S. 398 ff.):

▸ *Zukunftsbezogenheit*, d. h. Antizipation zukünftiger Entwicklungen unter Bedingungen von Wissenslücken und Unsicherheit,

▸ *Rationalität*, d. h. zielgerichtetes, methodisch-systematisches Vorgehen unter Einsatz einschlägiger Planungsmethoden und -techniken,

▸ *Prozessstruktur*, d. h., Pläne werden in regelmäßigen Abständen (Anpassungsrhythmus) überprüft, revidiert und fortgeschrieben (Planfortschreibung),

▸ *Informationsabhängigkeit*, d. h., die Planung benötigt in vielfältiger Form Informationen, die gesammelt, analysiert, strukturiert, interpretiert, verdichtet und bewertet werden.

Das Ergebnis der Planung ist ein *Plan*, der die zum Erreichen der Ziele (Planvorgaben) erforderlichen Arbeitsaufgaben vorausschauend festlegt. Neben den Planungszielen und Aufgaben legt der Plan auch benötigte Ressourcen, erwartete Ergebnisse, Zeitvorgaben und Planerfüllungsträger bzw. Planverantwortliche fest. Die in den einzelnen Unternehmensbereichen aufgestellten *Teilpläne* müssen sowohl horizontal als auch vertikal (hierarchisch) im Rahmen eines betrieblichen Planungssystems aufeinander abgestimmt werden. Eine horizontale Abstimmung der Teilpläne kann schrittweise (*sukzessive Planung*) oder gleichzeitig (*simultane Planung*) durchgeführt werden. Die vertikale Planungsabstimmung erfolgt über retrograde (*Top-down Approach*) und progressive (*Bottom-up Approach*) Planungsverfahren sowie durch das Gegenstromverfahren (*zirkuläre Planung*; vgl. Schierenbeck/Wöhle 2008, S. 148 f.; Schweitzer 2005, S. 44 ff.).

Hinsichtlich des *Zeithorizontes* kann zwischen strategischer, taktischer und operativer Planung unterschieden werden (vgl. Horváth 2009, S. 304; Schierenbeck/Wöhle 2008, S. 150 f.; Abb. 6.3).

> Die *strategische Planung* ermöglicht durch eine Identifikation potenzieller Handlungsoptionen sowie durch eine darauf ausgerichtete Festlegung von Handlungsprogrammen (Strategien) und Maßnahmen eine frühzeitige, chancen- und risikoorientierte Anpassung des Unternehmens an Herausforderungen zukünftiger Markt- und Umfeldsituationen.

Strategische Planung

Das Ziel der strategischen Planung ist, zukünftige Strategien zu identifizieren und zu formulieren, um einen nachhaltigen Wettbewerbsvorteil zu erwirken. Weiterhin geht es um die Suche, den Aufbau, den Erhalt und den Ausbau von Erfolgspotenzialen.

Schwerpunktmäßig ist sie auf den obersten Ebenen der Unternehmenshierarchie anzutreffen und oft wegen des relativ langen Planungshorizontes mit hohen Infor-

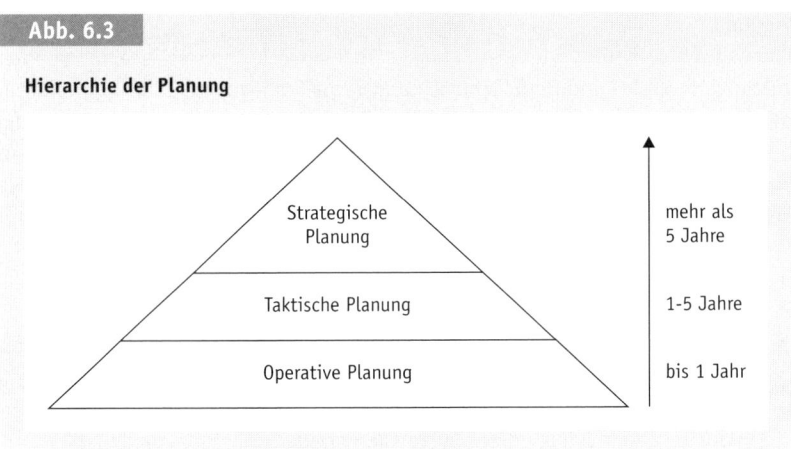

Abb. 6.3

Hierarchie der Planung

Strategische Planung — mehr als 5 Jahre

Taktische Planung — 1-5 Jahre

Operative Planung — bis 1 Jahr

mationsunsicherheiten verbunden. Aufgaben in der strategischen Planung beziehen sich hauptsächlich auf die Entwicklung einer *Unternehmenskonzeption* bzw. eines *Geschäftsmodells* mit folgenden Aspekten:

▸ Festlegung von Zielen der Unternehmensführung (vgl. Kap. 5).
▸ Festlegung Strategischer Geschäftsfelder. Ein *Strategisches Geschäftsfeld* ist ein auf Dauer angelegter, möglichst genau definierter Tätigkeitsbereich eines Unternehmens bzw. eines Konzerns mit einem weitgehend selbständigen Management und einer eigenen Marktaufgabe (vgl. Kap. 8.1).
▸ Festlegung von Handlungsoptionen und Handlungsplänen in Form von Unternehmens-, Geschäftsfeld- und Funktionalstrategien.
▸ Festlegung des Einsatzes von Maßnahmen, Programmen und Verfahren.

Operative Planung

Die *operative Planung* umfasst innerbetriebliche, für kurz- bzw. mittelfristige Zeiträume aufgestellte Vorgaben (Planziele) und Maßnahmen für alle Unternehmensbereiche (z. B. Finanzplanung), die in Teilplänen erfasst und in einer Gesamtplanung für das Unternehmen integriert werden.

Operative Planung muss in allen betrieblichen Funktionsbereichen und auf jeder Ebene der Unternehmenshierarchie betrieben werden. Dazu sind möglichst genaue Kenntnisse der zu planenden Sachverhalte bzw. Bereiche erforderlich. Mit Plandaten (Soll-Daten), in denen die Erwartungen über die Zukunft zum Ausdruck kommen, können so arbeitsteilige Leistungsprozesse im Betrieb gesteuert und über einen Vergleich mit den aktuellen Daten (Ist-Daten) verglichen und beurteilt werden (*Soll-Ist-Vergleich*). Die *taktische Planung*, als Bindeglied zwischen strategischer und operativer Planung, erfasst mittelfristige Entwicklungen und die damit erforderlichen Anpassungsmaßnahmen.

Führungsentscheidung
Führungsentscheidungen im Unternehmen sind gekennzeichnet durch die Merkmale:

- ▸ Grundsatzcharakter (z. B. Rechtsformwahl),
- ▸ hohe Bindungswirkung (z. B. grundlegende Reorganisation des Unternehmens),
- ▸ hoher monetärer Wert (z. B. Investitionsentscheidungen),
- ▸ die Unternehmung als Ganzes betreffend (z. B. Unternehmensverfassung),
- ▸ politischer Charakter (z. B. Standortverlagerungen) und
- ▸ Komplexität (z. B. Entscheidung über ein Joint Venture als Markteintrittsstrategie)
(vgl. Macharzina/Wolf 2010, S. 40 ff.).

Entscheidungsprozesse beinhalten grundsätzlich die Aufgabe der Identifikation, Bewertung und Auswahl (Beschlussfassung) von Handlungsmöglichkeiten (vgl. Kap. 3.2.1). Objekte von Entscheidungen sind sowohl Ziele (Zielentscheidungen) als auch Mittel (Sachentscheidungen). Die für die Entscheidungsfindung erforderlichen Informationen liefern betriebliche Informationssysteme, die oft in einem umfassenden *Controllingsystem* integriert sind (vgl. Kap. 8.10). Dazu gehören u. a. die *Kostenrechnung* (vgl. Kap 8.9.3), die *Marktforschung* (vgl. Kap. 8.2.3) und der Bereich der *strategischen Früherkennung*. Handlungsalternativen werden hinsichtlich ihrer Zielwirksamkeit bewertet. Oft erfolgt die *Bewertung* durch Zuordnung von Wertgrößen zu den einzelnen Handlungsalternativen bzw. Entscheidungsobjekten. Hierzu können spezielle Bewertungsmethoden und -techniken eingesetzt werden (vgl. Kap. 3.2.1.2). Darüber hinaus umfasst die Bewertung bei mehreren zu bewertenden Objekten auch die Herstellung einer Rangordnung (*Präferenzordnung*) der Objekte in Bezug auf ein Ziel oder mehrere Ziele. Die wichtigste Phase im Problemlösungsprozess ist der *Entschluss*, die beste Handlungsmöglichkeit zu realisieren oder die Problemlösung abzubrechen. Häufige Probleme, die der Entschlussfassung in der Praxis entgegenstehen, sind u. a. Entschlussschwäche der Entscheider, Angst vor dem Risiko und der Verantwortung, Möglichkeit der Delegation von Entscheidungen oder Verschiebung von Entscheidungen auf einen späteren Termin (sogenanntes »Aussitzen«).

Anordnung und Durchsetzung (Implementierung)

Jeder Realisierungsentschluss muss den Aufgabenträgern durch Anordnungen bzw. Anweisungen übermittelt werden (*Personalführung*). Hierbei geht es um die Sicherstellung der Arbeitsausführung. Dies erfordert zunächst eine Bestimmung der Aufgabenträger. Die Anweisung ist so zu formulieren, dass die Widerstände möglichst gering sind und die motivationale Kraft möglichst groß ist. Bei der Durchsetzung von Maßnahmen kann sich das Management auf formale, fachliche und persönliche Autorität bzw. Macht stützen.

Kontrolle

> Die *Kontrolle* überprüft im Rahmen eines *Soll-Ist-Vergleichs*, ob die Plandaten (Soll-Daten) durch die eingeleiteten Maßnahmen erreicht wurden (Ist-Daten).

Treten Abweichungen auf, müssen diese hinsichtlich ihrer Ursachen analysiert werden (sogenannte *Gap-Analyse* oder *Lückenanalyse*). Gegebenenfalls müssen Korrekturmaßnahmen eingeleitet oder Pläne revidiert werden. Insofern ist eine Kontrolle nur möglich, wenn es vorher eine Planung gab (vgl. Steinmann/Schreyögg 2005, S. 12). Je nachdem, in welcher Phase eines Problemlösungsprozesses Kontrollen stattfinden, können verschiedene *Typen von Kontrolle* unterschieden werden:

▸ *Entscheidungsprozesskontrolle:* Mit dieser Art der Kontrolle wird geprüft, ob der Entscheidungsprozess rational und zielführend abgelaufen ist.

▸ *Prämissenkontrolle:* Nach dem Realisierungsentschluss wird von Zeit zu Zeit gefragt, ob die der Entscheidung zugrunde gelegten Prämissen (grundlegende Annahmen) noch gültig sind.

▸ *Realisierungsfortschrittskontrolle:* Planfortschrittskontrollen können während der Realisierung stattfinden (Festlegung von Meilensteinen).

▸ *Ergebniskontrolle:* Die Ergebniskontrolle erfolgt nach der Realisierung der Maßnahmen als Soll-Ist-Vergleich.

Eine besondere Form der Kontrolle ist die *Revision*, die durch Personen vorgenommen wird, die nicht in die betrieblichen Abläufe eingebunden sind. Objekt der Revision sind die im Unternehmen eingesetzten Systeme sowie wichtige Geschäftsvorfälle. Zu unterscheiden sind dabei die Innenrevision und die Außenrevision. Anzumerken ist, dass der Begriff Kontrolle nicht mit dem Begriff *Controlling* verwechselt werden darf. Mit dem Begriff Controlling werden primär Aktivitäten bezeichnet, die der Unterstützung der Informationsversorgung und der Koordination von Aktivitäten dienen (vgl. Macharzina/Wolf 2010, S. 397; Kap. 8.10).

6.3 Organisation

6.3.1 Organisation als Führungsinstrument

Damit der *Unternehmenszweck* (z. B. Herstellung eines bestimmten Produkts) effektiv und effizient erreicht werden kann, müssen die dazu arbeitsteilig zu erledigenden Teilaufgaben erfüllt und im Hinblick auf die Gesamtaufgabe koordiniert werden. Die *Organisationslehre* beschäftigt sich deshalb damit, wie die Gesamtaufgabe eines Unternehmens in Teilaufgaben zu zerlegen und das Zusammenwirken der Teilaufgaben zu regeln ist, damit die Ziele des Unternehmens bestmöglich erreicht werden können. Es werden zwei *Organisationsbegriffe* unterschieden (vgl. Krüger 2005, S. 143; Thommen/Achleitner 2009, S. 847; Weber/Kabst 2009, S. 265 ff.):

▸ **Nach dem institutionellen Organisationsbegriff** werden zielgerichtete soziale Systeme als Organisation bezeichnet. Hiernach *ist* die Unternehmung eine Organisation. Diese Perspektive ermöglicht es, insbesondere soziale und informelle Aspekte einer Organisation zu verstehen (vgl. Macharzina/Wolf 2010, S. 466 f.).

▸ **Nach dem instrumentellen Organisationsbegriff** (auch als *funktionaler* Organisationsbegriff bezeichnet) ist die Organisation ein Führungsinstrument, das dazu dient, durch eine bewusst geschaffene Ordnung arbeitsteiliger Aufgaben im Unternehmen betriebliche Ziele effizient zu erreichen (vgl. Domschke/Scholl

2008, S. 352 f.). Diese Ordnung umfasst Strukturen zwischen den Teilaufgaben bzw. Subsystemen (Aufbauorganisation) sowie die Abläufe (Prozesse) einzelner Teilaufgaben (Ablauforganisation) eines Unternehmens. Eine Organisation ist somit das Ergebnis des Organisierens als Tätigkeit. Das Organisieren bezieht sich auf die Differenzierung eines Betriebes in arbeitsteilige Subsysteme und deren Integration zu einem zielgerichteten Ganzen. Hiernach *hat* die Unternehmung eine Organisation. Die Beziehungen zwischen den einzelnen organisatorischen Subsystemen wird als Struktur bezeichnet (vgl. Krüger 2005, S. 141).

Die weiteren Ausführungen legen den instrumentellen Organisationsbegriff zugrunde.

6.3.2 Aufgabenanalyse, -synthese und -gliederung

Es werden zwei Arten der Organisation unterschieden:

▸ **Die Aufbauorganisation** gliedert das Unternehmen in einzelne organisatorische Subsysteme und regelt unter ihnen die Verteilung von Aufgaben und Kompetenzen. Dadurch entstehen geordnete, hierarchische Strukturen (vgl. Domschke/ Scholl 2008, S. 352).

▸ **Die Ablauforganisation** erfasst Arbeitsabläufe (Prozesse) innerhalb der Aufbauorganisation.

Eine bewusst geschaffene Organisation legt die *formalen Strukturen* und Abläufe im Unternehmen fest. Daneben bilden sich in der Realität *informelle Strukturen* heraus, die die formale Organisation unterstützen, ergänzen oder auch hemmen können (vgl. Thommen/Achleitner 2009, S. 847).

Eine Differenzierung der Gesamtaufgabe der Unternehmung erfolgt durch Aufgabenanalyse und Aufgabensynthese. In der *Aufgabenanalyse* wird die Gesamtaufgabe der Unternehmung anhand bestimmter Kriterien in Teilaufgaben (sogenannte *Elementaraufgaben*) zerlegt. Kriterien der Aufgabenanalyse sind die Art der *Verrichtungen* (z. B. Fertigen, Verkaufen), *Objekte*, auf die sich Tätigkeiten richten (z. B. Produkte, Kunden, Regionen), die *Häufigkeit*, mit der Tätigkeiten auszuführen sind (repetitive oder innovative Aufgaben), *Phasen*, in denen Tätigkeiten ausgeübt werden (Planung, Anordnung, Realisation, Kontrolle), und der *Rang* (leitend, ausführend), dem die jeweilige Tätigkeit zugeordnet werden kann (vgl. Domschke/Scholl 2008, S. 354). Die *Aufgabensynthese* fasst Elementaraufgaben zu Aufgabenbündeln zusammen und ordnet diese Stellen zu.

Stellen sind die kleinsten aufbauorganisatorischen Einheiten im Unternehmen und repräsentieren einen definierten Aufgabenkomplex, der von einem oder mehreren Mitarbeitern bzw. Mitarbeiterinnen ausgeführt werden kann.

Der Raum oder Ort zur Erfüllung einer Aufgabe wird als *Arbeitsplatz* bezeichnet (vgl. Domschke/Scholl 2008, S. 355).

Aufgabenanalyse und Aufgabensynthese

Eine zu starke Zersplitterung von Arbeitsaufgaben hat allerdings negative Folgen auf die Arbeitsleistung der Stelleninhaber (vgl. Krüger 2005, S. 152). Insbesondere aus Sicht der Humanisierung der Arbeitswelt, der Steigerung der Arbeitsmotivation und der Erhöhung der Arbeitsproduktivität wird eine Rücknahme der Arbeitszerlegung empfohlen. Dies ist möglich, wenn Teilprozesse integriert und Schnittstellen aufgelöst werden. Hierbei handelt es sich um einen prozessorientierten Gestaltungsansatz. Möglichkeiten hierfür bieten das *Job Enlargement* (Erweiterung des Aufgabenspektrums), das *Job Enrichment* (Vergrößerung der Entscheidungs- und Kontrollspielräume) sowie die Übertragung von umfassenderen Aufgaben oder Teilprozessen auf teilautonome Arbeitsgruppen (*Prozessteams*). Durch *Job Rotation* können Mitarbeiter die Gruppen in bestimmten Zeitabständen wechseln.

Der Inhaber einer Stelle verfügt über bestimmte Entscheidungskompetenzen und Verantwortlichkeiten.

> *Kompetenzen* umfassen alle Rechte und Befugnisse, die einem Stelleninhaber zur Erfüllung seiner Aufgaben zur Verfügung stehen (Entscheidungs- und Weisungsbefugnisse).

Die Pflicht eines Stelleninhabers, für die Aufgabenerfüllung persönlich Rechenschaft abzulegen, bezeichnet man als *Verantwortung* (vgl. Krüger 2005, S. 156; Thommen/Achleitner 2009, S. 854). Werden Kompetenzen und Verantwortung in der Unternehmenshierarchie von dem Vorgesetzen auf seine Mitarbeiter übertragen, wird von *Delegation* gesprochen. Delegation bedeutet inhaltlich eine Kompetenzabtretung und betrifft die vertikale Autonomie von Mitarbeitern im Verhältnis zu ihren Vorgesetzten (vgl. Krüger 2005, S. 161). Die Delegation dient
▸ der Entlastung übergeordneter Stellen,
▸ der Handlungsfähigkeit untergeordneter Stellen,
▸ der Entlastung von Kommunikationskanälen und
▸ der Motivation von Mitarbeitern.

Kriterien für das optimale Ausmaß der Delegation sind das Kompetenzspektrum einer Stelle und die Delegierbarkeit von Aufgaben. Dabei gilt als Grundregel, dass keine Entscheidung von einer Instanz gefällt werden sollte, wenn sie von einer ihr untergebenen Stelle ebenso gut oder gar besser getroffen werden kann. Unter *Partizipation* wird eine Beteiligung von Mitarbeitern am Willensbildungsprozess der Unternehmung verstanden. Dabei geht es nicht nur um eine rechtlich gesicherte Beteiligung (z. B. in Form der Mitbestimmungsgesetze, vgl. Kap. 4.4.1), sondern auch um eine organisatorisch geregelte Beteiligung (vgl. Krüger 2005, S. 161).

Stellen können hinsichtlich der auf sie übertragenen Kompetenzen und Verantwortungsbereiche unterschieden werden (vgl. Domschke/Scholl 2008, S. 355):
▸ **Instanzen** sind Stellen, die überwiegend oder ausschließlich Führungsaufgaben übernehmen (Leitungsstellen),
▸ **Stabstellen** beraten und entlasten Instanzen, ohne selbst entscheidungs- und weisungsbefugt zu sein,

Humanisierung der Arbeitswelt

Delegation

Instanzen

▸ **Dienstleistungs- oder Zentralstellen** arbeiten mehreren Instanzen zu (z. B. Rechtsabteilungen).

Stellen werden nach den Kriterien der Aufgabenanalyse zu größeren organisatorischen Einheiten, den *Abteilungen*, zusammengefasst. Die Zusammenfassung (*Aufgabengliederung*) kann unter dem Gesichtspunkt der Zentralisierung oder Dezentralisierung erfolgen. Bei der *Zentralisierung* werden Stellen, die sich mit gleichen oder ähnlichen Aufgaben beschäftigen, zu einer Abteilung zusammengefasst. Demgegenüber werden bei der *Dezentralisierung* solche Stellen getrennt und auf mehrere Abteilungen in der Organisation verteilt (vgl. Staehle 1999, S. 699). Dezentralisierung bezeichnet deshalb die niedrigeren Hierarchiestufen gewährte Autonomie und Entscheidungsmacht. Bei Entscheidungen zur Aufgabengliederung spielen verschiedene Aufgabenmerkmale eine Rolle. So führt eine zentralisierte Anwendung des Verrichtungsprinzips auf Abteilungen beispielsweise zu einer *funktionalen Organisationsstruktur*. Dagegen entstehen *divisionale Organisationsstrukturen*, wenn Stellen mit gleichem Objektbezug (Produkte, Kunden, Regionen) dezentralisiert zu Abteilungen zusammengelegt werden (z. B. *Sparten- bzw. Geschäftsfeldorganisation*). Werden Unternehmensteile nach Regionen dezentralisiert, so entstehen mehr oder weniger eigenverantwortliche Tochtergesellschaften (*Profit-Center*) in verschiedenen Teilen der Welt.

6.3.3 Leitungsstrukturen

Organisationsstrukturen entstehen durch Integration und Koordination organisatorischer Subsysteme, die durch Aufgabenanalyse, -synthese und -gliederung gebildet wurden. Durch *Integration* werden diesen Subsystemen (z. B. Abteilungen) Positionen in einer vorhandenen oder geplanten hierarchisch organisierten Ordnung zugewiesen. *Organisationshierarchien* bilden die zwischen den Organisationseinheiten bzw. Subsystemen vorhandenen Über- und Unterordnungsbeziehungen (*Leitungsbeziehungen*) ab (vgl. Krüger 2005, S. 158). Dabei müssen die wechselseitigen Beziehungen zwischen diesen Subsystemen aufeinander abgestimmt bzw. koordiniert werden.

> Die *Koordination* beinhaltet die Abstimmung der einzelnen (Teil-)Aufgaben, die innerhalb der Organisation zur Erfüllung der Gesamtaufgabe des Unternehmens zu erledigen sind.

Nach der Struktur der Leitungsbeziehungen, d. h. der Art, wie Subsysteme hinsichtlich ihrer Weisungsbefugnis oder Weisungsgebundenheit miteinander verknüpft sind, können verschiedene *Grundmodelle der Aufbauorganisation* unterschieden werden (vgl. Schmalen/Pechtl 2009, S. 119 ff.). Die grafische, stark vereinfachte Darstellung einer Organisationsstruktur wird als *Organigramm* bezeichnet. Organisatorische Einheiten (z. B. Stellen, Abteilungen) werden im Organigramm durch Kästchen, und Leitungsbeziehungen zwischen ihnen durch Linien (*Linienorganisation*) dargestellt.

Die Einlinienorganisation

Nach diesem Organisationsmodell ist jede Stelle nur einer anderen Stelle im Unternehmen untergeordnet, d. h., jeder Mitarbeiter bzw. jede Mitarbeiterin untersteht jeweils nur einem bzw. einer Vorgesetzten. Es existiert in dieser klassischen hierarchischen Struktur nur eine Befehlslinie (*Dienstweg*) und es gilt das *Prinzip der Einheit der Auftragserteilung* (vgl. Abb. 6.4, oben). Von Vorteil ist die Einfachheit und Übersichtlichkeit der Struktur der Linieninstanzen. Nachteilig können sich lange Instanzenwege (große Leitungstiefe) und eine durch Entscheidungsbündelung verursachte starke Belastung der oberen Stellen auswirken (vgl. Schmalen/Pechtl 2009, S. 119 f.).

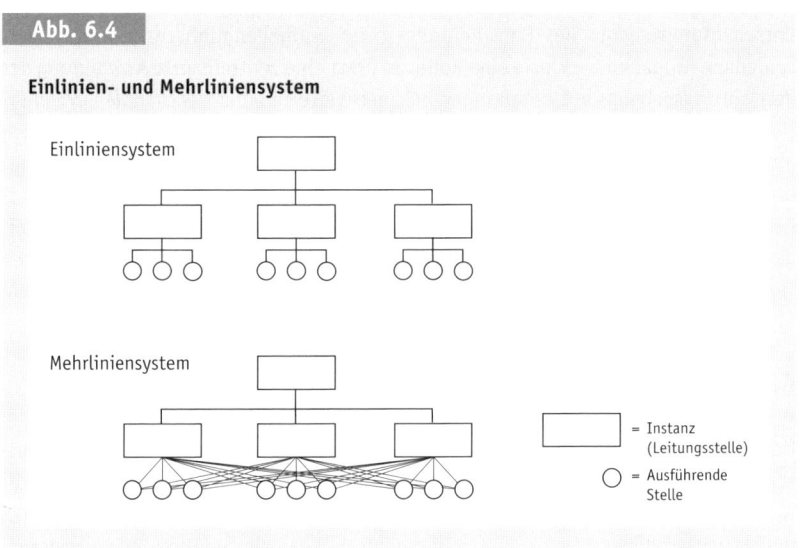

Abb. 6.4

Einlinien- und Mehrliniensystem

Einliniensystem

Mehrliniensystem

= Instanz
(Leitungsstelle)

= Ausführende
Stelle

Die Mehrlinienorganisation

Nach diesem Organisationsmodell sind hierarchisch nachgeordnete Stellen mehreren (mindestens zwei) höheren Stellen weisungsgebunden unterstellt (vgl. Abb. 6.4, unterer Teil). Eine Koordination der Stelleninhaber erfolgt nach dem *Funktionsprinzip*, d. h., auf bestimmte Aufgaben spezialisierte Vorgesetzte (Fachvorgesetzte) erteilen nur für diesen Bereich Anweisungen. Von Vorteil sind der direkte, kurze Weisungsweg, die Betonung der Fachautorität und die Spezialisierung der Funktionsstellen. Von Nachteil ist die mangelnde Abgrenzung von Zuständigkeiten, Weisungsbefugnissen und Verantwortlichkeiten (vgl. Schmalen/Pechtl 2009, S. 120).

Die Stab-Linien-Organisation

Die Stab-Linien-Organisation ist eine Struktur mit *Stabstellen*, die nicht weisungsbefugt sind (vgl. Abb. 6.5, oben). Stabstellen unterstützen die jeweilige weisungsberechtigte Linieninstanz durch Beratung und Vorbereitung von Entscheidungen. Stabmitarbeiter sind i. d. R. Experten mit erheblicher funktionaler Autorität, die den Stäben zu informeller Macht verhelfen können. Stäbe entlasten Instanzen. Die

Stab-Linien-Organisation ist ein Versuch, die Vorteile der Einlinienorganisation mit den Vorteilen der funktionalen Spezialisierung der Mehrlinienorganisation zu verbinden.

Abb. 6.5

Stab-Linien-Organisation und Matrixorganisation

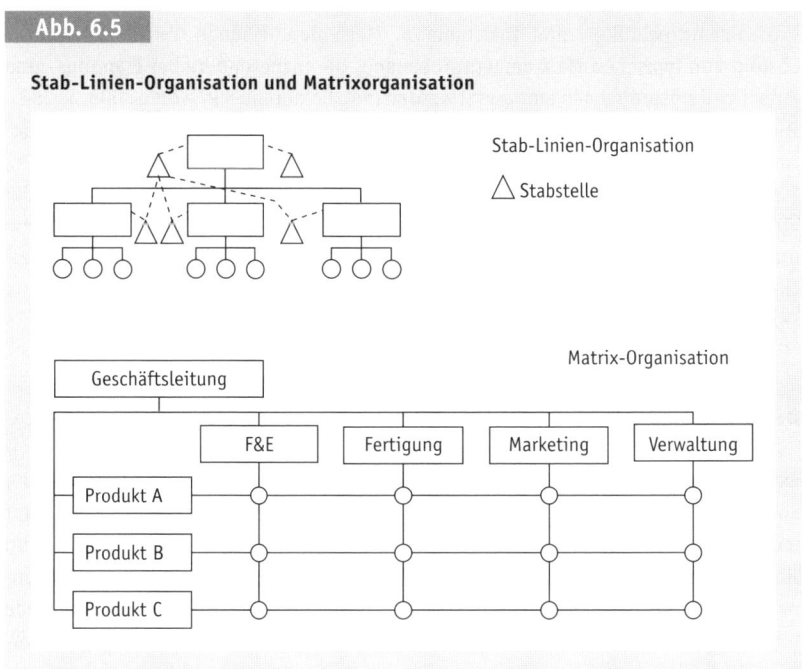

Stab-Linien-Organisation

△ Stabstelle

Matrix-Organisation

Die Matrixorganisation

Die Matrixorganisation entsteht durch die Kombination zweier Hierarchiesysteme bzw. Organisationskriterien (z.B. Verrichtungs- und Objektorientierung; vgl. Abb. 6.5, unterer Teil). Im *Produktmanagement* ist diese Organisationsform stark verbreitet. In diesem Falle koordiniert der *Produktmanager* sämtliche produktbezogenen Aktivitäten. Er wird bei der Durchführung seiner Aufgaben von *Funktionsmanagern* unterstützt, die ihm z.B. finanzielle Mittel oder Informationen zur Verfügung stellen (z.B. Finanzmanager, Leiter des Rechnungswesens). Entscheidungs- und Weisungsbefugnisse teilen sich die Produkt- und Funktionsmanager. Dem Vorteil der Anpassungsfähigkeit dieser Organisationsform steht allerdings der Nachteil eines enormen Konfliktpotenzials in den Schnittstellen zwischen Produkten (Sparten) und Funktionen gegenüber (vgl. Schmalen/Pechtl 2009, S. 122 f.).

6.4 Managementtechniken

6.4.1 Übersicht

Managementtechniken sind Instrumente, Methoden, Modelle und Verfahren zur Lösung von typischen Managementproblemen, die insbesondere bei Planungs- und Entscheidungsproblemen eingesetzt werden (vgl. Schierenbeck/Wöhle 2008, S. 188). Hierbei handelt es sich um Analyse-, Prognose-, Kreativitäts-, Bewertungs-, Optimierungs-, Darstellungs- und Verhandlungstechniken (vgl. Domschke/Scholl 2008, S. 46f, Macharzina/Wolf 2010, S. 836 ff.; Schierenbeck/Wöhle 2008, S. 189). Aus der Vielzahl der verfügbaren Techniken werden im Folgenden exemplarisch Kreativitäts- und Bewertungstechniken (Kap. 6.4.2 und 6.4.3), die Balanced Scorecard (Kap. 6.4.4), die Netzplantechnik (Kap. 6.4.5) sowie die Lineare Programmierung (Kap. 6.4.6) vorgestellt.

6.4.2 Kreativitätstechniken

Brainstorming

Eine wichtige Aufgabe des Managers ist kreatives Problemlösen bei neuartigen oder komplexen Situationen (z. B. bei der Neuproduktentwicklung). Bei der Kreativität handelt es sich um eine universelle kognitive Fähigkeit schöpferischen Denkens und Handelns des Menschen. Zur Nutzung des menschlichen Kreativitätspotenzials können sogenannte Kreativitätstechniken wie Brainstorming und Brainwriting, Methode 635, morphologische Methoden und die Synektik eingesetzt werden (vgl. Macharzina/Wolf 2010, S. 847 ff.). *Brainstorming* ist ein Gruppenkreativitätsverfahren, bei dem völlig frei und ohne hierarchische Zwänge Gedanken geäußert werden sollen. Es verfolgt das Ziel, in kurzer Zeit viele Ideen und Lösungsvorschläge zu generieren. In Brainstormingsitzungen können innerhalb von 15 bis 20 Minuten ca. 60 bis 80 Ideen produziert werden (vgl. Schierenbeck/Wöhle 2008, S. 191 f.). Die Teilnehmerzahl liegt bei vier bis sieben Personen. Sitzungen müssen von einem geschulten Moderator geleitet werden, der die Teilnehmer über Aufgabenstellung und Ziel der Sitzung informiert. Ideen werden vom Moderator dokumentiert. Beim Brainstorming gelten folgende Grundregeln:

▸ Kritik ist strikt verboten,
▸ die Teilnehmer sollen zuhören und Ideen aufgreifen (Bilden von Assoziationsketten),
▸ Gedanken sollen frei und spontan geäußert werden,
▸ Quantität geht vor Qualität (möglichst viele Ideen produzieren).

Morphologische Analyse

Bei der morphologischen Analyse (auch morphologischer Kasten genannt) handelt es sich um eine systematisch-strukturierende Kreativitätstechnik. Dazu wird ein eindeutig definiertes Suchfeld bzw. komplexes Problem (z. B. innovative Autodachöffnungen; vgl. Abb. 6.6) vollständig und überschneidungsfrei durch Kriterien (z. B. Öffnungsprinzip) gegliedert. Den Kriterien werden Merkmalsausprägungen (z. B. Faltdach) zugeordnet. Durch die Kombination einzelner Ausprägungen der Kriterien zu einem Gesamtprofil können sich neuartige Lösungen ergeben.

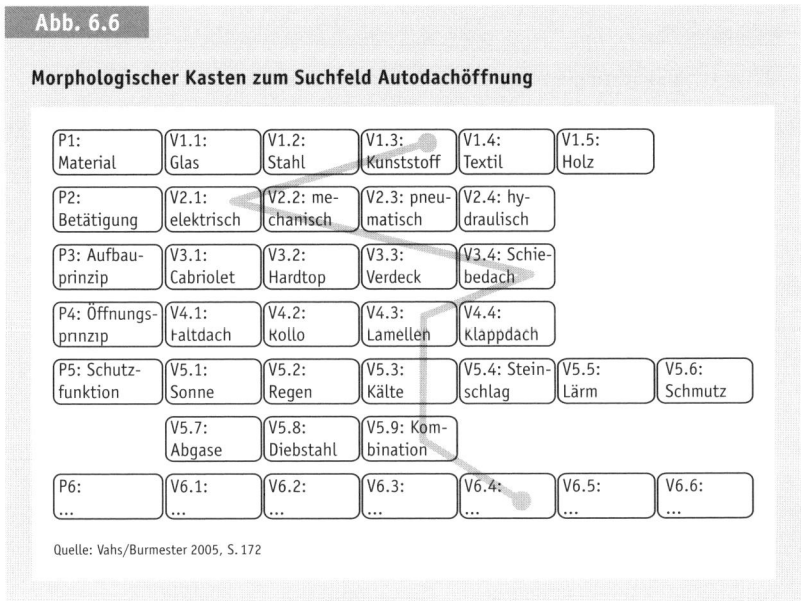

Abb. 6.6

Morphologischer Kasten zum Suchfeld Autodachöffnung

P1: Material	V1.1: Glas	V1.2: Stahl	V1.3: Kunststoff	V1.4: Textil	V1.5: Holz
P2: Betätigung	V2.1: elektrisch	V2.2: me-chanisch	V2.3: pneu-matisch	V2.4: hy-draulisch	
P3: Aufbau-prinzip	V3.1: Cabriolet	V3.2: Hardtop	V3.3: Verdeck	V3.4: Schie-bedach	
P4: Öffnungs-prinzip	V4.1: Faltdach	V4.2: Rollo	V4.3: Lamellen	V4.4: Klappdach	
P5: Schutz-funktion	V5.1: Sonne	V5.2: Regen	V5.3: Kälte	V5.4: Stein-schlag	V5.5: Lärm	V5.6: Schmutz
	V5.7: Abgase	V5.8: Diebstahl	V5.9: Kom-bination		
P6: ...	V6.1: ...	V6.2: ...	V6.3: ...	V6.4: ...	V6.5: ...	V6.6: ...

Quelle: Vahs/Burmester 2005, S. 172

Die morphologische Analyse ist in fünf Schritte unterteilt:
▸ Definition des Problems bzw. Bestimmung des Suchfelds,
▸ Festlegung der Kriterien, nach denen das Gesamtproblem in einzelne Problembereiche zerlegt werden soll,
▸ Darstellung von Kriterien und deren Ausprägungen als Matrix (morphologischer Kasten, vgl. Abb. 6.6),
▸ Analyse der Lösungsmöglichkeiten durch innovative Kombinationen von Ausprägungen und
▸ Lösungswahl.

6.4.3 Bewertungstechniken

Bewertungstechniken, die in Planungs- und Entscheidungsprozessen eingesetzt werden, sollen dazu dienen, den Nutzen von Handlungsalternativen festzustellen und zu vergleichen (vgl. auch Kap. 3.2.1.3). Bewertungstechniken sind z. B. Scoring-Modelle, Break-even-Analysen, Relevanzbäume, Wirtschaftlichkeitsrechnungen und Entscheidungsbaumtechniken (vgl. Macharzina/Wolf 2010, S. 858 ff.; Schierenbeck/Wöhle 2008, S. 190). Exemplarisch soll hier das *Scoring-Modell* (Punktbewertungsverfahren, Nutzwertanalyse) für die Auswahl von Neuproduktideen vorgestellt werden (vgl. Abb. 6.7).

Das Scoring-Modell ist ein sehr robustes und vielseitig einsetzbares Verfahren innerhalb der Betriebswirtschaftslehre. Die Durchführung des Scoring-Modells erfolgt in mehreren Schritten (vgl. Schierenbeck/Wöhle 2008, S. 192 f.):
▸ Ermittlung der Ziele bzw. Bewertungskriterien $j = 1 ... J$,

Scoring-Modell

Abb. 6.7

Beispiel eines Scoring-Modells für die Bewertung einer fiktiven Neuproduktidee

Ziele/ Beurteilungskriterien	Gewichtung w_j (1)	Punkte P_{ij} (2)	gewichtete Punktwerte (1) × (2)
Investitionsvolumen	0.20	5	1.0
Know-how	0.10	9	0.9
Kundennutzen	0.30	8	2.4
Erlangung von Wettbewerbsvorteilen	0.20	8	1.6
Handelskooperation	0.10	3	0.3
Umweltverträglichkeit	0.05	6	0.3
Rechtliche Beschränkungen	0.05	10	0.5
Summe	**1.00**		**7.0**

Punkteskala

kein Zielertrag ① ② ③ ④ ⑤ ⑥ ⑦ ⑧ ⑨ ⑩ maximaler Zielertrag

▸ Gewichtung w_j der Ziele bzw. Bewertungskriterien,
▸ Bewertung der jeweiligen Zielerträge der Bewertungsobjekte $i = 1... I$ durch Vergabe von Punkten p_{ij} mittels einer Punkteskala,
▸ Berechnung der Gesamtpunkte S_i (Nutzenwerte) der einzelnen Bewertungsobjekte i als Summe der Produkte aus Zielgewichtung w_j und bewerteter Zielerträge p_{ij} über alle Bewertungskriterien j gemäß der Formel:

$$S_i = \sum_{j=1}^{J} w_j p_{ij} \tag{20}$$

▸ *Sensitivitätsanalyse* und Entscheidung.

Merkmale des Scoring-Modells sind:
▸ Berücksichtigung quantitativer *und* qualitativer Bewertungskriterien j,
▸ Berücksichtigung mehrerer Ziele bzw. Bewertungskriterien,
▸ systematische und transparente Entscheidungsfindung,
▸ einfache Handhabung,
▸ Vorhandensein von subjektiven Beurteilungsspielräumen für den Entscheider (z. B. Festlegung der Zielgewichte) und
▸ durch eine *Sensitivitätsanalyse* wird geprüft, wie robust der Summenscore S_i auf leichte Veränderungen einzelner, kritischer Bewertungskriterien j reagiert.

Das Scoring-Modell ist trotz seiner Vorteile durch sehr viele subjektive Faktoren wie die Auswahl erfolgskritischer Ziele, die Zielgewichtung und die Vergabe von Punktwerten geprägt. Es handelt sich daher nicht um ein objektives, sondern nur um ein transparentes Verfahren der Entscheidungsfindung. Zudem treten Ausgleichseffekte

(Kompensationseffekte) auf, die bewirken, dass hohe Zielerträge einiger Kriterien mit geringen Zielerträgen anderer Kriterien »verrechnet« werden. Aus diesem Grund sollte das Scoring-Modell durch eine *Profildarstellung* ergänzt werden, um besonders kritische Zielerträge (z. B. bei K. o.-Kriterien) schnell erkennen zu können.

6.4.4 Kennzahlensysteme: Die Balanced Scorecard

Die Balanced Scorecard (»ausgeglichener Berichtsbogen«) wurde Anfang der 1990er Jahre von *Kaplan* und *Norton* (1997) als ein Instrument zur Umsetzung von Strategien in Zielgrößen und Maßnahmen entwickelt und stellt somit ein strategisches, kennzahlenbasiertes Managementinstrument dar.

> *Kennzahlen* stellen betriebliche Größen prägnant dar und verdichten innerhalb von Kennzahlensystemen die komplexe betriebliche Realität.

Sie bilden eine Informationsquelle für das Management und dienen so der Steuerung und Kontrolle komplexer betrieblicher Prozesse (vgl. Kap. 8.10). Als *Managementinstrument* dient die Balanced Scorecard dazu, geeignete Maßnahmen zur Umsetzung von Strategien sowie Kennzahlen zur Überwachung dieser Umsetzung zu identifizieren. Es stellt insofern ein Bindeglied zwischen der Festlegung einer Strategie (strategische Ebene) und ihrer Implementierung dar (operative Ebene; vgl. Al-Laham/Welge 2007, S. 105; Weber/Schäffer 2008, S. 194 f.). Von einer »Balanced Scorecard« wird auch deshalb gesprochen, weil eine »Balance« zwischen kurzfristigen und langfristigen Zielen, monetären und nicht-monetären Kennzahlen, Spät- und Frühindikatoren sowie externen und internen »Performance-Perspektiven« gefunden werden soll (vgl. Kaplan/Norton 1997, S. VII).

Die Balanced Scorecard umfasst *vier Perspektiven*, die jeweils durch spezifische Kennzahlen beschrieben werden (vgl. Al-Laham/Welge 2007, S. 105 f.; Abb. 6.8):
▸ Die finanzielle Perspektive
▸ Die Kundenperspektive
▸ Die Perspektive der internen Geschäftsprozesse
▸ Die Lernen- und Entwicklungsperspektive

Der Ausgangspunkt der Balanced Scorecard ist die *Finanzperspektive*. Finanzkennzahlen (z. B. Gewinn, Umsatzwachstum, Rendite) zeigen an, ob eine implementierte Strategie zum gewünschten finanziellen Erfolg geführt hat. Die *Kundenperspektive* erfasst durch kundenorientierte Kennzahlen wie Kundentreue und Kundenzufriedenheit die Attraktivität des Leistungsangebots für die Kunden und liefert somit Hinweise auf die Wettbewerbsfähigkeit des Unternehmens. Durch die *interne Prozessperspektive* werden solche prozessorientierten Kennzahlen (z. B. Fehlerquote in der Fertigung, Durchlaufzeiten, Zeitbedarf für Neuproduktentwicklungen) erfasst, die für den finanziellen Erfolg und die Wettbewerbsfähigkeit des Unternehmens relevant sind. Die *Lern- und Entwicklungsperspektive* identifiziert das erforderliche Human-

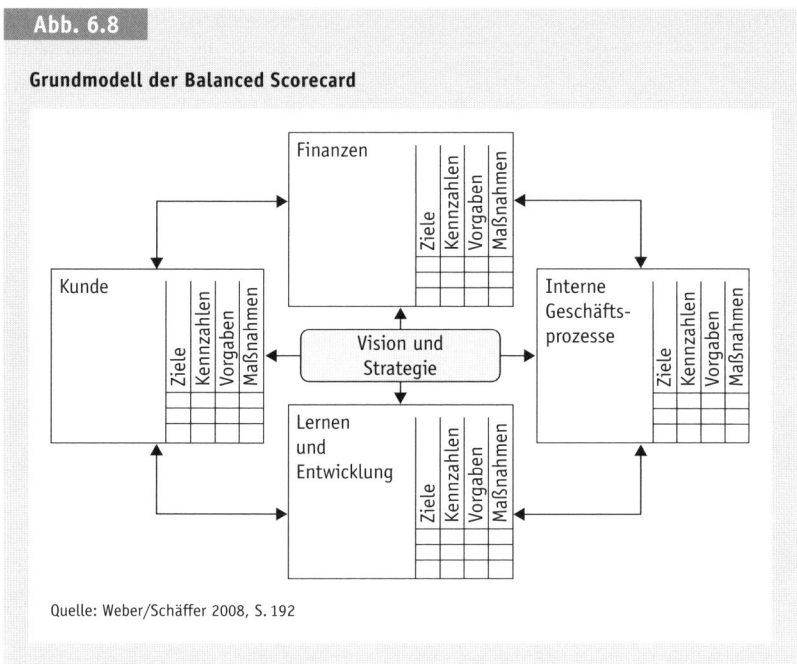

Abb. 6.8

Grundmodell der Balanced Scorecard

Quelle: Weber/Schäffer 2008, S. 192

bzw. Mitarbeiterpotenzial, das zur Erreichung der Ziele der drei anderen Perspektiven erforderlich ist. Kennzahlen sind hier z. B. die Mitarbeiterzufriedenheit und die Fluktuationsrate.

Für alle vier Perspektiven werden in der mittelfristigen Planung geeignete *Ziele, Kennzahlen, Vorgaben und Maßnahmen* identifiziert. Die Kennzahlen müssen in einem Ursache-Wirkungs- bzw. Zweck-Mittel-Zusammenhang stehen. Dadurch entsteht eine hierarchische Wirkungskette beginnend mit der Lern- und Entwicklungsperspektive, über die Prozess- und Kundenperspektive bis zur Finanzperspektive (sogenannter *Top-down-Ansatz*). Dabei wird implizit von einer Zielkomplementarität ausgegangen. Die aus der Strategie abgeleiteten finanziellen Ziele stellen den Ausgangspunkt der Zweck-Mittel-Ableitungen einzelner Kennzahlen dar. Folgendes Beispiel von *Al-Laham/Welge* (2007, S. 106) kann diesen Zusammenhang verdeutlichen: Der Unternehmensgewinn (finanzielle Perspektive) als zentrale Zielgröße wird beeinflusst vom Umsatz und dieser wiederum von der Servicequalität des Anbieters (Kundenperspektive). Eine hohe Servicequalität kann z. B. dadurch erreicht werden, dass die Auftragsabwicklung kundengerecht optimiert (Prozessperspektive) und die Mitarbeiter besser dafür qualifiziert (Lern- und Entwicklungsperspektive) werden.

Die Kennzahlen werden noch nach Ergebniskennzahlen (*Lagging Indicators*) und Leistungstreibern bzw. Einflusskennzahlen (*Leading Indicators*) unterschieden. *Ergebniskennzahlen* decken die strategischen Zielbereiche ab und Leistungstreiber weisen auf die Voraussetzungen für das Erreichen der Ziele hin. Im Gegensatz zu den

Ergebniskennzahlen sind die *Leistungstreiber* unternehmensspezifisch. In ihnen kommt zum Ausdruck, wie ein Unternehmen seine Ziele und damit spezifische Wettbewerbsvorteile erreichen will (vgl. Schaltegger/Dyllick 2002, S. 24). Ergebniskennzahlen und Leistungstreiber werden innerhalb und zwischen den vier Perspektiven so kausal verknüpft, dass abgebildet wird, welche Leistungstreiber welche Ergebnisgrößen kausal bzw. zielgerichtet beeinflussen. Aus den Ergebniskennzahlen und Leistungstreibern werden operative Vorgaben und Maßnahmen abgeleitet.

Speckbacher und *Bischof* (2000, S. 796 ff.) sehen im Konzept der Balanced Scorecard eine Antwort auf fünf *Kernprobleme der Unternehmenssteuerung*:

▸ Unternehmen werden häufig nur mit finanziellen Kenngrößen gesteuert (z. B. Gewinn, Rentabilität, Deckungsbeitrag). Fehlentwicklungen im Unternehmen lassen sich jedoch nicht allein mit finanziellen Kennzahlensystemen abbilden. Notwendig sind auch nicht-finanzielle Frühindikatoren, die Probleme an der richtigen Stelle lokalisieren können. Diese Feststellung ist zwar nicht neu, sie ist aber bei der Balanced Scorecard mit konkreten Vorschlägen für das Arbeiten mit nicht-finanziellen Größen zur Unternehmenssteuerung verknüpft.

▸ Finanzielle Rechensysteme führen zu Fehlern bei der Beurteilung immaterieller Investitionen. Dagegen beruhen Wettbewerbsvorteile sehr häufig auf immateriellen Vermögensgegenständen wie Mitarbeiterqualifikation, prozessbezogenem Know-how, Marken oder Kundenbindung. Dieser Tatsache versucht das Konzept der Balanced Scorecard gerecht zu werden.

▸ Im strategischen Management werden die Stakeholder (Anspruchsgruppen) des Unternehmens oft nur unvollständig berücksichtigt. Nach Auffassung von Kaplan und Norton sind vor allem jene Stakeholder zu beachten, die für die Schaffung strategischer Wettbewerbsvorteile von zentraler Bedeutung sind. In der Standardform der Balanced Scorecard sind dies die Kunden und die Arbeitnehmer; bei geringer Fertigungstiefe ist auch an die Lieferanten zu denken.

▸ Im bisherigen strategischen Management gibt es mit Blick auf die Implementierung von Strategien erhebliche Probleme. Die Anwendung der Balanced Scorecard hat gezeigt, dass dieses Konzept die Kommunikation über zentrale strategische Ziele und deren Umsetzung erheblich fördert. Es wird insbesondere deutlich, wie verschiedene Zielbereiche und Kennzahlen miteinander in Beziehung stehen. Dies fördert die Implementierung von Unternehmensstrategien.

▸ Anreizsysteme in Unternehmen knüpfen nicht selten an finanzielle Ergebnisgrößen an. Dies führt zu Fehlsteuerungen und behindert Investitionen in immaterielle Vermögenswerte. Kaplan und Norton betonen, dass die Balanced Scorecard mit einem Anreizsystem verknüpft werden muss, wenn auf die Erfolgsdeterminanten Einfluss genommen werden soll.

In der Summe bietet das Konzept der Balanced Scorecard zahlreiche Ansatzpunkte zur Verbesserung der Unternehmenssteuerung. Die breite Resonanz auf dieses Instrument signalisiert, dass die Balanced Scorecard für wichtige Problemfelder des strategischen Managements Lösungsansätze aufzeigt.

6.4.5 Die Netzplantechnik

6.4.5.1 Grundlagen der Netzplantechnik

Die *Netzplantechnik* umfasst Verfahren zur Lösung von Projektablaufproblemen und wird zur Planung, Steuerung und Ablaufkontrolle komplexer Projekte mit vielen einzelnen Arbeitsgängen eingesetzt.

Anwendung finden diese Verfahren z. B. bei (vgl. Schierenbeck/Wöhle 2008, S. 202):
▸ Großanlagenprojekten (z. B. Errichtung einer schlüsselfertigen Fabrikanlage),
▸ größeren Bauvorhaben,
▸ der Planung und Durchführung von Großveranstaltungen (z. B. Messen) und bei
▸ größeren Organisationsprojekten (z. B. Reorganisationen).

Der Anwendungsschwerpunkt der Netzplantechnik liegt bei hochwertigen Projekten mit komplexen Ablaufstrukturen, Terminvorgaben und vorgegebenen Tätigkeitsfolgen (vgl. Schierenbeck/Wöhle 2008, S. 202). Mit der Netzplantechnik werden folgende *Zwecke* verfolgt:
▸ Darstellung der logischen Zusammenhänge eines Projektes vom Anfang bis zum Termin der Fertigstellung,
▸ Entwicklung eines Zeitplans für alle Arbeitsgänge eines Projektes,
▸ Auffinden der kritischen Stellen und Engpässe, die den Endtermin gefährden können,
▸ laufende Kontrolle und Terminüberwachung zur Korrektur und eventuellen Umstellung bei auftretenden Fehlern.

Die *Verfahren* der Netzplantechnik sind in zwei Gruppen zu gliedern:
▸ **Deterministische Verfahren**, bei denen die Zeitdauer der Arbeitsgänge als bekannte, feste Größe vorausgesetzt wird. Beispiele für diese Verfahren sind: CPM (*Critical Path Method*), MPM (*Metra Potential Method*) und RAMPS (*Resource Allocation and Multiproject Scheduling*).
▸ **Stochastische Verfahren**, die die Zeitdauer der Arbeitsgänge als Zufallsvariable behandeln. Beispiele dafür sind: PERT (*Program Evaluation and Review Technique*) und PERT COST (berücksichtigt darüber hinaus Kosten).

Bei der Netzplantechnik empfiehlt sich ein vierstufiges Vorgehen (vgl. Schierenbeck/Wöhle 2008, S. 202 ff.):
▸ *Strukturplanung*: Übersichtliche Darstellung der Ablaufstruktur eines Projektes mit Hilfe eines Netzplanes.
▸ *Zeitplanung*: Zeitliche Beschreibung des Projektes mit Ermittlung des Fertigstellungstermins sowie der Zeitpunkte für Beginn und Abschluss einzelner Arbeitsgänge. Dieser Planungsschritt soll die Projektdauer minimieren und sicherstellen, dass die Termine eingehalten werden.

▸ *Kapazitätsplanung*: Sicherstellung einer möglichst hohen Kapazitätsauslastung und Einhaltung von Belegungsvorgaben.
▸ *Kosten- und Gewinnplanung*: Kosten des Projektes sollen minimiert bzw. der Gewinn aus dem Projekt maximiert werden.

Der Netzplan stellt alle Tätigkeiten eines Projektes (Vorgänge) sowie die Ablaufstruktur grafisch dar. In Abhängigkeit der verwendeten Methode der Netzplantechnik unterscheiden sich Netzpläne. Beim Netzplan nach CPM handelt es sich um einen *Vorgangspfeil-Netzplan*. Alle Vorgänge werden durch Pfeile dargestellt, deren Anfangs- bzw. Endereignisse durch Kreise markiert werden (vgl. Abb. 6.9, oben). Der Netzplan nach MPM wird dagegen als *Vorgangsknoten-Netzplan* dargestellt. Hier bilden die Vorgänge die Knotenpunkte des Plans und werden als Rechtecke dargestellt (vgl. Abb. 6.9, unten). Die Pfeile zwischen den Knoten weisen lediglich auf Zusammenhänge hin (vgl. Schierenbeck/Wöhle 2008, S. 203).

Netzplan

Abb. 6.9

Netzpläne bei CPM und MPM

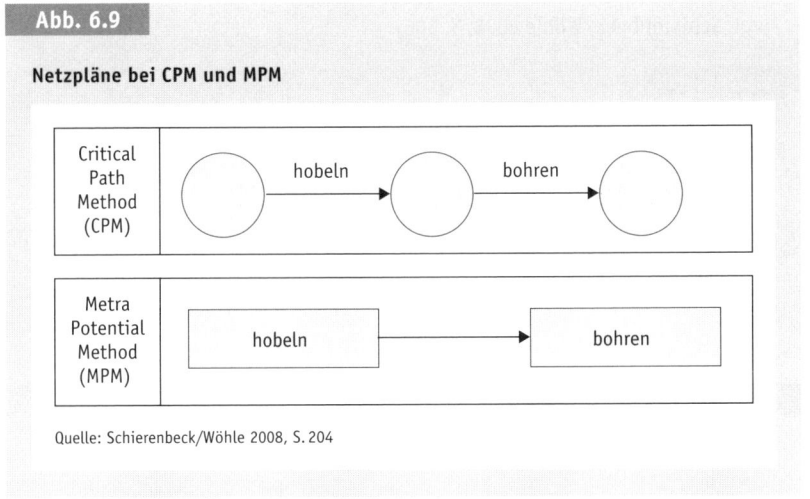

Quelle: Schierenbeck/Wöhle 2008, S. 204

6.4.5.2 MPM: Die Metra Potential Method
Die Metra Potential Method (MPM) soll exemplarisch im Folgenden etwas ausführlicher dargestellt werden. Die *Strukturplanung* lässt sich bei MPM in vier Phasen zerlegen (vgl. Schierenbeck/Wöhle 2008, S. 203 f.):
▸ Feststellung und Auflistung der einzelnen Tätigkeiten des Projektes in einer Vorgangsliste (vgl. Abb. 6.11) unter Verwendung von Kurzzeichen für die Vorgänge (Daten des Projektes).
▸ Ermittlung der strukturellen Anordnungs- bzw. Folgebeziehungen dieser Vorgänge zueinander (z. B. Vorgang B hat A als Vorgänger sowie C und D als direkte Nachfolger).
▸ Zeichnen des Netzplans anhand der Vorgangsliste (vgl. Abb. 6.9).
▸ Prüfen des Netzplans auf logische Fehler.

Die *Zeitplanung* bei MPM besteht aus drei Phasen (vgl. Schierenbeck/Wöhle 2008, S. 204):

▸ Ermittlung des Zeitbedarfs für jeden Vorgang und Eintragung der Zeitangaben in den Netzplan.

▸ Ermittlung der Anfangs- und Endtermine für die einzelnen Vorgänge:
  – frühestmöglicher Starttermin (FA),
  – spätester erlaubter Starttermin (SA),
  – frühestmöglicher Endtermin (FE) sowie
  – spätester zulässiger Endtermin (SE) für die einzelnen Vorgänge.

▸ Bestimmung der Pufferzeiten und des kritischen Pfades: *Pufferzeiten* ergeben sich, wenn bei einem Vorgang die FA- und SA-Termine bzw. FE- und SE-Termine voneinander abweichen. Sie geben an, um wie viel sich der Vorgang verzögern darf, ohne den Projektendtermin zu gefährden. Vorgänge, deren Pufferzeit Null beträgt, liegen auf dem *kritischen Weg*. Dieser stellt die Folge von Vorgängen dar, die keine Zeitreserve haben und damit die Gesamtdauer des Projektes bestimmen (vgl. Schierenbeck/Wöhle 2008, S. 206).

Abb. 6.10

Beispiel für einen MPM-Vorgangsknoten

Vorgang	Dauer	Anfang		Ende	
C	10 Tage	FA	20	FE	30
		SA	25	SE	35

Quelle: In Anlehnung an Schierenbeck/Wöhle 2008, S. 205

Abb. 6.11

Daten des Projektes zur Erstellung eines kompletten Netzplans nach MPM

Vorgang/Tätigkeit	Dauer in Zeiteinheiten	Vorgänger
A	8	-
B	5	A
C	1	A
D	2	B, C
E	7	C
F	4	D
G	10	E
H	1	F
I	20	D, G
K	4	H, I

Ein *MPM-Vorgangsknoten* kann mit Angaben aus der Zeitplanung beispielsweise wie in Abb. 6.10 dargestellt werden. Ein kompletter Netzplan nach MPM lässt sich für ein Projekt aus den Angaben der Struktur- und Zeitplanung erstellen. Abb. 6.11 stellt ein Beispiel dar. Angegeben sind die Tätigkeiten, deren jeweilige Vorgänger und die Dauer der Tätigkeiten. Die Struktur des entstehenden Netzplans zeigt die Abb. 6.10. Auf dem kritischen Pfad (keine Pufferzeiten, d. h. FA = SA und FE = SE) liegen die Vorgänge A, C, E, G, I, K. Die Gesamtdauer des Projektes beträgt 50 Zeiteinheiten.

Abb. 6.12

MPM-Netzplan für ein Projekt

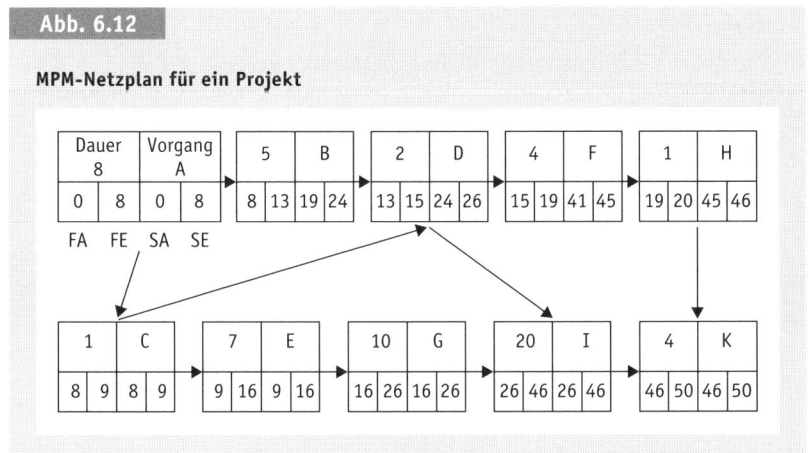

6.4.6 Die Lineare Programmierung

Gut strukturierte, aber hoch komplexe Entscheidungsprobleme innerhalb von Planungsprozessen erfordern häufig den Einsatz modellgestützter, mathematischer Optimierungsmethoden, die das *Operations Research* (OR) bereitstellt (vgl. Domschke/ Scholl 2008, S. 72). Im Gegensatz zu den heuristischen Verfahren garantieren Optimierungsverfahren, dass die bestmögliche Lösung des Entscheidungsproblems, soweit vorhanden, gefunden wird. Zur Anwendung dieser Verfahren ist es erforderlich, dass das Entscheidungsproblem in mathematische Gleichungen »übersetzt« werden kann. Der bekannteste Teilbereich des OR ist die Lineare Programmierung (LP). Das Grundmodell der Linearen Programmierung besteht aus (vgl. auch Schierenbeck/ Wöhle 2008, S. 221):

▸ einer linearen *Zielfunktion*, die hinsichtlich ihrer Argumente optimiert werden soll,
▸ einer Anzahl von *Nebenbedingungen*, die den Lösungsraum des Entscheidungsproblems begrenzen und durch ein lineares Ungleichungssystem dargestellt werden,
▸ den *Nichtnegativitätsbedingungen*, die verlangen, dass die Argumente der Zielfunktion keine negativen Werte einnehmen dürfen.

Wir stellen das Grundmodell der Linearen Programmierung hier am Beispiel eines Betriebes vor, der zwei Produkte P_1 und P_2 in den Mengen x_1 und x_2 herstellt und verkauft (Beispiel ist entnommen aus Schmalen/Pechtl 2009, S. 97). Der Stückgewinn für P_1 beträgt 300 Euro und der für P_2 200 Euro. Die Produktions- und Verkaufsmengen x_1 und x_2 sollen so festgelegt werden, dass der Gewinn G maximal wird. Daraus ergibt sich die *Zielfunktion*:

$G = 300x_1 + 200 x_2 \rightarrow$ max.

Zur *Fertigung* der beiden Produkte ist die folgende Restriktion R_1 zu beachten:

$x_1 + 2x_2 \leq 1.000$

Für den *Absatz* der hergestellten Produkte gilt folgende Restriktion R_2:

$25x_1 + 10x_2 \leq 10.000$

Weiterhin gilt die *Nichtnegativitätsbedingung* als erfüllt:

$x_1 \geq 0$ und $x_2 \geq 0$

Die Lösung dieses Problems kann grafisch oder mit dem sogenannten *Simplex-Algorithmus* erfolgen (vgl. Schierenbeck/Wöhle 2008, S. 221 ff.). Wir stellen hier die grafische Lösung dar. Zuerst müssen die Nebenbedingungen in ein Koordinatensystem mit den beiden Mengenachsen x_1 und x_2 eingetragen werden (vgl. Abb. 6.13). Dazu

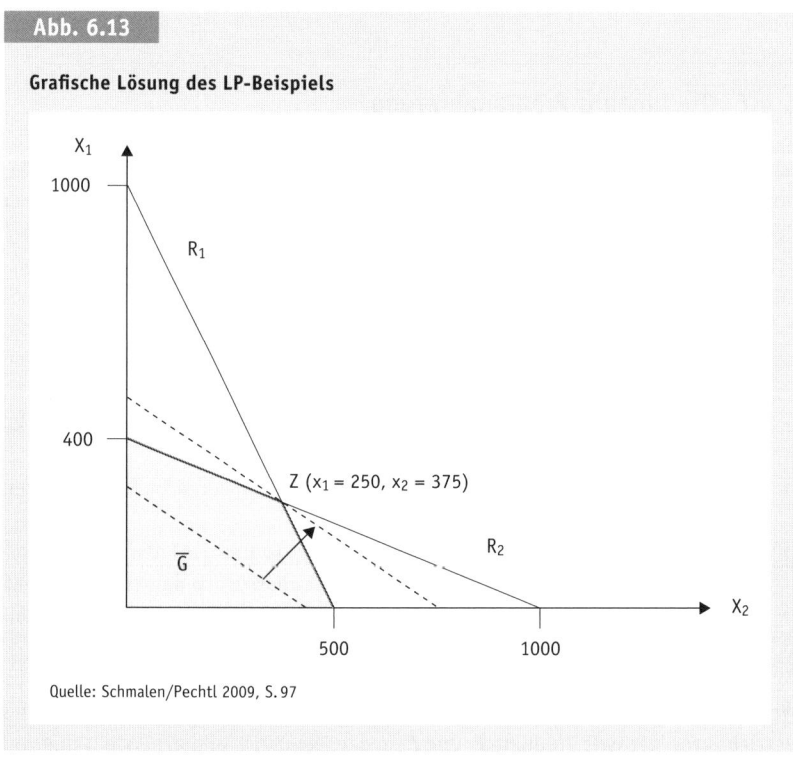

Abb. 6.13

Grafische Lösung des LP-Beispiels

Quelle: Schmalen/Pechtl 2009, S. 97

werden die Ungleichungen in Gleichungen überführt und in die Form $x_1 = f(x_2)$ gebracht:

$R_1: x_1 = 1.000 - 2x_2$
$R_2: x_1 = 400 - 0,4x_2$

Das entstehende Viereck (schraffierte Fläche) aus den Achsen des Koordinatensystems und den beiden Nebenbedingungen beinhaltet alle zulässigen Mengenkombinationen (x_1, x_2). Gesucht wird jetzt die gewinnmaximale Mengenkombination. Dazu wird die Zielfunktion (Gewinngerade) in der Form

$$x_1 = \frac{G}{300} - \frac{2}{3}x_2$$

für einen frei gewählten, festen Gewinn $\overline{G}$ in das Koordinatensystem eingetragen. Die Steigung der Gewinngeraden gibt das Verhältnis der Stückgewinne wieder. Die Gewinngerade wird jetzt so lange parallel verschoben, bis sie den vom Ursprung am weitesten entfernten Punkt des Vierecks (die Ecke) gerade noch berührt (vgl. Abb. 6.13). Das ist hier der Punkt Z mit $x_1 = 250$ Stück und $x_2 = 375$ Stück. Der maximale Gewinn beträgt dort 150.000 GE.

Kontrollfragen Kapitel 6

1. *Nennen Sie historische Entwicklungsansätze der Managementforschung.*
2. *Was versteht man unter Unternehmensführung und Management? Worin unterscheiden sich diese Begriffe?*
3. *Welche Aufgaben hat das Management?*
4. *Was versteht man unter Planung?*
5. *Welche Typen von Kontrolle lassen sich unterscheiden?*
6. *Durch welche Merkmale sind Führungsentscheidungen gekennzeichnet?*
7. *Welche beiden Organisationsbegriffe lassen sich unterscheiden?*
8. *Was wird unter Aufgabenanalyse, -synthese und -gliederung verstanden?*
9. *Welche beiden Arten der Organisation werden unterschieden?*
10. *Welche Organisationskonzepte wirken einer Zersplitterung der Arbeitsaufgaben entgegen?*
11. *Was sind Stellen, Instanzen und Stäbe?*
12. *Was versteht man unter Kompetenzen und was unter Verantwortung?*
13. *Erläutern Sie die Einlinien- und die Mehrlinienorganisation.*
14. *Erläutern Sie die Matrixorganisation.*
15. *Was ist ein morphologischer Kasten?*
16. *Beschreiben Sie das Vorgehen beim Scoring-Modell. Welches sind die Eigenschaften dieser Methode?*
17. *Wozu dient die Balanced Scorecard und welche vier Managementperspektiven werden unterschieden? Was sind Kennzahlen?*
18. *Was ist ein Netzplan?*
19. *Welches sind die Zwecke der Netzplantechnik?*

20. *Wozu dienen die Struktur- und Zeitplanung bei der Netzplantechnik?*
21. *Stellen Sie das Grundmodell der Linearen Programmierung dar.*
22. *Erläutern Sie die grafische Lösung eines LP-Problems.*

Übungsaufgabe Kapitel 6

Aufgabenstellung Lineare Programmierung:

Ein Landwirt möchte 60 Hektar seiner landwirtschaftlichen Ackerfläche (AF) mit Mais bzw. Kartoffeln anbauen. Bei Mais liegt der Arbeitsaufwand bei 7 Akh (Arbeitskraft-stunden) pro Hektar, bei Kartoffeln beträgt der Arbeitsaufwand 14 Akh/ha. Der Land-wirt kann neben seiner Hofarbeit höchstens 630 Akh im Jahr dafür aufwenden. Der Anbau von 1 ha Mais kostet 1.000 €, der von 1 ha Kartoffeln 750 €. Der Landwirt hat insgesamt 45.000 € Kapital zur Verfügung. Der Landwirt schätzt seinen Verkaufserlös aus den Erfahrungen der letzten Jahre pro Hektar Mais auf 2.250 € und pro Hektar Kartoffeln auf 2.750 €.

Wie viel Ackerfläche Mais (M) und wie viel Ackerfläche Kartoffeln (K) wird er anbauen, wenn er möglichst viel Gewinn erzielen will?

a) *Stellen Sie für das geschilderte LP-Problem die Zielfunktion und sämtliche Neben-bedingungen anhand der gegebenen Daten auf.*
b) *Lösen Sie das Optimierungsproblem grafisch (Wählen Sie einen geeigneten Maß-stab!). Kennzeichnen Sie zusätzlich das Optimum.*
c) *Wie lauten die optimalen Produktionsmengen (aus der Grafik) und wie hoch ist dort der maximale Gewinn? Kontrollieren Sie Ihre Lösung rechnerisch!*
d) *Wie würde das Resultat für den Bauern aussehen, wenn er durch den Kauf von weiteren 10 ha seine Ackerfläche auf 70 ha vergrößert? Begründen Sie kurz!*

Lösung:

a) *Zielfunktion:*

G = Verkaufserlös – Kosten = 2.250 × M + 2.750 × K – 1.000 × M – 750 × K
G = 1.250 × M[ha] + 2.000 × K[ha] → max!

Nebenbedingungen:
NB1: Ackerfläche: M+K ≤ 60 ha
NB2: Arbeitskraftstunden: 7 × M+14 × K ≤ 630 Akh
NB3: Kosten: 1.000 × M + 750 × K ≤ 45.000 €
NB4: Nichtnegativitätsbedingung: M ≥ 0; K ≥ 0

b) *Graphische Lösung:*
Einsetzen von Werten
z. B. G = 20.000 → 20.000 = 1.250 × M+2.000 × K → z. B. (0; 10) und (16; 0)
NB1: M+K ≤ 60 → z. B. (0; 60) und (60; 0)
NB2: 7 × M+14 × K ≤ 630 → z. B. (90; 0) und (0; 45)
NB3: 1000 × M+750 × K ≤ 45.000 → z. B. (0; 60) und (45; 0)
NB4: M ≥ 0; K ≥ 0 → d. h. Lösung nur im 1. Quadranten!

Abb. 6.14

Grafische Lösung der Aufgabe

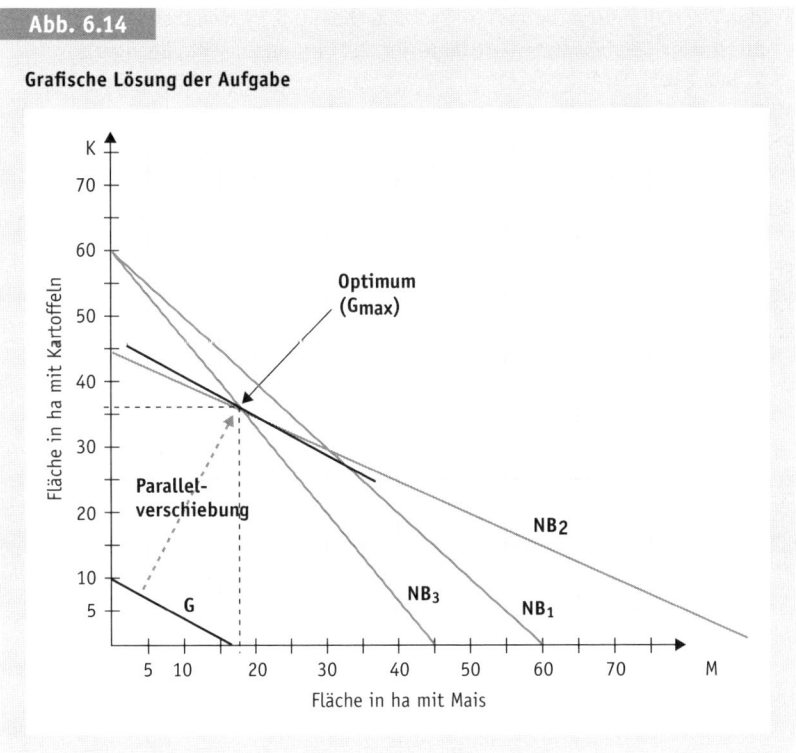

c) *Optimale Produktionsmengen:*
   M = 18 ha; K = 36 ha
   G = 1250 × 18 + 2000 × 36 = 94.500 €
   Kontrolle der Lösung (Einsetzen in alle Nebenbedingungen!):
   NB1: 18+36 ≤ 60 → 54 ≤ 60 ☑
   NB2: 7 × 18+14 × 36 ≤ 630 → 630 ≤ 630 ☑
   NB3: 1000 × 18+750 × 36 ≤ 45.000 → 45.000 ≤ 45.000 ☑
   NB4: 18 ≥ 0; 36 ≥ 0 → ☑
d) *Antwort: Keine Veränderung, da die Arbeitszeit pro Jahr sowie das zur Verfügung*
   stehende Kapital die Bewirtschaftungsgrenzen vorgeben.

Weiterführende Literatur

Al-Laham, A./Welge, M. K. (2007): Strategisches Management, in: Busse von Colbe, W./Coenenberg, A. G./Kajüter, P./Linnhoff, U./Pellens, B. (Hrsg.), Betriebswirtschaft für Führungskräfte, 3. Aufl., Stuttgart, S. 87–116.

Domschke, W./Scholl, A. (2008): Grundlagen der Betriebswirtschaftslehre, 4. Aufl., Berlin u. a.

Krüger, W. (2005): Organisation, in: Bea, F.X./Friedl, B./Schweitzer, M. (Hrsg.),
Allgemeine Betriebswirtschaftslehre, Bd. 2: Führung, 9. Aufl., Stuttgart,
S. 140–234.

Macharzina, K./Wolf, J. (2010): Unternehmensführung, 7. Aufl., Wiesbaden.

Schierenbeck, H./Wöhle, C.B. (2008): Grundzüge der Betriebswirtschaftslehre,
17. Aufl., München.

Schmalen, H./Pechtl, H. (2009): Grundlagen und Probleme der Betriebswirtschaft,
14. Aufl., Stuttgart.

Staehle, W.H. (1999): Management, 8. Aufl., München.

Thommen, J.-P./Achleitner, A.-K. (2009): Allgemeine Betriebswirtschaftslehre,
6. Aufl., Wiesbaden.

7 Konstitutive Entscheidungsfelder

7.1 Geschäftsfeldbestimmung und -bewertung

7.1.1 Festlegung Strategischer Geschäftsfelder

Konstitutive Entscheidungen sind Entscheidungen, die langfristig wirken, in zahlreiche Folgeentscheidungen eingreifen, nicht oder nur schwer rückgängig gemacht werden können und das Unternehmen als Ganzes betreffen.

Konstitutive
Entscheidungen

Dazu gehören Entscheidungen zur Gründung, Sanierung und Liquidation von Unternehmen, zur Rechtsform (vgl. Kap. 7.3), Entscheidungen über den Unternehmensstandort (vgl. Kap. 7.2) und über Unternehmenszusammenschlüsse (vgl. Kap. 7.4). Die grundlegendste konstitutive Entscheidung ist die über die Festlegung des Unternehmenszwecks bzw. der *Business Mission* (vgl. Kap. 5.1). Der *Unternehmenszweck* gibt an, welche Leistungen für welche Anspruchsgruppen vom Unternehmen erbracht werden sollen (vgl. Müller-Stewens/Lechner 2005, S. 235 f.). Damit wird auch die Existenz eines Unternehmens begründet. So formuliert der *Lufthansakonzern* 2010 auf seiner Homepage: »Als Aviation-Konzern richtet sich Lufthansa konsequent nach wirtschaftlichen und strategischen Kriterien aus und konzentriert sich auf die Kernkompetenzen ihrer fünf Geschäftsfelder: Passage Airline Gruppe, Logistik, Technik, Catering und IT Services«.

Mit dem Bekenntnis, ein Luftfahrtunternehmen zu sein (Unternehmenszweck), werden von *Lufthansa* gleichzeitig fünf Geschäftsfelder genannt, in denen *Lufthansa* tätig ist. Die Festlegung auf sogenannte Strategische Geschäftsfelder (*Strategic Business Units*, SBU) konkretisiert den Unternehmenszweck.

Strategisches Geschäftsfeld

> Ein *Strategisches Geschäftsfeld* entspricht einem möglichst gut abgrenzbaren Ausschnitt aus dem gesamten Betätigungsfeld eines Unternehmens bzw.
> eines Konzerns mit eigenen Ertragsaussichten, Chancen und Risiken, für das relativ eigenständige Geschäftsfeldstrategien entwickelt und realisiert werden können.

Strategische Geschäftsfelder bearbeiten eigenständig einen externen Markt, sind weitgehend entscheidungsautonom, können selbständig Marktchancen nutzen und sind auf Dauer angelegt (vgl. Kuß et al. 2007, S. 76 f.). Strategische Geschäftsfelder werden oft durch die Art der angebotenen Sach- oder Dienstleistungen beschrieben. Die Entscheidung, in welchen Strategischen Geschäftsfeldern Unternehmen tätig sein wollen, ist abhängig von der Attraktivität einzelner Geschäftsfelder bzw. von der Attraktivität der Märkte, auf denen diese Geschäftsfelder tätig sind oder tätig werden sollen, sowie vom Vorhandensein der für eine erfolgreiche Marktbearbeitung erforderlichen Ressourcen. Durch die Festlegung Strategischer Geschäftsfelder werden komplexe Unternehmens- bzw. Konzernstrukturen überschaubarer.

Geschäftsfeldabgrenzung

Unternehmen können sich auf ein Geschäftsfeld *konzentrieren* (z. B. Nischenanbieter) oder, bei entsprechenden Erfolgsaussichten, *diversifizieren*, d. h. auf mehreren Märkten mit unterschiedlichen Leistungsprogrammen tätig sein (sogenannte Mischkonzerne). Ist ein Unternehmen nicht nur in einem Geschäftsfeld tätig, so stellt sich das Problem der Koordination, Abstimmung und Positionierung mehrerer strategischer Geschäftsfelder im Rahmen einer Unternehmensstrategie (*Corporate Strategy*). Die Aufteilung des Unternehmens in einzelne, gut voneinander abgegrenzte Strategische Geschäftsfelder erfolgt anhand geeigneter *Abgrenzungskriterien*, wie z. B. die Art der im Geschäftsfeld zusammengefassten Produkte und die anzusprechenden Kundengruppen (Marktsegmente). Ein Ansatz zur Geschäftsfeldabgrenzung geht von bestehenden Produkt-Markt-Kombinationen aus und fasst einzelne davon zu Strategischen Geschäftsfeldern zusammen (Müller-Stewens/Lechner 2005, S. 159 ff.). Eine *Produkt-Markt-Kombination* definiert für ein bestimmtes Produkt oder eine bestimmte Produktgruppe ein Marktsegment (z. B. Kundengruppe, Region), in dem dieses Produkt oder diese Produktgruppe angeboten wird. Ein zweiter Ansatz zur Geschäftsfeldabgrenzung setzt direkt bei den Bedürfnissen der Abnehmer bzw. Kunden an und wurde von *Abell* und *Hammond* (1979, S. 392; vgl. Abb. 7.1) vorgeschlagen.

Grundlage dieses Ansatzes ist ein *dreidimensionaler Bezugsrahmen*, der zwischen
▸ Kundenbedürfnissen (*Customer Functions*),
▸ potenziellen Abnehmergruppen (*Customer Groups*) und
▸ den zur Angebotserstellung verwendeten Technologien (*Alternative Technologies*)
unterscheidet (vgl. Müller-Stewens/Lechner 2005, S. 164; Abb. 7.1).

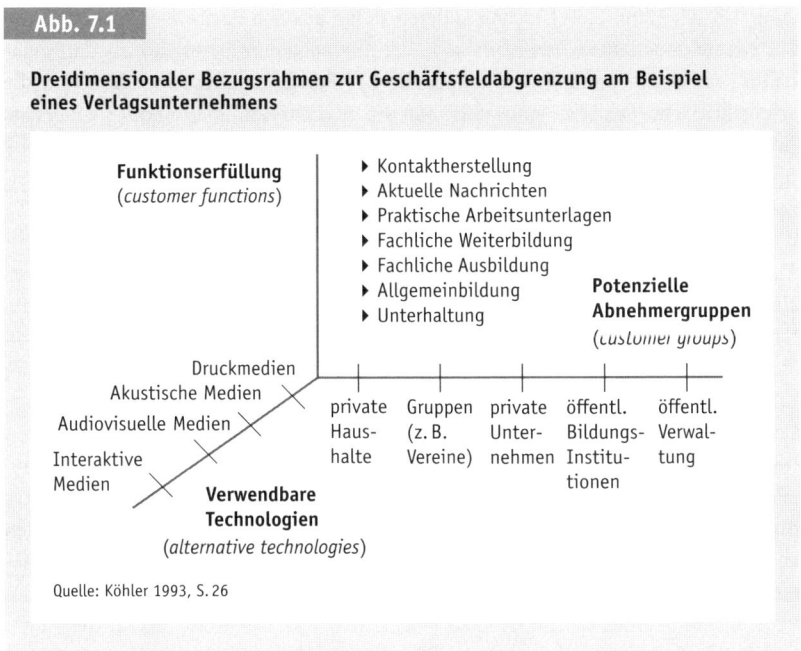

Abb. 7.1

Dreidimensionaler Bezugsrahmen zur Geschäftsfeldabgrenzung am Beispiel eines Verlagsunternehmens

Funktionserfüllung
(customer functions)

▸ Kontaktherstellung
▸ Aktuelle Nachrichten
▸ Praktische Arbeitsunterlagen
▸ Fachliche Weiterbildung
▸ Fachliche Ausbildung
▸ Allgemeinbildung
▸ Unterhaltung

Potenzielle Abnehmergruppen
(customer groups)

Druckmedien
Akustische Medien
Audiovisuelle Medien
Interaktive Medien

private Haushalte · Gruppen (z. B. Vereine) · private Unternehmen · öffentl. Bildungsinstitutionen · öffentl. Verwaltung

Verwendbare Technologien
(alternative technologies)

Quelle: Köhler 1993, S. 26

Nach diesem dreidimensionalen Bezugsrahmen ist ein Geschäftsfeld definiert durch die Anwendung einer Technologie bzw. eines Technologiebündels zur Lösung bestimmter Kundenbedürfnisse einer spezifischen Abnehmergruppe (vgl. auch Kap. 7.1.3).

7.1.2 Bewertung Strategischer Geschäftsfelder: die Portfolioanalyse

Nachdem Strategische Geschäftsfelder (SGF) durch die Unternehmensstrategie festgelegt wurden, sollte in einem zweiten Schritt eine Bewertung dieser Geschäftsfelder entlang erfolgskritischer Dimensionen erfolgen. Dazu können z. B. Checklisten, Punktbewertungsverfahren (vgl. Kap. 6.4.3), Wirtschaftlichkeitsrechnungen und Portfolioanalysen eingesetzt werden. In Analogie zu den Überlegungen eines optimalen Wertpapier-Portefeuilles im Finanzbereich wird nach der Portfolioanalyse eine Unternehmung bzw. ein Konzern als ein Portfolio, d. h. als Gesamtheit mehrerer Strategischer Geschäftsfelder, aufgefasst. Diese Analyse verfolgt zwei Ziele: Zum einen geht es darum, die Strategischen Geschäftsfelder anhand erfolgskritischer Kriterien zu bewerten und hinsichtlich ihrer Chancen- und Risikopotenziale eine »ausgewogene« Struktur aller SGF anzustreben (vgl. Müller-Stewens/Lechner 2005, S. 300). Nach dem Portfolio-Konzept der *Boston Consulting Group* ist eine ausgewogene Struktur dann erreicht, wenn sich hinsichtlich der Kapitalfreisetzung und des Kapitalbedarfs ein ausgeglichenes Portfolio an SGF ergibt (*Kapitalflussausgleich*; vgl. Benkenstein/Uhrich 2009, S. 71 f.). Zum anderen sollen aus den Positionen der jeweiligen SGF heraus sogenannte *Normstrategien*, die Aussagen zum Investitionsbedarf beinhalten, abgeleitet werden. Grundgedanke der Portfolioanalyse ist, dass sich die erfolgskritische Position eines SGF auf die Attraktivität des Marktes einerseits (externe Dimension) und auf die internen Stärken der SGF andererseits (interne Dimension) zurückführen lässt. Zur Visualisierung werden zweidimensionale Matrizen verwendet (vgl. Abb. 7.2).

Marktattraktivitätsfaktoren, die für die Portfolioanalyse eingesetzt werden können, sind z. B. das Marktwachstum, die Marktqualität (z. B. Gewinnstabilität), die Attraktivität der wichtigsten Kunden und Marktzutrittsbarrieren für neue Wettbewerber. *Stärken bzw. Schwächen* der Strategischen Geschäftsfelder können z. B. anhand der Kriterien relativer Marktanteil, relatives Marketingpotenzial (z. B. Vertriebsorganisation), relatives Produktionspotenzial (z. B. Prozesswirtschaftlichkeit, Umweltverträglichkeit), relatives F&E-Potenzial und relative Kostenposition beurteilt werden. »Relativ« heißt immer: gemessen im Vergleich zu den oder dem Besten des Marktes bzw. der Branche. So kann z. B. der relative Marktanteil m_i für ein SGF i im Vergleich zu dem stärksten Konkurrenten j als Quotient (m_i/m_j) bestimmt werden. Eine Zusammenfassung mehrerer Erfolgsfaktoren zu einer Bewertungsdimension erfolgt in der Regel mit Hilfe eines Scoring-Modells (vgl. Kap. 6.4.3). Die Größe des Kreises ist ein Maß für die Bedeutung des jeweiligen SGF (z. B. am Umsatz gemessen).

Abb. 7.2

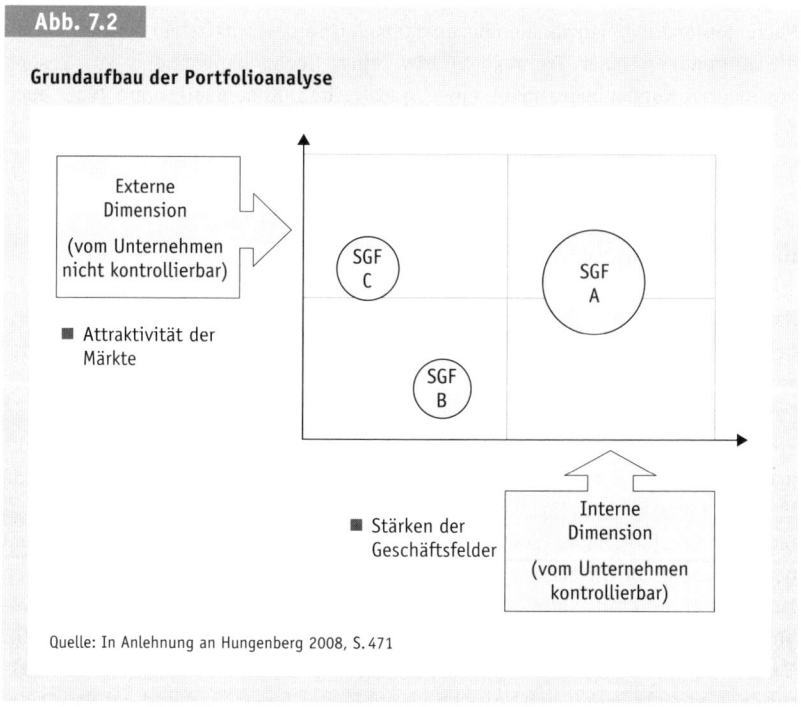

Grundaufbau der Portfolioanalyse

Externe Dimension
(vom Unternehmen nicht kontrollierbar)

■ Attraktivität der Märkte

SGF C

SGF A

SGF B

■ Stärken der Geschäftsfelder

Interne Dimension
(vom Unternehmen kontrollierbar)

Quelle: In Anlehnung an Hungenberg 2008, S. 471

Die Vorteile der Portfolioanalyse liegen in der Möglichkeit, das komplexe Problem der Bewertung und Positionierung von Strategischen Geschäftsfeldern methodisch nachvollziehbar umzusetzen. Dieses Instrument dient insbesondere der Verdichtung von Informationen und der Reduzierung auf relevante Entscheidungsdimensionen mit dem Ziel einer möglichst präzisen Bewertung und Positionierung von Strategischen Geschäftsfeldern anhand interner und externer erfolgskritischer Kriterien. Allerdings kann die Reduzierung auf zwei Bewertungsdimensionen oder gar auf nur zwei Erfolgsfaktoren unter Umständen zu einem zu großen Informationsverlust führen.

7.1.3 Bestimmung der Technologiedimension von Geschäftsfeldern

Die Technologiedimension von Strategischen Geschäftsfeldern wird mit dem Darmstädter Portfolio-Ansatz für eine integrierte Technologie- und Marktplanung (vgl. Specht et al. 2002, S. 98 ff.) bestimmt. Ausgangspunkt dieses Ansatzes sind nach der dreidimensionalen Definition nach dem Vorschlag von *Abell* und *Hammond* neue definierte SGF (vgl. Kap. 7.1.1). Prinzipiell ist die Analyse auch für bestehende Geschäftsfelder geeignet. Grundsätzlich kann die Suche nach neuen Geschäftsfeldern an jeder der drei Dimensionen Abnehmergruppe, Kundenfunktion und Technologie ansetzen.

Darmstädter Portfolio-Ansatz

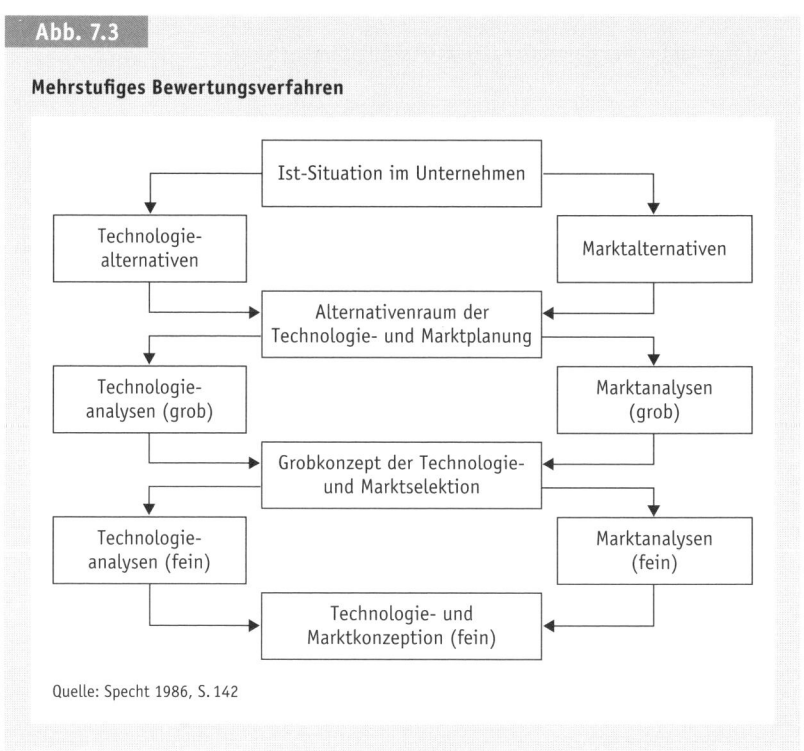

Abb. 7.3

Mehrstufiges Bewertungsverfahren

Quelle: Specht 1986, S. 142

Im *Darmstädter Ansatz* geht es jedoch ausschließlich um die Bewertung neuer Technologien bei definierten Abnehmergruppen und Kernleistungen. Als *Innovationsfelder* bezeichnen wir solche SGF, die sich auf eine neuartige Technologie richten.

Bei einer integrierten Technologie- und Marktplanung werden Technologien und Marktaspekte gemeinsam bewertet. Technologien sind nicht unabhängig von Marktfaktoren und Märkte oft nicht ohne die Berücksichtigung technologischer Kriterien zu beurteilen. Die Vielfalt möglicher Technologie-Markt-Kombinationen macht es notwendig, ein mehrstufiges Verfahren der Technologiebewertung einzusetzen, um nur noch eine begrenzte Anzahl von Alternativen einer Feinanalyse unterziehen zu müssen (vgl. Abb. 7.3).

Das Vorgehen der integrierten Planung und mehrstufigen Bewertung von Technologien und Märkten wird durch Abb. 7.3 verdeutlicht. Die Bewertung zukünftiger Innovationsfelder des Unternehmens kann sich zweckmäßigerweise am Konzept der Portfolioanalyse orientieren (vgl. Kap. 7.1.2) und die *Innovationsfeldattraktivität* (externe Dimension) einerseits sowie die relative *Innovationsstärke* des Unternehmens (interne Dimension) andererseits als Dimensionen verwenden. Je größer die relative Innovationsstärke einer technologieorientierten SGF und je attraktiver das Innovationsfeld ist, desto höher ist das zu erwartende Erfolgspotenzial. Diese beiden Dimensionen sind jeweils zusammengefasste Größen einzelner Kriterien, die in Abb. 7.4 dargestellt sind.

Abb. 7.4

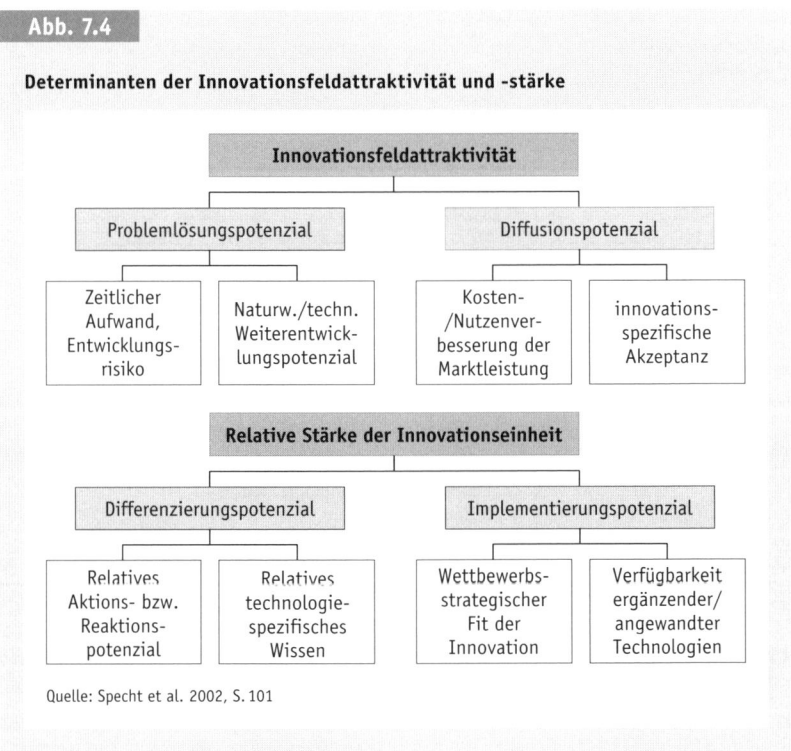

Determinanten der Innovationsfeldattraktivität und -stärke

Quelle: Specht et al. 2002, S. 101

Die integrierte Technologie- und Marktplanung mit Hilfe der Portfolioanalyse ist ein zentrales Instrument zur Bestimmung technologischer Kernkompetenzen des Unternehmens. Sie führt zu einem strategischen Rahmen, der die Suche nach technischen Innovationen fördert und in eine Erfolg versprechende Richtung lenkt.

7.2 Standorte des Betriebes

7.2.1 Die Standortentscheidung

> Der *betriebliche Standort* ist der geografische Ort der Leistungserstellung einer Unternehmung

Davon zu unterscheiden ist der *innerbetriebliche Standort* von Maschinen, Anlagen und Arbeitsplätzen, der im Rahmen der *Fabrikplanung* sowohl hinsichtlich einer optimalen räumlichen Anordnung zu Funktionsgruppen als auch bezüglich einer Transportkostenminimierung festgelegt wird (vgl. Weber/Kabst 2009, S. 119). Entscheidungen zur Festlegung betrieblicher Standorte sind *konstitutiv*, da sie für längere Zeit einen Handlungsrahmen vorgeben und nur schwer zu revidieren sind. Standortentscheidungen sind zu treffen bei (vgl. Bea 2009a, S. 366):

▸ Unternehmensgründungen,
▸ Verlagerung eines gesamten Unternehmens,
▸ Verlagerung von Teilen des Unternehmens ins In- oder Ausland (sogenanntes *Offshoring*),
▸ Erweiterung eines Unternehmens sowie bei
▸ Schließung, Schrumpfung und Sanierung eines Unternehmens.

Spezielle Standortentscheidungen betreffen die sogenannte Standortspaltung bzw. Standortkonfiguration, bei der Wertschöpfungseinheiten (vgl. Kap. 8.1) eines Unternehmens geografisch disloziert werden. Gründe für eine *Standortspaltung* sind u. a. die Verlagerungen von Produktionsstätten ins Ausland zur Ausnutzung von Kostenvorteilen, Errichtung von Zweigstellen oder Vertriebsorganisationen, um mehr Kundennähe zu haben, und die Erschließung neuer, internationaler Märkte (vgl. Bea 2009a, S. 366 f.). Die Verlagerung von Teilbereichen eines Unternehmens ins Ausland wird auch als *Offshoring* bezeichnet. Standorte sind sowohl frei wählbar als auch an bestimmte Mindestanforderungen (z. B. Größe, Erschließungskosten) oder Restriktionen (z. B. politische Vorgaben) gebunden. Die Standortwahl ist ein recht komplexes Entscheidungsproblem, das häufig sukzessiv im Rahmen eines lang andauernden Entscheidungsprozesses gelöst wird (Schmalen/Pechtl 2009, S. 23).

Standortkonfiguration

7.2.2 Standortfaktoren

Standortfaktoren sind standortabhängige Größen, die einen Einfluss auf das Erreichen betrieblicher Ziele ausüben.

Sie erfassen die standortspezifischen Kosten- und Leistungsarten, die bei der Auswahl eines Standorts von Bedeutung sind (vgl. Schmalen/Pechtl 2009, S. 24). Standortfaktoren sind somit die Kriterien der Standortbewertung und -auswahl und können in die folgenden Gruppen eingeteilt werden (vgl. Balderjahn 2000, S. 40 ff.; Bea 2009a, S. 371 ff.):

▸ **Ökonomische Faktoren** wie z. B. die Verfügbarkeit und Kosten von qualifizierten Arbeitskräften sowie geeigneten Grundstücken, die vorhandene Verkehrsinfrastruktur (z. B. Flugplätze, Autobahnanschlüsse), die vorhandene Versorgungsinfrastruktur (z. B. Energie, Wasser, spezielle Lieferanten), Marktgröße und Marktwachstum, Kosten und Qualität der Arbeitskräfte und das Vorhandensein regionaler Cluster. *Cluster* sind Systeme offen vernetzter Unternehmen und sonstiger Einrichtungen (z. B. Universitäten), die für das einzelne Unternehmen mehr Vorteile liefern im Vergleich zum Zustand ohne Cluster (vgl. Weber/Kabst 2009, S. 52 f.).
▸ **Politische Faktoren** wie z. B. die politische Stabilität des Landes, Höhe von Steuern, Gebühren und Zölle, Auflagen und Beschränkungen wirtschaftlichen Handelns (z. B. Bürokratie, *Local Content*) und staatliche Förderungen und Unterstützung (z. B. *Subventionen*).
▸ **Kulturelle und gesellschaftliche Faktoren** wie z. B. kulturelle Affinität und Sprache sowie die Qualität gesellschaftlicher Institutionen (z. B. Bildungs- und Gesundheitswesen).
▸ **Geografische Faktoren** wie z. B. geologische und klimatische Bedingungen, Topographie.

Oft wird eine Unterscheidung in sogenannte *harte* (ökonomische Faktoren) und *weiche* (kulturelle Faktoren) *Standortfaktoren* vorgenommen (vgl. Balderjahn 2000, S. 46).

7.2.3 Standortbewertung

Die Standortbewertung und -auswahl ist ein mehrstufiger Prozess. In jeder Stufe reduziert sich die Anzahl der noch in Betracht kommenden Standorte. Die im Bewertungsprozess herangezogenen Kriterien (Standortfaktoren) unterscheiden sich in Art und Anzahl von Stufe zu Stufe (sukzessiver Bewertungsprozess). In einem schrittweisen Filterungsprozess, der mit allgemeinen, aber ganz zentralen Kriterien (sogenannte k. o.-Kriterien) beginnt (*Grobbewertung*) und mit sehr branchen- und leistungsbezogenen Kriterien endet (*Feinbewertung*), wird die Anzahl der betrachteten Standorte sukzessive verringert (vgl. Balderjahn 2000, S. 36 f.). Die Phasen der Standortbewertung und -auswahl können der Abb. 7.5 entnommen werden. Standorte, die die grundlegenden Anforderungen der Grobbewertung erfüllen, werden in einer sogenannten *Longlist* zusammengefasst, um dann im Rahmen einer Feinbewertung (z. B. Wirtschaftlichkeitsanalysen) intensiver überprüft und gefiltert zu werden. Am Ende der Feinanalyse steht eine sogenannte *Shortlist*, die nur noch einige wenige Standorte (ca. drei bis fünf) enthält, die dann einer letzten, ganz intensiven Prüfung unterzogen werden (z. B. Standortbegehungen).

Zur Standortbewertung können mehrere Methoden eingesetzt werden, die von der Phase der Bewertung abhängig sind wie z. B. Checklisten, Punktwertmodelle (vgl. Kap. 6.4.3) und Investitionsrechenverfahren (vgl. Kap. 8.8.3; Bea 2009a, S. 373 ff.). *Checklisten* liefern einen für Branchen standardisierten Katalog gewichteter Kriterien (Soll-Anforderungen), die mit den Merkmalen des zu bewertenden Standorts verglichen werden. Eine gute Methode der Grobbewertung ist eine Gegenüberstellung der Eignung eines Standortes hinsichtlich bestimmter Standortfaktoren (*Standorteignung*) mit den Anforderungen an bestimmte Standortfaktoren seitens des standortsuchenden Unternehmens (*Standortanforderungen*; vgl. Abb. 7.6).

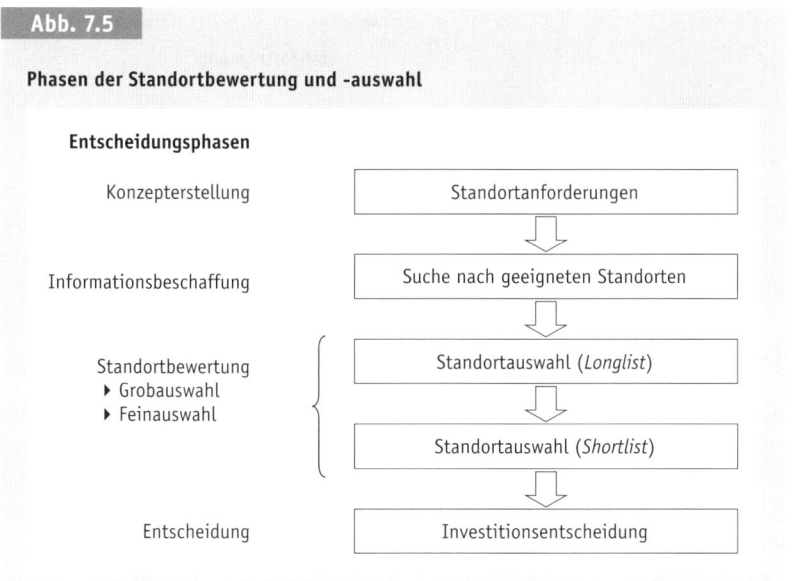

Abb. 7.5

Phasen der Standortbewertung und -auswahl

Entscheidungsphasen

Konzepterstellung	Standortanforderungen
Informationsbeschaffung	Suche nach geeigneten Standorten
Standortbewertung ▸ Grobauswahl ▸ Feinauswahl	Standortauswahl (*Longlist*)
	Standortauswahl (*Shortlist*)
Entscheidung	Investitionsentscheidung

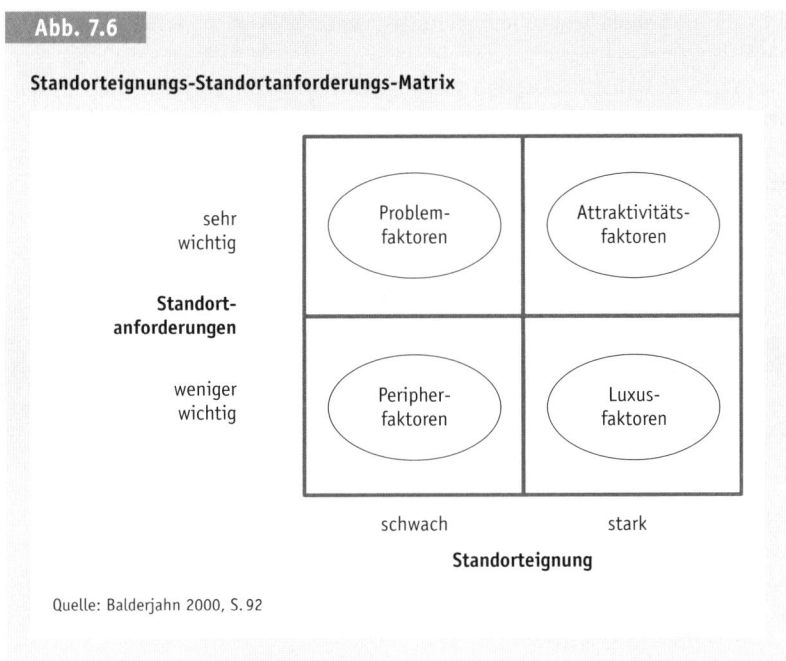

Abb. 7.6

Standorteignungs-Standortanforderungs-Matrix

sehr wichtig — Problem-faktoren — Attraktivitäts-faktoren

Standort-anforderungen

weniger wichtig — Peripher-faktoren — Luxus-faktoren

schwach — stark

Standorteignung

Quelle: Balderjahn 2000, S. 92

7.3 Die Rechtsform des Betriebes

7.3.1 Die Unternehmensverfassung

Die Rechtsform beschreibt den für ein Unternehmen gesetzlich festgelegten rechtlichen Handlungsrahmen. Rechtswirksame unternehmensspezifische Regelungen werden als Unternehmensverfassung bezeichnet. Arbeitsteiliges wirtschaftliches Handeln im Unternehmen vollzieht sich innerhalb eines Systems von Normen und Institutionen, das insbesondere die *Arbeitgeber-Arbeitnehmer-Beziehungen*, aber auch die Beziehungen des Unternehmens zu externen Anspruchsgruppen ordnet und regelt (vgl. Weber/Kabst 2009, S. 65). Dieser innere Handlungs- bzw. Ordnungsrahmen für die Leitung und Überwachung eines Unternehmens wird als Unternehmensverfassung, Unternehmensordnung oder als Corporate Governance bezeichnet (vgl. Gerum/Mölls 2009, S. 226; Theisen 2007b, S. 161; Weber/Kabst 2009, S. 54 f.).

Corporate Governance

Corporate Governance wird als Bezeichnung für eine verantwortungsvolle Führungs- und Überwachungsorganisation von Unternehmen zur Schaffung von Transparenz und Vertrauen bei den relevanten Anspruchsgruppen (Stakeholder) verwendet.

Die *Unternehmensverfassung* wird sowohl von rechtlichen (z. B. Mitbestimmungsgesetz) als auch von nicht-rechtlichen Normen (z. B. betriebsinterne Regelungen) bestimmt und liefert die Legitimationsbasis für die Unternehmensführung (vgl. Kap. 6.2). Die Beziehungen zwischen Arbeitgebern und Arbeitnehmern sind innerhalb der geltenden Rechtsordnung zum großen Teil frei vereinbar (vgl. Weber/Kabst 2009, S. 55). Einschränkungen des Handlungsspielraumes liegen in Form des Gesellschafts-, Arbeits- und Mitbestimmungsrechts (vgl. Kap. 4.4.1) vor. Das *Gesellschaftsrecht* befasst sich mit den rechtlichen Grundlagen von Personengesellschaften und Körperschaften (vgl. Kap. 7.3.2). *Körperschaften* sind Organisationen, die unabhängig vom Wechsel ihrer Mitglieder sind, rechtsfähige Einheiten darstellen und durch Organe vertreten werden (Bea 2009a, S. 387). Die Unternehmensverfassung regelt insbesondere folgende Bereiche (vgl. Gerum/Mölls 2009, S. 225 ff.; Weber/Kabst 2009, S. 54):

▸ Zweck des Unternehmens (vgl. Kap. 5.1).
▸ Zuständigkeiten, Verantwortlichkeiten und Organe des Unternehmens: Diese Regelungen sind stark von der jeweiligen Rechtsform abhängig (vgl. Kap. 7.3.2).
▸ Formen und Prozesse der Entscheidungsfindung und -durchsetzung: Bei solchen Vereinbarungen wird geregelt,
▸ wer Entscheidungen treffen darf und wer sie ausführen muss, wie Entscheidungskonflikte gelöst werden sollen (z. B. Schlichtungsregelungen), wie Entscheidungsprozesse durchgeführt werden sollen (z. B. Entscheidungs- und Beschlussmodalitäten), wie die Entscheidungsumsetzung zu kontrollieren und wer zu informieren ist. Diese Regelungsbereiche sind durch die Wahl der Rechtsform weitgehend vorbestimmt.
▸ Beziehungen zu den Anspruchsgruppen: In diesen Fällen wird geregelt, welche Anspruchsgruppen in welcher Form das Handeln im Unternehmen mitbestimmen (z. B. Kapitaleigner, Arbeitnehmer, Konsumenten, Öffentlichkeit).
▸ Grundrechte und -pflichten der Unternehmensmitglieder regeln insbesondere den Umgang und die Zusammenarbeit zwischen Unternehmensmitgliedern.

International kommen unterschiedliche *Corporate-Governance-Modelle* zum Einsatz, die sich einerseits hinsichtlich der Anzahl zu berücksichtigender Anspruchsgruppen und andererseits nach der Ein- oder Mehrstufigkeit von Geschäftsführung und Überwachung unterscheiden (z. B. Vorstands-/Aufsichtsrats-Modell in Deutschland; vgl. Theisen 2007b, S. 163 ff.).

7.3.2 Arten von Rechtsformen

7.3.2.1 Merkmale von Rechtsformen

Die Rechtsform stellt die rechtliche Ordnung, den rechtlichen Rahmen oder das »Rechtskleid« eines Unternehmens dar. Durch sie werden rechtliche Beziehungen sowohl innerhalb des Unternehmens (z. B. zwischen Gesellschaftern) als auch zwischen Unternehmen und Umwelt (z. B. Haftung, Publizitätsvorschriften) geregelt (Bea 2009a, S. 376). Die Rechtsformentscheidung hat *konstitutiven Charakter*, d. h., sie legt die Bedingungen für eine Vielzahl von Folgeentscheidungen fest. Eine nachträgliche Änderung der Entscheidung kann mit erheblichen Kosten verbunden sein. Die Rechtsformwahl ist insbesondere der *Gründungsphase*, aber auch der *Umsatzphase* einer Unternehmung zuzuordnen (z. B. Umwandlungen bzw. Rechtsformwechsel). Der deutsche Gesetzgeber hat eine Anzahl von Rechtsformen vorgegeben (z. B. die GmbH), die in der Praxis oft noch zu sogenannten Mischformen weiterentwickelt wurden (z. B. die GmbH & Co. KG). Darüber hinaus hat die Rechtsprechung des *Europäischen Gerichtshofes* (EuGH) zu einer Öffnung des Katalogs gesetzlicher Rechtsformen geführt, so dass sich Unternehmen auch in Rechtsformen anderer EU-Staaten organisieren können (Theisen 2007b, S. 151). Die Wahl einer Rechtsform ist in Deutschland grundsätzlich frei. Es gibt nur wenige Ausnahmen, bei denen der Gesetzgeber die *Wahlfreiheit* beschränkt hat (z. B. bei Hypothekenbanken und Versicherungen). Es wird zwischen den Rechtsformen des privaten und öffentlichen Rechts unterschieden.

Personengesellschaften

Die privatrechtlichen Unternehmen werden darüber hinaus in

▸ Personengesellschaften und
▸ Kapitalgesellschaften

eingeteilt. Personengesellschaften sind stark auf die Personen der jeweiligen Gesellschafter zugeschnitten. Bei ihnen sind die Gesellschafter bzw. die Eigentümer zur Geschäftsführung befugt. Da eine personale Einheit zwischen Interessenvertretung und -durchsetzung (Geschäftsführung) besteht, wird hier von einer *Selbstorganschaft* gesprochen (vgl. Gerum/Mölls 2009, S. 232). Personengesellschaften besitzen keine von den Gesellschaftern unterscheidbare, eigene *Rechtspersönlichkeit*. Sie sind aber bedingt rechtsfähig, da sie unter ihrer *Firma* (Name der Gesellschaft) Rechtsgeschäfte durchführen können. Die Gesellschafter haften gesamtschuldnerisch bzw. solidarisch und persönlich unbeschränkt (§ 421 BGB). Jeder Gesellschafter ist verpflichtet, die Gesamtleistung dem Gläubiger gegenüber zu bewirken und der Gläubiger kann nach seinem Belieben von jedem Gesellschafter die Leistung fordern. Das Grundmodell der Personengesellschaft ist die *BGB-Gesellschaft* (§§ 705 ff. BGB, auch Gesellschaft bürgerlichen Rechts, GbR, genannt). Weiterhin gehören hierzu u. a. die *Offene Handelsgesellschaft* (OHG) und die *Kommanditgesellschaft* (KG).

Kapitalgesellschaften

Während bei Personengesellschaften die Eigentümer im Mittelpunkt stehen, ist bei Kapitalgesellschaften die Kapitaleinlage das charakteristische Merkmal. Sie entsteht durch Kapitalbeteiligungen ihrer Gesellschafter am Unternehmen. Kapitalgesellschaften gehören zu den Körperschaften und sie sind *juristische Personen*, d. h., sie sind als eigene Rechtspersönlichkeiten Träger von Pflichten und Rechten, sie können Vermögen besitzen, erben und in eigenem Namen klagen und verklagt werden. Sie sind nicht deliktfähig, d. h., sie sind strafrechtlich nicht verantwortlich (gegebenenfalls allerdings die Geschäftsführung). Als juristische Person wird die Kapitalgesellschaft durch ihre *Organe* vertreten (*Fremdorganschaft* oder *Drittorganschaft*; vgl. Gerum/Mölls 2009, S. 234). Hier findet eine Trennung zwischen der Interessenvertretung und der Geschäftsführung statt. Die Haftung der Gesellschafter ist auf ihre Kapitaleinlage beschränkt und die Geschäftsführung wird in der Regel durch Nichtgesellschafter, den angestellten Managern, wahrgenommen. Das Grundmodell der

Kapitalgesellschaft ist der *eingetragene Verein* (e. V.; §§ 21 ff. BGB). Weiterhin gehören hierzu u. a. die *Aktiengesellschaft* (AG), die *Kommanditgesellschaft* auf Aktien (KGaA) und die *Gesellschaft mit beschränkter Haftung* (GmbH).

Es gibt keine grundsätzlich »beste Rechtsform«, sondern nur mehr oder weniger zweckmäßige Rechtsformen für ein bestimmtes Unternehmen. Alle gesetzlichen Rechtsformen haben Vor- und Nachteile. Die Eignung einer bestimmten Rechtsform für eine Unternehmung lässt sich anhand bestimmter Kriterien beurteilen. Diese Kriterien sind entweder *zwingend* durch Gesetz vorgeschrieben (z. B. Haftungsregelung) oder als *dispositives Recht* im Rahmen des Gesellschaftsvertrages frei vereinbar (z. B. Gewinn- und Verlustbeteiligung). Sie können sich auf das *Innenverhältnis* (Gesellschafter untereinander) oder auf das *Außenverhältnis* (Gesellschaft gegenüber Dritten) beziehen. Regelungen zu einzelnen Rechtsformen sind nicht in einem abgeschlossenen Recht der Gesellschaft zu finden, sondern in zahlreichen Einzelgesetzen (z. B. Bürgerliches Gesetzbuch: BGB, Handelsgesetzbuch: HGB, Gesetz betreffend die Gesellschaften mit beschränkter Haftung: GmbHG, Aktiengesetz: AktG, Genossenschaftsgesetz: GenG). In diesen Gesetzen geht es in erster Linie um eine *Abwägung der Interessen* zwischen Eigentümern (Gesellschafter), Gläubigern und der Öffentlichkeit. Gläubiger können aufgrund eines Schuldverhältnisses von einem Schuldner (z. B. einer Unternehmung) Leistungen fordern.

Kriterien der Rechtsformwahl sind (vgl. Bea 2009a, S. 380 ff.):

▸ **Umfang der Haftung**: Unterscheidung in unbeschränkte, persönliche Haftung (Haftung auch mit dem Privatvermögen) und beschränkte Haftung (Haftung ist auf die Kapitaleinlage begrenzt).

▸ **Leitungsbefugnis**: Regelt, welche Person bzw. welches Organ zur Leitung eines Unternehmens befugt ist. Die Leitung umfasst die Geschäftsführung im Innenverhältnis und die Geschäftsvertretung im Außenverhältnis der Unternehmung.

▸ **Finanzierungsmöglichkeiten**: Hierunter fallen die rechtsformspezifischen Möglichkeiten der Eigen- und Fremdfinanzierung sowie Vorschriften der Eigenkapitalausstattung (z. B. Mindestkapital).

▸ **Gewinn- und Verlustbeteiligung**: Die Gewinn- und Verlustbeteiligung wird in der Regel im Gesellschaftsvertrag dispositiv geregelt und orientiert sich oft am Haftungsumfang sowie an der Höhe der Kapitalbeteiligung der Gesellschafter.

▸ **Rechnungslegungs- und Publizitätspflichten**: Unter dieses Kriterium fallen Anforderungen, die insbesondere den Informationsstand von Gläubigern, Eigenkapitalgebern und der Öffentlichkeit verbessern sollen und zum Teil erhebliche Aufwendungen für das Unternehmen nach sich ziehen. Zudem können auch Konkurrenten Einblick in die Geschäftstätigkeit einer Unternehmung erhalten. Unternehmen, unabhängig von der Größe und der Rechtsform, sind zur Rechnungslegung verpflichtet. Die *Rechnungslegung* umfasst insbesondere die Buchführung (§ 238 HGB), die Durchführung einer Inventur (§ 240 HGB) und das Aufstellen eines Jahresabschlusses (§ 242 Abs. 1 HGB, vgl. Schmalen/Pechtl 2009, S. 473; vgl. Kap. 8.9.2).

▸ **Steuerbelastung**: Die Besteuerung der Unternehmensgewinne variiert erheblich zwischen Personen- und Kapitalgesellschaften. Gesellschafter von Personenge-

Kriterien der Rechtsformwahl

sellschaften müssen Unternehmensgewinne als Einkommen aus Gewerbebetrieb mit ihrem persönlichen Einkommensteuersatz versteuern. Kapitalgesellschaften hingegen entrichten auf erzielte Gewinne eine einheitliche *Körperschaftssteuer* in Höhe von 25 % des Gewinns. Bei Ausschüttung müssen die Gesellschafter allerdings die Gewinne mit ihrem persönlichen Einkommensteuersatz erneut versteuern. Weiterhin fallen für beide Rechtsformen noch *Gewerbesteuern* an.

▸ **Rechtsformabhängige Aufwendungen:** Diese Aufwendungen ergeben sich aus den Rechnungslegungs-, Prüfungs- und Publizitätspflichten, aus den jeweiligen Gründungsaufwendungen und den Organisationskosten (z. B. Vergütung von Aufsichtsratsmitgliedern).

▸ **Unternehmenskontinuität:** Unter der Unternehmensnachfolge wird die Übergabe von Leitungsmacht und Kapitalanteilen eines ausscheidenden Gesellschafters an einen oder mehrere Nachfolger verstanden (Schmalen/Pechtl 2009, S. 575). Probleme der Unternehmensnachfolge ergeben sich hauptsächlich bei Personengesellschaften. Ist nichts weiter geregelt, so wird z. B. die OHG beim Tod eines Gesellschafters aufgelöst.

Öffentliche Unternehmen

Öffentliche Unternehmen stehen ganz oder teilweise im Eigentum der öffentlichen Hand (Bund, Länder, Gemeinden). Rechtsformen öffentlichen Rechts *ohne* eigene Rechtspersönlichkeit sind *Regiebetriebe* (z. B. Abteilungen der Verwaltung einer Stadt) oder *Eigenbetriebe* (z. B. Stadtwerke). Solche öffentlichen Unternehmen *mit* eigener Rechtspersönlichkeit sind *Körperschaften, Anstalten und Stiftungen öffentlichen Rechts* (vgl. Bea 2009a, S. 411 f.). Einen Überblick über verschiedene Rechtsformen gibt die Abb. 7.7. Die privatrechtlichen Unternehmensformen werden im Folgenden kurz erläutert (vgl. Bea 2009a, S. 390 ff.; Schierenbeck/Wöhle 2008, S. 36 ff.; Schmalen/Pechtl 2009, S. 37 ff.; Weber/Kabst 2009, S. 55 ff.).

7.3.2.2 Personenunternehmen

Die Einzelunternehmung (§§ 1–104 HGB): Die Einzelunternehmung wird von einem Kaufmann (Einzelkaufmann, Inhaber) geleitet, der unbeschränkt mit seinem privaten Vermögen haftet. *Kaufmann* ist, wer ein Handelsgewerbe betreibt (§ 1 HGB) und dessen Gewerbe einen in kaufmännischer Weise eingerichteten Gewerbebetrieb erfordert (§ 4 HGB). Das Geschäft wird unter einer *Firma* (Name des Geschäftes) betrieben.

Die Gesellschaft bürgerlichen Rechts (GbR oder BGB-Gesellschaft; §§ 705–740 BGB): Bei dieser Gesellschaft verpflichten sich mehrere Personen vertraglich, die Erreichung eines gemeinsamen Zieles zu fördern (z. B. Erwerb eines Grundstücks). Jeder erlaubte Zweck kann als Ziel verfolgt werden. Die Gesellschafter haften unbeschränkt und unmittelbar gesamtschuldnerisch. Jeder Gesellschafter ist zur Mitwirkung an der Geschäftsführung berechtigt (Gesamtgeschäftsführung). Diese Rechtsform ist nicht auf Dauer angelegt und häufig bei sogenannten Gelegenheitsgeschäften wie Bauprojekten, Gemeinschaftspraxen von Ärzten, Konsortien und Arbeitsgemeinschaften (ARGE) anzutreffen.

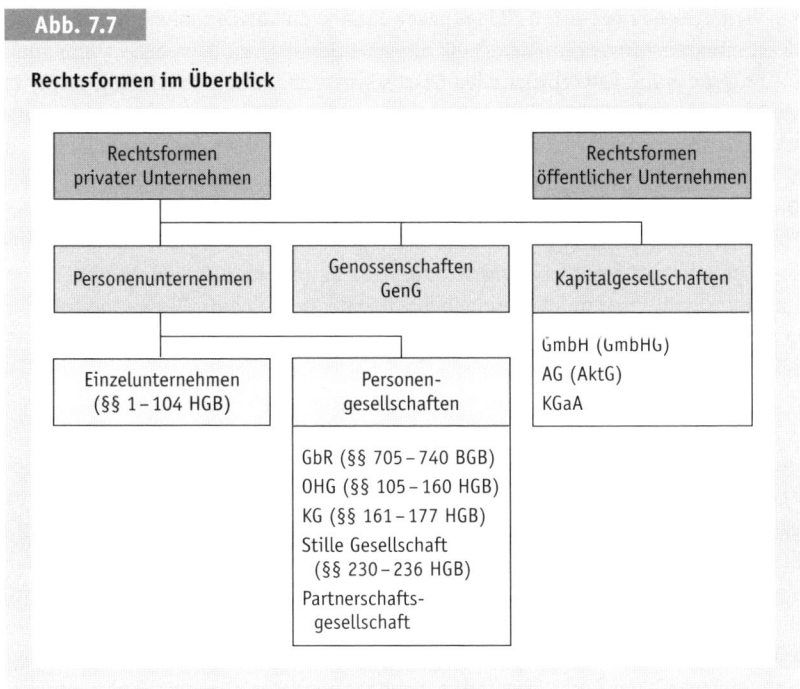

Abb. 7.7

Rechtsformen im Überblick

Rechtsformen privater Unternehmen

Rechtsformen öffentlicher Unternehmen

Personenunternehmen

Genossenschaften GenG

Kapitalgesellschaften

GmbH (GmbHG)
AG (AktG)
KGaA

Einzelunternehmen (§§ 1–104 HGB)

Personen- gesellschaften

GbR (§§ 705–740 BGB)
OHG (§§ 105–160 HGB)
KG (§§ 161–177 HGB)
Stille Gesellschaft (§§ 230–236 HGB)
Partnerschafts- gesellschaft

Die Offene Handelsgesellschaft (OHG; §§ 105–160 HGB): Die OHG ist eine auf den Betrieb eines Handelsgewerbes unter gemeinschaftlicher Firma gerichtete Personengesellschaft, bei der alle Gesellschafter unmittelbar und unbeschränkt haften. Zur Gründung sind mindestens zwei Personen erforderlich. Zudem muss die Gesellschaft ins *Handelsregister* eingetragen werden (Formalvorschriften). Das Handelsregister ist ein öffentliches Verzeichnis über die Unternehmen eines Bezirks, das bei den Amtsgerichten geführt wird. Jeder Gesellschafter ist zur Leitung befugt (dispositiv). Da insbesondere die Finanzierungsmöglichkeiten gering sind, ist diese Rechtsform nur für kleinere bis mittlere Unternehmen geeignet.

Die Kommanditgesellschaft (KG; §§ 161–177a HGB): Diese Gesellschaft kennt unbeschränkt haftende Gesellschafter, die *Komplementäre*, und in Höhe ihrer Kapitaleinlage beschränkt haftende Gesellschafter, die *Kommanditisten*. Komplementäre und Kommanditisten können natürliche und juristische Personen sein. Zur Gründung einer KG sind mindestens zwei Gesellschafter (ein Komplementär und ein Kommanditist) erforderlich. Eine Handelsregistereintragung muss vorgenommen werden. Die Leitungsbefugnis steht den Komplementären zu (dispositiv). Da die Finanzierungsmöglichkeiten bei der KG besser sind als bei der OHG, wird diese Rechtsform auch von größeren Unternehmen gewählt.

Die stille Gesellschaft (§§ 230–237 HGB): Bei der stillen Gesellschaft beteiligt sich ein Gesellschafter (der »Stille«) am Handelsgewerbe eines anderen mit einer in dessen Vermögen übergehenden Einlage gegen das Anrecht, am Gewinn beteiligt zu sein. Es ist eine reine *Innengesellschaft*, da die stille Gesellschaft nach außen verborgen bleibt (*Firmierungsverbot*). Der stille Gesellschafter haftet mit seiner Einlage. Er ist von der Leitung der Gesellschaft ausgeschlossen, besitzt aber gewisse Kontrollrechte wie z. B. Einsichtnahme in die Bücher und Anspruch auf Erhalt der Jahresbilanz.

Die Partnerschaftsgesellschaft (Partnerschaftsgesellschaftsgesetz, PartGG): Die Partnerschaftsgesellschaft ist die »freiberufliche Schwester der OHG«. Sie ist als Personengesellschaft rechtlich verselbständigt. Es besteht eine gesamtschuldnerische Haftung aller Partner für die Verbindlichkeiten der Gesellschaft. Die Partnerschaftsgesellschaft ist ausschließlich für die *freien Berufe* (z. B. Architekten) bestimmt und soll vor allem die Zusammenarbeit zwischen diesen ermöglichen.

7.3.2.3 Genossenschaften

Die Genossenschaft ist eine Gesellschaft mit offener, wechselnder Zahl von Mitgliedern, den Genossen, die einen wirtschaftlichen Zweck verfolgen und sich dazu eines gemeinsamen Geschäftsbetriebs bedienen. Diese Gesellschaft dient auch als Selbsthilfeorganisation ihrer Mitglieder. Eine Genossenschaft ist ein wirtschaftlicher Verein, dessen gezeichnetes Kapital sich aus den Einlagen der Genossen zusammensetzt. Die Statuten bestimmen, ob die Mitglieder beschränkt mit ihrer effektiven Einlage, mit einer bestimmten Haftsumme oder unbegrenzt haften. Genossenschaften werden steuerlich wie Kapitalgesellschaften behandelt, genießen aber eine Reihe steuerlicher Privilegien. Die Organe der Genossenschaft sind Vorstand, Aufsichtsrat und Generalversammlung. Genossenschaften treten vor allem auf als Einkaufsgenossenschaften, Baugenossenschaften, Kreditgenossenschaften und landwirtschaftliche Verwertungsgenossenschaften.

7.3.2.4 Kapitalgesellschaften

Gesellschaft mit beschränkter Haftung (GmbH)

Die GmbH ist eine Gesellschaft mit eigener Rechtspersönlichkeit (juristische Person), die zu jedem gesetzlich zulässigen Zweck errichtet werden kann. Die Haftung beschränkt sich *grundsätzlich* auf das Gesellschaftsvermögen. Die Gesellschafter müssen aus Gründen des Gläubigerschutzes ein *Stammkapital* von mindestens 25.000 Euro nachweisen (§ 5 GmbHG). Die Gründung dieser Rechtsform unterliegt strengen Kontrollen und Formvorschriften. Die GmbH benötigt *Organe*, um handlungsfähig zu sein. Geschäftsführer und Gesellschafterversammlung sind die Organe einer GmbH. Fällt eine GmbH unter das Mitbestimmungsgesetz, so hat diese »mitbestimmte« GmbH zudem einen Aufsichtsrat (zur Mitbestimmung vgl. Kap. 4.4.1). Die *Geschäftsführer* (Organ der Interessendurchsetzung) sind die gesetzlichen Vertreter der Gesellschaft und brauchen nicht selbst Gesellschafter zu sein (sonst geschäftsführender Gesellschafter). Die Vertretungsmacht (Außenverhältnis) bleibt unbeschränkt. Die *Gesellschafterversammlung* (Organ der Interessenvertretung) ist das oberste Willensbildungsorgan der GmbH. Wegen der Haftungsbeschränkung, dem Wegfall von Publizitätspflichten (aber Publizitätsgesetz bei großen Gesellschaften), relativ niedrigen

Gründungskosten und wegen einer flexiblen Gestaltung des Innenverhältnisses ist diese Rechtsform insbesondere für kleine und mittelgroße Betriebe interessant. Es gibt allerdings auch Beispiele dafür, dass sehr große Unternehmen diese Rechtsform wählen (z. B. Robert Bosch GmbH und Bosch-Siemens Hausgeräte GmbH). Eine auch für Existenzgründer interessante Variante der GmbH wurde mit einer Novellierung des GmbH-Gesetztes am 1.11.2008 geschaffen: Die *1-Euro GmbH* bzw. die haftungsbeschränkte Unternehmergesellschaft. Für diese Gesellschaft ist ein Stammkapital von nur einem Euro erforderlich. Allerdings ist das nur eine formale Anforderung, die in der Realität nicht trägt. Ohne Eigenkapital ist eine Firma weder arbeitsfähig noch kreditwürdig (vgl. Schmalen/Pechtl 2009, S. 46). Die haftungsbeschränkte Unternehmergesellschaft ist eine Alternative zur britischen *Limited* (Ltd.), für die ein Stammkapital von lediglich einem Pfund Sterling bereitgestellt werden muss.

Die Aktiengesellschaft (AG)

Bei der Aktiengesellschaft wird das sogenannte *Grundkapital* in *Aktien* zerlegt, die meistens an der Börse gehandelt werden. Nach § 8, Abs. 1 AktG können Aktien entweder als Nennbetragsaktien oder als Stückaktien (Quotenaktien) begründet werden. *Nennbetragsaktien* lauten auf einen bestimmten Geldbetrag, der mindestens einen Euro betragen muss (§ 8 AktG). *Stückaktien* werden dagegen nicht auf einen Nennbetrag ausgestellt, sondern verkörpern einen Bruchteil am Grundkapital der Aktiengesellschaft (§ 8 AktG). Die Besitzer der Aktien werden als *Aktionäre* bezeichnet. Es ist die Gesellschaftsform für Großunternehmen und Konzerne, da sich eine AG vergleichsweise leicht durch den Verkauf von Aktien Eigenkapital beschaffen kann. Die Haftung ist auf das Gesellschaftsvermögen beschränkt. Die Gründung einer AG ist durch eine Vielzahl zwingender Vorschriften bestimmt und erfordert einen Mindestnennbetrag des Grundkapitals von 50.000 Euro (§ 7 AktG). Die Aktiengesellschaft benötigt als juristische Person Organe. Organe der AG sind der Vorstand, der Aufsichtsrat und die Hauptversammlung (vgl. Abb. 7.8).

Abb. 7.8

Organe einer Aktiengesellschaft

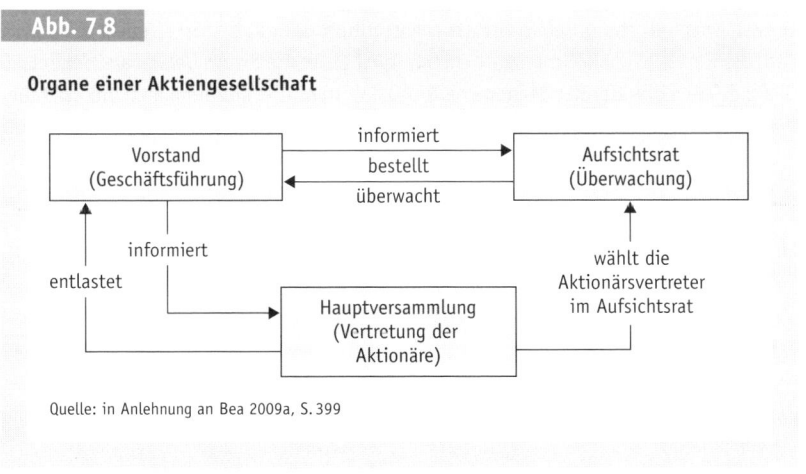

Quelle: in Anlehnung an Bea 2009a, S. 399

Der *Vorstand* ist das ausführende Organ. Ihm obliegen sowohl die Geschäftsführung (Innenverhältnis) als auch die Vertretung der Gesellschaft nach außen (Außenverhältnis). Der *Aufsichtsrat* ist das Kontrollorgan. Er bestellt und überwacht den Vorstand, prüft und stellt den *Jahresabschluss* (Bilanz, GuV, Lagebericht, vgl. Kap. 8.9.2) fest. Die *Hauptversammlung* ist die Versammlung der Aktionäre. Sie ist das oberste Organ der Willensbildung. Dort werden die Mitglieder der Anteilseigner in den Aufsichtsrat gewählt, der Vorstand und der Aufsichtsrat entlastet sowie über Satzungsänderungen und Gewinnverwendung entschieden. Nach europäischem Gemeinschaftsrecht wurde die Europäische Aktiengesellschaft (*Societas Europaea*, SE) 2004 eingerichtet, damit europaweit agierende Unternehmen ihre Gesellschaftsstrukturen vereinfachen können. Das gezeichnete Kapital dieser *Europa-AG* beträgt mindestens 120.000 Euro (vgl. Bea 2009a, S. 412 f.; Wöhe/Döring 2010, S. 234).

7.3.2.5 Gesellschaftsrechtliche Mischformen
Kommanditgesellschaft auf Aktien (KGaA): Eine KGaA ist eine Kombination von KG und AG, wobei die KGaA als juristische Person der AG näher steht als der KG. Die KGaA ist infolgedessen im AktG geregelt. Das Kommanditkapital ist in Aktien verbrieft, mindestens ein Gesellschafter haftet aber als Komplementär unbeschränkt persönlich und ist damit auch zur Geschäftsführung und Vertretung der Gesellschaft befugt. Die KGaA verbindet die Vorteile der AG (Finanzierungsmöglichkeiten) mit der starken Stellung der persönlich haftenden Gesellschafter einer KG.

AG & Co. KG und GmbH & Co. KG: Hier handelt es sich um Spezial- bzw. Mischformen der KG, bei der eine juristische Person (AG oder GmbH) die Funktion des Komplementärs übernimmt. Dabei können die Gesellschafter der AG oder der GmbH gleichzeitig auch Kommanditisten der KG sein. Durch die spezielle Konstruktion dieser Rechtsform ist einerseits die Haftung aller natürlichen Personen, die an einer solchen Unternehmung beteiligt sind, auf ihre Kapitaleinlage beschränkt, andererseits gelten für die Kommanditisten die gesetzlichen Vorschriften zur KG als Personengesellschaft, was aus steuerlichen Gründen vorteilhaft sein kann. So firmiert die Firma *Otto* als GmbH & Co. KG und seit dem 14. April 2008 die Firma *Henkel* als Henkel AG & Co. KGaA. Die Henkel Management AG ist hier die alleinige persönlich (aber beschränkt) haftende Gesellschafterin der Henkel KGaA.

7.4 Unternehmenszusammenschlüsse

7.4.1 Ziele und Merkmale von Unternehmenszusammenschlüssen

Unternehmenszusammenschlüsse sind Vereinigungen rechtlich selbständiger Unternehmen, die das Ziel einer gemeinschaftlichen Aufgabenerfüllung verfolgen.

Die Aufgaben können Einzelgeschäfte, Teilfunktionen oder die Gesamtheit aller betrieblichen Funktionen umfassen. Insbesondere durch die Globalisierung der Wirtschaft ist eine steigende Tendenz von Unternehmenszusammenschlüssen zu beobachten. Unternehmen versuchen, durch Zusammenschlüsse, Fusionen und Übernahmen *(Mergers & Acquisitions)* eine Größe zu erlangen, die es ihnen ermöglicht, international wettbewerbsfähig zu werden bzw. zu bleiben. Mit Unternehmenszusammenschlüssen können folgende *Ziele* verfolgt werden (vgl. Bea 2009a, S. 419 ff.):

▸ Erlangung von Wettbewerbsvorteilen durch *Größe* und *Wachstum*: Unternehmen können durch den Ausbau eigener Ressourcen und Kapazitäten (inneres Wachstum) sowie durch Zusammenschluss oder Fusion mit anderen Unternehmen (externes Wachstum) wachsen. Große Unternehmen sind tendenziell wettbewerbsfähiger, da sie durch größere Marktanteile (*Economies-of-Scale*, Erfahrungskurveneffekt; Kap. 8.4.2) und eine stärkere Marktmacht (z. B. gegenüber Lieferanten) höhere Kostensenkungspotenziale erschließen können.

▸ *Synergieeffekte*: Durch einen Unternehmenszusammenschluss können Verbundeffekte (*Economies-of-Scope*) erzielt werden, die über eine reine Addition der Leistungen der bisher getrennt geführten Unternehmen weit hinausgehen können. Synergieeffekte stellen sich ein, wenn die sich zusammenschließenden Unternehmen komplementäre Kompetenzen aufweisen, die zum gegenseitigen Austausch von wettbewerbsrelevanten Schlüsselfaktoren geeignet sind (vgl. Coenenberg/Schultze 2007, S. 361). Synergieeffekte können sich z. B. bei der gemeinsamen Produktentwicklung (Entwicklungskooperationen), beim Markteintritt (Überwindung hoher Markteintrittsbarrieren) oder beim Absatz (Ergänzung des Leistungsprogramms) einstellen.

▸ *Erlangung finanzieller Vorteile*: Kleinere Unternehmen leiden oft an einer unzureichenden Eigenkapitalbasis. Durch einen Zusammenschluss liegen gegebenenfalls günstigere Voraussetzungen für eine Finanzierung des Wachstums vor.

▸ *Risikostreuung*: Risiken der Geschäftstätigkeit können durch Unternehmenszusammenschlüsse auf »mehrere Schultern« verteilt werden (sogenannte *Burden-Sharing-Allianzen*). Dies gilt z. B. beim Eintritt in einen neuen Markt (z. B. *Joint Venture*) oder bei der Entwicklung komplexer Technologien.

▸ *Erwerb von Leistungspotenzialen*: Durch einen Zusammenschluss kann ein Unternehmen in den Besitz wettbewerbsrelevanter Ressourcen kommen. Dazu zählen z. B. ein Kundenstamm, ein ausgebautes Vertriebssystem, qualifizierte Mitarbeiter, technisches Know-how und Patente. Solche Ressourcen- und Kompetenztransfers sind insbesondere bei *Strategischen Allianzen* anzutreffen.

▸ *Vorteile in der Besteuerung*: Steuerliche Begünstigungen großer Unternehmen sind z. B. bei Abschreibungsmöglichkeiten und der Bildung von Pensionsrückstellungen vorhanden.

Unternehmenszusammenschlüsse können nach unterschiedlichen Kriterien klassifiziert werden. Nach der *Richtung* des Unternehmenszusammenschlusses in der *Wertschöpfungskette* (aufeinanderfolgende Phasen der Produktveredlung und -vermarktung) können unterschieden werden:

▸ **Horizontaler Zusammenschluss**: Zusammenschluss auf der gleichen Produktions- bzw. Handelsstufe (z. B. Zusammenschluss von Unternehmen einer Branche).

▸ **Vertikaler Zusammenschluss**: Zusammenschluss von Unternehmen vor- oder nachgelagerter Produktions- bzw. Handelsstufen. Wird eine vorgelagerte Produktions- oder Handelsstufe einbezogen, so wird von einer Rückwärtsintegration (*Backward Integration*) gesprochen (z. B. ein PC-Hersteller erwirbt einen Chip-Lieferanten). Eine Vorwärtsintegration (*Forward Integration*) liegt vor, wenn eine nachgelagerte Produktions- oder Handelsstufe eingegliedert wird (z. B. bei Franchisingsystemen).

▸ **Diagonaler bzw. konglomerater Zusammenschluss**: Bei diesem Zusammenschluss erfolgt die Integration von Unternehmen verschiedener Branchen (z. B. ein Motorradhersteller schließt sich mit einem Musikinstrumentenhersteller zusammen).

Nach der *Bindungsintensität* des Zusammenschlusses kann die Kooperation von der Integration unterschieden werden (vgl. Kap. 7.4.2).

7.4.2 Formen von Unternehmenszusammenschlüssen

Rechtlich selbständige Unternehmen, die sich zusammenschließen, verlieren in Teilen ihre wirtschaftliche Selbständigkeit bzw. Entscheidungsautonomie. In Abhängigkeit vom Umfang dieses Autonomieverlustes bzw. der Bindungsintensität wird zwischen *Kooperation* (geringer Verlust an Autonomie) und *Integration* (hoher bis vollständiger Verlust an Autonomie) unterschieden. Verlieren Unternehmen durch den Zusammenschluss bzw. durch eine Übernahme auch ihre rechtliche Selbständigkeit, so wird von einer *Fusion* gesprochen.

7.4.2.1 Kooperation

Bei der *Kooperation* handelt es sich um auf vertraglichen Vereinbarungen beruhende Zusammenschlüsse rechtlich und wirtschaftlich selbständig bleibender Unternehmen, wobei mindestens eine Teilaufgabe integriert, d. h. gemeinsam bearbeitet wird.

Nur für diese Teilaufgaben ist die wirtschaftliche Selbständigkeit für die Dauer der Kooperation beschränkt. Kooperationen sind u. a.

Arbeitsgemeinschaften (*Konsortien*), Gemeinschaftsunternehmen (*Joint Ventures*), *Strategische Allianzen*, Franchisingsysteme, Strategische Netzwerke, virtuelle Unternehmen, Kartelle und Unternehmensverbände (vgl. Bea 2009a, S. 422 ff.):

▸ **Die Arbeitsgemeinschaft** ist eine Kooperation von Unternehmen, die gemeinsam eine zeitlich befristete und inhaltlich definierte Aufgabe lösen wollen. Dazu wird häufig die Rechtsform einer BGB-Gesellschaft gewählt. Schließen sich z. B. Banken zur Erfüllung gemeinsamer Aufgaben zusammen, so wird von einem Konsortium gesprochen.

▸ **Das Gemeinschaftsunternehmen** (*Joint Venture*) wird von kooperierenden Unternehmen, die gemeinsam an der neuen Gesellschaft beteiligt sind, gegründet. Durch Joint Ventures teilen sich die beteiligten Unternehmen Geschäftsrisiken. Sie werden oft als Entwicklungskooperationen oder zur Unterstützung einer internationalen Markteintrittsstrategie gegründet.

▸ **In Strategischen Allianzen** arbeiten langfristig, aber zeitlich begrenzt zwei oder mehrere rechtlich selbständige Unternehmen derselben Branche zur Erzielung von Wettbewerbsvorteilen in einzelnen Strategischen Geschäftsfeldern zusammen (horizontale Kooperation).

▸ **Franchising** ist eine vertikale Kooperationsform, bei der ein Hersteller (Franchise-Geber) gegen Lizenzgebühren einem Vertragspartner (Franchise-Nehmer) den Absatz seiner Produkte überträgt. Der Franchisevertrag sieht in der Regel vor, dass der Franchise-Nehmer das komplette Marketingkonzept (Benutzung des Markennamens, Ausstattung der Verkaufsräume etc.) zu übernehmen hat (z. B. McDonalds-Filialen und Benetton-Läden).

▸ **Strategische Netzwerke** sind langfristig angelegte, institutionelle Arrangements zur Prozessoptimierung entlang der Wertschöpfungskette. Oft sind diese Unternehmensnetze in Form einer Knotenpunktstruktur organisiert: Ein größeres Unternehmen koordiniert eine relativ große Anzahl von rechtlich selbständigen, wirtschaftlich aber abhängigen kleineren Unternehmen (z. B. Zuliefernetzwerke in der Automobilindustrie).

▸ **Ein virtuelles Unternehmen** entsteht, wenn kooperierende Unternehmen ergänzende Wertschöpfungsbeiträge in Form eines Netzwerkes in eine gemeinsame Organisation einbringen. Es handelt sich um ein dynamisches Netzwerk, dessen Netzknoten gleichermaßen durch einzelne Aufgabenträger, Organisationseinheiten oder vollständige Organisationen gebildet werden. Die Zusammenarbeit zwischen diesen Einheiten konfiguriert sich dynamisch und problembezogen, so dass die jeweilige Aufgabe die Struktur der virtuellen Unternehmung bestimmt (vgl. Picot et al. 2003, S. 422).

▸ **Kartelle** entstehen durch Vereinbarungen zwischen Unternehmen oder Unternehmensvereinigungen und aufeinander abgestimmte Verhaltensweisen, die eine Verhinderung, Einschränkung oder Verfälschung des Wettbewerbs bezwecken oder bewirken. Sie sind nach § 1 der 7. Novelle des Gesetzes gegen Wettbewerbsbeschränkungen (GWB) von 2005 verboten, und zwar unabhängig davon, ob es sich um horizontale oder vertikale Wettbewerbsbeschränkungen handelt. Absolut gilt dieses Verbot für Vereinbarungen zwischen Wettbewerbern hinsichtlich der Festlegung von Preisen (Preiskartelle), Quoten (Quotenkartelle) und Gebieten (Gebietskartelle):

Kartelle

– *Preiskartelle* vereinheitlichen vertraglich ihre Preisgestaltung. Eine Sonderform des Preiskartells ist das *Submissionskartell*, das das Angebotsverhalten der Kartellmitglieder bei öffentlichen Ausschreibungen regelt. Dadurch soll ein gegenseitiges Unterbieten vermieden und gesichert werden, dass jeder in bestimmten Abständen einen Zuschlag erhält.

– *Quotenkartelle* teilen die Aufträge bzw. Ausschreibungen vertraglich nach Quoten auf die beteiligten Unternehmen auf.

– *Gebietskartelle* teilen die Absatzgebiete zwischen den Kartellmitgliedern vertraglich auf.

Darüber hinaus sind auch Vereinbarungen absolut verboten, die eine *Preisbindung der zweiten Hand* festschreiben (Lieferanten schreiben ihren Händlern Mindest- oder Festpreise für den Weiterverkauf vor). Nach § 2 GWB können unter bestimmten Bedingungen Vereinbarungen zwischen Unternehmen, Beschlüsse von Unternehmensvereinigungen oder aufeinander abgestimmte Verhaltensweisen vom Kartellverbot freigestellt werden. Anders als noch vor der 7. Novelle ist für die *Freistellung* keine Erlaubnis der Kartellbehörde mehr erforderlich. Die Freistellung erfolgt quasi Kraft Gesetzes automatisch, wenn die Voraussetzungen nach § 2 GWB erfüllt sind (*System der Legalausnahme*). Unternehmen müssen also selbst prüfen, ob sie durch ihre Absprachen den Wettbewerb spürbar beschränken oder nicht. Freigestellt sind Unternehmenskooperationen insbesondere dann, wenn die beteiligten Unternehmen erst durch die Kooperation wettbewerbsfähig werden. Beispiele sind bestimmte Einkaufs- und Vertriebskooperationen, Mittelstandskartelle (§ 3 GWB: haben die Rationalisierung wirtschaftlicher Vorgänge durch zwischenbetriebliche Zusammenarbeit zum Gegenstand), Spezialisierungskartelle (Rationalisierung wirtschaftlicher Prozesse durch Spezialisierung und Standardisierung) und Forschungskooperationen (vgl. Bundesverband der Deutschen Industrie 2006, S. 10). Das deutsche Wettbewerbsrecht wird auch durch Regelungen auf europäischer Ebene bestimmt (z. B. Art. 81 EG-Vertrag).

▸ **Der Unternehmensverband** dient seinen Mitgliedern zur Wahrnehmung gemeinsamer Interessen und zur Erfüllung gemeinsamer Aufgaben. Es kann zwischen Arbeitgeberverbänden (z. B. Bundesvereinigung der Deutschen Arbeitgeberverbände: BDA), Wirtschaftsverbänden (z. B. Bundesverband der Deutschen Industrie: BDI) und Kammern (z. B. Industrie- und Handelskammern: IHK) unterschieden werden (vgl. Bea 2009b, S. 171 ff.).

7.4.2.2 Integration

Durch Integration entstehen Zusammenschlüsse, durch die eine Veränderung der bestehenden Eigentums- und Verfügungsrechte sowie der Herrschaftsstrukturen innerhalb der integrierten Unternehmen eintritt (vgl. Macharzina/Wolf 2010, S. 713).

Mergers & Acquisitions (M&A)

Auf solche Zusammenschlüsse wird der Begriff *Mergers and Acquisitions* (M&A) angewendet. Verliert zumindest eines der am Zusammenschluss beteiligten Unternehmen neben seiner wirtschaftlichen auch seine rechtliche Selbständigkeit, dann wird von einem *Merger* bzw. von einer *Fusion* gesprochen. Unter *Acquisitions* (Akquisitionen) werden alle Formen des Erwerbs von Beteiligungen eines Unternehmens an einem anderen verstanden, wobei die Höhe der Beteiligung dabei unerheblich ist. Insofern muss bei einer *Akquisition* keines der beteiligten Unternehmen zwingend seine rechtliche Unabhängigkeit verlieren. Bleiben die wirtschaftlich integrierten Unternehmen rechtlich selbständig, so entsteht ein *Konzern*.

Konzerne

Das Aktiengesetz geht bei Unternehmenszusammenschlüssen von *verbundenen Unternehmen* aus. Zusammenschlüsse, die zum Kreis der verbundenen Unternehmen gehören, sind (vgl. Bea 2009a, S. 427 ff.; Schmalen/Pechtl 2009, S. 71 ff.):

Konzerne

- ▸ im Mehrheitsbesitz stehende Unternehmen und mit Mehrheit beteiligte Unternehmen (§ 16 AktG),
- ▸ abhängige und herrschende Unternehmen (§ 17 AktG),
- ▸ Konzernunternehmen (§ 18 AktG),
- ▸ wechselseitig beteiligte Unternehmen (§ 19 AktG) und
- ▸ Vertragsteile eines Unternehmensvertrages (§§ 291, 292 AktG).

Die wichtigste Art des verbundenen Unternehmens ist der Konzern (vgl. Bea 2009a, S. 427 f.). *Konzerne* sind mehrere, unter einer einheitlichen Leitung zusammengeschlossene, rechtlich selbständig bleibende Unternehmen (§ 18 AktG). Sie entstehen überwiegend durch Erwerb von Unternehmensanteilen (*Akquisition*). Nach dem Machtverhältnis der einzelnen Konzernunternehmen zueinander unterscheidet das Aktiengesetz den *Gleichordnungskonzern* (§ 18 Abs. 2), bei dem die unter einer Leitung stehenden Unternehmen nicht voneinander abhängig sind, und den *Unterordnungskonzern* (§ 18 Abs. 1), bei dem ein oder mehrere abhängige Unternehmen unter der einheitlichen Leitung eines herrschenden Unternehmens stehen (vgl. Bea 2009a, S. 428 f.). Drei Arten von Unterordnungskonzernen werden unterschieden:

- ▸ **Der Eingliederungskonzern** *(§§ 319–327 AktG):* Herrschende und abhängige Unternehmen sind wirtschaftlich vollständig integriert. Die rechtliche Selbständigkeit der abhängigen Unternehmen wird nicht aufgegeben.
- ▸ **Der Vertragskonzern** (§ 291 Abs. 1 AktG): Entsteht durch einen Beherrschungsvertrag, der die organisatorischen Beziehungen, insbesondere die Leitungsbefugnis und die Gewinnabführung, zwischen dem herrschenden und dem oder den abhängigen Unternehmen regelt.
- ▸ **Der faktische Konzern** (§§ 311–318 AktG): Die Beherrschung des abhängigen Unternehmens erfolgt aus einer Mehrheitsbeteiligung, ohne dass ein Vertrag vorliegt (*Takeover*). Die faktische Leitungs- und Kontrollmacht kommt dadurch zustande, dass das mit Mehrheit beteiligte Unternehmen Aufsichtsrat und Vorstand des abhängigen Unternehmens personell besetzen kann, um so seine Interessen durchzusetzen. In Abhängigkeit davon, ob ein Unternehmenserwerb im Einvernehmen mit der Geschäftsführung (Vorstand) des erworbenen Unternehmens durchgeführt wird oder nicht, wird von einer freundlichen (*Friedly Takeover*) bzw. feindlichen Übernahme (*Hostile Takeover*) gesprochen. Der faktische Konzern kommt in der Praxis am häufigsten vor. Man spricht auch von *Mutter-Tochter-Gesellschaften*.

Konzerne sind heute oft nach dem *Holding-Konzept* aufgebaut. Eine Obergesellschaft, die lediglich die Funktion übernimmt, Beteiligungen an Tochtergesellschaften auf Dauer zu halten (*To hold*), wird als *Finanzholding* bezeichnet (vgl. Bea 2009a, S. 429). Eine *Managementholding* übernimmt dagegen die zentrale, einheitliche Leitung der rechtlich selbständigen Tochtergesellschaften. Für die Managementholding ist das

Bestehen eines Unterordnungskonzerns nach § 18 Abs. 1 AktG Voraussetzung (vgl. Bea 2009a, S. 430).

Fusionen

Fusionen

Eine *Fusion* liegt dann vor, wenn mindestens ein Unternehmen durch den Zusammenschluss neben seiner wirtschaftlichen auch noch seine rechtliche Selbständigkeit verliert. Die Fusion wird auch als Verschmelzung (*Merger*) bezeichnet. Es können zwei Arten der Fusionsbildung unterschieden werden (vgl. Bea 2009a, S. 431 f.):

- **Fusion durch Aufnahme (Annexion):** Ein Unternehmen wird von einem anderen Unternehmen erworben (*Acquisition*), indem die Gesellschaftsanteile (*Share Deal*) oder das Vermögen (*Asset Deal*) auf das aufnehmende Unternehmen übertragen werden.
- **Fusion durch Neugründung (Neubildung):**
- Beteiligte Unternehmen übertragen ihr Vermögen, inklusive der damit verbundenen Rechte und Pflichten, einem neu gegründeten Unternehmen. Man spricht in diesem Zusammenhang von einer Fusion unter Gleichen (*Merger of Equals*).

Fusionen unterliegen dem Gesetz gegen Wettbewerbsbeschränkungen (Kartellgesetz, GWB). § 37 GWB legt fest, wann ein Zusammenschluss vorliegt und § 35 GWB gibt an, wann ein Zusammenschluss dem Kartellamt angezeigt werden muss. Der Zusammenschluss wird untersagt, wenn zu erwarten ist, dass damit eine marktbeherrschende Stellung begründet oder verstärkt wird (§ 36 GWB).

Kontrollfragen Kapitel 7

1. *Was zeichnet eine konstitutive Entscheidung aus?*
2. *Was ist ein Strategisches Geschäftsfeld?*
3. *Wie können Strategische Geschäftsfelder abgegrenzt werden?*
4. *Beschreiben Sie das Grundkonzept der Portfolioanalyse.*
5. *Erläutern Sie den Darmstädter Portfolio-Ansatz.*
6. *Welche Teilprobleme sind bei der Standortwahl zu unterscheiden?*
7. *Was sind Standortfaktoren?*
8. *Nennen Sie geeignete Verfahren zur Standortbewertung.*
9. *Was ist eine Longlist und was eine Shortlist?*
10. *Was regelt die Unternehmensverfassung und was wird unter dem Begriff Corporate Governance verstanden?*
11. *Was versteht man unter der Rechtsform einer Unternehmung?*
12. *Geben Sie einen systematischen Überblick über die Rechtsformen.*
13. *Wie unterscheiden sich Personengesellschaften von Kapitalgesellschaften?*
14. *Was wird unter einer »Juristischen Person« verstanden?*
15. *Welches sind Kriterien der Rechtsformwahl?*
16. *Was ist eine Kommanditgesellschaft?*
17. *Erläutern Sie die Merkmale einer GmbH und einer AG.*
18. *Was ist ein Unternehmenszusammenschluss und welche Ziele werden mit Zusammenschlüssen verfolgt?*

19. *Welche Arten von Zusammenschlüssen könnten nach der Richtung und welche nach der Bindungsintensität unterschieden werden?*
20. *Was wird unter einer Kooperation verstanden und welche Kooperationsformen gibt es?*
21. *Was ist ein Kartell?*
22. *Sind Kartelle verboten?*
23. *Erläutern Sie den Begriff Mergers & Acquisitions.*
24. *Was sind verbundene Unternehmen nach dem Aktiengesetz?*
25. *Was ist ein Konzern und welche Arten unterscheidet das Aktiengesetz?*
26. *Was ist eine Fusion und welche beiden Arten nach der Entstehung gibt es?*

Übungsaufgabe Kapitel 7

Frage

Geben Sie für die Rechtsformen Einzelunternehmen, OHG, KG, Stille Gesellschaft, AG und GmbH die Rechtsgrundlage sowie die Haftungs- und Leitungsregelung an.

Lösung

Rechtsform	Rechtsgrundlage	Haftung	Leitung
Einzelunternehmen	§§ 1–104 HGB	unbeschränkt	Inhaber allein
OHG	§§ 105–160 HGB	unbeschränkt und solidarisch	grundsätzlich alle Gesellschafter, Ausnahmen im Gesellschaftsvertrag
KG	§§ 161–177a §§ 105–160 HGB	Komplementär unbeschränkt, Kommanditist beschränkt	Komplementär
Stille Gesellschaft	§§ 230–236 HGB	Inhaber allein	Inhaber allein
AG	AktG	beschränkt	Organe: Vorstand, Aufsichtsrat, Hauptversammlung
GmbH	GmbHG	beschränkt	Organe: Geschäftsführer, Gesellschafterversammlung, evtl. Aufsichtsrat

Weiterführende Literatur

Balderjahn, I. (2000): Standortmarketing, Stuttgart.

Bea, F. X. (2009a): Entscheidungen im Unternehmen, in: Bea, F. X./Schweitzer, M. (Hrsg.), Allgemeine Betriebswirtschaftslehre, Bd. 1: Grundfragen, 10. Aufl., Stuttgart, S. 310–420.

Bea, F. X. (2009b): Wirtschaftsordnung, in: Bea, F. X./Schweitzer, M. (Hrsg.), Allgemeine Betriebswirtschaftslehre, Bd. 1: Grundfragen, 10. Aufl., Stuttgart, S. 163–177.

Bundesverband der Deutschen Industrie e. V. (2006): Leitfaden Kartellrecht (BDI-Drucksache Nr. 367), Berlin.

Gerum, E./Mölls, S. (2009): Unternehmensordnung, in: Bea, F. X./Schweitzer, M. (Hrsg.), Allgemeine Betriebswirtschaftslehre, Bd. 1: Grundfragen, 10. Aufl., Stuttgart, S. 225–311.

Macharzina, K./Wolf, J. (2010): Unternehmensführung, 7. Aufl., Wiesbaden.

Müller-Stewens, G./Lechner, Ch. (2005): Strategisches Management, 3. Aufl., Stuttgart.

Picot, A./Reichwald, R./Wigand, R. T. (2003): Die grenzenlose Unternehmung, 5. Aufl., Wiesbaden.

Schierenbeck, H./Wöhle, C. B. (2008): Grundzüge der Betriebswirtschaftslehre, 17. Aufl., München.

Schmalen, H./Pechtl, H. (2009): Grundlagen und Probleme der Betriebswirtschaft, 14. Aufl., Stuttgart.

Theisen, M. R. (2007b): Rechtsformen und Corporate Governance, in: Busse von Colbe, W./Coenenberg, A. G./Kajüter, P./Linnhoff, U./Pellens, B. (Hrsg.), Betriebswirtschaft für Führungskräfte, 3. Aufl., Stuttgart, S. 151–176.

Thommen, J.-P./Achleitner, A.-K. (2009): Allgemeine Betriebswirtschaftslehre, 6. Aufl., Wiesbaden.

Weber, W./Kabst, R. (2009): Einführung in die Betriebswirtschaftslehre, 7. Aufl., Wiesbaden.

Wöhe, G./Döring, U. (2010): Einführung in die Allgemeine Betriebswirtschaftslehre, 24. Aufl., München.

8 Teilgebiete der Betriebswirtschaftslehre

8.1 Das System der Betriebsfunktionen

Lernziele

▸ Sie wissen, was ein Wertschöpfungsprozess und was eine Wertkette ist.

▸ Sie kennen primäre und sekundäre
Wertschöpfungsaktivitäten.

Ein Betrieb hat die Aufgabe, mit seinen Leistungen Kundenbedürfnisse bestmöglich zu befriedigen, um so wettbewerbsfähig zu sein. Je besser ein Produkt Kundenbedürfnisse erfüllt, desto höher ist der Nutzen dieser Leistung für den Kunden (sogenannter *Kundennutzen*). Produkte sind Ergebnisse zahlreicher miteinander verzahnter, sich gegenseitig bedingender Tätigkeiten, die als Wertschöpfungsprozesse bezeichnet werden.

Wertschöpfungsprozess

> Unter *Wertschöpfung* (*Value Added*) wird der Prozess des Schaffens von Mehrwert durch Bearbeitung verstanden.

Der Mehrwert entsteht dadurch, dass bei der Be- und Verarbeitung von Produkten bestimmte Fähigkeiten und Ressourcen des Unternehmens zum Einsatz kommen. Eine Wertschöpfung findet dann statt, wenn der Nutzen eines Produkts, gemessen am Preis, den ein Kunde dafür zu zahlen bereit ist, höher ist als die Summe der Kosten, die für die Herstellung der Leistung angefallen sind (Stückkosten). Je größer die Wertschöpfung ist, desto größer ist das Gewinnpotenzial bzw. die Gewinnspanne. Der Gewinn ist der über die Kosten der Wertschöpfung hinausgehende Mehrwert. Sämtliche Unternehmensaktivitäten müssen so organisiert und koordiniert werden, dass für die wichtigsten Anspruchsgruppen des Unternehmens ein Wert geschaffen wird (vgl. Müller-Stewens/Lechner 2005, S. 277). Aus dieser Perspektive kann ein Unternehmen als System miteinander vernetzter Wertschöpfungsprozesse (*Value Chain*) betrachtet werden (vgl. Müller-Stewens/Lechner 2005, S. 369). Eine systematische *Wertschöpfungsanalyse* ist im Kontext des *Porterschen* Modells der *Wertkette* möglich (vgl. Porter 2000; vgl. Abb. 8.1).

Der Wertkettenansatz von *Porter* unterscheidet primäre und sekundäre Wertschöpfungsaktivitäten. *Primäre Wertschöpfungsaktivitäten* richten sich auf den unmittelbaren Prozess der Leistungserstellung von der Eingangslogistik, über die Produktion bis zum Vertrieb der Güter und dem Kundendienst. Dieser Wertschöp-

*Wertkettenansatz
von Porter*

fungsprozess wird unterstützt von den *sekundären Wertschöpfungsaktivitäten* wie z. B. dem Personalwesen (vgl. Abb. 8.1; Benkenstein/Uhrich 2009, S. 83 f.). Der Gesamtwert bzw. der Kundennutzen einer Leistung ergibt sich aus der Summe der Teilwerte einzelner Wertschöpfungsaktivitäten. Der *Wert* spiegelt somit den Nutzen einer Leistung in Höhe der *Zahlungsbereitschaft* des Kunden wider (vgl. Balderjahn 2003). Durch die Anwendung dieses Modells können einzelne Tätigkeiten oder Funktionen innerhalb eines Betriebs hinsichtlich ihres Wertschöpfungs- und Rationalisierungspotenzials untersucht werden. Damit zielt die Wertkettenanalyse auf die Identifikation strategischer Wettbewerbsvorteile sowie auf strategische Stoßrichtungen zum Auf- und Ausbau dieser Wettbewerbsvorteile. Die einzelnen speziellen Wertschöpfungsaktivitäten können in einem System betrieblicher Funktionen zusammengefasst werden.

Abb. 8.1

Das Modell der Wertkette nach Porter

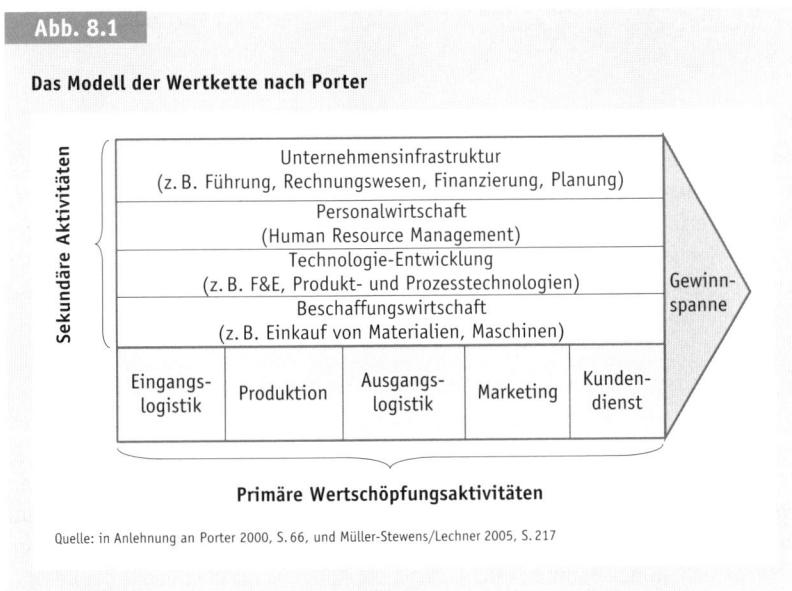

Quelle: in Anlehnung an Porter 2000, S. 66, und Müller-Stewens/Lechner 2005, S. 217

8.2 Marketing

Lernziele

▶ Sie können Marketing definieren.

▶ Sie wissen, was ein Markt ist und durch welche Merkmale Märkte beschrieben werden können.

▶ Sie kennen die Funktion der Konsumentenverhaltensforschung für das Marketing.

▶ Sie kennen das Rollenkonzept von Webster/Wind.

▶ Sie kennen das Konzept der Marktsegmentierung.

▶ Sie kennen die Instrumente des Marketing und können diese mit Beispielen erläutern.

8.2.1 Grundlagen des Marketing

Marketing ist ein Konzept zur Führung einer Unternehmung, das darauf ausgerichtet ist, durch Schaffung eines einzigartigen Kundennutzens Wettbewerbsvorteile zu erzielen. Das Marketing als Führungskonzept einer Unternehmung hat sich aus der klassischen Funktion »Absatz« bzw. der »Absatzpolitik« entwickelt. Die *Absatzpolitik* ist eine spezielle betriebliche Funktion, die der marktlichen Verwertung von Produkten eines Unternehmens dient (vgl. Fritz/v. d. Oelsnitz 2006, S. 24). Als Instrumente für diese Aufgabe stehen die Produktpolitik (z. B. Produktgestaltung), die Preispolitik (z. B. Preisfestsetzung), die Kommunikationspolitik (z. B. Werbung) und die Distributionspolitik (z. B. Wahl der Absatzwege) zur Verfügung. Während die 1950er Jahre durch sogenannte *Verkäufermärkte* geprägt waren, die sich durch einen Nachfrageüberhang und Produktionsengpässe auszeichneten, haben wir es heute fast ausschließlich mit sogenannten *Käufermärkten* zu tun, auf denen wegen eines Angebotsüberhanges der Absatz zum zentralen Engpass geworden ist. Aus diesem Grund wurde der Einsatz des *absatzpolitischen Instrumentariums* immer wichtiger für den Erfolg eines Unternehmens.

Die Absatzpolitik mit ihrem Fokus auf operative Verwertungsprozesse hat sich als zu eingeschränkt herausgestellt, um den Herausforderungen des zunehmenden Wettbewerbs erfolgreich gewachsen zu sein. Deshalb wurde die Absatzpolitik integriert in das *strategische Führungskonzept des Marketing*, wonach sich *alle* betrieblichen Funktionen an den Anforderungen der Märkte auszurichten haben. Kunden- und Wettbewerbsorientierung sind die zentralen Elemente des Marketing. Darüber hinaus ist das auf Wachstumsmärkte fokussierte *Transaktionsmarketing*, das auf die Akquisition von Neukunden zielt, im Zuge zunehmender Marktsättigung um das *Beziehungsmarketing* (*Customer-Relationship-Marketing*) ergänzt worden, das darauf ausgerichtet ist, durch professionelles Geschäftsbeziehungsmanagement Kunden langfristig an das Unternehmen zu binden.

Marketing erfordert eine möglichst genaue Kenntnis des relevanten Marktes. Der Begriff »relevanter Markt« ist aus juristischer Sicht wichtig, da er den Rahmen festlegt, in dem die Wettbewerbsvorschriften in Bezug auf Kartelle und den Missbrauch

Käufermärkte

Relevanter Markt

einer marktbeherrschenden Stellung sowie auch Vorschriften zu Unternehmenszusammenschlüssen Gültigkeit haben. Wissenschaftlich betrachtet ist der *Markt* ein Konstrukt, d. h. ein theoretischer Begriff.

> Ein *Markt* umfasst alle tatsächlichen und potenziellen Nachfrager und Anbieter gegenseitig substituierbarer Güter sowie die jeweiligen Tausch-, Geschäfts- und Wettbewerbsbeziehungen zwischen den Marktakteuren zu bestimmten Zeiten und an festgelegten Orten.

Konkret können Märkte durch folgende *Merkmale* charakterisiert werden (vgl. Diller 2007, S. 13 ff.):
▶ Art und Anzahl der Akteure (z. B. Business-to-Consumer Märkte, Jugendmärkte),
▶ Art der ausgetauschten Güter (z. B. Telekommunikationsmarkt),
▶ Zeitliche Existenz (z. B. Markt für Sommerreisen),
▶ Entwicklungspotenziale (z. B. Wachstumsmärkte),
▶ Wirtschaftsstufe in der vertikalen Branchenkette (z. B. Zulieferermärkte),
▶ Grad der Vollkommenheit,
▶ Machtstellung von Anbietern und Nachfragern (z. B. Verkäufermärkte),
▶ Art und Schwierigkeit des Zutritts (z. B. offene Märkte),
▶ Grad der Legalität (z. B. schwarze Märkte),
▶ Regionalität (z. B. Exportmärkte).

Die *Abgrenzung des relevanten Marktes* kann eindimensional (nur ein Merkmal wird zugrunde gelegt) oder mehrdimensional (die Definition erfolgt durch mehrere Merkmale gemeinsam) erfolgen. In gleicher Weise wie Strategische Geschäftsfelder können auch Märkte dreidimensional nach dem Schema von *Abell* und *Hammond* (1979, S. 392; vgl. auch Benkenstein/Uhrich 2009, S. 39 ff.) abgegrenzt werden (vgl. Kap. 7.1.1).

8.2.2 Kaufverhalten von Konsumenten und Organisationen

8.2.2.1 Konsumentenverhalten

Voraussetzung für ein erfolgreiches Marketing sind genaue Kenntnisse über das Nachfrageverhalten der Konsumenten. In Abhängigkeit davon, ob der Kunde eine Privatperson (Endverbraucher) oder eine Organisation (z. B. nachfragendes Unternehmen) ist, wird zwischen dem Kaufverhalten von Konsumenten und dem von Organisationen unterschieden. Die *Konsumentenverhaltensforschung* ist die wissenschaftliche Disziplin, die sich mit der Beschreibung, Erklärung, Prognose und Steuerung des Verhaltens von Konsumenten beschäftigt (vgl. Balderjahn/Scholderer 2007).

> *Konsumentenverhalten* im engeren Sinne ist das Verhalten von Menschen bei der Auswahl, beim Kauf, der Nutzung und Beseitigung bzw. Weiterveräußerung von wirtschaftlichen Gütern.

Im weiteren Sinne lässt sich Konsumentenverhalten zweckmäßiger als das Verhalten von »Letztverbrauchern« von materiellen und immateriellen Gütern definieren (vgl. Kroeber-Riel et al. 2009, S. 3 f.).

Verhaltenswissenschaftliche Modelle zum Konsumentenverhalten gehen, dem *Neo-Behavioristischen Ansatz* folgend, von dem sogenannten *SOR-Paradigma* (Stimulus-Organismus-Reaktion) aus (vgl. Balderjahn/Scholderer 2007, S. 6). Danach werden Informationen (Stimuli) zu den angebotenen Produkten von den Konsumenten (Organismus) wahrgenommen und bewertet. Als Ergebnis des Bewertungsprozesses wird dann ein Produkt gekauft oder nicht (Reaktion). Die Konsumentenverhaltensforschung sucht insbesondere nach Erklärungen für individuelle Wahrnehmungs- und Bewertungsprozesse durch sogenannte *Konstrukte bzw. intervenierende Variablen*. Konstrukte sind Begriffe einer Theorie, die nicht direkt zu beobachten bzw. zu messen sind (z. B. Bedürfnisse). Je nachdem, wie umfassend sich der theoretische Erklärungsansatz darstellt, wird zwischen sogenannten *Totalmodellen*, die eine vollständige und umfassende Verhaltenserklärung liefern wollen, und *Partialmodellen*, die sich auf die Erklärung einzelner Aspekte des Kaufverhaltens konzentrieren, unterschieden. Das bekannteste Totalmodell ist das *Systemmodell von Howard und Sheth* (1969; vgl. Abb. 8.2). Nach diesem Modell erfolgt zuerst eine qualitative und quantitative Steuerung der vom Konsumenten wahrgenommenen Informationen (*Wahrnehmungssystem*). Danach führen kognitive (gedankliche) und affektive (emotionale) Prozesse der Informationsverarbeitung zu komplexeren Bewertungsvorgän-

Systemmodell von
Howard und Sheth

Abb. 8.2

Das Systemmodell von *Howard* und *Sheth* (1969)

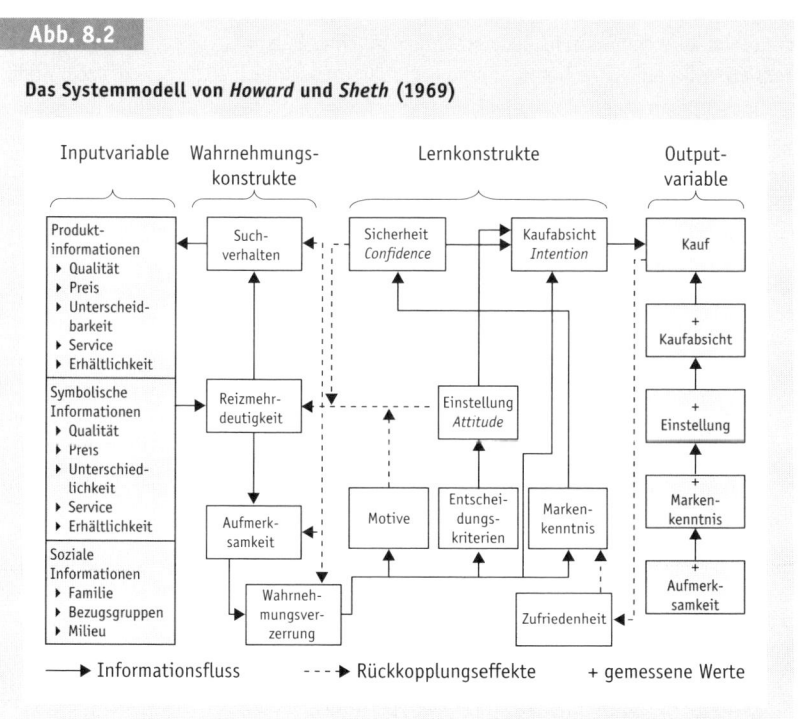

gen (*Lernsystem*). Zentrale Konstrukte der Konsumentenverhaltensforschung sind Aktivierung, Emotion, Einstellung und Zufriedenheit. Partialmodelle bzw. spezielle Theorien (z. B. Einstellungstheorien) versuchen, die Wirkung solcher Konstrukte auf das Kaufverhalten zu erklären.

Kaufverhaltensprozesse können sehr unterschiedlich ablaufen. Versucht der Konsument, sich sehr umfassend über Kaufalternativen zu informieren, um Vor- und Nachteile genau abwägen zu können, dann spricht man von *extensiven* Kaufentscheidungsprozessen. Bei neuen, noch unbekannten und bei sehr teuren Produkten sind solche Prozesse zu beobachten. Kennt der Konsument die Angebote schon ganz gut und seine Auswahl beschränkt sich auf einige wenige davon (sogenanntes *Consideration Set*), so handelt es sich um einen *limitierten* Kaufentscheidungsprozess. Findet gar keine Auswahl mehr statt, weil der Konsument genau weiß, welches Produkt bzw. welche Marke er/sie (immer) haben möchte, so ist der Kaufentscheidungsprozess *habituell*. *Impulsives* Kaufverhalten liegt vor, wenn eine Kaufentscheidung aus einer konkreten, reizbetonten Angebotssituation ungeplant getroffen wird.

8.2.2.2 Kaufverhalten von Organisationen

Buying Center

Das Kaufverhalten von Organisationen wird im Kontext des *Business-to-Business-Marketing* (Industriegütermarketing) analysiert. Hier finden Austauschbeziehungen zwischen Organisationen bzw. Unternehmen statt. Im Unterschied zum Konsumenten treffen in Organisationen in der Regel keine Einzelpersonen Kauf- bzw. Beschaffungsentscheidungen, sondern Gruppen (sogenannte Buying Center). Das *Buying Center* ist eine gedankliche Zusammenfassung aller Personen, die an einem Kaufprozess einer Organisation beteiligt sind (vgl. Backhaus/Voeth 2010, S. 45 f.). Zur Erklärung organisationaler Kaufentscheidungsprozesse sind Kenntnisse über die Zusammensetzung des Buying Centers von großer Bedeutung. Das *Rollenkonzept von Webster/Wind* (1972, S. 78 ff.) unterscheidet verschiedene Einflusstypen in einem Buying Center (vgl. Backhaus/Voeth 2010, S. 51 ff.):

- **Einkäufer** sind solche Organisationsmitglieder, die aufgrund ihrer formalen Kompetenz Lieferanten auswählen und Kaufabschlüsse tätigen können. Sie gehören in der Regel der Einkaufsabteilung eines Unternehmens an, führen die Verhandlungen mit den Lieferanten und wickeln Geschäfte formal ab.
- **Benutzer** sind solche Personen, die mit dem zu kaufenden Gut später einmal arbeiten müssen. Sie sind Erfahrungsträger (Experten) im Hinblick auf Qualität und Funktion des Produktes und nehmen deshalb oft eine Schlüsselfunktion im Beschaffungsprozess ein.
- **Beeinflusser** sind solche Personen, die zwar nicht formal am Kaufprozess beteiligt sind, die aber Möglichkeiten haben, informell Einfluss auszuüben.
- **Informationsselektierer** (Gatekeeper) steuern den Informationsfluss im Buying Center und üben somit in der Entscheidungsvorbereitung einen Einfluss aus.
- **Entscheider** sind solche Organisationsmitglieder, die aufgrund ihrer Machtposition letztlich die Auftragsvergabe auslösen können.
- **Initiatoren** setzen den Kaufprozess in Gang. Die Rolle des Initiators befindet sich nicht im Originalkonzept von *Webster/Wind* (vgl. Backhaus/Voeth 2010, S. 53).

Zum Verständnis *organisationaler Beschaffungsprozesse* sind die Phasen von betrieblichen Beschaffungsprozessen, der Kauftyp (z. B. Erstkauf), Prozesse im Buying Center sowie die Interaktionen zwischen den Akteuren und deren Geschäftsbeziehungen von Interesse (vgl. Backhaus/Voeth 2010, S. 41). Webster/Wind (1972) haben als eine der Ersten einen umfassenden Erklärungsversuch zum organisationalen Kaufverhalten vorgelegt (vgl. Backhaus/Voeth 2010, S. 89 ff.). Dieses *Strukturmodell von Webster/Wind* geht von vier hierarchisch abgestuften Ebenen aus, die sich auf die Kaufentscheidung auswirken: die Umwelt, die Organisation, das Buying Center und die Individuen (vgl. Abb. 8.3). Die erste Ebene umfasst die *umweltbedingten Determinanten*. Hierzu zählen Einflüsse von Lieferanten, Kunden, Staat, Gewerkschaften, Handelsverbänden, Berufsverbänden und anderen industriellen Anbietern sowie sonstigen sozialen Institutionen auf die Organisation. Die nächste Ebene ist die der *Organisation*. Hier werden die Organisationsstruktur, deren Aufgaben und Ziele sowie die Organisationsmitglieder betrachtet. Die dritte Ebene stellt das Buying Center dar und erfasst interpersonale Wirkungsstrukturen auf das Kaufverhalten der Organisation. Hierbei geht es um aufgaben- und nicht-aufgabenbezogene Analysen der Tätigkeiten sowie der Ziele und Motive der im Buying Center zusammengefassten Personen (vgl. Meffert et al. 2008, S. 103). In der vierten Ebene kommt der Einfluss der *Individuen* (intrapersonale Determinanten) zum Tragen: Betrachtet werden die wahrgenommenen Rollenfunktionen von einzelnen Käuferpersönlichkeiten sowie deren Problemlösungskapazitäten, Vorlieben, Ziele und Präferenzen. Der Verdienst des Modells von Webster/Wind ist es, eine Vielzahl von potenziellen Einflussfaktoren auf das organisationale Beschaffungsverhalten systematisiert und in einen Beziehungszusammenhang gebracht zu haben. Dieses Modell hat einen stark deskriptiven Charakter. Als Erklärungsmodell ist es weniger geeignet. Dazu trägt

Strukturmodell von Webster/Wind

Abb. 8.3

Determinanten auf den Kaufentscheidungsprozess nach dem Modell von *Webster/Wind*

Die Umwelt: Umweltbezogene Determinanten des Kaufverhaltens

Die Organisation: Organisationale Determinanten des Kaufverhaltens

Das Buying Center: Interpersonale Determinanten des Kaufverhaltens

Die Individuen: Intrapersonale Determinanten des Kaufverhaltens

Kaufentscheidungsprozess

Kaufentscheidung

Quelle: In Anlehnung an Backhaus/Voeth 2010, S. 90

bei, dass einige Variablen nur schwer erfassbar und operationalisierbar sind, so dass empirische Überprüfungsversuche kaum durchzuführen sind (vgl. Backhaus/Voeth 2010, S. 92).

Zudem wird das bei Verhandlungsprozessen übliche gegenseitige Einwirken der beteiligten Parteien, die Interaktionsprozesse, vom Webster/Wind-Modell vernachlässigt. Im Industriegüterbereich werden aber Leistungen und Gegenleistungen häufig interaktiv ausgehandelt (vgl. Backhaus/Voeth 2010, S. 102 f.). *Interaktionsansätze*, die die Abhängigkeitsbeziehungen zwischen den Transaktionspartnern durch relationale Faktoren analysieren, sind deshalb oft geeigneter, organisationales Beschaffungsverhalten abzubilden und erklären zu können (vgl. Backhaus/Voeth 2010, S. 104 ff.). In diesem Zusammenhang wurde die Grundidee des Buying Center-Konzepts auf verkaufende Organisationen übertragen und dort von einem *Selling Center* gesprochen.

8.2.3 Marktforschung

Der Begriff *Marktforschung* bezieht sich im engeren Sinne sowohl auf die Erforschung von Märkten (z. B. Absatzmarktforschung) als auch im weiteren Sinne einer »Marketingforschung« auf die empirische Analyse von allgemeinen Marketingfragestellungen und -problemen (z. B. empirische Prüfung von Theorien des Marketing). Marktforschung hat die zielgerichtete, systematische Suche und Erhebung, Aufbereitung, Analyse, Interpretation und Dokumentation von Daten, die sich auf Probleme des Marketing beziehen, zur Aufgabe. Als Beispiele können die Erhebung von Marktanteilen, die Prognose von Marktwachstumsraten und die Erklärung der Kundenzufriedenheit genannt werden. Es werden zwei Arten von *Datenquellen* unterschieden:
▸ die Sekundärforschung und
▸ die Primärforschung.

Die Sekundärforschung (*Desk Research*) greift auf bereits vorhandene, mehr oder weniger stark verdichtete Daten zurück. Jede Marktforschungsstudie beginnt mit einer Recherche von Sekundärdatenquellen. Hierzu können betriebsinterne (z. B. Informationen aus dem Rechnungswesen, des Außendienstes und der Beschwerdeabteilung) und betriebsexterne Datenquellen (z. B. Veröffentlichungen von internationalen Organisationen, Wirtschaftsverbänden, Wirtschaftsinstituten sowie Datenbanken im Internet) genutzt werden.

Die Primärforschung setzt dann ein, wenn die vorhandenen Sekundärdaten nicht oder nicht ausreichend brauchbar sind, um bei den anstehenden betrieblichen Entscheidungsproblemen hilfreich eingesetzt werden zu können. Häufig sind Sekundärdaten nicht aktuell genug und zu wenig auf das spezifische, zu lösende Problem bezogen (z. B. Branchendaten). Die Verlässlichkeit der Sekundärdatenquelle spielt insbesondere bei der Internet-Recherche eine entscheidende Rolle. Die selbstverantwortliche Erhebung von Daten im Rahmen einer empirischen Marktforschungsstudie erfolgt in bestimmten *Phasen*:

▸ Definition des Informationsbedarfs,
▸ Designphase (Entwicklung bzw. Auswahl der Erhebungsinstrumente, Stichpro-
  benplanung und Budgetkalkulation),
▸ Erhebungs- bzw. Feldphase (Datenerhebung),
▸ Analysephase (Datenanalyse unter Einsatz statistischer Methoden) und
▸ Dokumentations- und Präsentationsphase.

Zur Datenanalyse werden in der Regel statistische Softwareprogramme eingesetzt.

8.2.4 Marktsegmentierung

> Unter *Marktsegmentierung* wird die Aufteilung eines (Gesamt-)Marktes in
> einige wenige, relativ homogene Teilmärkte bzw. Käufergruppen (Markt-
> segmente), die untereinander deutlich unterschiedlich auf den Einsatz der
> Instrumente des Marketing reagieren, verstanden.

Marktsegmentierung setzt das strategische Konzept der *differenzierten Marktbearbeitung* um und zielt auf eine möglichst optimale Ausschöpfung des Marktpotenzials
(vgl. Balderjahn/Scholderer 2002). Folgende Grundfragen steuern die Umsetzung
der Marktsegmentierung:
▸ Wie lassen sich die Märkte in homogene Teilmärkte zerlegen (*Segmentierungsme-
  thode*)? Zur Marktsegmentierung werden sogenannte Segmentierungskriterien
  verwendet, die eine hohe vermutete Korrelation mit dem Konsumverhalten aufweisen. Dafür können soziodemografische (z. B. Alter), psychografische (z. B. Einstellungen) und verhaltensbezogene (z. B. Kaufintensitäten) Merkmale von Konsumenten sowie geografische (z. B. regionale Märkte) und zeitliche (z. B. Märkte
  für Sommer- und Winterreisen) Merkmale des Marktes herangezogen werden.
▸ Welchen *Anforderungen* müssen Marktsegmente genügen? Gefordert wird eine
  ausreichende Verhaltensrelevanz der Kriterien, die Möglichkeit, Konsumenten
  der Teilmärkte hinsichtlich spezifischer Kriterien identifizieren zu können (z. B.
  durch Messung demografischer Merkmale), und die Möglichkeit, Konsumenten
  der Teilmärkte gezielt ansprechen bzw. erreichen zu können. Zudem sollten Marktsegmente zeitlich stabil und groß genug sein, damit sich eine Marktbearbeitung
  lohnt. Allerdings sind durch den Einsatz moderner produktionstechnischer Verfahren sowie entwickelter Informationstechnologien zum Teil auch relativ kleine
  Segmente, im Extremfall nur aus einem Kunden bestehend (*Segment-of-one*),
  wirtschaftlich zu bearbeiten (sogenanntes *Mass Customization*).
▸ Lassen sich mit den verfügbaren marketingpolitischen Instrumenten die Teilmärkte getrennt und ohne störende Überschneidungen ansprechen? Marktsegmente
  müssen isoliert bzw. abgeschottet werden können, damit keine *Arbitragegeschäfte*
  bei unterschiedlichen Preisen in den Marktsegmenten und keine *Kannibalisie-
  rungseffekte* bei Mehrmarkenstrategien eintreten können. Unter Kannibalisierung
  versteht man Absatzverschiebungen zwischen den eigenen Produkten. Bei der
  Mehrmarkenstrategie werden zur besseren Marktausschöpfung mehrere Marken

von einem Hersteller gleichzeitig identischen oder ähnlichen Zielgruppen angeboten (z. B. Waschmittel von *Henkel*: *Persil*, *Weißer Riese* und *Spee*).

▸ Wie groß soll die Anzahl der Marktsegmente sein? Die Anzahl der Marktsegmente richtet sich einerseits nach der vom Unternehmen verfolgten Marktsegmentierungsstrategie (vgl. Bruhn 2010, S. 61 f.) und andererseits nach dem Grad der Ausdifferenzierung bzw. Fragmentarisierung der jeweiligen Bedürfnisse im relevanten Markt. Zudem erhöhen sich die Kosten der Marktbearbeitung mit zunehmender Anzahl der Teilmärkte.

Grundsätzlich ist es zweckmäßig, bei der Marktsegmentierung schrittweise vorzugehen. Im ersten Schritt werden die wichtigsten, leicht erfassbaren, relativ groben Segmentierungskriterien berücksichtigt (*Makrosegmentierung*). Im zweiten Schritt, der *Mikrosegmentierung*, geht es um schwerer erfassbare, feinere Kriterien. Im Blick auf Konsumenten sind beispielsweise demografische Merkmale Makrokriterien und psychologische Merkmale Mikrokriterien. Systematische Marktsegmentierung ist in reifen und gesättigten Märkten weitaus häufiger anzutreffen als in neuen, innovativen Märkten, weil mit der Verringerung der Wachstumschancen die Notwendigkeit einer Marktsegmentierung zunimmt. In Analogie zur Unterscheidung von Kundengruppen wurden in den 1980er Jahren auch Konzepte für die Segmentierung von Wettbewerbsgruppen bzw. strategischen Gruppen entwickelt. Wettbewerber, die in gleichen oder ähnlichen Märkten gleiche oder ähnliche Wettbewerbsstrategien verfolgen, werden als *Strategische Gruppe* bezeichnet (vgl. Benkenstein/Uhrich 2009, S. 32).

8.2.5 Die Instrumente des Marketing

8.2.5.1 Die Produktpolitik

> Die *Produktpolitik* umfasst alle Entscheidungen bezüglich der kundengerechten Gestaltung eines wettbewerbsfähigen Leistungsangebots.

Insbesondere geht es um die
▸ Entwicklung neuer Produkte (Produktinnovationen),
▸ Produktgestaltung und -qualität,
▸ Produktvariationen und -differenzierungen,
▸ Schaffung von Markenprodukten (Markenpolitik),
▸ Verpackung (Verpackungspolitik) und
▸ um die Gestaltung eines Produktprogramms
(vgl. Bruhn 2010, S. 123 ff.).

Das Produkt

> Ein *Produkt* kann definiert werden durch seine Merkmale, seine Funktionen und durch seinen Nutzen für den Konsumenten.

Unterschieden wird zwischen *tangiblen* (direkt wahrnehmbare Merkmale wie das Design oder der Preis) und *intangiblen* (immaterielle Merkmale wie die Garantie)

Produktmerkmalen. Die Kernfunktion eines Produkts liefert für den Konsumenten den sogenannten *Grundnutzen* (z. B. Kühlung beim Kühlschrank). Entscheidend für den Wettbewerb ist allerdings sehr häufig der *Zusatznutzen* eines Produkts (*Value Added*), der insbesondere durch produktergänzende Dienstleistungen wie z. B. Beratung und Kundendienst entsteht. Es ist zwischen Sach- und Dienstleistungen zu unterscheiden:

▸ **Sachleistungen** sind fertige, zu nutzende materielle Objekte mit einem bestimmten Nutzen für den Konsumenten (z. B. Autos, Handys).

▸ **Dienstleistungen** sind dadurch gekennzeichnet, dass zu ihrer Nutzung Ressourcen bzw. Kapazitäten bereitgestellt werden müssen, um eine potenziell zu erwartende Nachfrage auch befriedigen zu können und dass nicht nur betriebsinterne, sondern auch externe Produktionsfaktoren, in der Regel die Kunden selbst, an der Erbringung einer immateriellen Leistung beteiligt sind.

Ein Produktprogramm (Produktportfolio, Sortiment) umfasst alle Produkte, die von einem Unternehmen auf dem Markt angeboten werden, also auch solche Produkte, die selbst nicht produziert, sondern nur zugekauft werden (*Handelsware*). Das Produktprogramm ist nicht mit dem Produktions- bzw. Fertigungsprogramm gleichzusetzen (vgl. Kap. 8.4). Produktprogramme unterscheiden sich in ihrer Programmtiefe und -breite (vgl. Bruhn 2010, S. 157). Die *Programmbreite* ist die Anzahl unterschiedlicher, ergänzender Produktangebote bzw. Produktlinien und die *Programmtiefe* ist die Anzahl der Einzelprodukte (Kaufalternativen) innerhalb einer Produktlinie. Durch zunehmende Programmbreite wächst der potenzielle Kundenkreis und mit tieferem Programm lassen sich spezielle Kundenbedürfnisse besser befriedigen (vgl. Diller 2007, S. 173 f.). Zusammen machen Programmbreite und Programmtiefe den Programmumfang aus.

Produktprogramm

In der Programmpolitik geht es um die Zusammenstellung eines wettbewerbsfähigen Sortiments. Entscheidungen betreffen die Erstellung und Umstrukturierung des Produktangebots (vgl. Bruhn 2010, S. 157). Für eine wirksame Anpassung des Angebots an die jeweiligen Wettbewerbsbedingungen kann eine *Produktprogrammstrukturanalyse* durchgeführt werden, die das Produktprogramm hinsichtlich der folgenden Merkmale untersucht:

▸ Programmbreite und -tiefe,

▸ Altersaufbau der Produkte (Altersstrukturanalysen),

▸ Erfolgsbeitrag der Produkte (ABC-Analyse),

▸ Herkunft der Produkte (Eigenfertigung oder Zukauf),

▸ Verbundbeziehungen zwischen den Produkten hinsichtlich der Verwendung gleicher Materialien, des Einsatzes gleicher Verfahren zur Produktion oder Vermarktung, der gemeinsamen Nachfrage und Nutzung (Nachfrage- und Nutzungsverbund) und hinsichtlich der Ansprache gemeinsamer Zielgruppen. Grundsätzlich können Verbundbeziehungen folgende Formen aufweisen:

– **komplementäre Beziehungen**: Gemeinsamer Kauf bzw. gemeinsame Verwendung von Produkten (z. B. CD-Player und CDs). Hierunter fällt auch das *Cross-Selling*: Kunden kaufen Erzeugnisse aus mehreren Produktlinien (vgl. Diller 2007, S. 174).

– **substitutive Beziehungen**: Produkte konkurrieren miteinander und können sich gegenseitig ersetzen (z. B. PKWs in unterschiedlichen Farben).

Produktlebenszyklus

Eine wichtige Rolle im Rahmen der Produktplanung und -analyse spielt der Produktlebenszyklus. Eine »idealtypische« Darstellung eines Produktlebenszyklus ist in Abb. 8.4 aufgezeigt.

> Der *Produktlebenszyklus* ist ein phasenbezogenes Marktreaktionsmodell und stellt die zeitabhängige Entwicklung des Absatzes für ein Produkt (einer Produktkategorie wie z. B. Mobiltelefone oder einer Marke wie z. B. *Nokia*) dar.

Es werden in der Regel fünf Phasen unterschieden: Einführungs-, Wachstums-, Reife-, Sättigungs- und Verfallsphase. Die Identifikation der Phase, in der sich ein Produkt aktuell befindet, dient dazu, die richtigen marketingpolitischen Instrumente einzusetzen (z. B. in der Einführungsphase Werbung, um das Produkt bekannt zu machen). Durch einen sogenannten *Relaunch*, d. h. eine modernere, verbesserte Variante des alten Produkts, kann ein Produktlebenszyklus verlängert werden. So nützlich dieses Modell auch ist, in seiner Anwendung ergeben sich einige Probleme. So ist eine exakte Verlaufsprognose ebenso wenig möglich wie eine genaue Phasenabgrenzung. Reale Produktlebenszyklen haben meist einen deutlich anderen Verlauf, als es dieses Modell annimmt. Auch stellt das Modell kein Naturgesetz dar, denn die Zeit ist nur eine Pseudo-Einflussgröße, hinter der sich viele andere Wirkgrößen verbergen (z. B. Aktivitäten der Konkurrenten, technologische Entwicklungen, Modetrends).

Abb. 8.4

Modell des Produktlebenszyklus

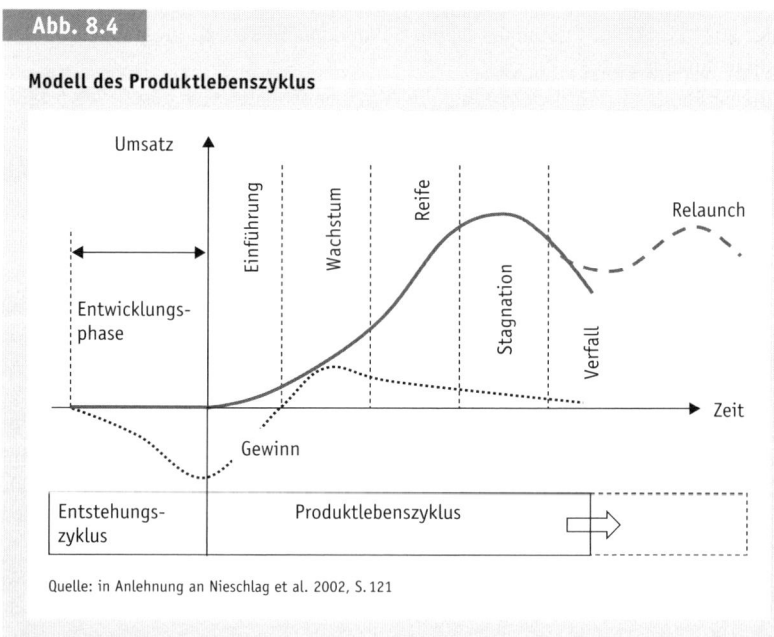

Quelle: in Anlehnung an Nieschlag et al. 2002, S. 121

Ohne Innovationen kann ein Unternehmen langfristig nicht erfolgreich sein. Deshalb ist eine wesentliche Aufgabe der Produktpolitik, *neue Produkte* (Produktinnovationen) hervorzubringen. Innovationen (Neuprodukte, Neuheiten) sind Produkte, die von den Nachfragern im Vergleich zum bisherigen Angebot als deutlich andersartige bzw. bessere Problemlösungen angesehen werden. Häufig werden bei Innovationen auch neuartige Technologien eingesetzt, die den Kundennutzen steigern (z. B. Digitalkameras als Innovation ersetzen Filmkameras). Es wird zwischen *Marktneuheiten* (neu für die Nachfrager) und *Betriebsneuheiten* (neu für den Betrieb) unterschieden. Für den Erfolg oder Misserfolg von Produktinnovationen ist eine Vielzahl von Faktoren ausschlaggebend. Diese Faktoren bzw. Determinanten des Innovationserfolgs sind in Abb. 8.5 dargestellt.

Abb. 8.5

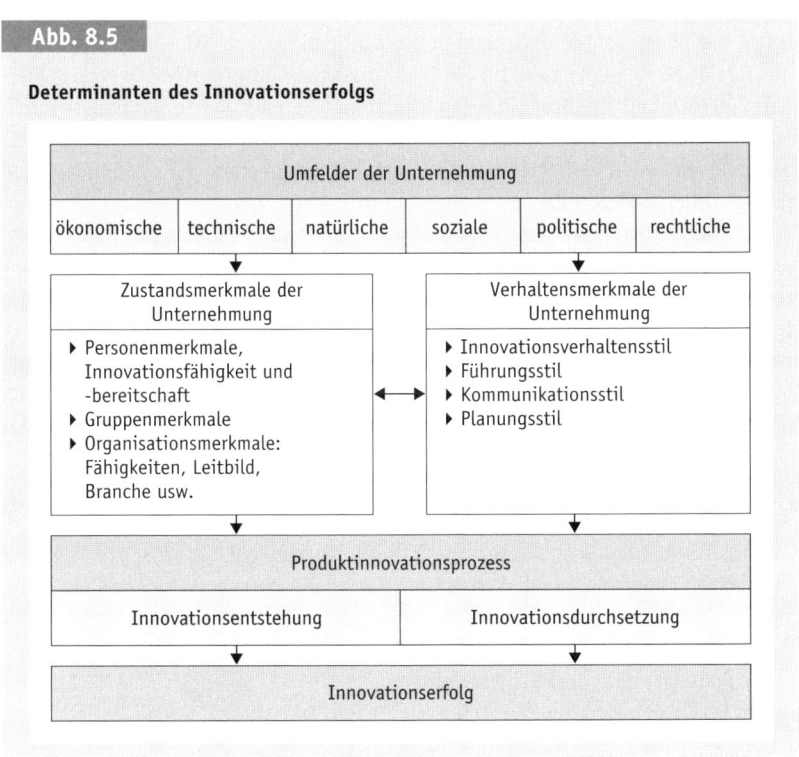

Determinanten des Innovationserfolgs

8.2.5.2 Preispolitik

Der *Preis* eines Produktes ist das Entgelt, das ein Käufer für eine Leistungseinheit des Produktes entrichten muss.

Der Preis definiert auch die monetäre Gegenleistung eines Käufers für eine bestimmte Menge eines Wirtschaftsgutes bestimmter Qualität (*Preis-Leistungs-Verhältnis*). Die Preispolitik umfasst alle Entscheidungen bezüglich der Festlegung, Differenzierung und Veränderung von Preisen für den Kauf von Produkten oder die Inanspruchnahme von Leistungen einer Unternehmung. Dazu gehören auch das Gewähren von Preisnachlässen (z. B. Rabatte), das Fordern von Preiszuschlägen sowie die Preisbündelung (vgl. Bruhn 2010, S. 166 f.). Es gibt zahlreiche *Preisarten*: Angebotspreise werden vom Unternehmen gefordert und Nachfragepreise von den Nachfragern geboten, Listen- bzw. Basispreise gelten als Bezugspunkte der Preisfestlegung, Festpreise sind nicht verhandlungsfähig und Marktpreise bilden sich im Markt (vgl. auch Diller 2007, S. 179).

Preispolitischer Spielraum

Die Festlegung von Preisen vollzieht sich innerhalb des sogenannten preispolitischen Spielraums, der durch die Herstellkosten, die Zahlungsbereitschaft der Nachfrager und das Preisverhalten der Konkurrenten bestimmt wird. Die Herstellkosten auf Voll- oder Teilkostenbasis definieren die lang- bzw. kurzfristige *Preisuntergrenze* (vgl. Bruhn 2010, S. 175 f.) und die *Preisobergrenze* wird durch die Zahlungsbereitschaft der Konsumenten definiert. In der Zahlungsbereitschaft kommt der Betrag zum Ausdruck, den ein Käufer für ein Produkt maximal ausgeben würde (vgl. Balderjahn 2003). Innerhalb dieser Grenzen erfolgt eine Feinjustierung des Preises durch Vergleich und Abstimmung mit den relevanten Konkurrenzpreisen. In diesem Zusammenhang wird auch von einer *Preispositionierung* gesprochen (z. B. Premiumstrategie; vgl. Diller 2007, S. 185).

Preisabsatzfunktionen

Zur Preisfestlegung ist eine möglichst genaue Kenntnis der Reaktion der Nachfrager auf Preisänderungen erforderlich. Derartige Preisreaktionen werden üblicherweise in Form von Preisabsatzfunktionen dargestellt. Preisabsatzfunktionen stellen den Zusammenhang zwischen den bei bestimmten Preisen eines Produkts zu erwartenden Absatzmengen dar. Je nach Art dieses Zusammenhanges werden unterschiedliche Preisabsatzfunktionen definiert. Die einfachste Preisabsatzfunktion stellt den Zusammenhang zwischen dem Preis p und der Absatzmenge x in Stück linear dar (Gleichung 21):

$$x = \alpha - \beta\, p; \quad \alpha, \beta = \text{Parameter der Funktion} \tag{21}$$

Darüber hinaus werden oft auch multiplikative Zusammenhänge zwischen Preis und Absatzmenge unterstellt (vgl. Abb. 8.6). Während die Preisabsatzfunktion die Reaktion der Nachfrager auf Preisänderungen in absoluten Größen angibt, ist die *Preiselastizität der Nachfrage* ε ein Maß für die relative Reaktion.

Preiselastizität
der Nachfrage

Die Preiselastizität der Nachfrage gibt an, um wie viel Prozent sich die Nachfrage x ändert (dx), wenn sich der Preis p um ein Prozent ändert (dp), jeweils auf der Basis der aktuellen Preis- und Nachfragesituation (vgl. Bruhn 2010, S. 184). Die Preiselastizität ε kann Werte zwischen 0 und $-\infty$ annehmen. Bei Werten von $\varepsilon < -1$ spricht man von einer *elastischen Nachfrage*, da die prozentuale Mengenänderung größer ist als die entsprechende Preisänderung. Ist $\varepsilon > -1$, ist die *Nachfrage unelastisch*, da die prozentuale Mengenänderung kleiner ausfällt als die entsprechende Preisänderung. Die Nachfrage ist *vollkommen unelastisch*, wenn $\varepsilon = 0$ ist. Im Rahmen der Ermittlung von Konkurrenzbeziehungen zwischen Produkten spielt die *Kreuzpreiselastizität* ε_{ij} der Nachfrage eine Rolle. Sie gibt an, um wie viel Prozent sich die Nachfrage nach dem eigenen Produkt i ändert, wenn sich der Preis p_j eines Konkurrenzprodukts j um ein Prozent verändert. Bei *Substitutionsgütern* ist die Kreuzpreiselastizität positiv, bei *Komplementärgütern* negativ und bei neutralen Gütern Null (vgl. Bruhn 2010,

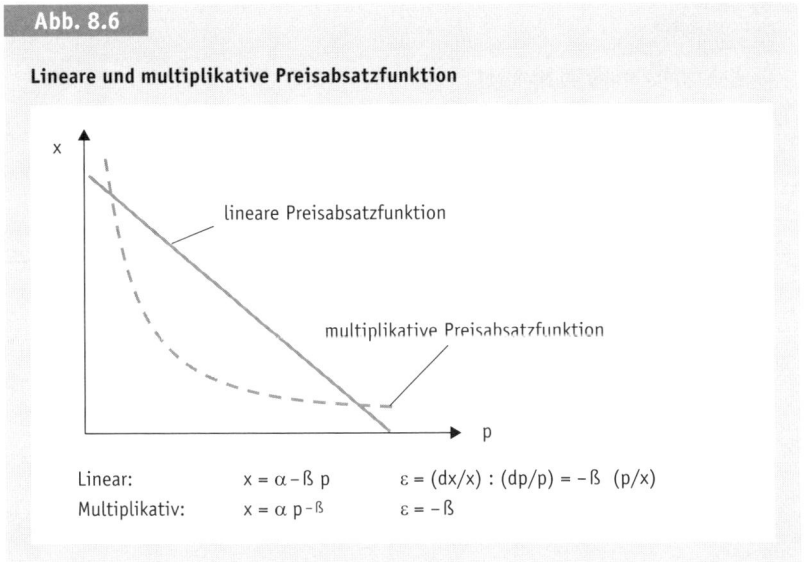

Abb. 8.6

Lineare und multiplikative Preisabsatzfunktion

Linear:	$x = \alpha - \beta\,p$	$\varepsilon = (dx/x) : (dp/p) = -\beta\ (p/x)$
Multiplikativ:	$x = \alpha\,p^{-\beta}$	$\varepsilon = -\beta$

S. 185 f.). In der Realität haben Betriebe in der Regel keine oder nur recht ungenaue Vorstellungen über die Preiselastizität der Nachfrage für ihre Produkte. Das liegt u. a. an den erheblichen Messproblemen, die mit der Erfassung von Preisabsatzfunktionen verbunden sind (vgl. Balderjahn 1993). Eine gute Marktkenntnis und Erfahrungen ermöglichen allerdings zum Teil akzeptable Schätzungen für die jeweiligen Preiselastizitäten.

Im Folgenden soll als Beispiel die Ermittlung des gewinnmaximalen Preises *im Monopol* erläutert werden. Die Absatzmenge *x* hängt im Monopol nur vom eigenen Preis *p* und nicht von Konkurrenzpreisen ab, d. h. x = x(p). Der *Umsatz U* ergibt sich aus der Multiplikation der Absatzmenge *x* mit dem jeweiligen Preis *p* (Gleichung 22):

$$U = x \times p \tag{22}$$

Der *Gewinn G* berechnet sich aus G = U – K, wobei mit *K* die Kosten bezeichnet werden. Zur Gewinnmaximierung als preispolitisches Ziel muss die erste Ableitung der Gewinnfunktion gleich Null gesetzt und nach *p* bzw. *x* aufgelöst werden (vgl. Bruhn 2010, S. 187 ff.). Es gilt dann, dass der gewinnmaximale Preis p_c bzw. die gewinnmaximale Absatzmenge x_c dort liegt, wo Grenzumsatz U´ und Grenzkosten K´ übereinstimmen, d. h. U´= K´. Der über diese Bedingung gefundene gewinnmaximale Punkt auf der Preisabsatzfunktion heißt *Cournotscher Punkt*. Für das Beispiel einer linearen Preisabsatzfunktion sowie einer linearen Kostenfunktion mit konstanten Stückkosten k_v stellt Abb. 8.7 die Ermittlung des gewinnmaximalen Preises p_c im Monopol grafisch dar.

In der betrieblichen Praxis spielt dieses Modell allerdings keine Rolle. Abgesehen davon, dass es kaum noch Monopole gibt und dort, wo es sie noch gibt, ihre Preise oft staatlich kontrolliert werden, ist die Praxisrelevanz dieses Modells insbesondere deshalb eingeschränkt, da es die Kenntnis sowohl der Kosten- als auch der Preisabsatz-

Gewinnmaximaler Preis

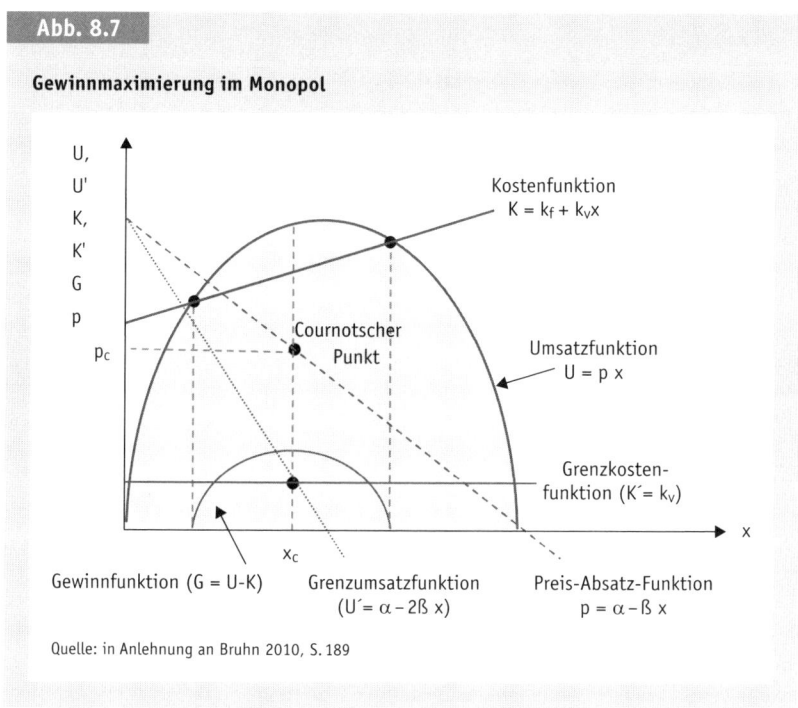

Abb. 8.7

Gewinnmaximierung im Monopol

- Kostenfunktion $K = k_f + k_v x$
- Cournotscher Punkt
- Umsatzfunktion $U = p \cdot x$
- Grenzkostenfunktion ($K' = k_v$)
- Gewinnfunktion ($G = U-K$)
- Grenzumsatzfunktion ($U' = \alpha - 2\beta x$)
- Preis-Absatz-Funktion $p = \alpha - \beta x$

Quelle: in Anlehnung an Bruhn 2010, S. 189

funktion voraussetzt. Eine Voraussetzung, die kaum zu erfüllen ist. Auch streben Betriebe in der Regel nicht zuerst eine Gewinnmaximierung an. Existenzsicherung und Behauptung der Marktstellung sind oft höherrangige Ziele.

8.2.5.3 Distributionspolitik und Außendienst

Grundbegriffe

> Unter dem Begriff *Distribution* bzw. Vertrieb sind alle Aktionen zu verstehen, die die körperliche und/oder wirtschaftliche Verfügungsmacht über materielle oder immaterielle Güter von einem Wirtschaftssubjekt auf ein anderes übergehen lassen.

Es handelt sich also um bestimmte Aktivitäten der Güterübertragung. Als marketingpolitisches Instrument umfasst die Distributionspolitik alle Entscheidungen bezüglich des Weges, der als Absatzkanal bzw. Vertriebsweg bezeichnet wird, eines Produkts vom Hersteller zum Endverbraucher. Der *Absatzkanal* ist eine Folge von den Absatz unterstützenden Institutionen, die eine Ware vom Hersteller zum Konsumenten durchläuft. Neben der Gestaltung und Steuerung des *Vertriebssystems* ist eine zweite Aufgabe der Distributionspolitik der Einsatz von *Verkaufsorganen* (vgl. Bruhn 2010, S. 265). Zu unterscheiden sind unternehmenseigene (z. B. Vertriebsmitarbeiter) und unternehmensfremde Verkaufsorgane (z. B. Handelsvertreter). Der *Außen-

dienst gehört als Teilbereich zum Verkauf (auch als *Personal Selling* bezeichnet) und hat die Aufgabe, Beziehungen zu den Kunden herzustellen und Geschäfte mit ihnen abzuschließen. Zum nicht verkaufenden Außendienst gehören z. B. Anwendungsberater und der technische Kundendienst. Distributionsentscheidungen umfassen zwei funktionale Subsysteme (vgl. Bruhn 2010, S. 246; Specht/Fritz 2005, S. 14 f.):

▸ **Die akquisitorische Distribution** bzw. das Absatzweg- bzw. Absatzkanalmanagement: Die akquisitorische Distribution umfasst die zielorientierte Gestaltung und Steuerung der rechtlichen, ökonomischen, informatorischen, vertraglichen und sozialen Geschäftsbeziehungen zwischen den Absatzmittlern (z. B. Einzel- und Großhändler) eines Vertriebssystems und dem Herstellerbetrieb.

▸ **Die physische Distribution** oder Vertriebs- bzw. Marketing-Logistik: Hierbei geht es um die Gestaltung der Logistiksysteme zur Überbrückung von Zeit und Raum durch Transport, Lagerhaltung und Auftragsabwicklung.

Aufgaben der Distributionspolitik sind der Aufbau und das Management von Vertriebssystemen (Gestaltung der Absatzwege), der Einsatz von Verkaufsorganen und die Gestaltung von Logistiksystemen (vgl. Bruhn 2010, S. 246).

Gestaltung von Distributionssystemen
Innerhalb eines Vertriebssystems können folgende Arten von *Absatzmittlern* eingeschaltet werden:

▸ **Absatzorgane** der Hersteller (z. B. unternehmenseigene Verkaufsstellen, Filialen, Online-Vertrieb, Auftragsabwicklung),

▸ **Absatzmittler**, die als unabhängige Unternehmen im Distributionssystem, im eigenen Namen und auf eigene Rechnung Kaufverträge abschließen (z. B. Groß- und Einzelhandel), und

▸ **Absatzhelfer,** die im Unterschied zu den Absatzmittlern nicht Eigentümer der Waren sind. Sie unterstützen lediglich die Distribution in bestimmten Bereichen (z. B. Speditionsbetriebe).

Das Management von Vertriebssystemen umfasst die Bereiche
▸ Selektion der Vertriebssysteme,
▸ Akquisition der Vertriebssysteme und
▸ Abnehmerintegration.

Die Selektion der Vertriebssysteme betrifft Entscheidungen zur horizontalen und vertikalen Absatzkanalstruktur (vgl. Bruhn 2010, S. 250). Die *vertikale Absatzkanalstruktur* gibt die Anzahl der Absatzstufen an. Es wird zwischen direkten und indirekten Vertriebssystemen unterschieden. Beim *direkten Vertrieb* setzt der Hersteller keine fremden Absatzorgane ein und verkauft seine Produkte unmittelbar an den Endverbraucher (z. B. Online-Vertrieb, Factory-Outlets, Teleshopping). Der *indirekte Vertrieb* ist dadurch gekennzeichnet, dass unternehmensfremde, rechtlich und wirtschaftlich selbständige Handelsunternehmen als Absatzmittler eingeschaltet werden (z. B. Groß- und Einzelhändler). Nach der Anzahl der Absatzstufen wird noch zwischen einstufigen und mehrstufigen, indirekten Vertriebssystemen unterschieden

Vertriebssysteme

(vgl. Abb. 8.8). Im Groß- und Einzelhandel werden verschiedene *Betriebstypen* unterschieden (vgl. Specht/Fritz 2005, S. 74 ff. und S. 83 ff.).

Bei der *horizontalen Selektion* werden Art und Anzahl der Absatzmittler auf den jeweiligen Absatzstufen festgelegt. Es wird zwischen Universal-, Selektiv- und Exklusivvertrieb unterschieden (vgl. Bruhn 2010, S. 260). Der *Universalvertrieb* ist auf einen möglichst hohen *Distributionsgrad* ausgerichtet (Ziel der *Ubiquität*). Der Distributionsgrad ergibt sich aus dem Quotienten aus der Anzahl der Einzelhändler, die das Produkt tatsächlich führen, und der Gesamtheit aller potenziellen Einkaufsstätten. Beim *Selektivvertrieb* werden nur relativ wenige Absatzmittler eingeschaltet, die bestimmte, festgelegte Kriterien erfüllen können (z. B. Geschäftsgröße und -lage). Beschränkt ein Hersteller auch die Anzahl der Absatzmittler auf eine sehr geringe Anzahl, so wird von einem *Exklusiv- bzw. Alleinvertrieb* gesprochen. Bei einem *mehrgleisigen Vertrieb* gelangen die Produkte gleichzeitig über verschiedene Absatzkanäle zu den Endverbrauchern (Mehrkanalsystem, *Multi-Channel-Vertrieb*). Diese parallele Nutzung direkter und indirekter Absatzkanäle zielt auf eine bessere Marktausschöpfung sowie auf eine Reduzierung der Abhängigkeit eines Herstellers vom Handel.

Push- und Pull-Strategie

Strategien der Akquisition der Vertriebssysteme zielen darauf, geeignete Absatzmittler für das eigene Vertriebssystem zu gewinnen (vgl. Bruhn 2010, S. 262 f.). Es sind zwei Grundtypen zu unterscheiden: die endabnehmergerichtete Strategie (Pull-Strategie) und die absatzmittlergerichtete Strategie (Push-Strategie). *Pull-Strategien* richten sich auf den Endverbraucher und versuchen, dort die Nachfrage nach den eigenen Produkten zu beleben (vgl. Abb. 8.9).

Die Nachfrage kann durch den Einsatz aller marketingpolitischen Instrumente erhöht werden. Dadurch entsteht im Handel ein sogenannter *Nachfragesog*. Eine starke

Abb. 8.8

Grundtypen von Absatzkanalstrukturen

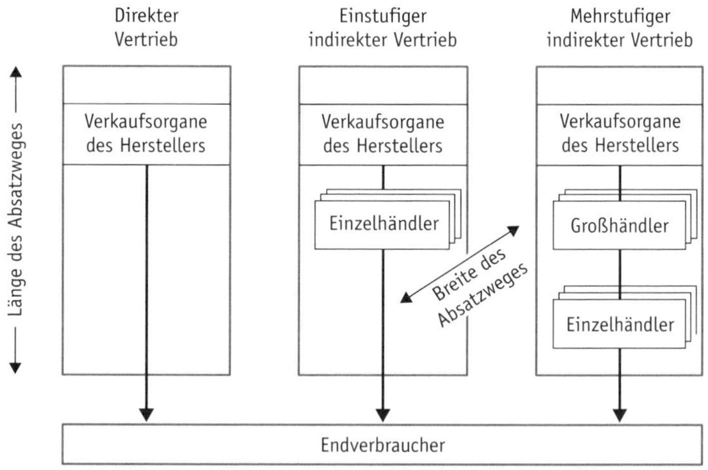

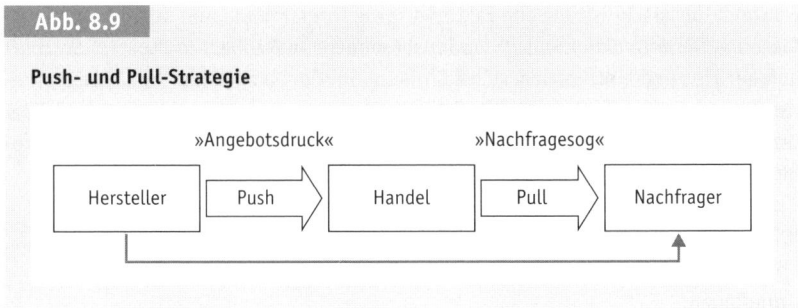

Abb. 8.9

Push- und Pull-Strategie

Nachfrage nach einem Produkt bietet eine gute Voraussetzung dafür, einen gewünschten Absatzmittler für das eigene Vertriebssystem gewinnen zu können. *Push-
Strategien* zielen dagegen direkt auf die Absatzmittler bzw. den Handel und versuchen, diese durch vielfältige Anreizformen für eine Zusammenarbeit zu gewinnen
(z. B. eine attraktive Handelsspanne, Werbekostenzuschüsse). Die *Handelsspanne* ergibt sich aus der Differenz zwischen Verkaufspreis und Einstandspreis. Der Einstandspreis ist der Preis, den der Hersteller für sein Produkt vom Händler bekommt. Insgesamt geht es um die Aufteilung des Gewinnpotenzials eines Produkts auf Hersteller
und Handel. Diese Push-Maßnahmen erzeugen beim Handel einen Angebotsdruck.

Die Strategie der Abnehmerintegration zielt auf eine vertragliche Bindung recht-
lich selbständiger Handelsunternehmen an den Hersteller zur Sicherstellung und
Durchsetzung der eigenen Marketing- und Vertriebsstrategie im Absatzkanal (vgl.
Bruhn 2010, S. 263 f.). Hierbei handelt es sich insbesondere um Vertragshändler- und
Franchisesysteme. *Vertragshändler* verpflichten sich, ausschließlich Produkte des
Herstellers anzubieten (z. B. Vertragshändler von Automobilherstellern). Beim *Fran-
chisesystem* verpflichtet sich der selbständige Franchise-Nehmer (Händler) vertraglich, das komplette Produkt- und Vermarktungssystem des Franchise-Gebers (Her-
steller) zu übernehmen und dafür an den Franchise-Geber ein Entgelt zu entrichten.

Abnehmerintegration

Einsatz von Verkaufsorganen
Bei der Pflege und dem Aufbau von Geschäftsbeziehungen zu Kunden kommt dem
Verkaufsaußendienst eine wichtige Rolle zu. Im Hinblick auf die Gestaltung des
Außendienstes müssen folgende *Grundprobleme* beachtet werden:
▸ die Art der Außendienstmitarbeiter (Reisende oder Vertreter),
▸ die Größe und Struktur der Außendienstorganisation und
▸ die Führung und Motivation der Außendienstmitarbeiter.

Verkaufspersonen müssen spezifische Qualifikationen beherrschen, die abhängig
sind von den Produkten, den Kunden und dem Verkaufsprozess. Für die Auswahl von
Verkaufspersonen gibt es zwei unterschiedliche theoretische Ansätze: den Einpersonenansatz und den Interaktionsansatz. Der *Einpersonenansatz* stellt persönliche
Merkmale erfolgreicher Verkäufer bzw. Verkäuferinnen in den Mittelpunkt. *Kotler et
al.* (2007, S. 808 ff.) schlagen ein Auswahlverfahren von Verkäufern vor, das folgende
Merkmale erfasst: Fachkenntnisse, soziodemografische Merkmale, psychologische

Faktoren, physisch-ästhetische Faktoren sowie Interaktions- und Kommunikations-faktoren. Der *Interaktionsansatz* wird insbesondere im *Business-to-Business-Geschäft* aufgegriffen und konzentriert sich auf die Interaktionen zwischen zwei bzw. mehreren Personen (dyadisch-personale bzw. multipersonale Interaktionsansätze) oder Gruppen (dyadisch-organisationale bzw. multiorganisationale Interaktionsansätze) im Rahmen eines Verkaufsprozesses (vgl. Backhaus/Voeth 2010, S. 106 ff.).

8.2.5.4 Kommunikationspolitik

Grundlagen

> Die *Kommunikationspolitik* umfasst alle Maßnahmen eines Unternehmens, die dazu dienen, das Unternehmen und seine Produkte den relevanten Zielgruppen darzustellen.

Kommunikation dient allgemein der Übermittlung von Informationen, Bedeutungs-inhalten und Bewertungen zum Zweck der zielorientierten Beeinflussung von Überzeugungen, Einstellungen, Erwartungen und Verhaltensweisen. Grundlage der zielorientierten Gestaltung eines Kommunikationsprozesses ist das allgemeine *Kommunikationsmodell von Lasswell,* das die Elemente Kommunikator (Sender), Kommunikationsinhalt (Botschaft), Kommunikationskanal (Medium) und Kommunikationsempfänger unterscheidet (vgl. Balderjahn/Scholderer 2007, S. 187 f.).

Es wird zwischen der Massenkommunikation, der Individualkommunikation und der Produktkommunikation unterschieden (vgl. Schweiger/Schrattenecker 2009, S. 7 ff.). *Massenkommunikation* richtet sich auf große Populationen und setzt zur Verbreitung der Botschaften technische Übertragungsmedien (z. B. Radio und Fernsehen) ein. Instrumente der Massenkommunikation sind u. a. Werbung und Public Relations (PR). Von *Individual- oder persönlicher Kommunikation* wird gesprochen, wenn die Kommunikation direkt zwischen Personen stattfindet (*face-to-face,* telefonisch, E-Mail oder Werbebriefe). Verkaufsgespräche und die Direktwerbung sind Formen der Individualkommunikation. Das Charakteristische der Individualkommunikation ist der Dialog bzw. die Dialogmöglichkeit und deren höhere Glaubwürdigkeit und stärkere Wirkung im Vergleich zur Massenkommunikation (vgl. Schweiger/Schrattenecker 2009, S. 8). Aus diesem Grund findet seit geraumer Zeit bei vielen Unternehmen eine Umschichtung von klassischen Kommunikationsinstrumenten wie Werbung und PR (*Above-the-Line-Instrumente*) zu stärker individualisierten sowie unauffälliger wirkenden Instrumenten wie Sponsoring, Direktwerbung und Placement (*Below-the-Line-Instrumente*) statt (vgl. Schweiger/Schrattenecker 2009, S. 116). Die von einem Produkt ausgehenden Informationen (z. B. Design, Geschmack) werden als *Produktkommunikation* bezeichnet.

Werbung

Werbung ist eine spezielle Form der Massenkommunikation, die mittels ausgewählter Medien und Kommunikationsinhalte zielgruppenspezifische Kommunikationsziele zu erreichen versucht (vgl. Bruhn 2010, S. 205). Es ist der Versuch, mittels besonderer Kommunikationsmittel (z. B. Werbespots) und Techniken (z. B. Aktivierungstechniken) das Verhalten der Umworbenen zielgerichtet zu beeinflussen. Werbung kann darauf gerichtet sein, Konsumenten durch Informationen und gute Argumente vom Produktangebot zu überzeugen oder aber durch attraktive und ansprechende Produktpräsentationen zu verführen. Der Planungsprozess der Werbung ist der Abb. 8.10 zu entnehmen.

Es werden ökonomische und kommunikative (vorökonomische) Werbeziele unterschieden. *Ökonomische Werbeziele* sind u. a. Umsatz- und Marktanteilserhöhung. Da es kaum möglich ist, die ökonomischen Konsequenzen einer Werbekampagne genau zu bestimmen, werden in der Werbung in der Regel *kommunikative Ziele* verfolgt. Dazu gehören u. a. die Erzeugung von Aufmerksamkeit, der Bekanntheitsgrad, die Produkteinstellung und das Produktimage. Um ihre Ziele zu erreichen, bedient sich die Werbung verschiedener Werbemittel und Werbeträger. *Werbemittel* sind die ins Stoffliche transformierten Werbebotschaften (z. B. Plakate, Anzeigen, Rundfunk- und Fernsehspots). Grundsätzlich geht es im Rahmen eines kreativen Prozesses um Aspekte der Verbalisierung (Text, Ton) und Visualisierung (Bild) kommunikativer Inhalte. *Werbeträger* sind die Medien der Streuung, die dazu dienen, große Zielgruppen mit der Werbung zu erreichen. Hierzu gehören u. a. Zeitungen und Zeitschriften, Rundfunk- und Fernsehen, Internet, Schaufenster, Messe und Ausstellungen. Die Aktivitäten hinsichtlich der verschiedenen Werbemittel und -träger werden mit Hilfe eines *Streuplanes* koordiniert. Die Streuplanung beinhaltet Entscheidungen zur Auswahl der Werbeträger und zum zeitlichen Einsatz (Timing). Als Auswahlkriterien die-

Abb. 8.10

Planungsprozess der Werbung

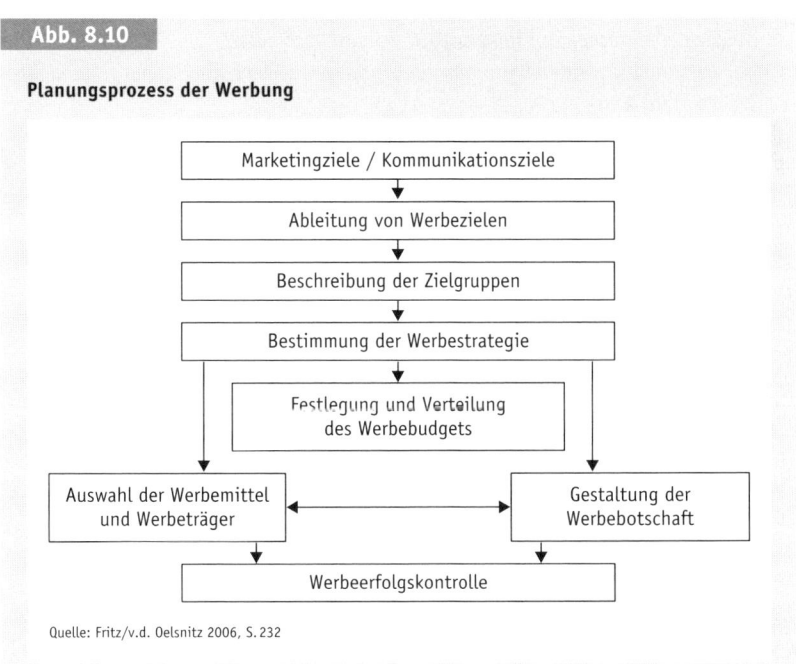

Quelle: Fritz/v.d. Oelsnitz 2006, S. 232

nen Kontakt- bzw. Reichweitemaßzahlen (z. B. Leser pro Ausgabe) und die Kosten (z. B. Tausenderkontaktpreise).

Verkaufsförderung

Verkaufsförderung ist ein Sammelbegriff für alle zusätzlichen und zeitlich begrenzten Anreize und Aktionen, die den Produktabsatz unmittelbar fördern sollen.

Es lassen sich handelsgerichtete und konsumentengerichtete Formen der Verkaufsförderung unterscheiden (vgl. Bruhn 2010, S. 228 f.). Maßnahmen der handelsgerichteten Verkaufsförderung (*Trade Promotions*) richten sich auf die Sicherstellung der Unterstützung von Handelsbetrieben durch Händlerschulungen, Übermittlung von Produkt- und Marktinformationen, Investitionshilfen, Beratung, Stimulierung der Verkaufsanstrengungen durch finanzielle bzw. materielle Anreize. Konsumentengerichtete Verkaufsförderung (*Consumer Promotions*) richtet sich an den Endverbraucher und umfasst Aktionen am *Point-of-Sale* (z. B. Zugaben, Preisausschreiben).

Kontrollfragen Kapitel 8.2

1. *Was wird unter Wertschöpfung verstanden?*
2. *Erläutern Sie das Wertkettenkonzept von Porter.*
3. *Was wird unter Marketing verstanden?*
4. *Wie ist der Markt betriebswirtschaftlich definiert?*
5. *Was besagt das SOR-Modell der Konsumentenverhaltensforschung?*
6. *Welche Kaufentscheidungsprozesse werden unterschieden?*
7. *Welches sind die Hauptdeterminanten des Kaufverhaltens von Organisationen nach Webster und Wind?*
8. *Welches sind die fünf Einflusstypen im Buying Center-Modell?*
9. *Welche Aufgaben hat die Marktforschung?*
10. *Erläutern Sie die Unterschiede zwischen der Sekundär- und der Primärforschung.*
11. *Welches sind die Phasen einer Primärerhebung?*
12. *Was versteht man unter der Marktsegmentierung?*
13. *Welche Bereiche umfasst die Produktpolitik?*
14. *Was ist ein Produkt und was ist ein Produktprogramm?*
15. *Worin unterscheidet sich eine Dienstleistung von einer Sachleistung?*
16. *Beschreiben und diskutieren Sie das Produktlebenszyklus-Konzept.*
17. *Was ist eine Innovation?*
18. *Was sind Entscheidungsbereiche der Preispolitik?*
19. *Was stellt eine Preisabsatzfunktion dar?*
20. *Definieren und erläutern Sie die »Preiselastizität der Nachfrage«.*
21. *Definieren Sie die Begriffe »Distribution« und »Außendienst«.*
22. *Was sind die beiden Teilbereiche der Distributionspolitik?*
23. *Nennen und erläutern Sie die verschiedenen Distributionsorgane.*
24. *Welche drei Konzepte zur Gestaltung von Distributionssystemen gibt es?*
25. *Was versteht man unter Direktabsatz und indirektem Absatz?*
26. *Erläutern Sie die Push- und die Pull-Strategie.*

27. Aus welchen Elementen besteht ein Kommunikationsprozess?

28. Was versteht man unter Werbung und welche Funktion hat sie?

Weiterführende Literatur

Backhaus, K./Voeth, M. (2010): Industriegütermarketing, 9. Aufl., München.
Balderjahn, I./Scholderer, J. (2007): Konsumentenverhalten und Marketing, Stuttgart.
Benkenstein/Uhrich, M. (2009): Strategisches Marketing, 3. Aufl., Stuttgart.
Bruhn, M. (2010): Marketing, 10. Aufl., Wiesbaden.
Diller, H. (2007): Grundprinzipien des Marketing, 2. Aufl., Nürnberg.
Fritz, W./v.d. Oelsnitz, D. (2006): Marketing, 4. Aufl., Stuttgart.
Kroeber-Riel, W./Weinberg, P./Gröppel-Klein, A. (2009): Konsumentenverhalten, 9. Aufl., München.
Schweiger, G./Schrattenecker, G. (2009): Werbung, 7. Aufl., Stuttgart.
Specht, G./Fritz, W. (2005): Distributionsmanagement, 4. Aufl., Stuttgart u. a.

8.3 Forschung und Entwicklung (F&E)

Lernziele

▶ Sie kennen die Teilbereiche der Forschung.

▶ Sie kennen die Aufgabenbereiche der strategischen F&E-Planung.

▶ Sie kennen die Instrumente der strategischen F&E-Planung.

▶ Sie kennen einzelne F&E-Strategien.

▶ Sie kennen die Grundprobleme des Technologiemanagements.

▶ Sie können den Technologielebenszyklus erklären und begründen.

▶ Sie kennen unterschiedliche Timing-Strategien.

▶ Sie kennen die Phasen und Probleme der Neuproduktentwicklung.

8.3.1 Grundlagen der Forschung und Entwicklung

Forschung und Entwicklung (F&E) bezeichnen einen Prozess der Kombination von Produktionsfaktoren mit dem Ziel, neues Wissen zu gewinnen (vgl. Brockhoff 1999, S. 48). F&E dient einerseits der Gewinnung neuen natur- und ingenieurwissenschaftlichen Wissens (*Forschung*) und andererseits der praktischen Umsetzung dieses Wissens in die *Entwicklung* neuer materieller und immaterieller Produkte (vgl. Specht et al. 2002, S. 14). Während sich also die Forschung auf die Generierung neuer Erkenntnisse zur Lösung grundlegender Probleme unter Einsatz wissenschaftlicher Methoden konzentriert, geht es in der Entwicklung darum, diese Forschungsergebnisse zur Konstruktion fabrikationsreifer, innovativer Produkte einzusetzen (vgl. Schweitzer/

Schweitzer 2006, S. 35 f.). Wissenschaftlich fundierte Erkenntnisse, die zur Lösung praktischer Probleme im Unternehmen eingesetzt werden können, werden auch als *Technologien* bezeichnet (vgl. Gerpott 2005, S. 17). Die folgenden Ausführungen werden sich primär auf die F&E von materiellen Produkten und zugehörigen Diensten konzentrieren. In der *Forschung* werden die Teilbereiche Grundlagenforschung und angewandte Forschung unterschieden:

▸ **Grundlagenforschung** ist auf die Gewinnung neuer wissenschaftlicher oder technischer Erkenntnisse und Erfahrungen gerichtet, ohne an der praktischen Anwendbarkeit bzw. Verwertbarkeit dieser Erkenntnisse orientiert zu sein. Grundlagenforschung findet überwiegend an (Technischen) Universitäten und Forschungseinrichtungen (z. B. *Fraunhofer Gesellschaften*) statt.

▸ **Angewandte Forschung** (auch als *Technologie- und Vorentwicklung* bezeichnet; Specht et al. 2002, S. 15 f.) zielt darauf, für grundlegende wissenschaftliche Erkenntnisse praktische Einsatzfelder bzw. Verwertungsmöglichkeiten zu suchen. Angewandte Forschung wird intensiv in Unternehmen technologieorientierter Branchen durchgeführt.

Die *Entwicklung* umfasst die Erprobung sowie die Neu- und Weiterentwicklung von Produkten (vgl. Schweitzer/Schweitzer 2006, S. 36). Innerhalb der Entwicklung lassen sich die experimentelle Entwicklung, die konstruktive bzw. rezepturbezogene Entwicklung und die Routineentwicklung unterscheiden.

8.3.2 Planung von Forschung und Entwicklung

Planung betrifft die systematische gedankliche Vorwegnahme zukünftiger Aktivitäten und Ereignisse und umfasst die Ziel-, Strategie-, Maßnahmen- bzw. Programm- und Projektplanung (vgl. Specht et al. 2002, S. 22 ff.). Zu unterscheiden sind eine strategische und eine taktisch-operative Forschungs- und Entwicklungsplanung. Die *strategische F&E-Planung* betrifft die Grundsatz- und Rahmenplanung sowie die langfristig wirksamen Handlungsparameter. Die *taktisch-operative F&E-Planung* füllt den strategischen Rahmen- bzw. Handlungsplan mit konkreten durchzuführenden Maßnahmen aus.

Aufgabenbereiche
der F&E-Planung

Aufgabenbereiche der strategischen F&E-Planung sind u. a.:

▸ Festlegung der *F&E-Ziele* (z. B. Erlangung von Technologieführerschaft),

▸ Festlegung von Bereichen der F&E-Aktivitäten (z. B. Produkt- und Prozessentwicklung (Kap. 8.3.8.2) oder Technologieentwicklung (Kap. 8.3.8.1); vgl. Schweitzer/Schweitzer 2006, S. 41),

▸ Umfang der Eigen- und Fremd-F&E (*Make-or-buy-Entscheidungen*; vgl. Schweitzer/Schweitzer 2006, S. 42 ff.),

▸ Schutz und Verwertung von Entwicklungen (*Patentpolitik*; vgl. Schweitzer/Schweitzer 2006, S. 44 ff.),

▸ Klärung von Finanzierungsfragen für F&E-Projekte und -aufgaben,

▸ Personalpolitik in F&E-Bereichen (vgl. Specht et al. 2002, S. 295 ff.),

▸ Stellung von F&E im Gesamtunternehmen (vgl. Specht et al. 2002, S. 35 ff.).

Darüber hinaus geht es auch um allgemeine Problemfelder hinsichtlich der *Organisation und Führung der F&E* wie z. B. (vgl. Specht et al. 2002, S. 23):

▸ aufbau- und ablauforganisatorische Regelungen der F&E (vgl. Kap. 8.3.4),
▸ die Gestaltung des Planungs- und Kontrollsystems,
▸ die interfunktionale Kooperation,
▸ der Führungsstil sowie das Motivations- und Anreizsystem (vgl. Specht et al. 2002, S. 295 ff.).

Zur Realisierung der strategischen F&E-Planung dienen *Planungsrichtlinien* sowie Pläne, die die wesentlichen Inhalte der Planung in ihrem zeitlichen Ablauf aufzeigen

Abb. 8.11

Ablauf der strategischen F&E-Planung in einem multinationalen Unternehmen

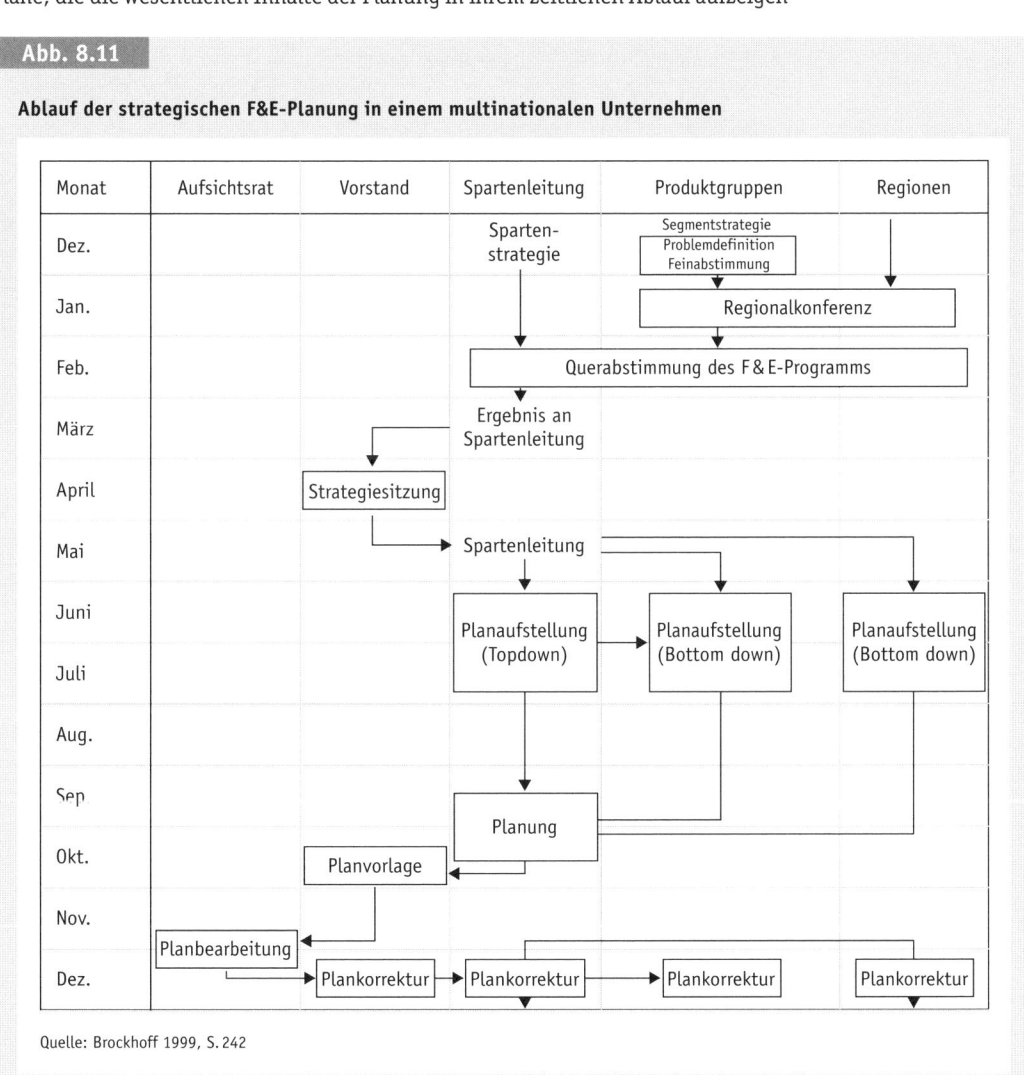

Quelle: Brockhoff 1999, S. 242

(vgl. Brockhoff 1999, S. 241 ff.). In der Abb. 8.11 ist ein vereinfachter Ablaufprozess der strategischen Planung in einem multinationalen Unternehmen dargestellt. Strategische und taktisch-operative Planungsebenen werden hier in einem zeitlichen und organisatorischen Iterationsprozess miteinander verknüpft (vgl. Brockhoff 1999, S. 241).

Instrumente
der F&E-Planung

Wichtige Methoden bzw. Instrumente der strategischen F&E-Planung sind (vgl. Schweitzer/Schweitzer 2006, S. 49 ff.; Specht et al. 2002, S. 87 ff.):

▸ Technologiefrüherkennung (z. B. Patentanalyse; vgl. Gerpott 2005, S. 101 ff.),
▸ Technologieprognose (z. B. Szenario-Technik; vgl. Gelbmann/Vorbach 2007a, S. 135 ff.; Gerpott 2005, S. 108 ff.),
▸ Technologietrendkurven (z. B. S-Kurve; vgl. Gerpott 2005, S. 117 ff.),
▸ Technologie- und Wirkungsanalysen sowie
▸ Technologie-Portfolio-Analysen (vgl. Gelbmann/Vorbach 2007b, S. 185 ff.; Gerpott 2005, S. 154 ff.; Specht et al. 2002, S. 98; auch Kap. 7.1.3).

In der *taktisch-operativen Forschungs- und Entwicklungsplanung* geht es insbesondere um die Planung des Forschungs- und Entwicklungsprogramms (Projektbewertung, -auswahl und -abwicklung) sowie um die *Budgetplanung* (vgl. Schweitzer/Schweitzer 2006, S. 53). Weitere Aspekte betreffen den Personalbedarf und die Personalbereitstellung für die F&E sowie Verfahren der Projektablaufplanung (z. B. Netzplantechnik; vgl. Kap. 6.4.5).

8.3.3 Forschungs- und Entwicklungsstrategien

F&E-Strategien sind langfristig angelegte Handlungspläne zur Realisierung von F&E-Zielen. Ein vordringliches Ziel von F&E-Strategien ist, durch F&E *Wettbewerbsvorteile* aufzubauen, die von Konkurrenten kurzfristig nicht aufgeholt werden können. Dazu ist es notwendig, F&E-Einsatzfelder (z. B. Technologieentwicklung, Produktentwicklung) hinsichtlich ihrer Attraktivität für das Unternehmen zu bewerten. F&E-Strategien legen fest, in welchen Forschungs- und Entwicklungsfeldern und in welchem Ausmaß F&E-Aktivitäten in Zukunft durchgeführt werden sollen. Zu nennen sind hier *Innovationsstrategien*, die sich auf die Entwicklung von neuen Technologien, Produkten und Prozessen richten, *Wettbewerbsstrategien*, die eine Verbesserung der Wettbewerbsposition eines Unternehmens durch F&E-Aktivitäten anstreben, *Timing-Strategien*, die den Zeitpunkt für die Fertigstellung eines neuen Prozesses, für die Bereitstellung einer neuen Technologie oder für den Markteintritt eines neuen Produkts (*Time-to-Market*) relativ zu Konkurrenten definieren (vgl. Kap. 8.3.8.1), *Make-or-buy-Strategien*, die den Anteil der internen F&E im Vergleich zur externen F&E (z. B. Zukauf oder Lizenznahme) festlegen, sowie *Kapazitäts- und Kompetenzstrategien*, die bestimmten F&E-Aktivitäten Ressourcen im Unternehmen zuteilen. F&E-Strategien müssen mit anderen Strategien einzelner Funktionsbereiche (z. B. Finanzierungsstrategien) sowie mit der Gesamtunternehmensstrategie (z. B. Positionierung des Unternehmens) koordiniert werden, um Konflikte im strategischen Gesamtkonzept zu vermeiden.

Strategien setzen sich in der Regel aus einigen identifizierbaren *Strategieelementen* zusammen. Danach kann unterschieden werden, ob F&E defensiv oder offensiv, forschungs- oder entwicklungsorientiert, innovativ oder imitierend, breit gestreut oder fokussiert, allein oder in Kooperation mit Partnern (z. B. Entwicklungskooperationen) betrieben wird. Hinsichtlich des Beginns bzw. der Begründung von F&E-Aktivitäten wird noch zwischen Market-Pull- und Technology-Push-Strategien unterschieden. Bei den *Market-Pull-Strategien* wird von artikulierten Bedürfnissen der Kunden bzw. des Marktes ausgegangen (z. B. Forderung bestimmter Produktfunktionen) und versucht, mit Hilfe von F&E-Aktivitäten technische Lösungen zur Befriedigung dieser Bedürfnisse zu suchen. *Technology-Push-Strategien* hingegen suchen für vorhandene technologische Lösungen Anwendungen und Funktionen, mit denen ein Kundennutzen geschaffen werden kann. Während hier der technische Fortschritt einen Innovationsdruck (*Push*) erzeugt, sind es bei der Market-Pull-Strategie die Kundenbedürfnisse, die einen Innovationssog (*Pull*) begründen (vgl. Trommsdorff/Steinhoff 2007, S. 30f.).

8.3.4 Organisation von Forschung und Entwicklung

Die F&E-Organisation dient der Schaffung stabiler aufbau- und ablauforganisatorischer Regelungen zur effektiven und effizienten Durchführung von F&E-Aufgaben (vgl. Specht et al. 2002, S. 331). Aspekte der Aufbauorganisation betreffen die Spezialisierung, Konfiguration, Delegation, Formalisierung und Koordination (vgl. auch Kap. 6.3). Die F&E-Organisation muss in die allgemeine Unternehmensorganisation eingebunden werden (*Außenstrukturierung*). Je nach Art der Organisation (Verrichtungs-, Objekt- oder Matrixorganisation) ergeben sich unterschiedliche Varianten für die Integration einer F&E-Organisation (vgl. Specht et al. 2002, S. 339 ff.). Für die Eingliederung des F&E-Bereichs in eine *verrichtungsorientierte* Unternehmensorganisation kommt die Zuordnung des F&E-Bereichs als Stabsabteilung der Unternehmensleitung, als Hauptabteilung in der Linie oder als Unterabteilung in der Fertigung oder im Absatz in Frage. Bei einer *objektorientierten* Organisation stellt sich speziell die Frage, ob die F&E-Aktivitäten zentral oder dezentral angesiedelt werden sollen. Eine große Homogenität des Produktprogramms und der Technologien spricht tendenziell für eine Zentralisierung des F&E-Bereichs. Dagegen fördert eine große Heterogenität die dezentrale Forschung und Entwicklung. Auch bei einer dezentralen Organisation von F&E kann eine zentrale Grundlagenforschung von Nutzen sein. Wenn ein Unternehmen über Auslandsstandorte verfügt, kann es zweckmäßig sein, anstelle oder zusätzlich zur objektorientierten eine regional orientierte F&E-Organisation einzurichten. Durch eine geografisch zentrale Integration des F&E-Bereichs in die Unternehmensorganisation wird der *Know-how-Schutz* erleichtert, da zum einen weniger Personen informiert sind und zum anderen der Patentschutz im Ausland oft mangelhaft ist und einige Länder zum Teil einen unentgeltlichen Know-how-Transfer von der Auslandsgesellschaft fordern. Vorteile einer Zuordnung von F&E zu den regional orientierten Unternehmensbereichen liegen in erster Linie in der Berücksichtigung länderspezifischer Besonderheiten. Durch die dezentrale Einordnung der F&E

F&E-Aufbauorganisation

auf regionaler Ebene wird somit der Einfluss der Auslandsgesellschaften auf die langfristige Produktpolitik verstärkt.

Der F&E-Bereich selbst kann nach *Phasen* des F&E-Prozesses (z.B. Technologieentwicklung, Vorentwicklung, Produkt- und Prozessentwicklung), *Kompetenzfeldern* (z.B. organische Chemie, anorganische Chemie, Biochemie), *Produktgruppen*, *Prozesstypen* (z.B. Erdölförderung, Raffinerie), *Projekten* und nach Kombinationen dieser Dimensionen organisiert werden (*Innenstrukturierung*; vgl. Specht et al. 2002, S. 348 ff.). Diese Organisationstypen werden häufig ergänzt durch strukturelle Beziehungen der Koordination und Steuerung in Form von Projektgruppen und Ausschüssen/Komitees:

▸ *Projektgruppen*, in denen Personen zeitlich befristet, aber kontinuierlich mit unterschiedlichen Fähigkeiten und Kenntnissen zusammenarbeiten.
▸ *Ausschüsse und Komitees*, in denen Personen hierarchiefrei und diskontinuierlich mit weiteren Positionen im Unternehmen zusammenarbeiten, um größere Projekte koordinieren zu können (z.B. Lenkungsausschüsse).

Die vorherrschende F&E-Organisationsform ist die *Projektorganisation*, wobei ein Projekt eine zeitlich befristete Aufgabe darstellt, die von einer Gruppe unter einer Projektleitung bearbeitet wird (vgl. Specht et al. 2002, S. 361 ff.).

F&E-Ablauforganisation

Die Ablauforganisation dient der Gestaltung von Prozessabläufen und der damit verbundenen Verknüpfung von Teilprozessen zu Prozessketten (z.B. Festlegen zweckmäßiger Reihenfolgen von Arbeitsgängen). Für die Aufgabe der Festlegung und Steuerung von Abläufen und Terminen werden in der Praxis bevorzugt Balkendiagramme (*Gantt-Diagramme*) eingesetzt. Ein *Balkendiagramm* hat die Form einer Matrix: In der Kopfzeile wird der Planungszeitraum in Zeiteinheiten untergliedert (z.B. Monate) eingetragen und in der Kopfspalte werden die Teilprojekte, Arbeitspakete oder Maßnahmen einer Gesamtaufgabe abgebildet und Bearbeitungszeiträumen zugeordnet (vgl. Specht et al. 2002, S. 484). Auch Verantwortlichkeiten können zu den jeweiligen Teilaufgaben festgehalten werden. Balkendiagramme können zudem durch *Meilensteine*, also Termine zur Überprüfung, ob wichtige Prozess- bzw. Projektabschnitte den geplanten Soll-Zustand erreicht haben, ergänzt werden (vgl. Specht et al. 2002, S. 485 f.). Da jedoch aus Balkendiagrammen sachlogische Ablaufverknüpfungen zwischen einzelnen Teilprozessen nicht ohne weiteres erkennbar sind, eignet sich die *Netzplantechnik* besser zur Ablaufplanung (vgl. Kap. 6.4.5).

8.3.5 Die Träger von Forschung und Entwicklung

Interne und externe F&E

Hinsichtlich der F&E-Trägerschaft bzw. der F&E-Bezugsquelle wird zwischen interner (nur Mitarbeiter des Unternehmens übernehmen F&E-Aufgaben) und externer F&E (wirtschaftlich selbständige Einrichtungen übernehmen gegen Bezahlung F&E-Aufgaben für das Unternehmen) unterschieden (vgl. Gerpott 2005, S. 34). Fixe Kosten und der Finanz- und Personalbedarf sind bei der *internen F&E* relativ hoch und das F&E-Risiko geht ungeteilt zu Lasten des eigenen Unternehmens (vgl. Kap. 8.3.6). Diesen Nachteilen stehen allerdings Chancen gegenüber. So ist eine Partizipation anderer Unternehmen an dem gewonnenen Wissen weitestgehend ausgeschlossen. Interne F&E erzwingt eine enge Zusammenarbeit mit anderen Funktionsbereichen der Unternehmung und auf fertigungs- und absatzwirtschaftliche Besonderheiten kann Rücksicht genommen werden. Die Erfahrungen, die das eigene Personal sammelt, erhöhen das F&E-Ressourcenpotenzial. *Externe F&E* wird aufgeteilt in Gemeinschaftsforschung und Vertrags- oder Kontraktforschung (vgl. Brockhoff 1999, S. 60). Zwischen interner und externer F&E befinden sich Varianten unternehmensübergreifender *F&E-Kooperationsformen*. Interne und externe F&E können in *F&E-Kooperationen* bzw. *F&E-Allianzen* zusammengeführt werden. Oftmals kooperieren im F&E-Bereich auch solche Unternehmen, die am Markt konkurrieren (z. B. Volkswagen *Touareg* und Porsche *Cayenne* bei der Entwicklung eines Geländewagens).

Übernehmen private Unternehmen oder öffentliche Einrichtungen (z. B. *Fraunhofer-Gesellschaften*) vertraglich Forschungs- und Entwicklungsarbeit, so liegt *Vertrags- oder Kontraktforschung* vor. Diese empfiehlt sich, wenn

Kontraktforschung

▸ spezielle wissenschaftliche oder technische Geräte benötigt werden,
▸ ein entsprechendes Spezialwissen benötigt wird, das im Unternehmen nicht verfügbar ist,
▸ sporadisch auftretende Forschungskapazitätsengpässe zu überwinden sind.

Die Gefahren der Vertragsforschung sind insbesondere in eingeschränkten Einflussmöglichkeiten auf die Forschungsaktivitäten des Vertragspartners, in fehlenden Synergieeffekten mit anderen Forschungsarbeiten des Unternehmens, im oft unvollständigen Wissenstransfer vom Auftragnehmer zum Auftraggeber und in der Teilhabe anderer an dem gewonnenen Wissen (unzureichender Schutz) zu sehen.

Gemeinschaftsforschung liegt vor, wenn mehrere Unternehmen, häufig Wirtschaftsverbände oder sonstige Zusammenschlüsse, in einem *Forschungsverbund* ein gemeinsames Forschungsziel verfolgen und als Auftraggeber von F&E auftreten (vgl. Brockhoff 1999, S. 63). Am häufigsten kommt die Gemeinschaftsforschung dort vor, wo allgemeine, relativ anwendungsferne Probleme erforscht werden sollen, an denen alle beteiligten Betriebe, oft kleine und mittelständische Betriebe, ein Interesse haben. Kritisch an der Gemeinschaftsforschung ist die Verständigung auf ein gemeinsames Ziel sowie die zum Teil recht komplizierten Abstimmungsprozesse zwischen den beteiligten Unternehmen (vgl. Brockhoff 1999, S. 65). Die Ergebnisse aus der Gemeinschaftsforschung müssen im Betrieb weiter bearbeitet und auf betriebliche Gegebenheiten zugeschnitten werden. Ein wichtiger Grund für die Teilnahme an einer Gemeinschaftsforschung ist die Möglichkeit, Forschungsprogramme bearbeiten zu können, die die Ressourcen eines einzelnen Unternehmens übersteigen würden.

Gemeinschaftsforschung

8.3.6 Die Risiken von Forschung und Entwicklung

Forschung und Entwicklung sind sowohl mit Chancen, aber auch mit verschiedenen Risiken verbunden. Risiken werden einerseits bestimmt durch die *Unsicherheit*, mit der Schäden bzw. Verluste eintreten können, und andererseits durch die potenzielle

Schadenshöhe. Üblicherweise werden Risiken als Erwartungswert aus dem Produkt der Eintrittswahrscheinlichkeit eines Schadens und der Schadenshöhe quantifiziert. Das Gesamtrisiko setzt sich aus verschiedenen *Einzelrisiken* zusammen (vgl. Specht et al. 2002, S. 26):

▸ **Das technische Risiko** bezieht sich auf die Gefahr, das gewünschte Ergebnis mit F&E nicht zu erreichen. Hierzu gehört auch das sogenannte *Serendipitätsrisiko*, das das Risiko erfasst, mit F&E zwar ein verwertbares, allerdings nicht das geplante Ergebnis zu erzielen.

▸ **Das Zeitrisiko** bezieht sich auf die Gefahr, dass die Entwicklungszeit deutlich überschritten wird. Die durch einen verschobenen Markteintritt (*Time-to-Market*) erlittenen Wettbewerbsnachteile können zu erheblichen Verlusten und Misserfolgen führen.

▸ **Das Kostenrisiko** bezieht sich auf die Gefahr, dass der geplante Kostenrahmen für die F&E deutlich überschritten wird.

▸ **Das Verwertungsrisiko** bezieht sich auf die Gefahr eines Misserfolges von Produkten auf dem Markt (*Flop-Risiko*). Dieses Risiko steigt, wenn unvorhergesehene Marktveränderungen während der F&E-Zeit eintreten sowie bei Fehleinschätzungen des Marktes.

Insgesamt steigt das F&E-Gesamtrisiko bei verkürzten Produktlebenszyklen, bei steigender Technologiekomplexität, unzureichender Früherkennung in den Bereichen Markt und Technologie sowie bei Fehleinschätzungen hinsichtlich relevanter Marktentwicklungen (vgl. Specht et al. 2002, S. 27).

8.3.7 Das Budget für Forschung und Entwicklung

Die *F&E-Budgetplanung* dient der Festlegung der erforderlichen Finanzmittel für F&E sowie der Verteilung dieser Mittel auf einzelne F&E-Projekte (vgl. Specht et al. 2002, S. 501). Der F&E-Anteil am Umsatz ist branchenabhängig, im Durchschnitt beträgt er ca. 4 %. Die Budgetplanung kann *integriert*, also in Abstimmung mit den einzelnen F&E-Projekten und anderen Unternehmensaufgaben, oder *isoliert*, ohne Berücksichtigung solcher Interdependenzen, erfolgen. Darüber hinaus kann eine Budgetierung Top-down, Bottom-up oder im Gegenstromverfahren durchgeführt werden. *Top-down-Ansätze* leiten das Budget aus unternehmenspolitisch vorgegebenen Kenn- oder Zielgrößen (z. B. Rendite) ab. Isolierte Planungsansätze für das F&E-Budget nach dem Top-down-Ansatz sind u. a. die Fortschreibung des vorangegangenen Budgets, die Orientierung an den F&E-Ausgaben der Konkurrenz und die Kopplung des F&E-Budgets an den Umsatz bzw. Gewinn (vgl. Specht et al. 2002, S. 502). Nach den *Bottom-up-Ansätzen* ergibt sich das Budget aus der Summe aller Kosten der Projekte und beim *Gegenstromverfahren* werden Top-down- und Bottom-up-Elemente gleichberechtigt berücksichtigt, um sowohl den unternehmensbezogenen Zielwerten als auch den projektbezogenen Anforderungen gerecht zu werden (vgl. Gerpott 2005, S. 171 f.).

8.3.8 Ausgewählte Objektbereiche der Forschung und Entwicklung

Objekte der F&E in Unternehmen sind Technologien sowie Produkte und Produktionsprozesse. Da F&E für Produkte und Produktionsprozesse eine Vorentwicklung erfordert, haben es Unternehmen vor allem mit drei Problemfeldern zu tun: mit der *Technologieentwicklung*, die weitgehend mit der angewandten Forschung übereinstimmt, mit der *Vorentwicklung*, die eine Zwischenstellung zwischen Technologieentwicklung und Produkt- und Prozessentwicklung einnimmt, und der *Produkt- und Prozessentwicklung*. Auf die Vorentwicklung wird im Folgenden nicht eingegangen.

8.3.8.1 Technologieentwicklung

Grundprobleme des Technologiemanagements
Die Technologieentwicklung ist Teil des *Innovationsmanagements*, das aus den Phasen Grundlagenforschung, Technologiemanagement, Vorentwicklung, Produkt- und Prozessentwicklung, Produktion und Markteinführung besteht.

> Unter *Technologie* wird das Wissen über naturwissenschaftlich-technische Wirkbeziehungen verstanden, das bei der Lösung praktischer Probleme Anwendung findet (z. B. Nanotechnologie).

Konkrete Anwendungen einer Technologie in Produkten und Produktionsprozessen wird als *Technik* (z. B. Anwendungsfelder der Nanotechnologie in der medizinischen Diagnostik), die erste technische Realisierung einer Erfindung als *Invention* und ein erfolgreich im Markt eingeführtes neues Produkt als *Innovation* bezeichnet. Technologiemanagement ist demnach das Management naturwissenschaftlicher Kenntnisse und Fähigkeiten, die zur Lösung technischer Probleme notwendig sind (vgl. Specht et al. 2002, S. 17). Aufgabe des Technologiemanagements ist insbesondere der Aufbau und die Aufrechterhaltung der technologischen Wettbewerbsfähigkeit einer Unternehmung. Für das Technologiemanagement stellen sich folgende *Grundprobleme*:
▸ Bewertung aktueller und neuer Technologien bzw. *Technologietrends* sowie das Management beim Übergang zu neuen Technologien (vgl. Gerpott 2005, S. 118).
▸ Festlegung, in welchen Technologiefeldern das Unternehmen tätig sein will.
▸ Bewertung der Chancen und Risiken technologischer Veränderungen.
▸ Bestimmung der technologischen Position der Unternehmung im Wettbewerb sowie Festlegung technologieorientierter Strategien.

Technologiestrategien richten sich auf die Beschaffung, den Einsatz und den Einsatzzeitpunkt von neuen Technologien im Unternehmen (vgl. Gerpott 2005, S. 61). Bei der Verfolgung solcher Strategien können allerdings Probleme auftauchen, da

Technologiestrategien

▸ der Bedarf an Technologien nur mittelbar aus dem Bedarf an Produkten abgeleitet werden kann,
▸ in Produkten alternative Technologien eingesetzt werden können,
▸ neue Technologien bedarfsweckend wirken können und

‣ die Entwicklung von Technologien mit erheblichen Unsicherheiten und Risiken hinsichtlich der Bedarfsrelevanz und der technischen Machbarkeit behaftet ist.

Technologiearten

Technologielebenszyklus

Technologien durchlaufen ebenso wie Produkte einen Lebenszyklus (*Technologielebenszyklus*). Nach dem sogenannten *S-Kurven-Konzept* von *McKinsey* gibt es einen S-förmigen Zusammenhang zwischen dem kumulierten F&E-Aufwand und der Leistungsfähigkeit einer Technologie (vgl. Abb. 8.12; Gerpott 2005, S. 117; Specht et al. 2002, S. 70f.). Mit zunehmendem F&E-Aufwand steigt zunächst die Leistungsfähigkeit und damit verbunden das wettbewerbsstrategische Potenzial einer Technologie stark an. Je näher die Technologie ihrem Potenzial bzw. ihrer Leistungsgrenze kommt, desto höher wird der F&E-Aufwand im Verhältnis zur dadurch noch zu erreichenden Leistungssteigerung, so dass sich insgesamt ein logistischer Verlauf ergibt (S-Kurve, vgl. Trommsdorff/Steinhoff 2007, S. 286 ff.).

Abb. 8.12

Technologielebenszyklus

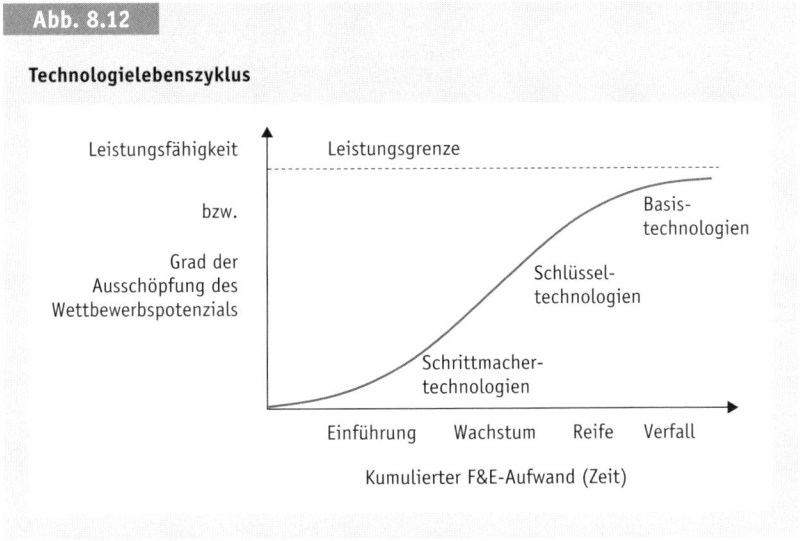

Üblicherweise werden in Abhängigkeit der aktuellen Leistungsfähigkeit und weiterer möglicher Leistungszuwachspotenziale durch F&E-Einsatz folgende *Technologiearten* unterschieden (vgl. Specht et al. 2002, S. 66 ff.):

‣ **Schrittmacher- bzw. Zukunftstechnologien** sind Technologien in einer frühen Entwicklungsphase mit hohen Leistungspotenzialerwartungen (z. B. Bio- und Nanotechnologie).

‣ **Schlüsseltechnologien**, die aus Schrittmachertechnologien hervorgegangen sind, haben sich erste Anwendungsfelder erschlossen. Durch F&E sind hohe Wachstumsraten der Leistungsfähigkeit zu erreichen. Diese Technologien sind die Basis für die technologische Wettbewerbsfähigkeit von Unternehmen (z. B. Bereiche der Medizin-, Laser-, Verkehrs- und Werkstofftechnik).

▸ **Basistechnologien** sind ausgereifte Technologien, deren Leistungs- und Wettbewerbspotenzial weitgehend ausgeschöpft ist. Sie bilden die Grundlage der allermeisten aktuellen Produkte und Produktionsprozesse. Diese Technologien sind einerseits Basis der leistungsbezogenen Wirtschaftstätigkeit von Unternehmen und andererseits sind sie permanent von leistungsstärkeren Substitutionstechnologien bedroht (z. B. große Bereiche der Unterhaltungselektronik, Verbrennungsmotoren bei Pkw).

Im Hinblick auf ihren Einsatzbereich lassen sich *Produkttechnologien*, deren Knowhow im Produkt verkörpert ist, und *Produktionsprozesstechnologien*, deren Know-how in das Produktionsverfahren einfließt, unterscheiden. Für viele Branchen ist Technologie eine ganz wichtige *Komponente der Wettbewerbsfähigkeit* (z. B. Telekommunikationsbranche, Automobil, Computer). Technologische Innovationen bei Produkten und Produktionsprozessen entscheiden oft über den Erfolg eines Unternehmens. Die zunehmende Bedeutung innovativer Technologien kann anhand der folgenden Entwicklungen abgelesen werden:

▸ steigende F&E-Ausgaben in technologisch umkämpften Märkten,
▸ zunehmende Automatisierung der Produktion,
▸ ein wachsender Anteil von Beschäftigten im F&E-Bereich und
▸ ein wachsender Anteil des Umsatzes entfällt auf neue Produkte.

Technologieorientierte Timing-Strategien

Neben anderen zeitkritischen Entscheidungen zum Einhalten von Plan-Terminen (F&E-Timing) sind insbesondere der Beginn und das geplante Ende von F&E-Aktivitäten in innovativen Technologiebereichen sowie der Markteintrittszeitpunkt von technologieorientierten Produkten (*Time-to-Market*) von zentraler Bedeutung für technologieorientierte Unternehmen. Sowohl hinsichtlich der zeitlichen Reihenfolge der Aufnahme von F&E-Aktivitäten als auch der Reihenfolge der Markteintritte von Unternehmen können Pionier-, Folger- und Imitationsstrategien unterschieden werden (vgl. Gerpott 2005, S. 218 f.; Specht et al. 2002, S. 108 f.):

▸ **Die Pionierstrategie** (*First-to-Market-Strategie*) wird von Unternehmen verfolgt, die als erste eine neue Technologie beherrschen bzw. ein neues technologisches Produkt am Markt anbieten wollen.
▸ **Die frühe Folgerstrategie** (*Early-to-Market/Follow-the-Leader-Strategie*) verfolgt das Ziel, in kurzer Zeit nach dem Pionier mit der gleichen oder einer ähnlich leistungstähigen Technologie bzw. mit einem ähnlichen Produkt am Markt präsent zu sein.
▸ **Die späte Folgerstrategie** (*Late-to-Market-Strategie*) zielt darauf, an den Marktchancen eines weitgehend entwickelten technologieorientierten Wachstumsmarktes teilhaben zu können, ohne wirtschaftliche und technologische Risiken tragen zu müssen. Da für »späte Folger« nicht der Markteintrittszeitpunkt eine primäre Bedeutung hat, sind für diese Unternehmen *Imitationsstrategien* (*Me-too-Strategien*) und Nischenstrategien nahe liegende Strategievarianten. *Imitationen* sind »Kopien« erfolgreicher Produkte, die kostengünstiger am Markt angeboten werden (z. B. Generika in Pharmamärkten). *Nischenstrategien* sind insbesondere

für kleine Unternehmen günstig, um den Wettbewerb mit größeren, etablierten Konkurrenten zu umgehen (z. B. Spezialausführungen von Standardprodukten).

Pionierstrategie

Bis auf die Pionierstrategie lassen sich für diese Strategien kaum Abgrenzungskriterien bestimmen (vgl. Gerpott 2005, S. 218). Für das korrekte *Timing* des Einstiegs in eine neue Technologie lässt sich auch kein allgemein gültiges Rezept angeben, da alle Strategien mit spezifischen Chancen und Risiken verbunden sind. Die Vorteile bzw. Chancen einer Pionierstrategie liegen im Aufbau eines innovativen *Pionier-Images* sowie in der Möglichkeit

- der Schaffung von Wettbewerbsvorteilen durch Differenzierung,
- des Aufbaus einer starken Kundenbindung,
- der Schaffung von *Markteintrittsbarrieren* (z. B. durch Markenbildung),
- *Erfahrungskurveneffekte* zu nutzen (vgl. Kap. 8.4.2),
- technologische Standards zu prägen (z. B. *Blu-ray-Disc* als Nachfolger der *DVD*),
- die Vermarktung von Technologieinnovationen durch Patente zu sichern.

Risiken bzw. Nachteile der Pionierstrategien sind hohe F&E-Aufwendungen sowie Markteintrittskosten zur Überwindung der Markteintrittsbarrieren, Kosten des Konkurrenzkampfes (z. B. Patentstreitigkeiten), Risiko technischer Mängel oder mangelnder Akzeptanz bei den Konsumenten und die Gefahr von Technologiebrüchen (vgl. Gerpott 2005, S. 221 f.). Eine Pionierstrategie ist wegen der vorhandenen Risiken nicht automatisch die beste unter den Timing-Strategien und ihre Vorteile stellen sich nicht automatisch ein. Welche Timing-Strategie gewählt werden sollte, hängt von vielen Bedingungen ab, die strategisch bewertet werden müssen (vgl. Trommsdorff/Steinhoff 2007, S. 192 f.).

8.3.8.2 Produkt- und Prozessentwicklung

Kunden- und Wettbewerbsorientierung
Unternehmen stehen häufig vor dem Problem, wie der Nachfragerückgang bei nicht mehr marktgerechten Angeboten durch neue Produkte kompensiert und zusätzliche Nachfrage geschaffen werden kann.

> Im Rahmen der *Neuproduktentwicklung* geht es darum, zukünftig wettbewerbsfähige Produkte bzw. Produktkonzepte zu identifizieren sowie erfolgreich zu entwickeln und zu vermarkten.

Der Prozess der Neuproduktentwicklung erfolgt üblicherweise in den Phasen Vorgabe strategischer Entwicklungsfelder, Ideengenerierung, Ideenbewertung, F&E, Produkttest und Markteinführung (vgl. Backhaus/Voeth 2010, S. 216 f.). Voraussetzung der Produkt- und Prozessentwicklung ist die Vorgabe strategischer Entwicklungsfelder bzw. *Suchfelder*, die den strategischen Rahmen für die Suche nach neuen Produkten abgrenzen. Die Produkt- und Prozessplanung beginnt mit der *Ideengenerierung und -auswahl*. Diese lässt sich mit Hilfe von *Kreativitätstechniken* wie z. B. Brainstorming, Brainwriting oder Synektik systematisch unterstützen (vgl. Balderjahn et al.

1996). Die Initialideen werden zu groben Projektentwürfen verdichtet und dann einer systematischen Bewertung und Auswahl unterworfen. Sodann ist in knapper Form eine *Zielvision* zu formulieren, deren Hauptaufgabe es ist, alle am Neuprodukt-projekt beteiligten Mitarbeiter zu engagierter Mitarbeit zu motivieren und eine grobe Richtung vorzugeben.

Nach dem Neuheitsgrad reicht die Spannweite von *inkrementalen Innovationen*, d.h. relativ geringfügige Weiterentwicklungen bestehender Produkte (z.B. verbessertes Haarshampoo), bis hin zu *radikalen Innovationen*, d.h. Neuprodukte mit einer völlig neuartigen technologischen Funktionsbasis (z.B. Ablösung von Videorekordern durch DVD-Player). Inkrementale Innovationen finden ihren Ursprung oft in veränderten Kundenbedürfnissen und Wettbewerbssituationen (*Market Pull Innovationen*). Demgegenüber sind es in der Regel technologische Entwicklungen, die zu radikalen *Technology-Push-Innovationen* führen (vgl. Gerpott 2005, S. 41 f.).

Zentraler Erfolgsfaktor der Produkt- und Prozessentwicklung ist die Schaffung eines hohen *Kundennutzens*. Damit ist die mit der *Zahlungsbereitschaft* korrespondierende Wertschätzung eines neuen Produkts durch den Kunden gemeint. Der Realisierung eines neuen Produkts sollte eine mehr oder weniger intensive Planung vorausgehen, die stets auch ein kreatives Element enthalten muss. Es gilt, aktuelle und zukünftige Bedürfnisse und Anforderungen der Kunden hinsichtlich neuer Sach- und Dienstleistungen zu entdecken und in die Gestaltung dieser Güter einfließen zu lassen (*Market-pull*). Dabei genügt es nicht, nur die aktuellen *Erwartungen* der Kunden voll oder besser als die Konkurrenten zu erfüllen. Die Voraussetzung für einen außergewöhnlichen Erfolg ist, Produkte für latente Bedürfnisse zu finden, für die es bisher noch keine geeigneten Angebote zur Befriedigung am Markt und infolgedessen auch noch keine konkreten Leistungserwartungen bei den potenziellen Nachfragern gibt. Gelingt das den Unternehmen, werden sie die Kunden positiv überraschen, vielleicht sogar begeistern und außerordentlich zufrieden stellen. *Zufriedene Kunden* tragen oft zu einer für das Unternehmen kostenlosen *Mund-zu-Mund-Werbung* (persönliche Kommunikation) bei. Als sehr nützlich hat sich die *Integration von Kunden im Produktentwicklungsprozess* herausgestellt (z.B. *Lead-User-Ansatz*; vgl. Backhaus/Voeth 2010, S. 218 ff.). Neben dem Kunden sollte die Neuproduktentwicklung auch das Leistungsangebot der Konkurrenz berücksichtigen. Die Orientierung an Konkurrenten dient dem Ziel, Wettbewerbsvorteile für das neue Produkt zu finden und zu schaffen. Im Idealfall gelingt es, das Produkt mit spezifischen Leistungsmerkmalen auszustatten und aus der Sicht der Kunden im Markt einzigartig zu positionieren.

Orientierung an den Lebensphasen eines Produkts

Überlegungen zur Neuproduktpolitik bewegen sich stets im Dreieck aus »Kunde«, »Konkurrenten« und »Ressourcen des eigenen Unternehmens«. Innerhalb der Produkt- und Prozessentwicklung sind darüber hinaus auch sämtliche Anforderungen, die ein Produkt in allen *Lebens- bzw. Wertschöpfungsphasen* erfüllen muss, zu berücksichtigen. Lebens- und Wertschöpfungsphasen bei Produkten beginnen mit der Produkt- und Prozessentwicklung und setzen sich über die Phasen Beschaffung, Produktion, Vertrieb, Nutzung beim Kunden (gegebenenfalls inklusive Wartung und Reparatur) bis hin zur Sammlung, zum Recycling und zur Entsorgung von Altprodukten fort. Mit dieser umfassenden Entwicklungsorientierung kann sichergestellt werden, dass das neue Produkt nicht nur kundengerecht, sondern auch beschaffungs-, produktions-, vertriebs-, wartungs-, reparatur-, recycling- und entsorgungsgerecht geplant und realisiert wird.

Stufenmodell der Produkt- und Prozessentwicklung

Simultaneous Engineering

Der Prozess der Neuproduktentwicklung von der Ideengenerierung bis zur Markteinführung lässt sich in einzelne Komponenten bzw. Phasen gliedern. Im Vergleich zu einem *sequentiellen* »Abarbeiten« einzelner aufeinander folgender Aufgaben führen Parallelisierungen von Arbeitsschritten und Überlappungen von vor- und nachgelagerten Entwicklungsphasen zu einer Verkürzung der Entwicklungszeiten. Dieses Vorgehen wird auch als Simultaneous Engineering bezeichnet (vgl. Specht et al. 2002, S. 145 f.). Das in Abb. 8.13 dargestellte Stufenmodell der Produkt- und Prozessentwicklung zeigt ein systematisches Vorgehen durch eine Aufteilung in eine Planungs- und in eine Realisationsphase, jeweils noch unterteilt in praktische Aktivitäten. Die überlappende Anordnung von Entwicklungsschritten wird als Treppe dargestellt und verdeutlicht teils aufeinanderfolgende, teils parallelisierte Ablaufschritte. Aufgrund von Veränderungen in den Märkten und im Unternehmen kann es vorkommen, dass einzelne Phasen iterativ durchlaufen werden müssen. Auch wenn solche *Iterationen* in der Regel nicht geplant und gewollt sind, lassen sie sich speziell bei langen Entwicklungszeiten nur begrenzt vermeiden. Iterationen werden in Abb. 8.13 durch spiralartige Pfeile veranschaulicht. Deutlich wird in diesem Stufenmodell zudem, dass

Abb. 8.13

Stufenmodell der Produkt- und Prozessentwicklung

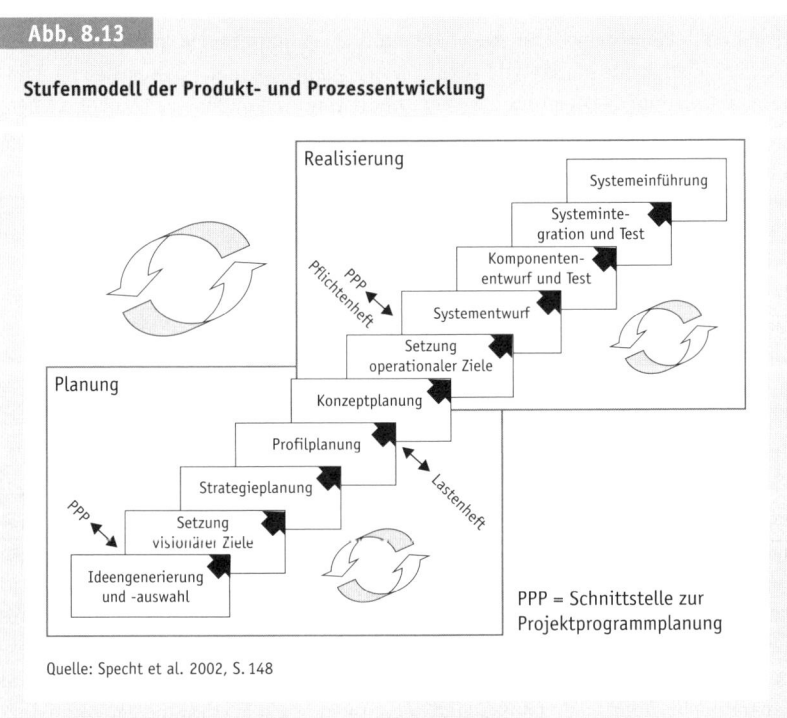

Quelle: Specht et al. 2002, S. 148

eine Verkürzung der Entwicklungszeit durch *Parallelisierung und Modularisierung* von Entwicklungstätigkeiten durch inhaltliche Abhängigkeiten begrenzt ist (vgl. Specht et al. 2002, S. 149).

Nach der Ideengewinnung und -bewertung sowie der Zielsetzung werden in der *Strategieplanung* Strategien zur Erreichung der Ziele formuliert, wobei auch das *Marktsegment* zu bestimmen ist, in dem das neue Produkt angeboten werden soll. Die Anforderungen aus dem »Produktleben« werden in der *Profilplanung* identifiziert und entsprechend ihrer relativen Bedeutung für die Erreichung von Wettbewerbsvorteilen gewichtet. Das Resultat der Profilplanung ist ein Anforderungsprofil, das sogenannte *Lastenheft*, das auch Anforderungen aufweisen kann, die nicht miteinander harmonieren. Die Umsetzung dieser Anforderungen (z. B. Kundenwünsche) in technische Konstruktionspläne kann mit Hilfe der QFD-Methode (Quality Function Deployment) erfolgen (vgl. Specht et al. 2002, S. 167 ff.).

> Quality Function Deployment

Quality Function Deployment (QFD) ist ein Planungs- und Entwicklungsverfahren, das Kundenerwartungen konsequent in Produktspezifikationen umsetzt.

Der Produktentstehungsprozess wird mit QFD von der Entwicklungsphase bis zur Serienreife begleitet (vgl. Saatweber 2005, S. 362). Zur Dokumentation aller Planungsschritte wird das sogenannte *House of Quality* verwendet. Die darauffolgende *Konzeptplanung* erstellt ein prinzipielles Lösungskonzept, das in der Lage ist, die unter Umständen konkurrierenden Anforderungen aus den verschiedenen Lebensphasen des Produkts in eine optimale Gesamtlösung der Produkt- und Prozessgestaltung zu integrieren. Teil der Konzeptplanung ist das *Kostenkonzept* für das Produkt, das die Produktkosten mehr oder weniger exakt festlegt. Im Anschluss an die Konzeptplanung sind im *Pflichtenheft* operationale Ziele zu formulieren, d. h. in Handlungen umsetzbare Vorgaben für die Realisierung der Planung. Die *Realisierungsphase* umfasst die Umsetzung der Planung in konkrete Handlungen,

▸ zur Schaffung des neuen Produkts,
▸ zur Überleitung in die Fertigung und
▸ zur Einführung in den Markt.

Dabei werden im Industriebetrieb prinzipiell die Verfahrensschritte Systementwurf, Komponentenentwicklung und Test, Systemintegration und Test sowie Systemeinführung durchlaufen. In Dienstleistungsunternehmen gelten diese prinzipiellen Überlegungen auch, allerdings in leicht abgewandelter Form.

Die Kundenorientierung ist zwar eine notwendige, aber keine hinreichende Bedingung für den Erfolg neuer Produkte. Anzunehmen ist, dass eine Planung neuer Produkte, die erstens kunden- und wettbewerbsorientiert ist, zweitens Anforderungen aus allen Phasen der Wertschöpfung bzw. des Produktlebens berücksichtigt und die schließlich drittens einem systematischen und zugleich kreativen Planungsprozess unterworfen wird, in den meisten Fällen erhebliche Effektivitäts- und Effizienzreserven im Produktinnovationsprozess erschließt.

Kontrollfragen Kapitel 8.3

1. Was wird unter F&E verstanden?
2. Nennen und beschreiben Sie die beiden Teilbereiche der Forschung.
3. Skizzieren Sie Aufgabenbereiche und Instrumente der strategischen F&E-Planung.
4. Nennen und erläutern Sie spezielle F&E-Strategien.
5. Erläutern Sie Market Pull- und Technology Push-Stategien.
6. Inwiefern ist Gemeinschaftsforschung nur dann effizient, wenn auch eigene F&E betrieben wird?
7. Nennen Sie Möglichkeiten der Innenstrukturierung einer F&E-Organisation.
8. Erläutern Sie Ansätze der F&E-Budgetierung.
9. Mit welchen Risiken sind F&E verbunden?
10. Wie sind die Begriffe »Technologie« und »Technik« definiert?
11. Nennen Sie Grundprobleme des Technologiemanagements.
12. Was ist der Unterschied zwischen einer Invention und einer Innovation?
13. Was ist der Unterschied zwischen einer inkrementalen und einer radikalen Innovation?
14. Welche drei Technologiearten können unterschieden werden?
15. Was besagt das S-Kurven-Konzept der Technologieentwicklung von McKinsey?
16. Welches sind die Vor- und Nachteile der Pionierstrategie?
17. Erläutern Sie den Unterschied zwischen sequentiellen und simultanen Entwicklungsprozessen.
18. Welche Phasen der Neuproduktentwicklung werden unterschieden?

Weiterführende Literatur

Backhaus, K./Voeth, M. (2010): Industriegütermarketing, 9. Aufl., München.

Brockhoff, K. (1999): Forschung und Entwicklung, 5. Aufl., München, Wien.

Gelbmann, U./Vorbach, S. (2007a): Das Innovationssystem, in: Strebel, H. (Hrsg.), Innovations- und Technologiemanagement, 2. Aufl., Wien, S. 95–155.

Gelbmann, U./Vorbach, S. (2007b): Strategisches Innovationsmanagement, in: Strebel, H. (Hrsg.), Innovations- und Technologiemanagement, 2. Aufl., Wien, S. 157–211.

Gerpott, T. J. (2005): Strategisches Technologie- und Innovationsmanagement, 2. Aufl., Stuttgart.

Saatweber, J. (2005): Nutzen- und Qualitätsmanagement im Entwicklungsprozess – Kundenanforderungen systematisch umsetzen und Risiken minimieren, in: Schäppi, B./Andreasen, M. M./Kirchgeorg, M./Rademacher, F. J. (Hrsg.), Handbuch Produktentwicklung, München, Wien, S. 357–396.

Schweitzer, M./Schweitzer, M. (2006): Erfolgsorientiertes Innovationsmanagement, in: Bea, F. X./Friedl, B./Schweitzer, M. (Hrsg.), Allgemeine Betriebswirtschaftslehre, Bd. 3: Leistungsprozess, 9. Aufl., Stuttgart, S. 9–112.

Specht, G./Beckmann, C./Amelingmeyer, J. (2002): F&E-Management, 2. Aufl., Stuttgart.

Trommsdorff, V./Steinhoff, F. (2007): Innovationsmarketing, München.

8.4 Produktionswirtschaft

Lernziele

▸ Sie kennen die Entscheidungsbereiche der Produktionswirtschaft.

▸ Sie kennen die Ziele der Produktionswirtschaft.

▸ Sie können die Begriffe *Economies
of Scale* und *Economies of Scope*
voneinander abgrenzen.

▸ Sie kennen unterschiedliche Fertigungstypen und können diese
beschreiben.

▸ Sie kennen unterschiedliche Fertigungsverfahren und können diese
beschreiben.

▸ Sie kennen die vier Teilpläne der
Produktionsprogrammplanung.

8.4.1 Grundlagen der Produktionswirtschaft

8.4.1.1 Entscheidungsbereiche der Produktionswirtschaft

Die Kombination von Produktionsfaktoren (Input) zur betrieblichen Leistungserstellung (Output) wird als *Produktion* bzw. *Fertigung* bezeichnet (Wöhe/Döring 2010,
S. 281; vgl. Kap. 1.6). Produktionsfunktionen beschreiben den Zusammenhang zwischen Input und Output eines Produktionsprozesses (vgl. Kap. 4.1). Unter dem
Begriff Produktionswirtschaft wird die betriebliche Funktion der Planung, Gestaltung, Steuerung, Koordination und Kontrolle des gesamten Leistungserstellungspro-
zesses verstanden (vgl. Thommen/Achleitner 2009, S. 351). Während es bei der Produktion eher um technische Aspekte geht, stehen bei der Produktionswirtschaft
ökonomische Probleme im Vordergrund. Neben Sachgütern (z. B. Computer, Automobile) sind auch Dienstleistungen das Ergebnis von Leistungserstellungsprozessen
(z. B. Bankdienstleistungen, Versicherungen; vgl. Bloech/Lücke 2006, S. 194 ff.).
Das vorliegende Kapitel wird sich allerdings auf die Entscheidungsprobleme der Sach-
güterherstellung (Herstellung materieller Produkte) konzentrieren.

Im Vordergrund stehen dabei folgende *Entscheidungsbereiche* (vgl. Thommen/ | Entscheidungsbereiche
Achleitner 2009, S. 351 f.; Weber/Kabst 2009, S. 111):

▸ **Fertigungs- bzw. Produktionsprogramm**: Entscheidung darüber, welche Güter
vom Unternehmen hergestellt werden sollen.

▸ **Produktionsmenge**: Entscheidung darüber, welche Mengen von welchen Gütern
hergestellt werden sollen. Mit Hilfe der *Linearen Programmierung* kann eine optimale Verteilung von Mengen auf Produkte berechnet werden (vgl. Thommen/Ach-
leitner 2009, S. 362 ff.; Kap. 6.4.6). Ist der Absatz von Produkten der *Engpass* in
einem Unternehmen, so vollzieht sich die Produktion in Abstimmung mit der
Nachfrage. Zu unterscheiden ist die *Auftragsproduktion* (Produktion erfolgt erst
bei einem Kundenauftrag) von der *Marktproduktion* (Produktion erhält vom Vertrieb Vorgaben; vgl. Schmalen/Pechtl 2009, S. 225 f.). Bei Absatzschwankungen
muss die Produktion möglichst optimal diesen Veränderungen angepasst werden,
um Zins-, Lager- und Kapazitätskosten minimieren bzw. gering halten zu können.

▸ **Fertigungstyp**: Entscheidung über die Größe einzelner Fertigungseinheiten in Abhängigkeit von der herzustellenden Menge bestimmter Produkte. Hier wird zwischen *Einzel- und Mehrfachfertigung* unterschieden.

▸ **Fertigungsverfahren**: Entscheidung über die organisatorische Anordnung von Fertigungseinheiten. Unterschieden wird zwischen *Werkstattfertigung*, *Fließfertigung*, *Gruppenfertigung* und *Baustellenfertigung*.

▸ **Fertigungstiefe**: Entscheidung darüber, wie hoch der Eigenanteil eines Unternehmens an der Erstellung eines Produktes bzw. an der Wertschöpfung sein soll (*Make-or-Buy-Entscheidung*). Eine Fertigungstiefe von 60 % bedeutet beispielsweise, dass der Eigenfertigungsanteil 60 % beträgt und 40 % von Zulieferern fremdbezogen wird (vgl. Schmalen/Pechtl 2009, S. 226 ff.). Die Entscheidung zum Fremdbezug wird auch als *Outsourcing* bezeichnet.

▸ **Kapazitätsrahmen**: Entscheidungen über die einzusetzenden Betriebsmittel und Arbeitskräfte.

▸ **Produktionswirtschaftlicher Ablauf**: Entscheidungen zu einzelnen Phasen des Fertigungsprozesses.

▸ **Innerbetrieblicher Standort**: Entscheidung über eine möglichst günstige räumliche Anordnung für Maschinen und Arbeitsplätze. Diese Entscheidungen sind abhängig von der sogenannten *Fabrikplanung*, die neben den räumlichen Anordnungsentscheidungen die Bereiche Fabrikarchitektur und Transportwegeplanung umfasst.

▸ **Instandhaltungsplanung**: Entscheidung über die Planung von Erhaltungs-, Pflege- und Reparaturmaßnahmen von Fertigungseinheiten sowie von Ersatzinvestitionen. Dabei kann in Fällen, in denen der Maschinenzustand jederzeit feststellbar ist, eine vorbeugende Instandhaltungsstrategie verfolgt werden. Ist der Maschinenzustand jedoch nur durch eine eingehende Inspektion erkennbar, werden Bereitschaftsstrategien angewandt, deren Hauptproblem in der Bestimmung optimaler Wartungsintervalle liegt.

8.4.1.2 Ziele der Produktionswirtschaft

Das Herstellen eines ausgewählten Produktionsprogramms ist ein *Sachziel* der Produktionswirtschaft. *Formalziele der Produktion* leiten sich aus einer Analyse des Einsatzes von Produktionsfaktoren zur Herstellung von Produkten ab (Input-Output-Zusammenhang). Damit stellt die *Produktivität* als Quotient aus Faktorertrag zum Faktoreinsatz die zentrale Zielgröße der Produktion dar (vgl. Kap. 1.6). Weitere Ziele sind (vgl. Bloech/Lücke 2006, S. 184 f.):

▸ Minimierung der *Durchlauf- bzw. Produktionszeiten* (Sachziel): Die Zeit vom Produktionsbeginn bis zur Fertigstellung eines Produkts wird als Durchlaufzeit bezeichnet. Je kürzer Durchlaufzeiten sind, desto flexibler können Unternehmen auf Absatzschwankungen reagieren (vgl. Weber/Kabst 2009, S. 117).

▸ Minimierung der *Produktionskosten* und Maximierung der *Kapazitätsauslastung* (Formalziel).

▸ Verbesserung der *Qualität* und der *Zuverlässigkeit* bzw. Verringerung der Fehlerquote (Sachziel).

▸ Verbesserung der *Umweltqualität* von Produktionsprozessen und Produkten: Bei der ökologieorientierten Produktgestaltung geht es u. a. um die Einsparung von Material und Energie, eine Reduktion der Materialvielfalt, recycling- und demontagegerechte Konstruktion sowie Langlebigkeit (Sachziel; vgl. Balderjahn 2004, S. 179 f.). Produktionsprozesse sollen durch *geschlossene Produktionssysteme* möglichst energiearm, rückstands- und schadstofffrei ablaufen.

▸ Schaffung *humaner Arbeitsbedingungen* im Produktionsbereich (Sachziel): Ziele zur »*Humanisierung der Arbeit*« richten sich auf eine Erhöhung der wahrgenommen Wichtigkeit eigener Arbeit, eine Reduktion von Eintönigkeit und Monotonie sowie auf eine Minimierung von Gesundheitsrisiken (vgl. Weber/Kabst 2009, S. 131 ff.).

8.4.2 Fertigungsprogramm und Betriebsgröße

Zu den konstitutiven Entscheidungen gehört auch die Festlegung des Fertigungsprogramms als Teil der *Business Mission* und die damit verbundene Entscheidung über die Betriebsgröße (vgl. Kap. 7). Das *Fertigungsprogramm* umfasst alle von einem Betrieb erstellten Sach- und Dienstleistungen. Die Grundlage bildet die Entscheidung darüber, welche Produkte herzustellen sind (vgl. Thommen/Achleitner 2009, S. 341). Die geplante Menge der gefertigten Produkte bestimmt die *Betriebsgröße*. Sie wird durch die Fertigungskapazität, die durch die gesamte Ausstattung des Betriebes an Potenzialfaktoren (z. B. Produktionsanlagen) und menschlicher Arbeitskraft bestimmt ist, definiert. Die Fertigungskapazität ist abhängig von der Leistungsfähigkeit der eingesetzten Produktionsfaktoren (z. B. Maschinen). Wie hoch die tatsächliche Auslastung der Fertigungskapazität ist, gibt der *Beschäftigungsgrad* an (vgl. Kap. 4.2.2).

Die *Betriebsgrößenplanung* hat die Festlegung des Kapazitätsvolumens bzw. der Kapazitätsgrenze, d. h. der maximalen Stückzahl zu fertigender Produkte, zum Ziel (vgl. Schierenbeck/Wöhle 2008, S. 263). Im Allgemeinen bewirkt eine Vergrößerung des Betriebes, d. h. eine höhere Fertigungsstückzahl, eine Verringerung der Stückkosten (sogenannter Skaleneffekt bzw. *Betriebsgrößeneffekt*). Verantwortlich dafür sind Economies of Scale- und Economies of Scope-Effekte sowie der Erfahrungskurven-Effekt. Die *Economies of Scale* erfassen Kostensenkungspotenziale, die durch Betriebsgrößeneffekte zu erreichen sind (z. B. günstigere Materialpreise durch größere Verhandlungsmacht). Dazu gehört auch die Stückkostenreduktion, die bei konstanten Fixkosten mit zunehmender Fertigungsmenge auftritt: Wenn bei gegebener Fertigungskapazität die Auslastung zunimmt, dann verteilen sich die (konstanten) Fixkosten auf eine größere Anzahl von hergestellten Produkten (*Fixkostendegression*). Mit *Economies of Scope* werden Kostenvorteile durch Verbund- bzw. Synergie-Effekte bezeichnet, die bei großen, diversifizierten Unternehmen oder bei Unternehmenszusammenschlüssen auftreten können (z. B. eine Entwicklungsabteilung für mehrere Produkte, gemeinsame Nutzung von Vertriebskanälen). Synergie-Effekte beschreiben auch die Fähigkeit von Unternehmen, Wissen und Erfahrung zwischen ähnlichen Wertschöpfungsprozessen zu übertragen (vgl. Coenenberg/Schultze 2007, S. 361).

Skaleneffekte

Erfahrungskurven-Effekt

Der Erfahrungskurven-Effekt (auch Lerneffekt) besagt, dass mit einer Verdopplung der im Zeitablauf kumulierten Fertigungsmengen die auf die Wertschöpfung bezogenen Stückkosten eines Produkts potenziell um einen konstanten Anteil zurückgehen (vgl. Kuß et al. 2007, S. 23 ff.; auch Kap. 4.2.3). Der Erfahrungskurven-Effekt stellt insbesondere auf die Erhöhung der *Arbeitsproduktivität* bei zunehmender Fertigung ab.

Allerdings können sich auch kleine und mittelständische Betriebe, die keine oder kaum *Economies of Scope-Effekte* nutzen können, im Wettbewerb behaupten, wenn sie sich spezialisieren und ihre Produkte in lukrativen Nischenmärkten anbieten. Kleinere Betriebe können im Vergleich zu großen Konzernen erfolgreich sein, wenn ihre Organisation überschaubarer und flexibler ist, Kommunikationswege kürzer sind, Verwaltungsaufwand geringer ist, Produkte innovativer sind und wenn diese Unternehmen eine bessere Kenntnis von den Kundenbedürfnissen haben.

8.4.3 Fertigungstyp und Fertigungsverfahren

8.4.3.1 Fertigungstypen

Fertigungsverfahren sind durch eine bestimmte Struktur der Reihenfolge von Tätigkeiten zur Herstellung von Produkten (Produktionsprozesse) charakterisiert. Entscheidungskriterien für Produktionsverfahren sind (vgl. Bloech/Lücke 2006, S. 189):

▶ *Faktorintensität*: Es werden arbeits-, maschinen-, kapital-, werkstoff- und energieintensive Verfahren unterschieden.
▶ Nach der Häufigkeit der Leistungswiederholung werden verschiedene *Fertigungstypen* unterschieden.
▶ Nach der Organisation des Produktionsprozesses werden verschiedene *Fertigungsverfahren* unterschieden.

Fertigungstypen sind die *Mehrfachfertigung* wie z.B. die Massen-, Sorten-, Serien- und Chargenfertigung sowie die *Einzelfertigung* (vgl. Bloech/Lücke 2006, S. 189 f.; Weber/Kabst 2009, S. 120 f.). *Massenproduktion* wird bei der Fertigung identischer Produkte in großer Stückzahl für einen Markt eingesetzt (z.B. Schrauben). Dabei wiederholt sich der Produktionsprozess ständig (ein Produkt auf einer Anlage). Diese Produktion zeichnet sich durch ein sehr großes Standardisierungspotenzial aus. Werden verschiedene Varianten (*Sorten*) eines Produkts in größeren Mengen nacheinander auf der gleichen Produktionsanlage hergestellt, die aufgrund ähnlicher Fertigungsprozesse nur geringfügig jeweils für die einzelnen Varianten umgerüstet werden muss, wird von einer *Sortenfertigung* gesprochen (geringfügig verschiedene Produkte, ähnlicher Fertigungsprozess, z.B. Joghurt mit unterschiedlichen Geschmacksrichtungen). Eine *Serienfertigung* liegt vor, wenn relativ verschiedene Produkte in geringen (Kleinserien) oder großen (Großserien) Mengen hintereinander auf Produktionsanlagen hergestellt werden, die auf die jeweiligen produktspezifischen Fertigungsprozesse vorher umgerüstet werden müssen (verschiedene Produkte, unterschiedliche Fertigungsprozesse, z.B. verschiedene Modelltypen im Automobilbau; vgl. Schmalen/Pechtl 2009, S. 234).

Eine wichtige Entscheidung bei der Sorten- und Serienfertigung ist die über die sogenannte Losgröße, d. h. über die Anzahl der hintereinander zu produzierenden Stücke
der verschiedenen Sorten bzw. Serien. Hierbei handelt es sich um ein Optimierungsproblem, da mit zunehmender Losgröße einerseits die Umrüstkosten je Stück sinken
und andererseits die Aufbewahrungskosten (Lager-, Zins- und Versicherungskosten)
je Stück ansteigen. Die Losgröße ist dann optimal, wenn die Gesamtkosten minimal
sind (Optimale Losgröße; Schmalen/Pechtl 2009, S. 235). Bei der *Chargenfertigung*,
einer speziellen Ausprägung der Serienfertigung, wird eine größere Produktionsmenge eines Produkts (*Charge*) in einem Produktionsvorgang hergestellt (z. B.
Getränkeherstellung; vgl. Weber/Kabst 2009, S. 121). Danach wird die Produktion
eines anderen Produkts aufgenommen.

Optimale Losgröße

Bei der *Einzelfertigung* (Manufakturbetrieb) wird ein Produkt nach einem Kundenauftrag nur einmal hergestellt (z. B. Schiffe, Kraftwerke; Auftragsproduktion). Die
Herstellung dieser Produkte muss genau geplant werden und Standardisierungspo-
tenziale sind nur in geringem Maße vorhanden. Möglichkeiten, kundenindividuelle
Wünsche einerseits (Einzelfertigung) und kostengünstige Standardisierungsmög-
lichkeiten andererseits (Massenproduktion) miteinander zu verbinden, bieten pro-
duktionstechnische Plattform- und Modulstrategien (vgl. Schmalen/Pechtl 2009,
S. 235). Die *Plattformstrategie* setzt für zahlreiche Produktvarianten standardisierte
technische Grundkonzepte ein, die äußerlich differenziert werden (z. B. Chassis mit
Radhaus im Automobilbau). Werden bestimmte Komponenten eines Produkts stan-
dardisiert (z. B. Motoren im Automobilbau) und für mehrere Produktvarianten eingesetzt, so handelt es sich um eine *Modulstrategie*. Von einer kundenindividuellen Massenproduktion (*Mass Customization*) wird gesprochen, wenn unter Anwendung neuer,
moderner Fertigungs- und Informationstechnologien eine variantenreiche Produkt-
herstellung kostengünstig möglich ist (z. B. Bekleidungsherstellung).

Plattformstrategie

8.4.3.2 Fertigungsverfahren

Nach Art der Bildung fertigungstechnischer Einheiten lassen sich drei Organisationstypen der Fertigung unterscheiden (vgl. Bloech/Lücke 2006, S. 190 ff.; Schmalen/
Pechtl 2009, S. 230 ff.; Thommen/Achleitner 2009, S. 374 ff.):

Die Werkstattfertigung: Gleichartige Maschinen und Arbeitsplätze werden zu ferti-
gungstechnischen Einheiten an einem innerbetrieblichen Standort zusammengefasst (z. B. Stanzerei, Lackiererei). Wird der ganze Betrieb nach diesem Fertigungstyp
organisiert, müssen die herzustellenden Produkte nacheinander diese Werkstätten
durchlaufen (vgl. Abb. 8.14, oben). Insofern ist dieser Organisationstyp nur bei Ein-
zel- oder Kleinserienfertigung zu empfehlen. Dem Vorteil der Flexibilität stehen auf-
wendige Arbeitsvorbereitungen, lange Transportwege und Zwischenlagerzeiten als
Nachteile entgegen (vgl. Weber/Kabst 2009, S. 121). Bei der *Baustellenfertigung*,
einer speziellen Art der Werkstattfertigung, werden alle Produktionsmittel zum Pro-
duktionsstandort, der Baustelle, gebracht. Dieser Fertigungstyp ist ausschließlich
bei Einzelfertigung anzutreffen (z. B. industrielle Großanlagen und Bauten).

Abb. 8.14

Anordnungsstrukturen bei Fließ- und Werkstattfertigung

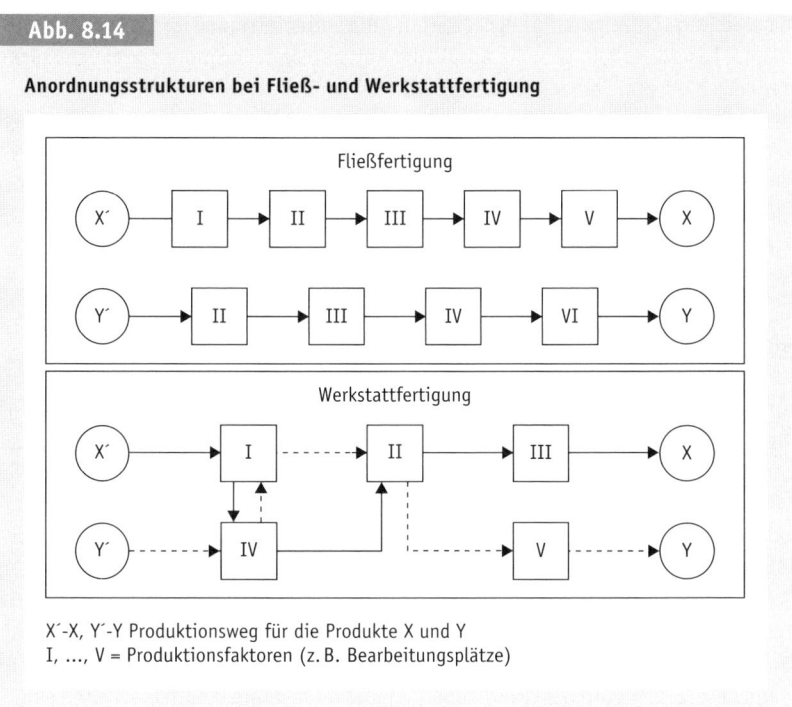

X´-X, Y´-Y Produktionsweg für die Produkte X und Y
I, …, V = Produktionsfaktoren (z. B. Bearbeitungsplätze)

Die Fließfertigung: Die Anordnung von Maschinen und Arbeitsplätzen wird nach der Reihenfolge der am Produkt durchzuführenden Arbeitsgänge festgelegt und die Arbeitsgänge werden zeitlich aufeinander abgestimmt (*getaktet*). Fließfertigung kommt insbesondere in der Massenproduktion zum Einsatz. Produkte durchlaufen in einer oft durch ein *Fließband* festgelegten Reihenfolge Maschinen und Arbeitsplätze (vgl. Abb. 8.15). Sind alle Arbeitsgänge einheitlich getaktet, d. h., sie haben die gleiche Zeitvorgabe (*Taktzeit*), so können die Durchlaufzeiten relativ gering gehalten werden und es entstehen keine Zwischenlager (vgl. Weber/Kabst 2009, S. 121 f.). Allerdings wirken sich Störfälle bei dieser Fertigungsorganisation besonders nachteilig aus, da bei Ausfall auch nur einer Arbeitseinheit der gesamte Fertigungsprozess stillsteht. Um das zu vermeiden, können Pufferlager eingerichtet und sogenannte »Springer«, also Arbeitskräfte, die mehrere Fertigungsprozesse beherrschen, eingesetzt werden. Den Vorteilen kurzer Durchlaufzeiten und einer Reduzierung von Zwischenlagern stehen ein hoher Kapitalbedarf und hohe Fixkosten, die Störanfälligkeit, eine geringe Flexibilität bei Nachfrageänderungen sowie psychische Anspannungen der Mitarbeiter infolge der Monotonie der Tätigkeiten als Nachteile entgegen (vgl. Thommen/Achleitner 2009, S. 377). Bei der *Straßenfertigung* bzw. *Linienfertigung* durchlaufen die Produkte auch nacheinander die einzelnen Produktionsgänge. Es wird hier allerdings auf eine genaue zeitliche Abstimmung der Produktionsgänge über den Arbeitstakt verzichtet.

Die Gruppenfertigung: Gruppenfertigung entsteht aus der Kombination von Werkstatt- und Fließfertigung. Der gesamte Produktionsprozess wird in sogenannte *fertigungstechnische Einheiten* bzw. Funktionsgruppen nach dem Werkstattprinzip aufgeteilt. Innerhalb der Einheiten findet dann die Fließfertigung Anwendung. Diese Organisationsform wird z. B. zur Produktion größerer Mengen von Einzelteilen eingesetzt. Wird ein Fertigprodukt aus Teilen bzw. Modulen zusammengesetzt, die in solchen Funktionsgruppen hergestellt wurden, wird von einer *Baukastenfertigung* gesprochen (vgl. Thommen/Achleitner 2009, S. 380).

8.4.4 Produktionsprogrammplanung

Aufgabe der Produktionsprogrammplanung ist es festzulegen, welche Produkte in welchen Mengen unter Einsatz welcher Produktionsprozesse im Planungszeitraum herzustellen sind (vgl. Schierenbeck/Wöhle 2008, S. 264 f.). Die Planung betrieblicher Produktionsprozesse kann in *Teilpläne* zerlegt werden, die spezifische Teilprobleme der Produktionsplanung betreffen. Dadurch werden die Entscheidungsprobleme überschaubarer (vgl. Wöhe/Döring 2010, S. 285). Eine besondere Bedeutung nimmt hier die kurzfristige *Produktionsdurchführungsplanung* ein. Sie umfasst vier Teilpläne (vgl. Schierenbeck/Wöhle 2008, S. 263 f.):

- **Die Produktionsaufteilungsplanung** legt fest, welche Produktionsfaktoren in welchen Mengen, wie lange und mit welcher Intensität einzusetzen sind, um eine Produktionsmenge bzw. ein Produktionsprogramm mit minimalen Produktionskosten zu erstellen (Problem der *Minimalkostenkombination*; vgl. Kap. 4.2.1).
- **Die zeitliche Produktionsverteilungsplanung** stimmt die Produktionsmengen mit den Absatzmengen ab. Das Ziel ist, so zu produzieren, dass die gesamte Produktionsmenge abgesetzt werden kann und die Kosten für Produktion und Lagerung minimal sind. Varianten dieser Planung sind die Synchronisation von Produktion und Absatz oder die teilweise bzw. vollständige Loslösung der Produktion vom Absatz.
- **Die Auftragsgrößenplanung** legt Größe und Reihenfolge der Fertigungsaufträge fest. Bei der Sorten- und Serienfertigung muss die hintereinander herzustellende Stückzahl eines Produkts vor Umstellung auf das nächste Produkt festgelegt werden *(Optimale Losgröße)*.
- **Die Termin- und Ablaufplanung** legt Start- und Endtermine sowie die zeitliche Reihenfolge der zu bearbeitenden Aufträge fest. Weiterhin werden die von den Aufträgen beanspruchten Anlagen und Arbeitskräfte mit dem Ziel festgelegt, im Rahmen eines mehrstufigen Produktionsprozesses die Kosten für die Lagerung der Erzeugnisse und für ablaufbedingte Stillstandszeiten der Anlagen zu minimieren. Der gesamte Zeitbedarf für die Abwicklung eines Auftrags, der sich aus isolierbaren Teilaufgaben zusammensetzt, lässt sich mit der *Netzplantechnik* bestimmen (vgl. Schmalen/Pechtl 2009, S. 236 f.; Kap. 6.4.5).

Da alle Teilpläne *interdependent* (voneinander abhängig) sind, müssen sie möglichst simultan abgestimmt werden. Diese Aufgabe ist allerdings recht komplex und schwie-

Computer Integrated Manufacturing

rig und wird daher zunehmend von computergestützten Produktionsplanungs- und Steuerungs-Systemen (*PPS-System*) übernommen. Während PPS-Systeme den ökonomischen Planungsaspekt (z. B. Kostenminimierung) erfassen, dient das *Computer Aided Manufacturing* (CAM) der technischen Steuerung von Produktionsprozessen (z. B. Bearbeitungsvorgänge, Materialtransport). Beide Systeme werden im CIM-Konzept, dem *Computer Integrated Manufacturing*, vernetzt und aufeinander abgestimmt (vgl. Schmalen/Pechtl 2009, S. 247 ff.). Darüber hinaus steuern CIM-Systeme auch das Zusammenwirken von Computer Aided Design (CAD, Erstellung von Konstruktionsplänen), Computer Aided Engineering (CAE, Optimierung der Produktgestaltung), Computer Aided Planning (CAP, Erstellung von Arbeits- und Montageplänen) und Computer Aided Quality Assurance (CAQ, Mess- und Prüfverfahren zur Fehlererfassung und -beseitigung; vgl. Schierenbeck/Wöhle 2008, S. 265 f.; Schmalen/Pechtl 2009, S. 248 f.; Weber/Kabst 2009, S. 126 ff.).

Kontrollfragen Kapitel 8.4

1. *Erläutern Sie den begrifflichen Unterschied zwischen Produktion/Fertigung und Produktionswirtschaft.*
2. *Nennen und beschreiben Sie kurz die Entscheidungsbereiche der Produktionswirtschaft.*
3. *Welches sind Ziele der Produktionswirtschaft?*
4. *Welche Fertigungstypen gibt es? Erläutern Sie diese.*
5. *Erläutern Sie die Werkstatt-, Fließ- und Gruppenfertigung einschließlich der jeweiligen Vor- und Nachteile.*
6. *Was wird unter der Betriebsgröße verstanden?*
7. *Was wird unter der Fertigungstiefe verstanden?*
8. *Erläutern Sie Economies of Scale- und Economies of Scope-Effekte.*
9. *Was wird unter der Produktionsprogrammplanung verstanden?*
10. *Was wird unter der Optimalen Losgröße verstanden und warum handelt es sich hier um ein Optimierungsproblem?*
11. *Welche vier Teilpläne umfasst die Durchführungsplanung?*
12. *Was versteht man unter Plattform- und Modulstrategien?*
13. *Was versteht man unter PPS, CAM, CIM, CAD und CAQ?*

Weiterführende Literatur

Bloech, J./Lücke, W. (2006): Produktionswirtschaft, in: Bea, F. X./Friedl, B./ Schweitzer, M. (Hrsg.), Allgemeine Betriebswirtschaftslehre, Bd. 3: Leistungsprozess, 9. Aufl., Stuttgart, S. 183–252.

Coenenberg, A. G./Schultze, W. (2007): Akquisition und Unternehmensbewertung, in: Busse von Colbe, W./Coenenberg, A. G./Kajüter, P./Linnhoff, U./Pellens, B. (Hrsg.), Betriebswirtschaft für Führungskräfte, 3. Aufl., Stuttgart, S. 339–370.

Schierenbeck, H./Wöhle, C. B. (2008): Grundzüge der Betriebswirtschaftslehre, 17. Aufl., München.

Schmalen, H./Pechtl, H. (2009): Grundlagen und Probleme der Betriebswirtschaft, 14. Aufl., Stuttgart.

Thommen, J.-P./Achleitner, A.-K. (2009): Allgemeine Betriebswirtschaftslehre, 6. Aufl., Wiesbaden.

Weber, W./Kabst, R. (2009): Einführung in die Betriebswirtschaftslehre, 7. Aufl., Wiesbaden.

Wöhe, G./Döring, U. (2010): Einführung in die Allgemeine Betriebswirtschaftslehre, 24. Aufl., München.

8.5 Logistik

Lernziele

▸ Sie kennen die Einsatzbereiche der Logistik.

▸ Sie kennen die Aufgaben der Logistik.

▸ Sie kennen die Probleme der Lagerhaltung.

▸ Sie können das Kanban-Logistiksystem beschreiben.

Logistik umfasst die effiziente Gestaltung, Steuerung und Durchführung von Material- und Produktflüssen (Realgüterprozesse) innerhalb und zwischen Systemen. Insbesondere geht es um Raum und Zeit überbrückende Transport- und Lagerungsprobleme.

Darüber hinaus können auch Aktivitäten der Zeit- und Raumüberbrückung von Personen, Energie- und Informationsflüssen der Logistik zugeordnet werden (vgl. Troßmann 2006, S. 120 f.). Die Logistik hat insbesondere die Aufgabe, gewünschte Güter in der richtigen Menge und Qualität, zum richtigen Zeitpunkt, am richtigen Ort und zu minimalen Kosten bereitzustellen (vgl. Domschke/Scholl 2008, S. 135). Logistische Aufgaben sind in allen Realgüterphasen und -prozessen zu bewältigen, so dass folgende *Einsatzbereiche der Logistik* unterschieden werden (vgl. Domschke/Scholl 2008, S. 135; Troßmann 2006, S. 119):

▸ Beschaffungslogistik (vom Lieferanten in das Eingangslager: *Inbound*),

▸ Fertigungs- bzw. Produktionslogistik (innerbetriebliche Material- und Warenwirtschaft),

▸ Distributions- bzw. Marketinglogistik (vom Ausgangslager zum Kunden: *Outbound*),

▸ Entsorgungslogistik (Rücknahme und Recycling).

Die Logistik überlagert demnach als betriebliche *Querschnittsfunktion* die Bereiche Beschaffung, Fertigung und Absatz (vgl. Domschke/Scholl 2008, S. 135). Konkret führt dies zu folgenden *Aufgaben der Logistik* (vgl. Troßmann 2006, S. 119):

▸ Transport und Verpackung,
▸ Auftragsabwicklung und
▸ Lagerung (Lagerhaltung, Lagerhaus).

Transport

Für den Transport zu lösende Probleme hängen von Art und Menge der zu transportierenden Güter sowie von den jeweiligen Liefer- und Empfangsstellen ab. Die dabei auftretenden Teilprobleme beziehen sich auf Fragen nach (vgl. Troßmann 2006, S. 147 f.):

▸ der günstigsten *Transportvariante*, d. h. nach der Art des Transportmittels (z. B. Bahn- oder Seetransport), der Kapazität der Transportmittel und danach, ob der Transport selbst oder durch Dritte (z. B. Speditionen) durchgeführt werden soll,

▸ der günstigsten *Transportabwicklung*, also der Steuerung von Transportvorgängen bezüglich der Route und der Transportmenge (optimale Routenplanung),

▸ der Lage der *Versandorte* (bei gegebenen Bedarfsorten).

Auftragsabwicklung

Die Auftragsabwicklung übernimmt Aufgaben der administrativen Erledigung von Aufträgen (z. B. Bestätigung der Aufträge, Erstellen von Versandpapieren, Fakturierung) und die Auslösung solcher Tätigkeiten, die mit dem Transport von Gütern notwendig werden. Insbesondere geht es darum, Abstimmungsprozesse optimal zu gestalten, um Durchlauf- bzw. Lieferzeiten möglichst zu minimieren (vgl. Thommen/ Achleitner 2009, S. 224 f.).

Lagerhaltung

Die Lagerhaltung verfolgt die Oberziele Lieferzuverlässigkeit und Kostenminimierung. Daraus ergeben sich folgende Entscheidungsprobleme (vgl. Thommen/Achleitner 2009, S. 224 f.; auch Troßmann 2006, S. 144 ff.):

▸ **Optimaler Lagerbestand**: Hier gibt es einen Zielkonflikt zwischen dem Grad der Lieferungsbereitschaft und Lagerhaltungskosten zu lösen.

▸ **Zweckmäßigkeit des Lagersystems** *bzw. der Lagerorganisation*: Hier geht es um Probleme der Auffindbarkeit von Produkten (z. B. Organisation der Beschickung und Entnahme), kurze Transportwege (z. B. Bildung von Lagereinheiten wie Paletten oder Container), optimale Raumausnutzung sowie um Aspekte des technischen Lagersystems (z. B. Art der Regale, Gestaltung der Stapelung).

▸ **Anzahl und Standort der Lager**: Mit der Anzahl der Zwischenlager reduzieren sich einerseits die Lieferzeiten und Transportkosten, andererseits erhöhen sich die Lagerkosten.

Entscheidungen zu diesen Problemen müssen immer die konfliktären Ziele der Transportkostenminimierung einerseits und der Lieferqualität bzw. -bereitschaft andererseits beachten. Zur Ermittlung der *Transportkosten* müssen Kostenauswirkungen der Transportvariante auf alle Logistikbereiche sowie weitergehende Kostenauswirkungen (z. B. in sonstigen Marketingbereichen) berücksichtigt werden. Die *Lieferqualität* umfasst u. a. die Transport- bzw. Lieferzeit, die Transportfrequenz innerhalb einer Periode, die geografische Verfügbarkeit der Transportleistung, die Zuverlässigkeit des Transports bezüglich Zeit, Frequenz und Verfügbarkeit, die technische Eignung des Transportmittels im Hinblick auf seine quantitative und qualitative Kapazität sowie transporttechnische Elastizität und Flexibilität. Für Probleme im Bereich der

Transportabwicklung (Mengen- und Routenplanung) oder im Bereich der Versandort-wahl können Methoden aus dem *Operations Research* (OR; vgl. Kap. 6.4.6) eingesetzt werden.

Logistische Aufgaben sind in der Regel mehrstufig und müssen in die inner- und überbetriebliche Gesamtplanung eingefügt werden (vgl. Troßmann 2006, S. 148). Die Effizienz solcher Logistiksysteme kann durch Konzepte wie Efficient Consumer Response (ECR) und Supply Chain Management verbessert werden. *Efficient Consumer Response* ist ein Kooperationskonzept zwischen Hersteller und Handel zur Optimierung von Geschäftsprozessen. Durch die Ausrichtung auf den Kundennutzen können alle an einer Wertschöpfung beteiligten Unternehmen ihre gemeinsamen Geschäftsprozesse effizienter gestalten.

Efficient Consumer Response

> Das *Supply Chain Management* hat die zielorientierte Gestaltung von den an einer Wertschöpfungs- bzw. Lieferkette beteiligten Unternehmen zur Aufgabe und dient somit der Optimierung des Beschaffungsprozesses.

Für den innerbetrieblichen Bereich stehen durch Software gestützte Tools wie z. B. Produktionsplanungs- und Steuerungssysteme (PPS-Systeme; vgl. Domschke/Scholl 2008, S. 130 ff.) zur Verfügung, mit denen allerdings häufig nur suboptimale *Insellö-sungen* von logistischen Einzelfunktionen erzielt werden.

Spezielle Konzepte sind die Kanban- und die Just-in-time-Logistik (JIT). Das in den fünfziger Jahren des letzten Jahrhunderts bei *Toyota* entwickelte Kanban-Logis-tik-Management wird heute in fast allen Industrieländern eingesetzt. Es ist ein Pro-duktionssteuerungssystem, das auf dem Prinzip der dezentralen Bedarfsplanung beruht (vgl. Macharzina/Wolf 2010, S. 832). Danach sind die einzelnen Produktions-stellen bzw. die dort beschäftigten Arbeitnehmer für die gesamte Materialversorgung ihrer Produktionsstellen verantwortlich. Mit der sogenannten *Kanban-Karte* (Kan-Ban: japanisch = Karte) fordern die Produktionsstellen ihren Materialbedarf eigen-verantwortlich von im Produktionsprozess voranliegenden Stellen an. Die Kanban-Karte dient in diesem Prozess als Informationsträger und enthält alle für die Fertigung wichtigen Informationen. Die in einer Produktionsstelle fertig gestellten Vorpro-dukte werden für die nachfolgenden Stellen bereit gehalten (Hol-Prinzip; vgl. Mach-arzina/Wolf 2010, S. 832 f.). Die Kanban-Logistik zielt darauf, Lager dadurch abzu-bauen, indem die benötigten Materialien erst kurz vor dem Bedarfszeitpunkt angefordert werden. Dadurch soll eine kostenoptimale und flexible Fertigung mög-lich sein (vgl. Macharzina/Wolf 2010, S. 833 f.). Kanban kann durch folgende Merk-male beschrieben werden (vgl. Troßmann 2006, S. 149 f.):

Kanban-Logistik-Management

▸ der Produktionsprozess wird in eine Anzahl von Material transportierenden *Liefer-Empfangs-Beziehungen* zwischen Produktionsstellen untergliedert,

▸ es erfolgt eine dezentrale Steuerung am Ort des Materialflusses und aus den Lie-fer-Empfangs-Beziehungen wird ein *selbststeuernder Regelkreis* gebildet, der den Informationsfluss mit dem Materialfluss auf derselben Ebene verknüpft,

▸ das *Hol-Prinzip* wird für den Transport bei der jeweils empfangenden Stelle einge-führt,

▸ für den Transport werden *standardisierte Behälter* eingesetzt, die mit einem besonderen Schild, der *Kanban-Karte*, ausgerüstet sind. Die *Kanbans* enthalten alle zur
Bestellung und Produktion erforderlichen Informationen.
▸ die *Steuerung von Materialmengen und Halbfabrikaten* erfolgt insbesondere
dadurch, dass für jede Stelle und Materialart eine bestimmte Anzahl von Kanbans
ausgegeben wird.

Das Kanban-System kann nur in bestimmten Fällen realisiert werden und ist auch
dort nicht immer das zweckmäßigste (vgl. Troßmann 2006, S. 150). Kanban ist eine
spezielle Variante der Just-in-time-Logistik, da es hier auch um eine einsatzsyn-
chrone Materialbereitstellung und bei *Just-in-time* ganz allgemein um eine produkti-
onssynchrone Anlieferung benötigter Input-Güter durch die Lieferanten geht.

Kontrakt-Logistik

Der Markt für Logistikleistungen wächst weltweit sehr stark. Anstatt selbst logistische Aufgaben zu übernehmen (*Insourced*), werden diese oft Logistik-Dienstleistern
übertragen (*Outsourced*). Insbesondere die sogenannte Kontrakt-Logistik zeichnet
sich durch hohe Wachstumsraten aus. Bei der Kontrakt-Logistik übernimmt ein
Logistik-Dienstleister auf vertraglicher Basis unterschiedliche logistische Kern- und
Zusatzaufgaben eines Unternehmens entlang der Wertschöpfungskette und bietet
dafür individuelle Lösungen an (z. B. Verpackung, Versand, Lagerung, Warenan-
nahme, Eingangskontrolle, Kommissionierung). Die Zusammenarbeit ist vertraglich
(Kontrakt) geregelt und längerfristig angelegt. Die weltgrößten Logistikunterneh-
men sind *United Parcel Service* (UPS), *FedEx* und *Deutsche Post World Net* (DHL).

Kontrollfragen Kapitel 8.5

1. *Was versteht man unter Logistik?*
2. *Welches sind die Einsatzbereiche der Logistik?*
3. *Welche Aufgaben hat die Logistik?*
4. *Welches sind Entscheidungsbereiche des Transports?*
5. *Vor welchen Entscheidungsproblemen steht die Lagerhaltung?*
6. *Was beinhalten die Konzepte Efficient Consumer Response und Supply Chain
   Management?*
7. *Welche Merkmale weist die Kanban-Logistik auf?*
8. *Was wird unter Just-in-time-Logistik verstanden?*
9. *Was wird unter Kontrakt-Logistik verstanden?*

Weiterführende Literatur

Domschke, W./Scholl, A. (2008): Grundlagen der Betriebswirtschaftslehre, 4. Aufl.,
    Berlin u. a.
Macharzina, K./Wolf, J. (2010): Unternehmensführung, 7. Aufl., Wiesbaden.
Thommen, J.-P./Achleitner, A.-K. (2009): Allgemeine Betriebswirtschaftslehre,
    6. Aufl., Wiesbaden.

Troßmann, E. (2006): Beschaffung und Logistik, in: Bea, F. X./Friedl, B./Schweit-
zer, M. (Hrsg.), Allgemeine Betriebswirtschaftslehre, Bd. 3: Leistungsprozess,
9. Aufl., Stuttgart.

8.6 Beschaffungswirtschaft

Lernziele

▸ Sie kennen die Problemstellungen
und Aufgabenbereiche der Beschaffung.

▸ Sie kennen Beschaffungsziele und
Beschaffungsprobleme.

▸ Sie können die einzelnen beschaffungspolitischen Instrumente
beschreiben.

▸ Sie kennen unterschiedliche
Lieferantenstrategien.

▸ Sie können eine ABC-Analyse durchführen.

▸ Sie können an einem einfachen
Beispiel die optimale Bestellmenge
berechnen.

8.6.1 Grundlagen der Beschaffungswirtschaft

Begriff der Beschaffung und der Materialwirtschaft

Zur betrieblichen Leistungserstellung sind Beschaffungsvorgänge erforderlich. Es
müssen Werkstoffe, Maschinen und Anlagen, Arbeitskräfte, Dienstleistungen, Rechte
und Finanzmittel beschafft werden. Da sich die Problemstellungen und Aufgabenbereiche zwischen einzelnen Beschaffungsgütern deutlich unterscheiden, wird die
Beschaffung von Maschinen und Anlagen in der Investitionsplanung und -rechnung
(vgl. Kap. 8.8), die Beschaffung von Arbeitskräften im Personalwesen (vgl. Kap. 8.7),
die Beschaffung von Informationen in der Informationswirtschaft und die Beschaffung finanzieller Mittel in der Finanzwirtschaft (vgl. Kap. 8.8) behandelt (vgl. Weber/
Kabst 2009, S. 81 f.). Die *Beschaffungswirtschaft* im engeren Sinne richtet sich hinge-
gen auf die Bereitstellung der für die Leistungserstellung benötigten Güter (z. B.
Material, Anlagen, externe Dienstleistungen). Erfolgt hier eine Konzentration auf die
Beschaffung, Lagerung, Entsorgung und Wiederverwendung von Materialien, so wird
auch von *Materialwirtschaft* gesprochen (vgl. Thommen/Achleitner 2009, S. 303 ff.).
Der Begriff *Material* umfasst in die Produktion eingehende Rohstoffe und Halb- und
Fertigfabrikate sowie für den Produktionsprozess benötigte Hilfs- und Betriebsstoffe
und Handelswaren (vgl. Troßmann 2006, S. 115).

Beschaffungsziele

Die Hauptaufgabe der Beschaffung ist, die zur Leistungserstellung erforderlichen
Materialien nach Art, Menge und Qualität zum richtigen Zeitpunkt am richtigen Ort

bereitzustellen (vgl. Thommen/Achleitner 2009, S. 305). Darüber hinaus orientiert sich die Beschaffung an folgenden Zielen (vgl. Weber/Kabst 2009, S. 82 f.):

▸ **Qualitätssicherung**: Festlegung von qualitativen Anforderungen der eingesetzten Materialien.

▸ **Kostengünstigkeit**: Zielt auf niedrige Beschaffungspreise und kostengünstiges Wirtschaften (z. B. niedrige Lagerbestände).

▸ **Sicherung der Lieferfähigkeit**: Rechtzeitige Bereitstellung der Güter am Ort des Verbrauchs (Termintreue, *Just-in-time*), um Produktionsunterbrechungen zu vermeiden. Hierzu tragen vertrauensvolle und stabile Geschäftsbeziehungen zu den Lieferanten bei.

▸ **Flexibilität**: Forderung nach einer hohen Anpassungsfähigkeit der Lieferanten an neue Markt- und Umfeldbedingungen (z. B. Nachfrageschwankungen).

▸ **Geringe Liquiditätsbindung**: Die in den Materialien gebundenen finanziellen Mittel belasten die Liquidität. Deshalb sollen Lagerbestände möglichst niedrig sein.

▸ **Umwelt- und Sozialverträglichkeit**: Materialien sollen die Umwelt möglichst wenig belasten (z. B. Einsatz biologisch abbaubarer Stoffe) und sozialverträglich bereitgestellt werden (z. B. humane Arbeitsbedingungen bei den Lieferanten).

Insbesondere die Beschaffungsziele hohe Qualität, geringe Kosten und hohe Lieferbereitschaft stehen oft in einem konfliktären Verhältnis (vgl. Weber/Kabst 2009, S. 83 f.). Weitere Beschaffungsziele sind eine Stärkung der Position gegenüber Lieferanten (Einkaufsmacht), Schaffung langfristiger Geschäftsbeziehungen zu Lieferanten sowie die Forderung nach ökologischer und sozialer Unbedenklichkeit der Lieferanten (z. B. durch Zertifizierung nach der EG-Öko-Audit-Verordnung oder nach ISO 14001).

Beschaffungsprobleme

Im Beschaffungswesen sind folgende Entscheidungen zu treffen (vgl. Weber/Kabst 2009, S. 86 ff.):

▸ Welche Güter müssen bereitgestellt werden (Güterart)?

▸ Welche Güter sollen selbst hergestellt (Eigenfertigung) oder extern von Lieferanten bezogen werden (Fremdbezug)?

▸ Wann sollen Güter beschafft werden (Beschaffungszeitpunkt)?

▸ Bei welchem Lieferanten soll bestellt werden (Lieferantenauswahl)?

▸ Wie viele Lieferanten werden benötigt (Anzahl der Lieferanten)?

▸ In welchem geografischen Umkreis soll beschafft werden (regionale oder globale Beschaffung)?

Insbesondere umfassen die Entscheidungstatbestände der *Materialwirtschaft* die Bereiche Güterbeschaffung, Güterlagerung und Gütertransport (vgl. Thommen/Achleitner 2009, S. 312; vgl. auch Kap. 8.5). Zur *Güterbeschaffung* gehören das *Beschaffungsprogramm*, das Art, Qualität, Menge und Bestellzeitpunkt festlegt, sowie das Beschaffungsmarketing. In Analogie zum Absatzmarketing (vgl. Kap. 8.2) kann von *Beschaffungsmarketing* gesprochen werden, wenn es darum geht, Beschaffungsmärkte zu beobachten, zu analysieren und zu bewerten (*Beschaffungsmarktforschung*) und zu beeinflussen (vgl. Kap. 8.6.2). Entscheidungen zur Lagerausstattung (z. B. Lagerart), zum Lagerprogramm (z. B. Sicherheitsbestände) und zum Lagerprozess (z. B. Qualitätsprüfung) gehören zum Bereich der *Güterlagerung*. Entscheidungen zum *Gütertransport* betreffen u. a. die verwendeten Transportmittel und die Transportwege.

8.6.2 Beschaffungspolitische Instrumente

Erfolgreiches *Beschaffungsmarketing* setzt eine gute Kenntnis der Beschaffungsmärkte voraus (Beschaffungsmarktforschung). Im Vordergrund steht die Informationsgewinnung zu den aktuellen und potenziellen Lieferanten (vgl. Thommen/Achleitner 2009, S. 314 ff.). Zur zielorientierten Beeinflussung von Beschaffungsmärkten stehen den Unternehmen vier beschaffungspolitische Instrumente zu Verfügung (vgl. Thommen/Achleitner 2009, S. 313; Troßmann 2006, S. 132 ff.):

Beschaffungsmarketing

▸ **Die Beschaffungsprogrammpolitik** richtet sich auf eine gezielte Einflussnahme hinsichtlich der von Lieferanten angebotenen Güter (z. B. Einhaltung von vorgegebenen Qualitäts- und Sicherheitsstandards). Entschieden wird über die zu beschaffenden Einsatzgüter hinsichtlich ihrer Art, Qualität, Menge und hinsichtlich des Bestellzeitpunktes. Darüber hinaus sind auch Entwicklungskooperationen mit Lieferanten möglich (vgl. Thommen/Achleitner 2009, S. 317 f.).
▸ **Die Beschaffungskonditionenpolitik** richtet sich auf die Einkaufsbedingungen, insbesondere auf Beschaffungspreise, die Zahlungs- und Lieferbedingungen (z. B. Rabatte, Boni, Skonti), Kreditgewährung und Garantieleistungen.
▸ **Die Beschaffungsmethoden- bzw. Bezugspolitik** umfasst, ähnlich wie die Distributionspolitik im Marketing (vgl. Kap. 8.2), die Gestaltung und Steuerung der Anlieferung der Güter. Angesprochen sind Probleme der Beschaffungswege (direkte oder indirekte Bezugswege), Beschaffungsorgane (z. B. Kommissionäre, Makler oder Beschaffungskooperationen), Beschaffungslogistik (vgl. Kap. 8.5) und der Lieferantenauswahl und -struktur (vgl. Thommen/Achleitner 2009, S. 320). Mit *Electronic Procurement* wird die Nutzung elektronischer Beschaffungswege bezeichnet.
▸ **Der Lieferantenauswahl** kommt eine zentrale Bedeutung zu. Hier geht es auch um die Anzahl der Lieferanten, die Zuverlässigkeit und die räumliche Verteilung von Lieferanten.
▸ **Die Beschaffungskommunikationspolitik** umfasst die Gestaltung der Kontaktaufnahme zu Lieferanten, der Informationsübermittlung sowie der Vermittlung eines positiven Images über das beschaffende Unternehmen (z. B. Bonitätsimage). Dazu können Verhandlungstaktiken bei der Beschaffung zum Einsatz kommen.

Wegen der besonderen Bedeutung der Lieferantenauswahl wird diese Fragestellung hier vertiefend behandelt. Gute, vertrauenswürdige Lieferanten sind entscheidend für die Wettbewerbsvorteile eines Unternehmens. Es gilt, die kostengünstigsten,

Lieferantenauswahl

innovativsten, zuverlässigsten und leistungsfähigsten Lieferanten zu finden und auszuwählen. Beim *Zuliefergeschäft* werden Herstellerunternehmen, den sogenannten OEMs (*Original Equipment Manufacturer* = Erstausrüster), von Lieferanten mit (industriellen) Vorprodukten versorgt (z. B. *Sony* bezieht für seine PCs Mikroprozessoren von *Intel*; vgl. Backhaus/Voeth 2010, S. 493). Aktuelle Lieferanten eines OEM werden als *In-Supplier* und solche Lieferanten, die potenziell auch das Unternehmen beliefern könnten, als *Out-Supplier* bezeichnet. Die Auswahl der Lieferanten ist weniger ein operatives Problem, sondern in erster Linie eine strategische Aufgabe. Systematische Beschaffungsstrategien (*Sourcing-Strategien*) beziehen sich auf folgende Aspekte (vgl. Backhaus/Voeth 2010, S. 501):

▸ Anzahl der ausgewählten Lieferanten (Single vs. Multiple Sourcing),
▸ Umfang der gelieferten Leistung (Modular vs. Component Sourcing) und
▸ geografischer Raum der Beschaffungsaktivitäten (Local vs. Global Sourcing).

Sourcing-Strategien

Während beim *Multiple Sourcing* das gesamte Beschaffungsvolumen auf mehrere Lieferanten verteilt wird, bezieht ein OEM beim *Single Sourcing* seine Vorprodukte nur von einem Lieferanten. Es wird vom *Dual Sourcing* gesprochen, wenn das Beschaffungsvolumen auf zwei Lieferanten aufgeteilt wird (vgl. Backhaus/Voeth 2010, S. 501). Werden Vorprodukte vom Lieferanten in Abstimmung mit dem OEM zu Komponenten entwickelt und hergestellt, die in der Fertigung beim OEM mit den Komponenten anderer Lieferanten gemeinsam verbaut werden, so wird von *Component Sourcing* gesprochen. Hier werden Lieferanten in die Produktentwicklung der Hersteller eingebunden bzw. integriert und es entstehen so *Entwicklungskooperationen* bzw. -partnerschaften. Beim *Modular Sourcing* werden demgegenüber ganze Komponentenbündel bzw. Module geliefert. In der Lieferantenkette steht der Modul- bzw. *Systemlieferant* oft an letzter Stelle und beliefert direkt den OEM (*First-Tier-Supplier*). Dabei bezieht der Systemlieferant für seine Modulherstellung Vorprodukte von Sublieferanten (*Second-Tier-Supplier*). Wird diese Lieferantenkette top-down von den System- über die Komponenten- bis hin zu den Material- und Teilelieferanten verfolgt, entstehen sogenannte *Zulieferpyramiden* (vgl. Backhaus/Voeth 2010, S. 504 f.). Speziell in der Zuliefererindustrie führt die Verringerung der *Fertigungstiefe* bei den industriellen Kunden (OEMs) zu einer relativ steilen Zulieferpyramide.

Portfolio-Technik

Strategisch geht es bei der Beschaffung um die Sicherstellung einer langfristigen Versorgungssicherheit und die Absicherung der eigenen strategischen Wettbewerbsvorteile. In diesem Zusammenhang werden beschaffungsorientierte Portfolio-Techniken durchgeführt und Beschaffungsstrategien formuliert. Bei der *Portfolio-Technik* werden Lieferanten nach einer internen und einer externen Erfolgsdimension bewertet und in den Feldern der Portfolio-Matrix positioniert (vgl. Kap. 7.1.2). Daraus lassen sich dann Strategien der Lieferantenauswahl ableiten.

**Punktbewertungs-
verfahren**

Für strategische und operative Entscheidungen zur Lieferantenauswahl können Punktbewertungsverfahren (Scoring-Modelle) eingesetzt werden (vgl. Kap. 6.4.3). Dabei werden folgende Arbeitsschritte durchlaufen:

▸ *Identifikation von relevanten Merkmalen* zur Bewertung von Lieferanten (*Bewertungskriterien*; vgl. Thommen/Achleitner 2009, S. 315). Die einzelnen relevanten

Bewertungskriterien erhalten einen Gewichtungsfaktor, dessen Wert von der Bedeutung des Kriteriums für die Lieferantenauswahl abhängt.

▸ *Bewertung der Lieferanten* im Hinblick auf jedes einzelne Bewertungskriterium durch Vergabe eines Punktwerts (z. B. zwischen 1 und 10, wobei »1« eine sehr geringe und »10« eine sehr hohe Erfüllung des jeweiligen Kriteriums bedeutet).

▸ Ermittlung der gewichteten Einzelpunktwerte für jedes Kriterium und jeden Lieferanten sowie Addition zu den Gesamtpunktwerten für jeden Lieferanten (Scoring-Index). Auf dieser Basis kann eine *Rangfolge der Lieferanten* nach ihrer Attraktivität gebildet werden.

In modernen Lieferantenauswahlsystemen spielen *Zertifikate*, die den Nachweis erbringen, dass der Lieferant ein Qualitätssicherungssystem bzw. ein Umweltmanagementsystem einsetzt, eine große Rolle. Neben eigenen Zertifikaten werden Zertifikate insbesondere durch Audits neutraler Zertifizierungsgesellschaften vergeben. Besonders bedeutend ist die Zertifizierung nach DIN EN ISO 9001:2000, die speziell in der Zuliefererindustrie häufig eine Art »Eintrittskarte« für eine Teilnahme am Marktgeschehen darstellt. In der ISO 9000:2000 werden Grundlagen und Begriffe des *Qualitätsmanagements* behandelt. Die ISO 9001:2000 enthält alle Vorschriften, die für eine erfolgreiche Zertifizierung eingehalten werden müssen. Dabei liegt der Fokus auf dem Kunden. Die ISO 9004:2000 dient als Leitfaden für ein umfassendes Qualitätsmanagement unter Berücksichtigung aller interessierten Parteien. *Umweltmanagementsysteme* können nach der *EG-Öko-Audit-Verordnung* von 1993 (novelliert 2001) zertifiziert werden. Auch ist eine Einrichtung eines Umweltmanagementsystems nach der *DIN EN ISO 14001* möglich (vgl. Balderjahn 2004, S. 198 ff.).

Zertifizierung

8.6.3 Beschaffungs- und Entscheidungsmethoden

8.6.3.1 Die ABC-Analyse

Zur Lösung von Beschaffungsproblemen können bewährte Entscheidungsmethoden bzw. -techniken eingesetzt werden. Da jeder Beschaffungsvorgang Kosten verursacht, muss überprüft werden, welche der oft zahlreichen, unterschiedlichen Güterarten und Materialien so wichtig für das Unternehmen sind, dass eine intensive, kostenträchtige Beschaffungswirtschaft für diese Güter gerechtfertigt ist. Güter von geringerer Bedeutung können dagegen im Rahmen einfacher, standardisierter und damit kostengünstiger Beschaffungsprozesse beschafft werden. Eine Bewertung und Selektion von Gütern hinsichtlich der erforderlichen Bearbeitungsintensitäten kann mit Hilfe der sogenannten ABC-Analyse durchgeführt werden. Die ABC-Analyse klassifiziert die Güter nach ihrem *Verbrauchswert* (Kosten der Gesamtmenge des Beschaffungsgutes), d. h., Güter mit höherem Verbrauchswert sind für das Unternehmen bedeutender als solche mit nur geringem Verbrauchswert (vgl. Thommen/Achleitner 2009, S. 327 ff.; Weber/Kabst 2009, S. 90 f.).

Die besonders wichtigen Beschaffungsgüter- bzw. Materialarten, auf die ein großer Verbrauchswert entfällt, werden als *A-Güter* bezeichnet. Es sind Güter mit einem hohen wertmäßigen, aber nur geringem mengenmäßigen Anteil. Oft ist es so, dass nur 20 % der zu beschaffenden Materialarten ca. 80 % des Gesamtverbrauchswertes auf sich vereinigen (vgl. Abb. 8.15). Dagegen sind *C-Güter* solche Materialien, die zwar einen großen Anteil am Verbrauch aller Materialarten ausmachen (hoher mengenmäßiger Anteil, um 50 %), aber nur einen relativ geringen Verbrauchswert haben (geringer wertmäßiger Anteil, ca. 5–10 % des Gesamtverbrauchswertes). Die *B-Güter* liegen dazwischen. Sie machen ca. 20–30 % der Verbrauchsmenge aller Materialarten aus und auf sie entfallen ca. 10–20 % des Gesamtverbrauchswertes (vgl. Thommen/Achleitner 2009, S. 328). Die ABC-Analyse kann mit Hilfe einer sogenannten Konzentrations- bzw. *Lorenzkurve* dargestellt werden (vgl. Abb. 8.15).

Abb. 8.15

ABC-Analyse im Beschaffungswesen für unterschiedliche Materialarten

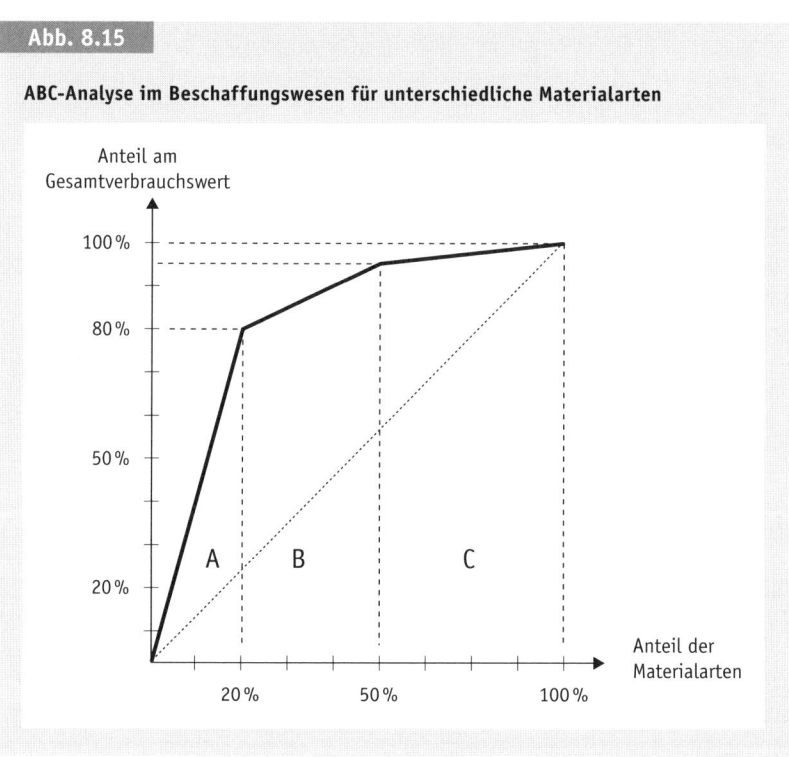

Auf der Abszisse wird der prozentuale Anteil der Materialart bezogen auf alle Materialarten kumuliert abgetragen. Dabei werden die Materialarten nach ihrem Verbrauchswert (vom höchsten bis zum geringsten Verbrauchswert) geordnet. Die Ordinate erfasst die kumulierten prozentualen Anteile der Materialarten am Gesamtverbrauchswert. Abgelesen werden kann, dass 20 % der Materialarten einen Verbrauchswert von 80 % haben (vgl. Abb. 8.15). Je weiter sich die Kurve von der Diagonalen (Punkte der Gleichverteilung) entfernt, desto unterschiedlicher (konzentrierter) ist die Bedeutung einzelner Materialarten für das Unternehmen.

Die differenzierte Behandlung von A, B und C-Beschaffungsgütern kann z. B. wie folgt aussehen (vgl. Weber/Kabst 2009, S. 90 ff.):

‣ **Für A-Güter** wird ein besonders intensiver Beschaffungsprozess durchgeführt. Es werden relevante Beschaffungsdaten erhoben, exakte Bedarfsrechnungen angestellt (z. B. die *optimale Bestellmenge* berechnet; vgl. Kap. 8.6.3.2), intensive Einkaufsverhandlungen mit Lieferanten geführt und Lagerbestände sorgfältig kontrolliert.

‣ **B- und C-Güter** werden im Rahmen von Routineprogrammen bestellt und kontrolliert. Es liegen hier einfache und standardisierte Dispositionsverfahren und ein auf Sicherheit angelegtes Bestandsmeldewesen vor.

8.6.3.2 Ermittlung der optimalen Bestellmenge

Bei der Beschaffungs- und Lagerplanung geht es um Entscheidungen bezüglich der optimalen Bestellmenge, des optimalen Lagerbestandes und des optimalen Bestellzeitpunktes (vgl. Thommen/Achleitner 2009, S. 337). Mit der optimalen Bestellmenge wird diejenige Bestellmenge ermittelt, bei der die Summe aus Beschaffungskosten und Lagerkosten minimal ist (*Ziel der Kostenminimierung*). Hierbei handelt es sich um ein Optimierungsproblem, da einerseits große Bestellmengen (und entsprechend niedrige Bestellfrequenzen) Kostenvorteile im Transport, bei den Bestellkosten und den Beschaffungspreisen sowie bei den Zahlungskonditionen erwirtschaften, aber andererseits große Bestellmengen auch hohe Lager- und Zinskosten sowie Kosten des Verderbs und des Veraltens von Gütern verursachen (gegenläufige Kostenentwicklungen; vgl. Abb. 8.17).

Das Grundmodell der optimalen Bestellmenge abstrahiert von verschiedenen Bestellkonditionen unterschiedlicher Lieferanten und geht lediglich der Frage nach, zu welchen Zeitpunkten welche Mengen eines Gutes zu beschaffen sind, um die Kos-

Grundmodell der optimalen Bestellmenge

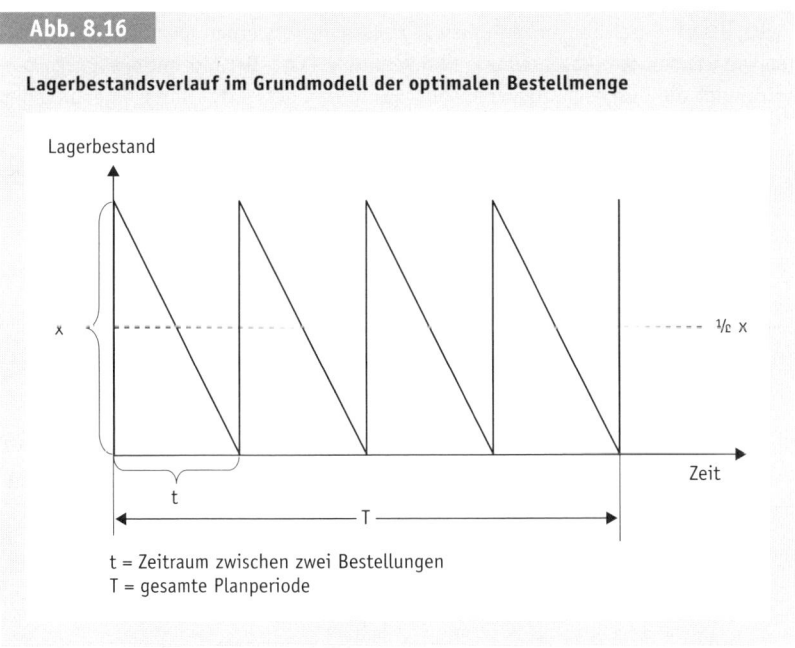

Abb. 8.16

Lagerbestandsverlauf im Grundmodell der optimalen Bestellmenge

t = Zeitraum zwischen zwei Bestellungen
T = gesamte Planperiode

ten zu minimieren (vgl. Troßmann 2006, S. 164 f.). Es werden folgende *Annahmen* unterstellt (vgl. Thommen/Achleitner 2009, S. 341; Troßmann 2006, S. 165):

▸ der *Jahresbedarf M* eines Beschaffungsgutes ist bekannt und verteilt sich gleichmäßig auf das Jahr (Planungsperiode *T*),

▸ dieser Jahresbedarf *M* wird in *n* gleich große *Bestellmengen x* während des Jahres aufgeteilt, wobei vorausgesetzt wird, dass jede gewünschte Menge zu jedem Zeitpunkt geliefert werden kann (M = n x),

▸ die Lagerabgangsraten sind konstant während des Jahres (Planperiode *T*). Dadurch ergibt sich ein *durchschnittlicher Lagerbestand* von ½ x (vgl. Abb. 8.16),

▸ die *Einstandspreise p* sind weder von der Bestellmenge *x* noch von dem Bestellzeitpunkt abhängig (keine Mengen- und Frühbestellrabatte),

▸ die *fixen Kosten je Bestellvorgang k_{bf}* sowie der *Zins- und Lagerkostensatz q* sind bekannt und konstant während des Jahres (Planperiode *T*).

Bestellkosten

Zur Berechnung der optimalen Bestellmenge wird nun diejenige *Bestellmenge x* gesucht, die die Gesamtkosten minimiert. Diese Gesamtkosten *K* setzen sich zum einen aus den Bestellkosten *K_B* und zum anderen aus den Lager- und Zinskosten *K_L* zusammen. Die Häufigkeit der Bestellungen im Jahr bzw. pro Planperiode *T* ist *M/x*, so dass sich bei konstanten Kosten je Bestellvorgang *k_{bf}* (sogenannte *bestellfixe Kosten*) die Bestellkosten K_B wie folgt berechnen:

$$K_B = k_{bf}\left(\frac{M}{x}\right)$$

Lager- und Zinskosten

Zur Berechnung der jährlichen Lager- und Zinskosten K_L wird der durchschnittliche Lagerbestandswert (½ x p) mit dem jeweiligen Lager- bzw. Zinskostensatz (*l* bzw. *z*) multipliziert. Durch den prozentualen *Lagerkostensatz l* werden spezifische Lagerkosten wie Raummiete, Abschreibung und Verderb erfasst. Der prozentuale *Zinskostensatz z* gibt die Durchschnittsverzinsung des in den gelagerten Gütern gebundenen Kapitals (Kapitalbindungskosten) an. Lager- und Zinskostensatz werden zum gemeinsamen prozentualen Lager- und Zinskostensatz *q* = *l* + *z* zusammengefasst. Entsprechend ergeben sich die *Kosten der Lagerhaltung K_L* aus:

$$K_L = 0.5 \times p\left(\frac{q}{100}\right)$$

Für die *Gesamtkosten K* gilt somit Gleichung 23:

$$K = K_L + K_B = 0.5 \times p\left(\frac{q}{100}\right) + k_{bf}\left(\frac{M}{x}\right) \tag{23}$$

Die *optimale Bestellmenge x_{opt.}* ist diejenige Bestellmenge *x*, die die Gesamtkosten *K* gemäß Gleichung 23 minimiert. Die Berechnung erfolgt mit Hilfe der Differentialrechnung durch Nullsetzung der ersten Ableitung von *K* nach *x* und Auflösung nach *x_{opt.}* (vgl. Gleichung 24):

$$x_{opt.} = \sqrt{\frac{200M\,k_{bf}}{p\,q}} \tag{24}$$

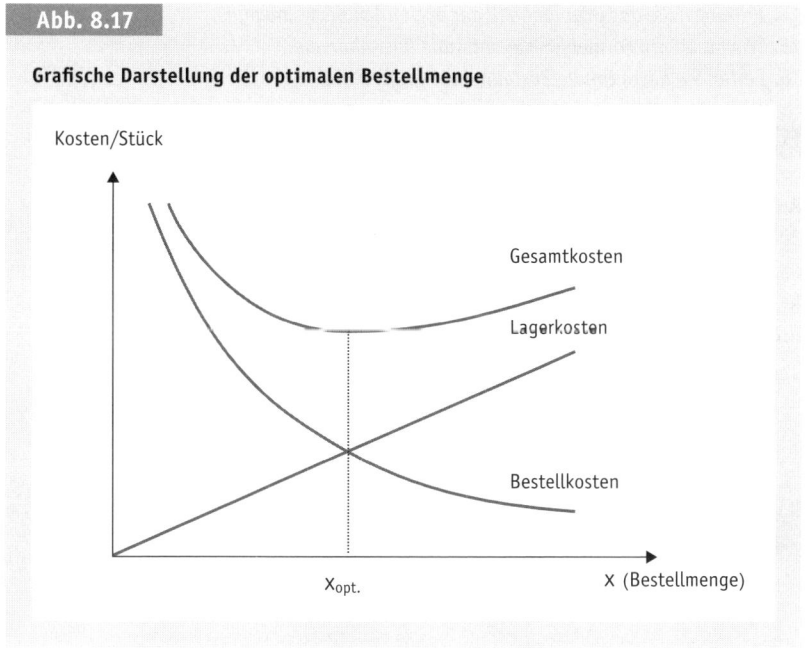

Abb. 8.17

Grafische Darstellung der optimalen Bestellmenge

Kosten/Stück

Gesamtkosten

Lagerkosten

Bestellkosten

$x_{opt.}$

x (Bestellmenge)

Gleichung 24 wird sehr häufig auch als Andler-Formel bezeichnet (vgl. Troßmann 2006, S. 164). Die grafische Darstellung zur Bestimmung der optimalen Bestellmenge zeigt Abb. 8.17. Im Optimum sind sowohl Grenzbestellkosten $K_B{}'$ und Grenzlagerkosten $K_L{}'$ als auch Bestell- und Lagerkosten gleich hoch. Dieser klassische Ansatz zur Errechnung der optimalen Bestellmenge wurde durch Einführung realitätsnäherer Annahmen (z. B. Berücksichtigung von Mengenrabatten) im Laufe der Zeit erweitert.

Andler-Formel

Kontrollfragen Kapitel 8.6

1. *Worin unterscheidet sich die Beschaffungs- von der Materialwirtschaft?*
2. *Welche Beschaffungsziele kennen Sie?*
3. *Welche Beschaffungsprobleme können auftreten?*
4. *Welches sind die Entscheidungstatbestände der Materialwirtschaft?*
5. *Nennen und beschreiben Sie die vier beschaffungspolitischen Instrumente.*
6. *Was wird unter Electronic Procurement verstanden?*
7. *Was ist ein Zuliefergeschäft?*
8. *Wie wird bei der Lieferantenauswahl vorgegangen?*
9. *Erläutern Sie unterschiedliche Sourcing-Strategien.*
10. *Was ist eine Zulieferpyramide?*
11. *Erläutern Sie die Aufgabe der ABC-Analyse.*
12. *Worin unterscheiden sich A-, B- und C-Güter?*
13. *Warum wird die grafische Darstellung der ABC-Analyse als Konzentrationskurve bezeichnet?*

14. *Erläutern Sie das Grundmodell der optimalen Bestellmenge.*
15. *Wie lautet die Formel für die optimale Bestellmenge?*
16. *Leiten Sie die optimale Bestellmenge grafisch ab.*

Übungsaufgabe Kapitel 8.6

Aufgabenstellung

*Ein Unternehmen möchte mit Hilfe einer ABC-Analyse die verschiedenen, im Produkti-
onsprozess eingesetzten Materialien klassifizieren, um Anhaltspunkte für eine effizientere Materialwirtschaft und Bestellmengenplanung zu finden. Die folgende Material-
liste liegt vor:*

Materialart Nr.	Materialverbrauch pro Periode [ME/Periode]	Preis [€/ME]
1	100	96,00
2	730	5,00
3	149	530,00
4	200	21,75
5	156	62,50
6	312	3,75
7	134	150,00
8	520	0,20
9	260	15,00
10	39	3375,00

Fragen

a) *Führen Sie eine ABC-Analyse durch. Kategorisieren Sie die Güter so, dass A-Materi-
alien einen Anteil von 80 % am Gesamtwert des Materialverbrauchs erreichen,
B-Materialien 15 % und C-Materialien 5 %.*

b) *Stellen Sie die Ergebnisse der ABC-Analyse in Form einer Konzentrationskurve
grafisch dar.*

Lösung

Abb. 8.18

Lösung Frage a

Rang	Verbrauch in ME	Preis pro Periode	Anteil in %	kum. Anteil in %	Material-art Nr.	Güter-klasse
1	39	131.625,00	50,01 %	50,01 %	10	A
2	149	78,970,00	30,00 %	80,01 %	3	A
3	134	20.100,00	7,64 %	87,64 %	7	B
4	156	9.750,00	3,70 %	91,35 %	5	B
5	100	9.600,00	3,65 %	95,00 %	1	B
6	200	4.350,00	1,65 %	96,65 %	4	C
7	260	3.900,00	1,48 %	98,13 %	9	C
8	730	3.650,00	1,39 %	99,52 %	2	C
9	312	1.170,00	0,44 %	99,96 %	6	C
10	520	104,00	0,04 %	100,00 %	8	C

Abb. 8.19

Lösung Frage b

Anteil am Gesamtverbrauchswert

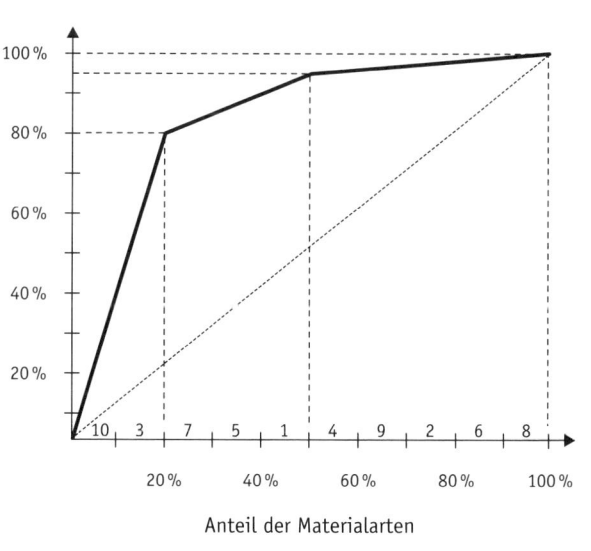

Anteil der Materialarten

Weiterführende Literatur

Backhaus, K./Voeth, M. (2010): Industriegütermarketing, 9. Aufl., München.
Thommen, J.-P./Achleitner, A.-K. (2009): Allgemeine Betriebswirtschaftslehre,
6. Aufl., Wiesbaden.
Troßmann, E. (2006): Beschaffung und Logistik, in: Bea, F.X./Friedl, B./Schweit-
zer, M. (Hrsg.), Allgemeine Betriebswirtschaftslehre, Bd. 3: Leistungsprozess,
9. Aufl., Stuttgart, S. 113–181.
Weber, W./Kabst, R. (2009): Einführung in die Betriebswirtschaftslehre, 7. Aufl.,
Wiesbaden, S. 65–84.

8.7 Personalwirtschaft

Lernziele

▸ Sie kennen die Aufgabenbereiche und die Ziele der Personalwirtschaft.

▸ Sie kennen unterschiedliche Ansätze der Personalbedarfsermittlung.

▸ Sie kennen die Aufgaben der Perso-nalführung.

▸ Sie kennen einzelne Motivationsthe-orien.

8.7.1 Aufgaben und Ziele der Personalwirtschaft

Betriebliche Leistungsprozesse erfordern den Einsatz und die Kombination von Arbeitsleistungen, Werkstoffen und Betriebsmitteln (vgl. Kap. 1.6). Personalwirt-schaftliche Problembereiche stellen die Verfügbarkeit an Arbeitskräften sowie deren wirksamen Einsatz dar (vgl. Kossbiel 2006, S. 518 ff.). Deshalb gehören zu den Aufga-ben der Personalwirtschaft bzw. des Personalwesens als betriebliche Funktion die Bereitstellung (*Personalbereitstellung*) und der Einsatz (*Personaleinsatz*) des für den Leistungserstellungsprozess erforderlichen Personals, die Gestaltung personeller Verhältnisse im Unternehmen und die zielorientierte Verhaltensbeeinflussung (*Per-sonalführung*). Dabei sind die Besonderheiten arbeitender Menschen, wie z.B. indivi-duelle Bedürfnisse und Fähigkeiten sowie soziale Prozesse (z.B. Gruppendynamik), zu beachten. Unter dem Begriff *Personal* werden alle in einem Unternehmen mit betrieblichen Aufgaben beschäftigten und eine Arbeitsleistung erbringenden Arbeitskräfte bezeichnet. Im Einzelnen umfasst das Personalwesen die folgenden *Aufgaben* (vgl. Thommen/Achleitner 2009, S. 751):

▸ Personalbedarfsermittlung und Personalbeschaffung,
▸ Personaleinsatz, Personalerhaltung und Personalfreistellung,
▸ Personalentwicklung, Personalführung und Entlohnung,
▸ Personalcontrolling.

Arten *personalwirtschaftlicher Ziele* (vgl. Kossbiel 2006, S. 535 ff.):

▸ **Substanzielle Ziele** richten sich auf die Lösung personalwirtschaftlicher Probleme (z. B. Reduzierung von Fehlzeiten).

▸ **Ökonomische Ziele** richten sich auf die Erreichung betrieblicher Erfolgsgrößen durch Maßnahmen im Personalbereich (z. B. Erhöhung der Arbeitsproduktivität und eine leistungsgerechte Bezahlung).

▸ **Soziale bzw. humane Ziele** richten sich auf die Befriedigung sozialer Bedürfnisse von Mitarbeitern und Mitarbeiterinnen (z. B. humane Arbeitsbedingungen, Sicherheit des Arbeitsplatzes).

Zwischen den substanziellen, ökonomischen und sozialen personalwirtschaftlichen Zielen gibt es zahlreiche Interdependenzen (z. B. Arbeitsproduktivität und Arbeitszufriedenheit). Zur Erreichung dieser Ziele werden personalwirtschaftliche Instrumente bzw. Instrumente der Personalentwicklung eingesetzt (vgl. Kossbiel 2006, S. 522 ff.). | Personalentwicklung

> Die *Personalentwicklung* hat die Aufgabe, Mitarbeiter so zu fördern, dass sie in die Lage versetzt werden, ihre aktuellen und zukünftigen Aufgaben im Sinne der Unternehmensziele zu bewältigen, und dass ihre Qualifikation den aktuellen und zukünftigen Stellenanforderungen entspricht.

Die Laufbahn- oder Karriereplanung sowie die Personalaus- und -weiterbildung gehören zu den wichtigsten Teilaufgaben der Personalentwicklung (vgl. Schmalen/ Pechtl 2009, S. 185 ff.; Thommen/Achleitner 2009, S. 827). Die Gestaltung von *Laufbahnsystemen* richtet sich nach bestimmten Beförderungskriterien. Gegenstand der *Karriereplanung* ist der individuelle berufliche Werdegang einer Person (vgl. Berthel/ Becker 2007, S. 372). *Betriebliche Aus- und Weiterbildungsmaßnahmen* sind auf eine Vermittlung von spezifischen Kenntnissen und Fähigkeiten gerichtet (z. B. Training und Qualifizierung).

8.7.2 Personalausstattung und Personaleinsatz

Die Personalbedarfsermittlung und die Personalbeschaffungsplanung sind zentrale Aufgaben des Personalwesens. Damit eine für den Betrieb optimale Stellenbesetzung erfolgen kann, ist eine möglichst genaue Ermittlung des erforderlichen Bedarfs an Personal notwendig.

Die Personalbedarfsplanung umfasst folgende Bereiche (vgl. Korndörfer 2003, S. 164 ff.; Thommen/Achleitner 2009, S. 755): | Personalbedarfsplanung

▸ **Die quantitative Personalbedarfsermittlung** geht der Frage nach, wie viele Mitarbeiter benötigt werden. Hierzu können zum einen *quantitative Methoden* eingesetzt werden, die den Personalbedarf auf Grundlage der Produktionsmengen bzw. des Beschäftigungsgrades ermitteln (vgl. Thommen/Achleitner 2009, S. 760), und zum anderen *arbeitswissenschaftliche Methoden*, die auf der Grundlage von Zeitstudien den Personalbedarf ableiten (vgl. Korndörfer 2003, S. 135; Kossbiel

2006, S. 543 ff.). Als quantitative Methoden können die sogenannte *Kennzahlenmethode*, die den Personalbedarf aus dem Verhältnis zu betrieblichen Zielgrößen berechnet (Bildung von Quotienten wie z. B. Personalbedarf je tausend Produktionseinheiten), statistische *Prognoseverfahren* (z. B. Trendextrapolationen) und *Methoden des Operations Research* (z. B. ablauforientierte Ansätze auf der Basis von Netzplänen, produktionsprogrammorientierte Ansätze) eingesetzt werden.

▸ **Die qualitative Personalbedarfsermittlung** geht der Frage nach, welche Qualifikationen bei den Mitarbeitern benötigt werden. Dazu sind möglichst genaue Informationen zu den Merkmalen der zu besetzenden Arbeitsplätze nötig. Die qualitative Planung geht von Arbeitsanalysen, Arbeitsplatzbeschreibungen und Anforderungsprofilen aus. *Arbeitsanalysen* dienen der systematischen Erfassung der Arbeitsaufgaben und legen Art und Umfang von Anforderungen fest (*Anforderungsprofile*). *Arbeitsplatzbeschreibungen* erfassen u. a. die Art der Arbeit (z. B. Art der zu erledigenden Aufgaben), die erforderlichen Qualifikationen (z. B. Ausbildung, körperliche Eignung) sowie die Arbeitsbedingungen (z. B. physische und psychische Arbeitsplatzbedingungen).

▸ **Die zeitliche Personalbedarfsermittlung** geht der Frage nach, zu welchem Zeitpunkt Mitarbeiter benötigt werden. Ausschlaggebend sind in der Langfristplanung u. a. Veränderungen von Produktionsstrukturen (z. B. Aufbau neuer Geschäftsfelder) und in der kurzfristigen Planung die Beachtung von konkreten Herstellungsfristen.

▸ **Die örtliche Personalbedarfsermittlung** geht der Frage nach, wo, an welchem Ort, Mitarbeiter benötigt werden (z. B. in welcher Abteilung des Unternehmens).

Der in der Personalbedarfsplanung ermittelte und nach Menge, Qualität, Zeit und Ort des Einsatzes definierte Personalbedarf muss in eine *Personalbeschaffungsplanung* überführt und zur Deckung gebracht werden. Hierbei kann zwischen einer innerbetrieblichen (Bedarfsdeckung durch Mitarbeiter des Unternehmens) und einer außerbetrieblichen Personalbeschaffung (Bedarfsdeckung durch Neueinstellungen) unterschieden werden (vgl. Korndörfer 2003, S. 165). Die *Personalbeschaffung* erfolgt in folgenden Phasen (vgl. Berthel/Becker 2007, S. 246): Personalakquisition, -auswahl, -einführung und Personalentwicklung. Zur Deckung des Personalbedarfs aus externen Arbeitsmärkten kann der Einsatz von *Personalwerbung* (z. B. Stellenanzeigen) und *elektronischer Jobbörsen* erforderlich sein, um möglichst geeignete Mitarbeiter für das Unternehmen zu finden (vgl. Kossbiel 2006, S. 547 ff.; Thommen/Achleitner 2009, S. 769).

Personalauswahl

Die *Personalauswahl* hat die Aufgabe, denjenigen Bewerber/diejenige Bewerberin herauszufinden, der/die die gesetzten Anforderungen an eine Stelle am besten erfüllt.

Dazu werden in speziellen *Eignungstests* u. a. die Leistungsfähigkeit, der Leistungswille, das Entwicklungs- und Leistungspotenzial, Begabungen und Charaktereigenschaften der Bewerber und Bewerberinnen mit Hilfe von Interviews (Bewerbungsgespräche), Gruppendiskussionen, Assessment Center und grafologischen Gutachten geprüft (vgl. Korndörfer 2003, S. 170 ff.; Kossbiel 2006, S. 549). *Assessment Center* sind in der Regel mehrtägige Beurteilungsseminare, die dazu dienen sollen, durch die Kombination mehrerer Methoden (z. B. Interviews, aufgabenspezifische Eignungstests, praktische Übungen) ein möglichst genaues Urteil über die Eignung der einzelnen Bewerber und Bewerberinnen zu erhalten. Der Einsatz dieser Methoden soll insbesondere auch das *Fehlbesetzungsrisiko* reduzieren. Der Erfolg einer stellengerechten Personalbeschaffung ist auch abhängig von der Attraktivität der Arbeitsplätze (z. B. Umfang des Aufgabenspektrums, Entlohnung und sonstige Anreize wie Urlaubsgeld).

> Der *Personaleinsatz* hat die Aufgabe, die Eignungsprofile von neu einzustellenden Personen einerseits und schon beschäftigten Mitarbeitern andererseits mit den Anforderungsprofilen der Stellen möglichst in Einklang zu bringen.

Personaleinsatz

Diese Aufgabe umfasst die folgenden Teilbereiche (vgl. Kossbiel 2006, S. 552 ff.; Thommen/Achleitner 2009, S. 777):

▸ *Personaleinstellung und -eingliederung*: Die Personaleinstellung ist geprägt von Arbeitsvertragsverhandlungen (z. B. Festlegung von Arbeitsbedingungen, Entlohnung), und die Personaleingliederung dient dazu, neu eingestellte Personen mit den Gegebenheiten des Betriebes und des Arbeitsumfeldes vertraut zu machen.
▸ *Maßnahmen des Personaleinsatzes*: Hier werden Aufgaben bzw. Stellen an Arbeitskräfte übertragen.
▸ *Maßnahmen der Anpassung der Arbeit* und der Arbeitsbedingungen an den Menschen: Hierzu gehören die Arbeitsplatzaufteilung (z. B. Definition des Tätigkeits- und Entscheidungsspielraumes), die Arbeitsplatzgestaltung (z. B. Arbeitsablaufgestaltung) und die Arbeitszeitgestaltung (z. B. Beginn und Ende der Arbeitszeit, Pausenregelungen).

Zur Personaleinsatzplanung stehen sowohl heuristische als auch optimierende Methoden zur Verfügung (vgl. Kossbiel 2006, S. 561 ff.). *Personalfreistellungsmaßnahmen* beziehen sich entweder auf Veränderungen im Arbeitsbereich (z. B. Versetzung, Verkürzung der Arbeitszeit) oder auf die Beendigung bestehender Arbeitsverhältnisse (vgl. Thommen/Achleitner 2009, S. 835). Als Ursachen können Absatz- und damit Produktionsrückgänge, Betriebsstilllegungen oder -verlagerungen oder zunehmende Rationalisierung und Automatisierung genannt werden.

8.7.3 Personalführung

> Unter *Personalführung* wird die unmittelbare beabsichtigte Verhaltensbeeinflussung in Arbeitsgruppen oder im direkten Kontakt von Vorgesetzten zu ihren Mitarbeitern verstanden (vgl. Weber/Kabst 2009, S. 251).

Sie dient der Durchsetzung der Ansprüche eines Betriebs an das Verhalten der Mitarbeiter und Mitarbeiterinnen. Die Personalführung ist durch das Führungsverhalten

(z. B. Machtausübung, Mitarbeiterpartizipation) und die Führungsstile (z. B. patriarchalisch, autokratisch, charismatisch) von Vorgesetzten geprägt (vgl. Schmalen/Pechtl 2009, S. 179 ff.).

Führungsstil

Führungsstile sind beobachtbare und typisierbare Verhaltensmuster von Vorgesetzten (vgl. Schmalen/Pechtl 2009, S. 179 f.; Weber/Kabst 2009, S. 252 ff.). Vom Führungsstil ist u. a. abhängig (vgl. Kossbiel 2006, S. 603):
▸ Möglichkeiten der Partizipation von Mitarbeitern an Entscheidungen,
▸ Art und Umfang der Kontrolle des Mitarbeiters durch den Vorgesetzten und
▸ das Ausmaß der Berücksichtigung von Mitarbeiterinteressen.

Die Möglichkeiten der Einflussnahme von Arbeitnehmern im Betrieb oder im Unternehmen sind darüber hinaus durch *Mitbestimmungsgesetze* geregelt (vgl. Kap. 4.4.1).

Personalmotivation

Die Förderung von Arbeitsmotivation und Arbeitsleistung ist eine wesentliche Aufgabe der Personalführung. Aufgabe der Personalmotivation ist insbesondere die Förderung von Arbeitsmotivation und damit auch die Förderung der Leistungsbereitschaft und der Leistungsfähigkeit von Mitarbeitern. *Motive* sind die Beweggründe des Verhaltens. *Motivationstheorien* setzen sich einerseits mit den Faktoren auseinander, die Mitarbeiter zur Erbringung von Arbeitsleistung veranlassen (*Inhaltstheorien*) und andererseits mit den Möglichkeiten, Arbeitsmotivation zu fördern (*Prozesstheorien*). Während die Inhaltstheorien (z. B. *Zwei-Faktoren-Theorie von Herzberg*) an menschlichen Bedürfnissen anknüpfen, versuchen die Prozesstheorien (z. B. Instrumentalitätstheorie) Zusammenhänge zu ergründen (vgl. Schmalen/Pechtl 2009, S. 178 ff.). Die Theorie von *Herzberg* unterscheidet Motivatoren und Hygiene-Faktoren. Motivatoren (z. B. Anerkennung) können die Arbeitszufriedenheit steigern. Hygiene-Faktoren (z. B. Beziehung zu Kollegen) führen dagegen nicht zur Zufriedenheit, sondern nur, bei Abwesenheit, zur Unzufriedenheit (vgl. Berthel/Becker 2007, S. 25). Nach der *Instrumentalitätstheorie* von *Vroom* und *Porter/Lawler* bestimmt einerseits die *Arbeitszufriedenheit* eines Mitarbeiters seine Leistungsmotivation und damit seine Arbeitsleistung. Andererseits folgt die Zufriedenheit unmittelbar aus der Bewertung der eigenen Leistungen durch intrinsische (z. B. durch Steigerung des Selbstwertgefühls) und extrinsische Motivation (z. B. durch erwartete Prämienzahlungen; vgl. Berthel/Becker 2007, S. 26 ff.; Abb. 8.20).

Anreizsysteme

Durch den Einsatz unterschiedlicher *Anreize* (Anreizsysteme) kann das Verhalten von Mitarbeitern zielorientiert beeinflusst werden (vgl. Thommen/Achleitner 2009, S. 788). Anreizsysteme umfassen eine Menge von Leistungsanreizen sowie Kriterien (Bemessungsgrundlagen), die den Zugang zu den Anreizen regeln (vgl. Kossbiel 2006, S. 579). Es wird zwischen monetären und nichtmonetären Anreizen unterschieden. Zu den *monetären Anreizen* gehören der Lohn und geldliche betriebliche Sozialleistungen (z. B. Betriebsrenten). Den *Entlohnungs- und Vergütungssystemen* kommt als Anreizinstrument eine ganz zentrale Bedeutung zu (vgl. Kossbiel 2006, S. 581; Zander/Wagner 2005).

Der *Lohn* ist das Entgelt, das Arbeitnehmerinnen und Arbeitnehmer dafür erhalten, dass sie ihre Arbeitskraft unter vertraglich geregelten Bedingungen dem Unternehmen zur Verfügung stellen.

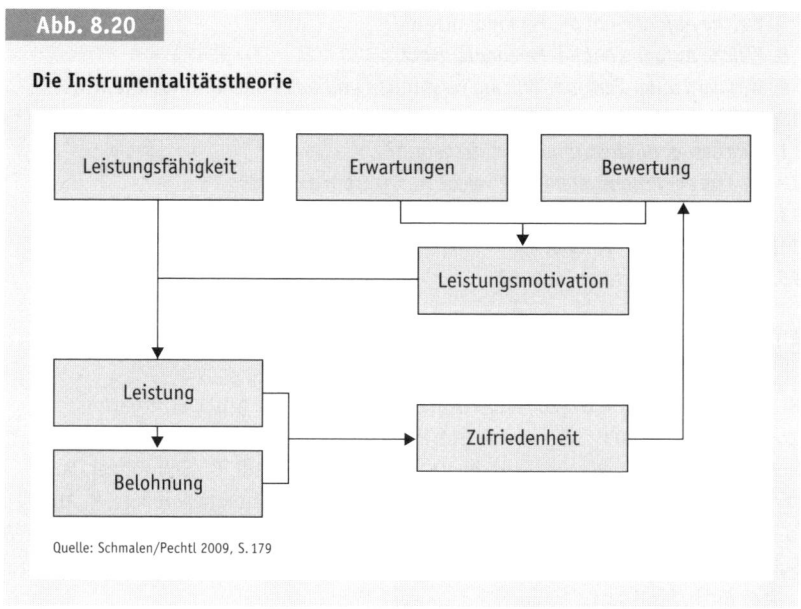

Abb. 8.20

Die Instrumentalitätstheorie

Quelle: Schmalen/Pechtl 2009, S. 179

Der Lohn stellt einerseits ein Anreizinstrument dar und dient andererseits dazu, individuelle Arbeits- und Leistungsunterschiede zu berücksichtigen. Löhne können sich auf die Leistungszeit (*Zeitlohn*), die Leistungsmenge (*Akkordlohn*) oder auf Kombinationen von Zeit und Menge (*Prämien-Zeitlohn* und *Prämien-Stücklohn*) beziehen (vgl. Thommen/Achleitner 2009, S. 811). In diesem Zusammenhang wird von *Lohnformen* gesprochen (vgl. Schmalen/Pechtl 2009, S. 146 ff.). Die Höhe des Lohnes ist u. a. abhängig von der Aufgabenkomplexität bzw. -schwierigkeit, dem persönlichen Leistungsbeitrag und der Verantwortungskompetenz. Die Arbeitsschwierigkeit kann durch Methoden der *Arbeitsbewertung* ermittelt und der persönliche Leistungsbeitrag durch Methoden der *Leistungsbewertung* bestimmt werden (vgl. Kossbiel 2006, S. 587 ff.; Thommen/Achleitner 2009, S. 803 ff.). Zu den *nichtmonetären Anreizen* gehören Aufstiegsmöglichkeiten und Entwicklungschancen, Arbeitszeitregelungen (vgl. hierzu Wagner 1995) und Möglichkeiten der Arbeitsplatzgestaltung sowie eine individuelle Beratung und Förderung. Eine individuelle Ausgestaltung bzw. Zusammenstellung betrieblicher Vergütungsbestandteile und Sozialleistungen wird als *Cafeteria-System* bezeichnet.

Kontrollfragen Kapitel 8.7

1. Was versteht man unter Personalwirtschaft (Personalwesen)?
2. Welches sind personalwirtschaftliche Problembereiche?
3. Welche Aufgaben hat das Personalwesen?
4. Welche personalwirtschaftlichen Ziele können unterschieden werden?
5. Welche Aufgaben umfasst die Personalentwicklung?
6. Erläutern Sie die vier Bereiche der Personalbedarfsplanung.

7. *Welche Aufgabe hat die Personalauswahl?*
8. *Welche Aufgabe hat der Personaleinsatz?*
9. *Was wird unter Personalführung verstanden und was sind Führungsstile?*
10. *Welche beiden Arten von Theorien zur Arbeitsmotivation gibt es?*
11. *Was besagt die Instrumentalitätstheorie?*
12. *Was ist ein Anreizsystem und welche Anreizarten gibt es?*
13. *Was ist der Lohn?*
14. *Welche Lohnformen gibt es?*
15. *Was ist ein Cafeteria-System?*

Weiterführende Literatur

Berthel, J./Becker, F. G. (2007): Personal-Management, 8. Aufl., Stuttgart.

Korndörfer, W. (2003): Allgemeine Betriebswirtschaftslehre, 13. Aufl., Wiesbaden.

Kossbiel, H. (2006): Personalwirtschaft, in: Bea, F. X./Friedl, B./Schweitzer, M. (Hrsg.), Allgemeine Betriebswirtschaftslehre, Bd. 3: Leistungsprozess, 9. Aufl., Stuttgart, S. 517–622.

Schmalen, H./Pechtl, H. (2009): Grundlagen und Probleme der Betriebswirtschaft, 14. Aufl., Stuttgart.

Thommen, J.-P./Achleitner, A.-K. (2009): Allgemeine Betriebswirtschaftslehre, 6. Aufl., Wiesbaden.

Wagner, D. (Hrsg.) (1995): Arbeitszeitmodelle: Flexibilisierung und Individualisierung, Göttingen.

Weber, W./Kabst, R. (2009): Einführung in die Betriebswirtschaft, 7. Aufl., Wiesbaden.

Zander, E./Wagner, D. (2005): Handbuch Entgeltmanagement, München.

8.8 Finanzierung und Investition

Lernziele

▶ Sie kennen die Ziele der Finanzierung.

▶ Sie können die mit Finanzierungs-
vorgängen verbundenen Zahlungsströme erläutern.

▶ Sie wissen, was ein Finanzplan ist
und welche Aufgaben er hat.

▶ Sie kennen unterschiedliche Finanzierungsformen.

▶ Sie kennen unterschiedliche Finanzierungsquellen eines Unternehmens.

▶ Sie können die Finanzierung aus
Abschreibungen erläutern.

▶ Sie wissen, was eine Investition ist.

▶ Sie kennen statische und dynamische Investitionsrechenverfahren.

▶ Sie sind in der Lage, den Kapitalwert einer Investition auszurech-
nen.

8.8.1 Grundlagen der Finanzwirtschaft

Ziele der Finanzierung

Die betriebliche Funktion der *Finanzierung* umfasst sämtliche Maßnahmen der
Beschaffung und Rückzahlung finanzieller Mittel sowie die Gestaltung der
Geschäftsbeziehungen zwischen dem Unternehmen und seinen Kapitalgebern
(vgl. Drukarczyk 2006, S. 402).

Ziele der Finanzierung sind das Erreichen einer angemessenen *Rendite* (Ziel: *Shareholder Value*), die Minimierung der Kapitalkosten (Ziel: *Kapitalkostenminimierung*)
sowie der Erhalt der Fähigkeit einer Unternehmung, jederzeit ihren Zahlungsverpflichtungen nachkommen zu können (Ziel: *Liquiditätssicherung*; vgl. Horsch et al.
2007, S. 371). Die Finanzwirtschaft hat die Finanzströme in der Weise auszugleichen,
dass die Zahlungsfähigkeit bzw. *Liquidität* des Unternehmens aufrechterhalten
bleibt. Ein Unternehmen ist liquide, wenn es jederzeit in der Lage ist, seinen fälligen
Zahlungsverpflichtungen nachzukommen (vgl. Drukarczyk 2006, S. 415; Weber/
Kabst 2009, S. 171). Es befindet sich dann im *finanziellen Gleichgewicht* (vgl. Schma-
len/Pechtl 2009, S. 11). Bei Illiquidität besteht *Insolvenz* und es wird ein Insolvenz-
verfahren eröffnet. Der finanzpolitische Spielraum eines Unternehmens wird stark
vom Kassenüberschuss bzw. vom Cashflow bestimmt.

Als *Cashflow* wird die Differenz zwischen betriebsbedingten Ein- und Auszahlungen einer Abrechnungsperiode bezeichnet.

Cashflow

Der Cashflow ist der in einer Abrechnungsperiode vom Unternehmen erwirtschaftete Einzahlungsüberschuss, der z. B. zur Schuldentilgung und zur Durchführung von Investitionen eingesetzt werden kann (vgl. Domschke/Scholl 2008, S. 244; Weber/Kabst 2009, S. 172 f.).

Zahlungsströme (Finanzbewegungen)

Finanzierungsmaßnahmen sind durch *Zahlungsströme* gekennzeichnet, die mit einer Einzahlung an das Unternehmen beginnen und in späteren Perioden zu Ausgaben (Zins und Tilgung) führen. Analog dazu können *Investitionen* durch Zahlungsströme charakterisiert werden, die mit einer Auszahlung beginnen und in nachfolgenden Perioden Einzahlungen an das Unternehmen folgen lassen. Insofern können Investitions- und Finanzierungsmaßnahmen durch entgegengesetzt verlaufende Zahlungsreihen charakterisiert werden (vgl. Drukarczyk 2006, S. 401). Finanzwirtschaftliche Vorgänge sind stark geprägt vom güterwirtschaftlichen Bereich (vgl. Korndörfer 2003, S. 298). Reale *Güterströme* schlagen sich spiegelbildlich in Finanzvorgängen nieder (z. B. als Ausgaben zur Bezahlung von Produktionsfaktoren oder als Einnahmen aus dem Verkauf der Produkte). Außerdem gibt es Zahlungsströme, denen keine realen Güterströme entsprechen (z. B. reine Finanzbewegungen aus Kredit- und Kapitalbeziehungen).

Kapital

Aus den finanziellen *Stromgrößen* Einnahmen (Einzahlungen) und Ausgaben (Auszahlungen) ergeben sich finanzielle *Bestandsgrößen*. Kapital ist der zentrale finanzielle Bestandsbegriff.

> Das *Kapital* ist der wertmäßige Ausdruck aller dem Unternehmen zu einem bestimmten Zeitpunkt zur Verfügung stehenden Sach- und Finanzmittel.

Auch werden die für die betriebliche Aufgabenerfüllung insgesamt benötigten und eingesetzten Finanzmittel als Kapital bezeichnet (vgl. Weber/Kabst 2009, S. 173). Es können vier Kategorien von Zahlungs- bzw. *Finanzströmen* unterschieden werden (vgl. Schierenbeck/Wöhle 2008, S. 367):

▸ *Kapital bindende Ausgaben* (z. B. Ausgaben zur Bezahlung eingesetzter Produktionsfaktoren),
▸ *Kapital freisetzende Einnahmen* (z. B. Verkaufserlöse),
▸ *Kapital zuführende Einnahmen* (z. B. Einnahmen durch die Aufnahme von Beteiligungskapital),
▸ *Kapital entziehende Ausgaben* (z. B. Zins- und Dividendenauszahlungen).

Finanzmittelbedarf

Der Finanzmittelbedarf eines Unternehmens wird nach folgenden Arten unterschieden (vgl. Schierenbeck/Wöhle 2008, S. 369):

▸ **Der Kapitalbedarf** entspricht dem für die Durchführung betrieblicher Prozesse benötigten Kapital bzw. der Differenz aller Kapital bindenden Ausgaben und Kapital freisetzenden Einnahmen, die bis zu einem bestimmten Zeitpunkt angefallen sind. Er ist u. a. abhängig von der Kapitalbindungsdauer, dem Beschäftigungsniveau, dem Produktionsprogramm, der Betriebsgröße und dem Preisniveau.

▸ **Der Finanzbedarf** ergibt sich aus den Kapitalbedarfsänderungen im Zeitablauf zuzüglich der zu einzelnen Zeitpunkten anfallenden, Kapital entziehenden Ausgaben.

▸ **Der Geldbedarf** zu einem Zeitpunkt wird durch die zu einem Zeitpunkt anfallenden Ausgaben bestimmt, die zur Aufrechterhaltung der Zahlungsfähigkeit durch entsprechende Einnahmen gedeckt werden müssen (*Liquiditätsziel*).

8.8.2 Finanzplanung

Finanzierungsvorgänge müssen geplant werden. Dazu dient die Finanzplanung.

> Die *Finanzplanung* hat die Aufgabe, die für die wirtschaftliche Tätigkeit eines Unternehmens erforderlichen finanziellen Mittel möglichst kostengünstig und zeitgerecht bereitzustellen und im Unternehmen vorhandene, überschüssige Finanzmittel rentabel anzulegen.

Zudem muss die Finanzplanung zukünftige Zahlungsströme so koordinieren, dass die Zahlungsbereitschaft des Unternehmens gesichert ist (Planung der *Fristigkeit*; vgl. Wöhe/Döring 2010, S. 589). Ein *Finanzplan* ermittelt periodenbezogen den aktuell verfügbaren Bestand an Zahlungsmitteln auf den Unternehmenskonten und erfasst dabei möglichst termingetreu und vollständig alle zukünftigen Ein- und Auszahlungen (vgl. Drukarczyk 2006, S. 428; Schmalen/Pechtl 2009, S. 449 f.). Die Zielsetzung der Finanzplanung, Kapitalkosten unter der Bedingung der Erhaltung der Zahlungsfähigkeit zu minimieren, kann als Optimierungsproblem formuliert werden (vgl. Domschke/Scholl 2008, S. 265).

Häufig wird zwischen einer strategischen (langfristigen), mittelfristigen und einer kurzfristigen Finanzplanung unterschieden (vgl. Wöhe/Döring 2010, S. 589 ff.). Die *strategische Finanzplanung* (über fünf Jahre hinaus) zeigt unter Beachtung von Teilplänen anderer Unternehmensbereiche (z. B. Produktions-, Absatz- und Investitionsplanung) auf, wie zukünftige Geschäftstätigkeiten und die damit verbundenen langfristig geplanten Investitionen finanziert werden können (vgl. Domschke/Scholl 2008, S. 265; Thommen/Achleitner 2009, S. 581 f.). Dabei geht es insbesondere um die Planung der *Kapitalstruktur* (Anteil von Eigen- und Fremdkapital, Fristigkeit) sowie um langfristige Maßnahmen der Kapitalbindung und -freisetzung, der Zuführung neuen Kapitals und der Haltung von Liquiditätsreserven zur Finanzierung langfristig angelegter Investitionen (vgl. Domschke/Scholl 2008, S. 265; Weber/Kabst 2009, S. 176). In der *mittelfristigen Finanzplanung* (ein bis fünf Jahre) werden die Vorgaben der strategischen Finanzplanung übernommen und aufgezeigt, wie das gewünschte Investitionsvolumen finanziert werden soll (vgl. Wöhe/Döring 2010, S. 590). *Kurzfristige Finanzpläne* (ein bis zwölf Monate) dienen insbesondere der Liquiditätssicherung und -steuerung (vgl. Schierenbeck/Wöhle 2008, S. 571).

Zur Aufgabe der kurzfristigen Finanzplanung, die Zahlungsfähigkeit des Unternehmens in jedem Zeitpunkt zu sichern, werden oft *Liquiditätskennziffern* (Liquidität

Liquidität

1., 2. und 3. Grades) verwendet. Diese sollen darüber Auskunft geben, ob die vorhandenen Zahlungsmittel zur Deckung der Verbindlichkeiten ausreichen (vgl. Domschke/ Scholl 2008, S. 268). Die *Liquidität 1. Grades* ergibt sich z. B. aus dem Quotienten von vorhandenen Zahlungsmitteln und kurzfristigen Verbindlichkeiten. Bei einem Wert von eins reichen die vorhandenen Zahlungsmittel gerade aus, die Schulden zu begleichen. Liegt der Wert unter eins, droht Illiquidität. Da diese Kennziffern statisch sind und nicht zeitpunktbezogen die zukünftigen Ein- und Auszahlungen erfassen, muss der kurzfristige Finanzplan eine dynamische Rechnung vornehmen (vgl. Wöhe/ Döring 2010, S. 591). Auch Probleme der kurzfristigen Finanzplanung können als Optimierungsmodelle dargestellt werden (z. B. Kassenhaltungsmodell).

Integrierte Finanzplanung

Finanzpläne können nicht autonom erstellt, sondern müssen mit anderen betrieblichen Teilplänen abgestimmt werden (vgl. Schierenbeck/Wöhle 2008, S. 378 f.). Dies gilt insbesondere für die Wechselwirkungen zwischen der Produktionsprogramm-, Investitions- und Finanzplanung. Dieser Aufgabe dient die sogenannte integrierte Finanzplanung, die die Finanzrechnung stärker mit anderen Rechnungssystemen (z. B. Geschäftsbuchhaltung) verknüpft. Optimierungsmodelle für eine simultane Bestimmung von Investitions- und Finanzprogrammen liegen vor (vgl. hierzu Domschke/Scholl 2008, S. 270 ff.).

8.8.3 Finanzierungsformen

Unter den *Finanzierungsformen* werden die Arten der Kapitalaufbringung verstanden.

Finanzierungsvorgänge können nach den Kriterien Finanzierungsanlass (z. B. Übernahmefinanzierung), Rechtsstellung des Kapitalgebers, Mittelherkunft, Dauer der Mittelbereitstellung und Häufigkeit der Finanzierungsakte charakterisiert werden (vgl. Abb. 8.21). Nach der *Rechtsstellung* der Kapitalgeber wird zwischen Eigen- bzw. Beteiligungsfinanzierung und Fremd- bzw. Kreditfinanzierung unterschieden. Eigen- und Fremdkapital weisen Unterschiede hinsichtlich der Haftung, des Ertragsanteils, des Vermögensanspruches, der Berechtigung zur Unternehmensleitung, der zeitlichen Verfügbarkeit des Kapitals, der steuerlichen Belastung und des Finanzierungsspielraumes auf (vgl. Schierenbeck/Wöhle 2008, S. 368).

Eigenfinanzierung

Eine Eigenfinanzierung liegt vor, wenn die Eigentümer bzw. Gesellschafter eines Unternehmens zusätzliche Kapitaleinlagen an das Unternehmen leisten (z. B. Bareinlage eines Gesellschafters einer GmbH). Kapitaleinlagen durch neu aufgenommene Gesellschafter werden als *Beteiligungsfinanzierung* bezeichnet (vgl. Drukarczyk 2006, S. 403; Schmalen/Pechtl 2009, S. 427 ff.). Hier wird dem Unternehmen von außen Eigenkapital zugeführt. Im Gegensatz zu den Gläubigern (Kreditfinanzierung) sind Ansprüche der Eigenkapitalgeber auf Rückzahlung bzw. Verzinsung der Einlage nachrangig (vgl. Drukarczyk 2006, S. 404). Sie tragen somit die größten Risiken der Geschäftstätigkeit. Dafür stehen ihnen Entscheidungs- bzw. Mitspracherechte zu und sie haben Anspruch auf den Gewinn (z. B. Dividende).

Bei der Fremd- bzw. Kreditfinanzierung stellt ein Fremdkapitalgeber (Gläubiger) dem Unternehmen zeitlich befristet finanzielle Mittel unter vertraglich gesicherten Rückzahlungsbedingungen (Zins und Tilgung) und gegen Gewährung von Sicherheiten zur Verfügung (vgl. Drukarczyk 2006, S. 404; Hentze et al. 2001, S. 438 ff.). Neben den vertraglichen Vereinbarungen sind ihre Ansprüche auch gesetzlich geregelt. Die *Fremdfinanzierung* dient dem Unternehmen, einen langfristigen Kapitalbedarf zu decken, Liquidität zu sichern und Kapitalkosten zu minimieren (vgl. Wöhe/Döring 2010, S. 598). Da Kreditgeber das Risiko eingehen, dass ein Unternehmen seinen Zahlungsverpflichtungen nicht mehr nachkommen kann (Kreditausfall; vgl. Schmalen/Pechtl 2009, S. 434), findet vor der Kreditbereitstellung eine *Kreditwürdigkeitsprüfung* (Bonitätsprüfung) statt. Zur *Kreditsicherung* werden vom Kreditgeber in der Regel Sicherheiten wie Grundpfandrechte (Hypothek oder Grundschuld), Sicherungsübereignung, Sicherungsabtretung (von Forderungen und Rechten) oder Bürgschaften verlangt (vgl. Schmalen/Pechtl 2009, S. 435). Weiterhin kann zwischen *kurzfristigen* Kreditfinanzierungen (z. B. Kontokorrentkredite, Lieferantenkredite, Wechseldiskontkredite) und *langfristigen* Kreditfinanzierungen (z. B. langfristige Bankkredite, Schuldverschreibungen, Schuldscheindarlehen) unterschieden werden (vgl. Drukarczyk 2006, S. 490 ff.).

Nach der *Mittelherkunft* wird zwischen Außen- und Innenfinanzierung unterschieden (vgl. Abb. 8.22). Bei der Außenfinanzierung (externe Finanzierung) erfolgt die Finanzmittelbeschaffung auf den Geld- und Kapitalmärkten. Der *Kapitalmarkt* ist der Markt für längerfristige Finanzanlagen und -beschaffungen (Aktienmarkt, Rentenmarkt). Zur Außenfinanzierung gehören die Beteiligungsfinanzierung und die Kreditfinanzierung. Bei der Beteiligungsfinanzierung wird dem Unternehmen von *außen* Eigenkapital zugeführt, das nicht aus dem Umsatzprozess stammt (vgl. Hentze et al. 2001, S. 428). Beteiligungsfinanzierungen sind insbesondere für Aktiengesell-

Fremd- bzw. Kreditfinanzierung

Außenfinanzierung

Abb. 8.21	

Charakterisierung der Finanzierung

Kriterium	Finanzierungsformen
Finanzierungsanlass	▸ Gründungsfinanzierung ▸ Wachstumsfinanzierung ▸ Erweiterungsfinanzierung ▸ Übernahmefinanzierung ▸ Sanierungsfinanzierung
Rechtsstellung des Kapitalgebers	▸ Eigenfinanzierung ▸ Fremdfinanzierung
Herkunft der Mittel	▸ Außenfinanzierung ▸ Innenfinanzierung

Fristigkeit	▸ unbefristete Finanzierung
	▸ befristete Finanzierung
	  – kurzfristig < Jahr
	  – mittelfristig von 1 bis 5 Jahre
	  – langfristig > 5 Jahre

schaften interessant, die ihr Eigenkapital durch Emission neuer *Aktien* an der Börse erhöhen können (vgl. Hentze et al. 2001, S. 428 ff.).

Innenfinanzierung

Eine Innenfinanzierung (interne Finanzierung) liegt vor, wenn finanzielle Mittel aus dem Umsatzprozess oder aus Vermögensumschichtungen im Unternehmen zu Finanzierungszwecken eingesetzt werden (vgl. Horsch et al. 2007, S. 375). Grundsätzlich steht für die Innenfinanzierung die Differenz zwischen Einzahlungen und Auszahlungen zur Verfügung (vgl. Hentze et al. 2001, S. 448 ff.). Die verschiedenen *Formen der Innenfinanzierung* unterscheiden sich hinsichtlich der Herkunft des finanzwirtschaftlichen Überschusses (vgl. Abb. 8.22). Die Innenfinanzierung kann aus zurückbehaltenen Gewinnen (Selbstfinanzierung), Abschreibungen, Rückstellungen und Vermögensumschichtungen erfolgen:

Selbstfinanzierung

Selbstfinanzierung: Als Selbstfinanzierung (*Thesaurierung*) wird die Verwendung von Unternehmensgewinnen zur Finanzierung von Investitionen anstelle einer Ausschüttung an die Eigentümer (z. B. Dividendenzahlungen an Aktionäre) bezeichnet. Die Selbstfinanzierung erfolgt über zurückbehaltenem (thesauriertem) Gewinn (vgl. Wöhe/Döring 2010, S. 646). Es wird in Abhängigkeit davon, ob der zur Finanzierung zur Verfügung stehende Gewinn in der Bilanz ausgewiesen wird oder nicht, unterschieden zwischen

▸ in der Bilanz auf der Passivseite ersichtlicher *offener Selbstfinanzierung* durch Bildung von *Gewinnrücklagen*. In die Gewinnrücklage werden thesaurierte Gewinne eingestellt (§ 272 Abs. 3 HGB und § 152 Abs. 3 AktG; vgl. auch Schmalen/Pechtl 2009, S. 444).

▸ nicht in der Bilanz ersichtlicher *stiller Selbstfinanzierung* durch Bildung *stiller Rücklagen* auf Grund der Unterbewertung von Aktiva und/oder Überbewertung von Passiva (vgl. Thommen/Achleitner 2009, S. 571).

Abb. 8.22

Finanzierungsquellen eines Unternehmens

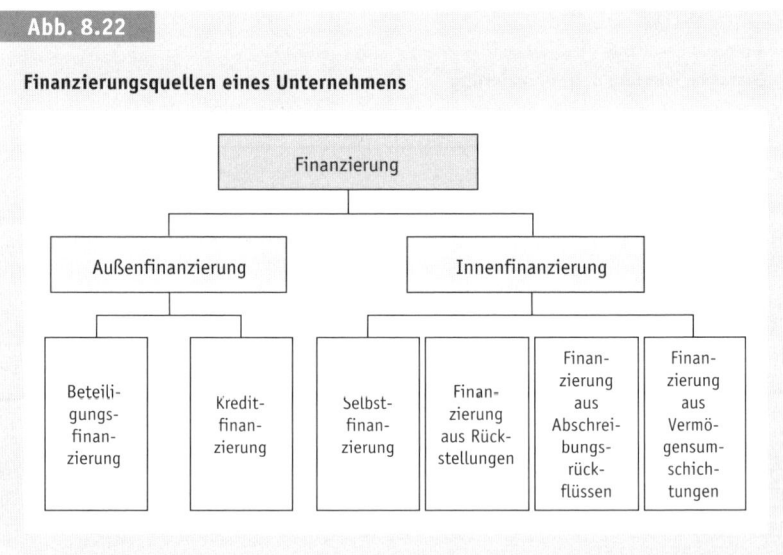

Finanzierung aus Abschreibungsgegenwerten: *Abschreibungen* dienen dazu, den Werteverlust bzw. die Verringerung des Nutzungspotenzials langlebiger Betriebsmittel (z. B. Potenzialfaktoren wie Maschinen) zu ermitteln. Der Aufwand bei einer Investition in ein langlebiges Wirtschaftsgut wird in Höhe der Abschreibungen auf die Jahre seiner Nutzung verteilt und als Aufwand bei der Gewinnermittlung in der GuV-Rechnung berücksichtigt (vgl. Kap. 8.9.2.2; vgl. Domschke/Scholl 2008, S. 245 f.). So ergibt sich z. B. bei der *linearen Abschreibungsmethode* der jährliche Abschreibungswert aus dem Anschaffungspreis des Betriebsmittels dividiert durch die Anzahl der Nutzungsjahre. Unter der Voraussetzung, dass die Abschreibungsbeträge je Periode in gleicher Höhe durch Umsatzerlöse gedeckt sind (verdiente Abschreibungen), tritt ein *Kapitalfreisetzungseffekt* bei dieser Finanzierungsart ein. Die erwirtschafteten Abschreibungsbeträge fließen dem Unternehmen während der gesamten Nutzungsdauer des Wirtschaftsgutes zu und können bis zur Finanzierung einer Ersatzinvestition am Ende der Nutzungsdauer für andere Finanzierungszwecke genutzt werden (vgl. Wöhe/Döring 2010, S. 653). Der Kapitalfreisetzungseffekt resultiert also daraus, dass die dem Unternehmen jährlich zufließenden Abschreibungsbeträge nicht sofort in den Ersatz des Wirtschaftsgutes investiert werden müssen. Wenn die so freigesetzten finanziellen Mittel *sofort* in identische Betriebsmittel reinvestiert werden, kann sich die Periodenkapazität erweitern, ohne dass dazu eine zusätzliche Kapitalbeschaffung erforderlich wäre. Dieser *Kapazitätserweiterungseffekt* wird auch als *Lohmann-Ruchti-Effekt* bezeichnet (vgl. Domschke/Scholl 2008, S. 245; Schmalen/Pechtl 2009, S. 447).

Finanzierung aus Abschreibungsgegenwerten

Finanzierung aus Rückstellungen: *Rückstellungen* werden für nach Höhe und Fälligkeitszeitpunkt ungewisse Verbindlichkeiten und für drohende Verluste aus schwebenden Geschäften gebildet, deren Eintritt wahrscheinlich oder sicher ist (§ 249 HGB; z. B. Pensionsrückstellungen). Da Rückstellungen Fremdkapital darstellen, handelt es sich hier um eine innerbetriebliche Fremdfinanzierung. Der Finanzierungseffekt von Rückstellungen resultiert daraus, dass die Aufwandsverrechnung der Auszahlung voraus geht (vgl. Drukarczyk 2006, S. 408). Es entstehen somit in der aktuellen Periode Aufwendungen, denen erst in späteren Perioden Auszahlungen zu einem ungewissen Zeitpunkt und in ungewisser Höhe gegenüber stehen (vgl. Domschke/Scholl 2008, S. 244 f.).

Finanzierung aus Rückstellungen

Finanzierung aus Vermögensumschichtung: Hier erfolgt eine Kapitalfreisetzung durch Veräußerung von nicht betriebsnotwendigem Vermögen (z. B. Grundstücke) oder durch Verringerung der Kapitalbindung im Umlaufvermögen (z. B. Reduktion von Lagerbeständen). Auch mit dem *Sale-lease-back-Verfahren* können intern Finanzmittel freigesetzt werden. Danach werden Vermögensgegenstände (z. B. ein Bürogebäude) an eine Leasinggesellschaft verkauft (*Sale*) und gleichzeitig wieder gemietet (*Lease Back*). Den durch den Verkauf sofort dem Unternehmen zufließenden Zahlungsmitteln stehen zeitlich gestreckte Mietraten entgegen (vgl. Horsch et al. 2007, S. 377).

Finanzierung aus Vermögensumschichtung

Zwischen den verschiedenen Finanzierungsformen gibt es Überschneidungen: Eine Eigenfinanzierung kann sowohl als Innenfinanzierung (z. B. Selbstfinanzierung) als auch als Außenfinanzierung (z. B. Kapitaleinlagen von Gesellschaftern) erfolgen. Gleichermaßen kann eine Fremdfinanzierung sowohl als Innenfinanzierung (z. B. Finanzierung aus Pensionsrückstellungen) als auch als Außenfinanzierung (z. B. Finanzierung durch Bankkredite) durchgeführt werden (vgl. Abb. 8.23).

Abb. 8.23

Finanzierungsformen

Herkunft des Kapitals / Rechtsstellung des Kapitalgebers	Innenfinanzierung	Außenfinanzierung
Eigenfinanzierung	Selbstfinanzierung	Beteiligungsfinanzierung
Fremdfinanzierung	eigengebildetes Fremd-kapital (z.B. Pensions-rückstellungen)	Kreditfinanzierung

8.8.4 Investition und Investitionsrechnung

8.8.4.1 Investition

Investitionsentscheidungen gehören zu den wichtigsten im Unternehmen, da sie für das langfristige Überleben des Unternehmens von zentraler Bedeutung sind. Entscheidungen über Investitionen werden im Rahmen der Investitionsplanung durchgeführt.

> *Investitionen* sind Auszahlungen für den Erwerb oder die Herstellung von Wirtschaftsgütern, die längerfristig dem Unternehmen zur Verfügung stehen und zukünftige Einzahlungen erwarten lassen (vgl. Linnhoff/Pellens 2007, S. 307 f.).

Nach dem Umfang eingeschlossener Investitionsgüter lassen sich Investitionen im weiteren und im engeren Sinne unterscheiden (vgl. Thommen/Achleitner 2009, S. 679). Im *weiteren Sinne* wird unter Investition die Verwendung finanzieller Mittel zur Beschaffung von Sachvermögen (z. B. Maschinen, Grundstücke), Finanzvermögen (z. B. Aktien) oder immateriellem Vermögen (z. B. Patente, Lizenzen), das auf der Aktivseite der Bilanz ausgewiesen wird, verstanden (vgl. Domschke/Scholl 2008, S. 231). Im *engeren Sinne* dient die Investition jedoch nur dem Einsatz finanzieller Mittel zur Beschaffung von Betriebsmitteln (Sachvermögen). Im Allgemeinen wird dieser enge Investitionsbegriff gewählt, wenn von Investition gesprochen wird. Mit der Beschaffung von Betriebsmitteln (Sachinvestitionen) sowie von Wertpapieren und Forderungen (Finanzinvestitionen) ist eine sich über mehrere Perioden erstreckende *Kapitalbindung* im Unternehmen verbunden (vgl. Seelbach 2006, S. 337).

Sachinvestitionen werden in Neuinvestitionen (z. B. Beschaffung einer Produktionsanlage für ein neues Produkt), Erweiterungsinvestitionen (z. B. Beschaffung weiterer Maschinen zur Steigerung der Produktionskapazität), Rationalisierungsinvestitionen (z. B. Auswechseln noch funktionierender Altanlagen durch effizientere Neuanlagen) und Ersatzinvestitionen (z. B. Ersatz nicht mehr zufrieden stellend arbeitender Altanlagen durch gleiche oder ähnliche Neuanlagen) unterteilt. Investitionen müssen äußerst gründlich geplant werden, da hierdurch einerseits langfristig Kapital gebunden und andererseits das Leistungsprogramm des Unternehmens beeinflusst und Kapazitäten verändert werden (vgl. Domschke/Scholl 2008, S. 246).

Sachinvestition

8.8.4.2 Investitionsrechenverfahren

Vor Investitionsentscheidungen müssen Investitionsobjekte hinsichtlich ihrer absoluten und relativen Vorteilhaftigkeit geprüft werden. Um die wirtschaftliche (relative) Vorteilhaftigkeit von alternativen Investitionsobjekten für eine Investition beurteilen zu können, sind Verfahren bzw. Modelle der Investitionsrechnung für Entscheidungen unter Sicherheit und unter Risiko entwickelt worden (vgl. Domschke/ Scholl 2008, S. 246). Verfahren bei sicheren Entscheidungen können in drei Gruppen eingeteilt werden (vgl. Abb. 8.24):

▸ **Statische Verfahren** ermitteln kalkulatorische Kosten und Erlöse und setzen voraus, dass diese gleichmäßig auf die Lebensdauer eines Investitionsobjekts verteilt anfallen (Durchschnittsbetrachtung).

▸ **Dynamische Verfahren** basieren auf einer finanzmathematischen Vorgehensweise und berücksichtigen, dass Ein- und Auszahlungen (Cashflows) über die Nut-

Abb. 8.24

Investitionsrechenverfahren

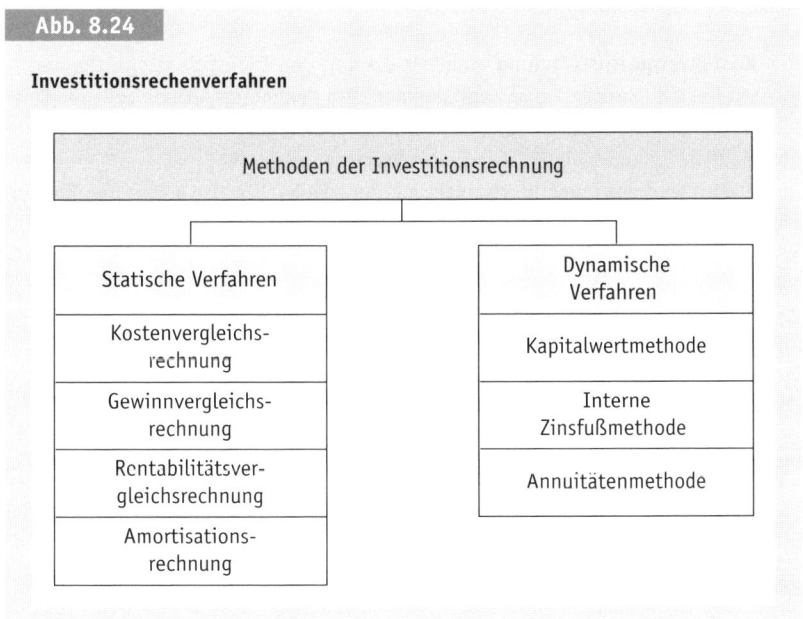

zungsdauer eines Investitionsobjektes zeitlich verteilt anfallen und verzinst werden müssen (vgl. Domschke/Scholl 2008, S. 251).

▸ **Operations Research-Verfahren** versuchen, ein optimales Investitionsbudget durch simultane Planung des Finanzierungs- und Investitionsprogramms mit Hilfe von OR-Methoden zu ermitteln. Diese Verfahren weisen oft eine hohe mathematische Komplexität und einen hohen Abstraktionsgrad auf, so dass sie für konkrete Anwendungen nicht immer geeignet sind (vgl. Kap. 6.4.6).

Statische Investitionsrechenverfahren

Statische Investitionsrechenverfahren ermitteln näherungsweise die Vorteilhaftigkeit von Investitionen bei gegebener Nutzungsdauer *T*.

Sie berücksichtigen nicht den zeitlich unterschiedlichen Anfall von mit der Investition verbundenen Aus- und Einzahlungen, sondern legen ihren Berechnungen die wertmäßigen Konsequenzen der Investition (z. B. Betriebskosten, Verkaufserlöse der mit dem Investitionsobjekt hergestellten Produkte) je Periode der Nutzungsdauer zugrunde (vgl. Seelbach 2006, S. 355). Unterstellt werden jährlich gleich bleibende Ein- und Auszahlungsströme, so dass nur mit Durchschnittswerten für eine Periode gerechnet wird (*Durchschnittsrechnung*). Diese Verfahren sind sehr einfach anzuwenden und werden deshalb häufig in der Praxis eingesetzt. Ein gravierender Nachteil liegt allerdings in der Nichtberücksichtigung der zeitlichen Verteilung von Erlösen und Kosten (vgl. Domschke/Scholl 2008, S. 247 ff.). Zu den *statischen Verfahren* der Investitionsrechnung gehören (vgl. Thommen/Achleitner 2009, S. 693 ff.):

Die Kostenvergleichsrechnung ermittelt die von den Investitionsobjekten verursachten Kosten (Betriebs- und Kapitalkosten) pro Rechnungsperiode bzw. pro Leistungseinheit (z. B. Stückkosten) der zur Auswahl stehenden Investitionsprojekte und stellt sie einander gegenüber. Dieses Verfahren ist in der Praxis weit verbreitet. Ausgewählt wird das Investitionsobjekt mit den vergleichsweise geringsten Kosten. Dieses Verfahren sollte nur eingesetzt werden, wenn die Alternativen gleiche Erlöse erwirtschaften sowie dieselbe Nutzungsdauer und denselben Kapitaleinsatz aufweisen (vgl. Domschke/Scholl 2008, S. 249). Schwächen des Verfahrens sind, dass nur Kosten und keine Erlöse aus der Investition berücksichtigt werden. Weiterhin bleiben die Struktur der Kosten und mögliche Veränderungen von Kostengrößen unberücksichtigt. Allerdings kann dieses Verfahren bei kurzen Nutzungsdauern vorteilhaft sein, da sich eine Vernachlässigung zeitlich verteilter Zahlungsüberschüsse hier nicht so gravierend darstellt (vgl. Linnhoff/Pellens 2007, S. 310).

Die Gewinnvergleichsrechnung berücksichtigt neben den relevanten, durch die Investitionsentscheidung beeinflussten Kosten auch die Erlöse der Investitionsalternativen. Dieses Vorgehen ist immer dann sinnvoll, wenn die mit den Investitionsobjekten verbundenen Erlöserwartungen stark voneinander abweichen. Ausgewählt wird diejenige Investitionsalternative mit dem vergleichsweise höchsten durchschnittlichen Gewinn, der sich aus der Differenz zwischen durchschnittlichen Erlösen und Kosten ergibt. Eingesetzt wird die Gewinnvergleichsrechnung bei Ersatz- und Erweiterungsinvestitionen. Auch wenn dieses Verfahren die Erlöse berücksichtigt, so behebt es die grundsätzlichen Mängel der Kostenvergleichsrechnung nicht. Hinzu kommen Probleme der Gewinnermittlung bzw. Gewinnschätzung (vgl. Thommen/ Achleitner 2009, S. 696 ff.). Geeignet ist dieses Verfahren nur, wenn die zu vergleichenden Investitionsalternativen dieselbe Nutzungsdauer und denselben Kapitaleinsatz aufweisen (vgl. Domschke/Scholl 2008, S. 248).

Die Rentabilitätsvergleichsrechnung beurteilt die Vorteilhaftigkeit von Investitionsobjekten anhand der durchschnittlichen Rentabilität des in der Investition gebundenen Kapitals (vgl. Hentze 2001, S. 405 ff.; Seelbach 2006, S. 361). Die *Kapitalrentabilität* (bzw. der *Return on Investment*, ROI) wird berechnet, indem der durchschnittliche Gewinn G (z.B. EBIT) in Beziehung zum durchschnittlich im Investitionsobjekt gebundenen Kapital K^* gesetzt wird (vgl. Linnhoff/Pellens 2007, S. 311; Gleichung 25):

Kapitalrentabilität

$$\text{Kapitalrentabilität} = \left(\frac{G}{K^*}\right) \times 100 \quad \text{in \%} \tag{25}$$

Ausgewählt wird das Investitionsobjekt mit der höchsten Rentabilität unter der Voraussetzung, dass die gewünschte *Mindestrentabilität* erreicht oder überschritten wird. Die Rentabilität kann näherungsweise als Verzinsung des tatsächlich eingesetzten Kapitals interpretiert werden (vgl. Linnhoff/Pellens 2007, S. 312). Dieses Verfahren eignet sich sowohl für Erweiterungs- als auch für Rationalisierungsinvestitionen. Es zeigt sich, dass bei unterschiedlichen Nutzungsdauern und Kapitaleinsätzen die Rentabilitätsrechnung schwerwiegende Mängel aufweist (vgl. Domschke/Scholl 2008, S. 249 f.). Bei identischen Kapitaleinsätzen liefert diese Rechnung das gleiche Ergebnis wie die Gewinnvergleichsrechnung.

Die Amortisationsrechnung, die auch als *Pay-back-Methode*, *Pay-off-Methode* oder *Kapitalrückflussrechnung* bezeichnet wird, ermittelt die Zeitdauer t_A (Amortisationszeit), die erforderlich ist, bis das in ein Wirtschaftsgut investierte Kapital durch Einzahlungsüberschüsse während der Nutzungszeit T zurückgeflossen ist. Ohne direkt Ein- und Auszahlungen je Periode ermitteln zu müssen, können die Einzahlungsüberschüsse bei Erweiterungsinvestitionen aus der Addition von Periodengewinn und Abschreibungen berechnet werden (vgl. Thommen/Achleitner 2009, S. 700 ff.). Ausgewählt wird dasjenige Investitionsobjekt mit der kürzesten Amortisationszeit. Die Amortisationszeit kann durch Kumulations- oder Durchschnittsberechnung ermittelt werden. Bei der Kumulationsrechung werden die zeitlich gestaffelten Einzahlungsüberschüsse so lange aufaddiert (kumuliert), bis die Summe dem Investitionsbetrag entspricht. Sind die jährlichen Rückflüsse konstant, kann mit Hilfe der Durchschnittsmethode die Amortisationszeit einfacher aus dem Quotienten von Kapitaleinsatz für die Investition (z.B. Anschaffungskosten für eine Maschine) zur Summe der jährlichen Einzahlungsüberschüsse (z.B. Gewinn + Abschreibungen) berechnet werden (vgl. Thommen/Achleitner 2009, S. 702). Bei einer Anschaffungsausgabe von 100.000 Euro für eine Produktionsanlage und jährlich geschätzten Einnahmeüberschüssen von 25.000 Euro ergibt sich demnach eine Amortisationszeit t_A von vier Jahren. Dieses Verfahren hat den Vorteil, liquiditäts- und risikoorientierte Aspekte zur Beurteilung der Vorteilhaftigkeit von Investitionsobjekten zu berücksichtigen. Da allerdings die erwartete Rentabilität unberücksichtigt bleibt und sich zudem Probleme ergeben können, wenn die zu vergleichenden Investitionsobjekte eine unterschiedliche Nutzungsdauer aufweisen, ist es ratsam, dieses Verfahren mit anderen zu kombinieren (vgl. Thommen/Achleitner 2009, S. 702). Neben dieser statischen gibt es noch eine dynamische Amortisationsrechnung (vgl. Linnhoff/Pellens 2007, S. 322 ff.).

Dynamische Investitionsrechenverfahren

Dynamische Investitionsrechenverfahren ermitteln die Vorteilhaftigkeit von Investitionen unter der Annahme zeitlich unterschiedlich anfallender Ein- und Auszahlungen (*Cashflows*).

Ihre Bedeutung hat in der Praxis stark zugenommen. Es werden zum einen die während der gesamten Nutzungsdauer T anfallenden Zahlungsströme und zum anderen der zeitlich unterschiedliche Anfall von Ein- und Auszahlungen während der Nutzungsdauer berücksichtigt. Zur Beurteilung alternativer Investitionsobjekte ist es daher wichtig, für jedes Investitionsobjekt eine vollständige Zeitreihe aller zukünftig erwarteter Ein- und Auszahlungen aufzustellen (vgl. Linnhoff/Pellens 2007, S. 313). Da der aktuelle Wert einer Zahlung davon abhängig ist, wann es zu dieser Zahlung kommt, müssen alle zukünftigen Ein- und Auszahlungen auf einen gemeinsamen Zeitpunkt bezogen werden, um verglichen werden zu können. Eine Einzahlung, die in zwei Jahren erfolgen wird, ist weit weniger Wert (*Wert des Geldes*) als eine Einzahlung in gleicher Höhe, die sofort erfolgt. Die rechnerische Bestimmung des Zeitwertes des Geldes erfolgt über das finanzmathematische Prinzip des *Auf- und Abzinsens*. Werden alle zukünftigen Ein- und Auszahlungen auf den aktuellen Zeitpunkt bezogen, so findet ein Abzinsen (*Diskontierung*) statt (vgl. Thommen/Achleitner 2009, S. 704). Zu den dynamischen Investitionsrechenverfahren gehören die Kapitalwertmethode, die interne Zinssatzmethode und die Annuitätenmethode.

Die Kapitalwertmethode diskontiert alle durch eine Investition während der Nutzungsdauer T ausgelösten zukünftigen Ein- und Auszahlungen auf den Beginn des Planungszeitraumes t_0. Die Differenz aus den diskontierten Ein- und Auszahlungen wird als *Kapitalwert KW* (Barwert, NPV: *Net Present Value*) einer Investition bezeichnet (vgl. Thommen/Achleitner 2009, S. 707). Die Höhe des Kapitalwertes eines Investitionsobjektes ist abhängig von der Höhe und der zeitlichen Verteilung der zukünftigen Ein- und Auszahlungen sowie vom sogenannten Kalkulationszinssatz (vgl. Thommen/Achleitner 2009, S. 708). Der *Kalkulationszinssatz i* ist derjenige Zinssatz, zu dem Gelder in beliebiger Höhe aufgenommen oder angelegt werden können. Es wird unterstellt, dass Soll- und Habenzinssatz identisch sind (vollkommener Kapitalmarkt). Dieser Zinssatz wird vom Investor als gewünschte *Mindestverzinsung* für das investierte Kapital interpretiert (vgl. Domschke/Scholl 2008, S. 252). Die gewählte Höhe von i ist u. a. abhängig vom Marktzins, dem wahrgenommenen Investitionsrisiko, den Finanzierungskosten und der Rendite alternativer Anlagemöglichkeiten (vgl. Thommen/Achleitner 2009, S. 630 f.). Der Kapitalwert KW berechnet sich nach folgender Formel (vgl. Thommen/Achleitner 2009, S. 707):

$$KW = \sum_{t=0}^{T} \frac{e_t - a_t}{(1+i)^t} + \frac{L_T}{(1+i)^T} - I_0 \tag{26}$$

t	=	Zeitindex
T	=	Nutzungsdauer der Investition in Jahren
i	=	Diskontierungszinssatz (Kalkulationszinssatz)
I_0	=	Höhe der Anschaffungsauszahlung
a_t	=	Auszahlung während der Nutzungsdauer und fällig am Ende des jeweiligen Jahres t
e_t	=	Einzahlung während der Nutzungsdauer und fällig am Ende des jeweiligen Jahres t
L_T	=	Liquidationserlös am Ende der Nutzungsdauer T

Investitionen, die eine Verzinsung versprechen, die oberhalb des Kalkulationszinssatzes i liegt, weisen einen *positiven Kapitalwert* (KW > 0) auf. Dann übersteigt der Barwert der zukünftigen Cashflows die Investitionsauszahlung (vgl. Linnhoff/Pellens 2007, S. 316). Es wird mit dieser Investition also ein Überschuss erwirtschaftet. Ist der *Kapitalwert negativ* (KW < 0), so liegt die erwartete Verzinsung der Investition unterhalb der festgelegten Mindestrendite. Bei mehreren Investitionsalternativen wird diejenige mit dem größten positiven Kapitalwert ausgewählt. Kritisch ist, dass die Berechnung sehr stark vom Kalkulationszinssatz abhängig ist. Bereits geringfügige Abweichungen des verwendeten Zinssatzes vom tatsächlich realisierbaren Zinssatz können zu Fehlentscheidungen führen (vgl. Domschke/Scholl 2008, S. 253). Zudem wird unterstellt, dass Zahlungsmittel zum Kalkulationszinssatz angelegt bzw. entliehen werden können (vgl. Linnhoff/Pellens 2007, S. 317).

Die Methode des internen Zinssatzes ermittelt die mit einem Investitionsobjekt erwartete Verzinsung, den sogenannten internen Zinssatz bzw. Zinsfuß (vgl. Schmalen/Pechtl 2009, S. 410 ff.). Der *interne Zinssatz i** gibt die jährliche Verzinsung des jeweils noch nicht zurückgeflossenen Kapitaleinsatzes der Investition an. Er gibt demnach die Rentabilität des durch die Investition gebundenen Kapitals wieder (vgl. Seelbach 2006, S. 351). Rückflüsse, die über die interne Verzinsung hinausgehen, können zur Tilgung des Investitionsbeitrages I_0 genutzt werden. Der interne Zinssatz $i*$ ist derjenige Zins, der als Kalkulationszinssatz einen Kapitalwert von Null ergibt. Zur Berechnung von $i*$ muss die Formel zur Bestimmung des Kapitalwerts KW (Gleichung 26) zu Null gesetzt und nach i aufgelöst werden. Da dies bei mehr als zwei Nutzungsperioden zu erheblichen mathematischen Problemen führt, werden in der Praxis nur Näherungsverfahren eingesetzt (vgl. Thommen/Achleitner 2009, S. 709 f.). Zudem ist es möglich, dass mehrere optimale interne Zinssätze $i*$ für ein Investitionsobjekt existieren oder keiner. Ausgewählt wird das Investitionsvorhaben mit dem höchsten internen Zinssatz $i*$, vorausgesetzt, die erforderliche Mindestverzinsung wird erreicht oder überschritten. Ein *positiver interner Zinssatz i** zeigt an, welche Rendite das im Investitionsobjekt gebundene Kapital erwirtschaftet. Da die Kapitalwertmethode den Zinssatz vorgibt, der bei der internen Zinssatzmethode berechnet wird, können beide Verfahren zu recht unterschiedlichen Ergebnissen kommen. Kritisch ist die wenig realistische Annahme, dass die Einzahlungsüberschüsse zum jeweils berechneten, je nach Investitionsobjekt unterschiedlichen Zinssatz angelegt werden können (vgl. Domschke/Scholl 2008, S. 256). Zudem vernachlässigt diese Methode die absolute Höhe des Kapitaleinsatzes, so dass eine kleine, hoch rentable Investition vorteilhafter erscheinen kann als eine größere, aber weniger rentable (vgl. Linnhoff/Pellens 2007, S. 322).

Die Annuitätenmethode stellt eine Modifikation der Kapitalwertmethode dar. Hier geht es darum, für Investitionsvorhaben mit einer Anschaffungsauszahlung I_0 und einer bekannten Nutzungsdauer T zu ermitteln, wie hoch durchschnittlich ein jährlicher Einzahlungsüberschuss (Annuität) ausfallen muss, damit I_0 mit einer entsprechenden Verzinsung i (Kalkulationszinssatz) in den Nutzungsjahren verdient werden kann (vgl. Schmalen/Pechtl 2009, S. 411 f.). Eine *Annuität* ist ein über die Nutzungsdauer jährlich konstant bleibender Einzahlungsüberschuss, der neben Tilgung und Verzinsung zu anderen Finanzierungszwecken bereitsteht (vgl. Domschke/Scholl 2008, S. 254). Während die Zinsbelastung mit den Jahren sinkt, steigen die Tilgungsbeiträge. Ausgewählt wird das alternative Investitionsvorhaben mit der größten Annuität.

Kontrollfragen Kapitel 8.8

1. *Was wird unter der betrieblichen Funktion Finanzierung verstanden?*
2. *Welche Ziele verfolgt die Finanzierung?*
3. *Was sagt die Liquidität 1. Grades aus?*
4. *Wie können die Zahlungsströme für Finanzierungsmaßnahmen einerseits und Investitionen andererseits charakterisiert werden?*
5. *Was versteht man unter Kapital?*
6. *Was ist ein Finanzplan?*
7. *Erläutern Sie die Aufgaben der lang-, mittel- und kurzfristigen Finanzplanung.*
8. *Welches sind die Merkmale von Eigenkapital und welches von Fremdkapital?*
9. *Nach welchen Kriterien können Finanzierungsformen charakterisiert werden?*
10. *Was wird unter der Eigen- und Beteiligungsfinanzierung verstanden?*
11. *Was versteht man unter Fremdfinanzierung?*
12. *Was versteht man unter Außen- und Innenfinanzierung?*
13. *Was wird unter Thesaurierung verstanden?*
14. *Welche Innenfinanzierungsarten können unterschieden werden?*
15. *Was wird unter Abschreibungen verstanden?*
16. *Erläutern Sie die Finanzierungswirkung von Abschreibungen.*
17. *Was besagt der Lohmann-Ruchti-Effekt?*
18. *Was wird unter einer Investition verstanden?*
19. *Was unterscheidet statische von dynamischen Investitionsrechnmodellen?*

20. *Erläutern Sie die Kostenvergleichsrechnung.*
21. *Erläutern Sie die Amortisationsrechnung.*
22. *Erläutern Sie das finanzmathematische Prinzip der Diskontierung.*
23. *Erläutern Sie die Kapitalwertmethode.*
24. *Wann ist ein Investitionsobjekt nach der Kapitalwertmethode vorzuziehen?*
25. *Wie kann der interne Zinssatz interpretiert werden?*

Übungsaufgabe Kapitel 8.8

Aufgabenstellung

Auf zwei Maschinentypen, A_1 und A_2, kann das gleiche Produkt in der gleichen Qualität herstellen werden. Die beiden Maschinentypen unterscheiden sich allerdings in der Produktionsgeschwindigkeit, den Anschaffungskosten, den Betriebskosten und der Nutzungsdauer. Es wird erwartet, dass das Produkt zu einem Preis von 12 Euro je Stück verkauft werden kann und dass maximal 5.000 Stück im Jahr davon abgesetzt werden können. Weitere Daten enthält die nachfolgende Tabelle (Aufgabe inspiriert durch Domschke/Scholl 2008):

Maschinentyp	A_1	A_2
Anschaffungskosten	100.000 €	120.000 €
Nutzungsdauer	5 Jahre	4 Jahre
Produktionsmenge/Jahr	4.000 Stück	5.000 Stück
Erlöse/Jahr	48.000 €	60.000 €
./. Abschreibungen	20.000 €	30.000 €
./. Betriebskosten/Jahr	17.000 €	15.000 €
= Gewinn/Jahr	G_1	G_2

Fragen

a) *Welcher Maschinentyp ist nach der Gewinnvergleichsrechnung zu wählen?*

b) *Welcher Maschinentyp ist nach der Kostenvergleichsrechnung zu wählen?*

c) *Welcher Maschinentyp ist nach der Gewinnvergleichsrechnung zu wählen, wenn der Preis des Produkts nur 9 Euro beträgt? Interpretieren Sie das Ergebnis im Vergleich zur Kostenvergleichsrechnung.*

d) *Welcher Maschinentyp ist nach der Kostenvergleichsrechnung zu wählen, wenn wegen der unterschiedlichen Nutzungszeiten der Maschinen Stückkosten verglichen werden?*

e) *Welcher Maschinentyp ist nach der Rentabilitätsvergleichsrechnung zu wählen? Nehmen Sie lineare Abschreibungen an, so dass sich über die Nutzungsdauer ein durchschnittlicher Kapitaleinsatz in Höhe der Hälfte der Anschaffungskosten ergibt.*

f) *Welcher Maschinentyp ist nach der (kumulierten) Amortisationsrechnung zu wählen?*

g) *Welcher Maschinentyp ist nach der Amortisationsrechnung zu wählen, wenn, wie im Beispiel, von konstanten jährlichen Rückflüssen ausgegangen werden kann?*

Lösung

a) $G_1 = 4.000 \times 12 - 100.000/5 - 17.000 = 11.000$ €/Jahr
$G_2 = 5.000 \times 12 - 120.000/4 - 15.000 = 15.000$ €/Jahr
Ausgewählt wird A_2!

b) $K_1 = 37.000$ € und $K_2 = 45.000$ €
Ausgewählt wird A_1!

c) $G_1 = 36.000 - 37.000 = -1.000$ €
$G_2 = 45.000 - 45.000 = 0$ €
Unter dieser Bedingung ist die Entscheidung nach der Kostenvergleichsrechnung wenig zu empfehlen, da mit A_1 ein Verlust von 1.000 Euro gemacht würde und A_2 wenigstens die Kosten gerade noch decken würde.

d) $k_1 = (100.000/5 + 17.000) : 4.000 = 9,25$ €
$k_2 = (120.000/4 + 15.000) : 5.000 = 9,00$ €
Ausgewählt wird A_2!

e) $r_1 = (11.000 : 50.000) \times 100 = 22,0\,\%$
$r_2 = (15.000 : 60.000) \times 100 = 25,0\,\%$
Ausgewählt wird A_2!

f)
Perioden		1	2	3	4	5
A_1:	kumulierte Erlöse	48,0	96,0	144,0	192,0	240,0
	kumulierte Kosten	117,0	134,0	151,0	168,0	185,0
A_2:	kumulierte Erlöse	60,0	120,0	180,0	240,0	
	kumulierte Kosten	135,0	150,0	165,0	180,0	

A_2 ist in Periode 3 amortisiert, A_1 erst in Periode 4.

g) $t_A = \dfrac{\text{Anschaffungskosten}}{\text{Jahresrückfluss}}$

$t_{A1} = 100.000 : (48.000 - 17.000) = 3,23$ *Jahre*
$t_{A2} = 120.000 : (60.000 - 15.000) = 2,67$ *Jahre*
Ausgewählt wird A_2!

Weiterführende Literatur

Domschke, W./Scholl, A. (2008): Grundlagen der Betriebswirtschaftslehre, 4. Aufl., Berlin u. a.

Drukarczyk, J. (2006): Finanzierung, in: Bea, F. X./Friedl, B./Schweitzer, M. (Hrsg.), Allgemeine Betriebswirtschaftslehre, Bd. 3: Leistungsprozess, 9. Aufl., Stuttgart, S. 401–516.

Hentze, J./Heinecke, A./Kammel, A. (2001): Allgemeine Betriebswirtschaftslehre, Bern u. a.

Horsch, A./Paul, St./Rudolph, B. (2007): Finanzmanagement, in: Busse von Colbe, W./Coenenberg, A. G./Kajüter, P./Linnhoff, U./Pellens, B. (Hrsg.), Betriebswirtschaft für Führungskräfte, 3. Aufl., Stuttgart, S. 371–418.

Linnhoff, U./Pellens, B. (2007): Investitionsrechnung, in: Busse von Colbe, W./Coenenberg, A. G./Kajüter, P./Linnhoff, U./Pellens, B. (Hrsg.), Betriebswirtschaft für Führungskräfte, 3. Aufl., Stuttgart, S. 307–338.

Schierenbeck, H./Wöhle, C.B. (2008): Grundzüge der Betriebswirtschaftslehre,
17. Aufl., München.

Schmalen, H./Pechtl, H. (2009): Grundlagen und Probleme der Betriebswirtschaft,
14. Aufl., Stuttgart.

Seelbach, H. (2006): Investition, in: Bea, F.X./Friedl, B./Schweitzer, M. (Hrsg.),
Allgemeine Betriebswirtschaftslehre, Bd. 3: Leistungsprozess, 9. Aufl., Stuttgart,
S. 337–400.

Thommen, J.-P./Achleitner, A.-K. (2009): Allgemeine Betriebswirtschaftslehre,
6. Aufl., Wiesbaden.

Weber, W./Kabst, R. (2009): Einführung in die Betriebswirtschaftslehre, 7. Aufl.,
Wiesbaden.

Wöhe, G./Döring, U. (2010): Einführung in die Allgemeine Betriebswirtschaftslehre,
24. Aufl., München.

8.9 Das Rechnungswesen

Lernziele

▶ Sie kennen die Funktionen des Rechnungswesens.

▶ Sie kennen den Unterschied zwischen dem externen und internen Rechnungswesen.

▶ Sie kennen Bestands- und Erfolgskonten.

▶ Sie kennen die Grundbegriffe des Rechnungswesens und können sie voneinander abgrenzen.

▶ Sie kennen die Funktion des Jahresabschlusses und seine Teile.

▶ Sie können die Grundstruktur einer Bilanz erklären.

▶ Sie können die Grundstruktur der GuV erklären.

▶ Sie kennen die Aufgaben der Kostenrechnung.

▶ Sie können die Kostenarten, Kostenstellen und Kostenträgerrechnung erläutern.

▶ Sie können das Schema der Zuschlagskalkulation aufstellen.

8.9.1 Internes und externes Rechnungswesen

8.9.1.1 Aufgaben des Rechnungswesens

Das *Rechnungswesen* (*Accounting*) hat die Aufgabe, betriebliche Prozesse durch eine zahlenmäßige Erfassung systematisch zu steuern und zu überwachen.

Es handelt sich um ein spezielles Informationssystem zur »quantitativen, vorwiegend mengen- und wertmäßigen Ermittlung, Aufbereitung und Darstellung von wirtschaftlichen Zuständen in einem bestimmten Zeitpunkt und von wirtschaftlichen Abläufen während eines bestimmten Zeitraums« (Coenenberg et al. 2009a, S. 3). Das Rechnungswesen hat folgende Funktionen (vgl. Coenenberg et al. 2009a, S. 5):

▸ **Dokumentationsfunktion**: Darstellung aller finanz- und leistungswirtschaftlichen Sachverhalte, die zur Beurteilung der Vermögens-, Finanz- und Ertragslage eines Unternehmens erforderlich sind.
▸ **Planungsfunktion**: Bereitstellung von Zahlenmaterial, das zur planvollen und zielorientierten Führung eines Unternehmens erforderlich ist.
▸ **Kontrollfunktion**: Ermittlung des Grades der Erreichung gesteckter Ziele.

Das Rechnungswesen stellt Informationen für bestimmte *Adressaten*, die *Stakeholder* des Unternehmens, bereit. Es können interne (z. B. Eigentümer, Geschäftsführung, Arbeitnehmer) und externe Adressaten (z. B. Gläubiger, Öffentlichkeit, Fiskus) unterschieden werden.

Um der Verschiedenheit der Aufgaben und der unterschiedlichen Interessen der Adressaten gerecht zu werden, wird zwischen externem und internem Rechnungswesen unterschieden (vgl. Coenenberg et al. 2009a, S. 7 f.):

▸ **Das externe Rechnungswesen** (*Financial Accounting*) dokumentiert möglichst genau die Vermögens-, Finanz- und Ertragslage des Unternehmens. Die Informationen richten sich insbesondere an externe Adressaten (z. B. Kapitalgeber, Fiskus). Hier dominiert die Dokumentationsfunktion. Der *Jahresabschluss* ist der Kern des externen Rechnungswesens. Verpflichtung und Umfang der Rechnungslegung sind gesetzlich geregelt (vgl. Coenenberg et al. 2009a, S. 8 f.).
▸ **Das interne Rechnungswesen** (*Management Accounting* oder *Managerial Accounting*) dient insbesondere der Unternehmenssteuerung durch Planung und Kontrolle (vgl. Coenenberg et al. 2009a, S. 9; auch Kap. 8.10). Es umfasst die Kosten- und Leistungsrechnung sowie die Investitions- und Finanzrechnung (vgl. auch Kap. 8.8). Das interne Rechnungswesen liegt im Ermessen des Betriebes.

8.9.1.2 Die Finanzbuchhaltung
Zur Erfüllung seiner Aufgaben bedient sich das Rechnungswesen der Buchführung (Finanzbuchhaltung).

> In der *Buchführung* werden alle Geschäftsvorfälle des Unternehmens, die zu Veränderungen des Vermögens oder Kapitals des Unternehmens führen, systematisch, lückenlos und in chronologischer Abfolge zahlenmäßig auf Kapital-, Vermögens-, Aufwands- und Ertragskonten erfasst und einmal jährlich im Jahresabschluss zusammengestellt und dokumentiert (vgl. Coenenberg et al. 2009a, S. 4 f.).

Konten sind zweiseitig geführte Rechnungen, auf denen Wertbewegungen (Wertmehrungen und Wertminderungen) eingetragen werden (vgl. Schierenbeck/Wöhle 2008, S. 589). Die linke Seite eines in Form eines »T« dargestellten Kontos (*T-Konto*) trägt die Bezeichnung »Soll« und die rechte Seite die Bezeichnung »Haben«. Das Grundprinzip der *doppelten Buchführung* (doppisches Prinzip, *Doppik*) stellt sicher, dass jeder Geschäftsvorfall auf mindestens zwei verschiedenen Konten, also doppelt, verbucht wird. Jeder Geschäftsvorfall wird auf mindestens einem Konto links und auf mindestens einem anderen Konto rechts verbucht (*Buchungssatz: »Soll« ´an´ »Haben«*). Durch das *System der Doppik* ist gewährleistet, dass die Summe aller Soll-Buchungen unabhängig von der Anzahl der Konten immer der Summe aller Haben-Buchungen entspricht.

Es lassen sich prinzipiell zwei Gruppen von *Grundkonten* unterscheiden (vgl. Weber/Kabst 2009, S. 325):

Konten

▸ **Bestandskonten** erfassen Kapital- (*Passivkonten*) und Vermögenspositionen (*Aktivkonten*) und werden in der Bilanz einmal jährlich ausgewiesen. Alle Bestandskonten entsprechen in ihrem *Aufbau* folgender Gleichung: Anfangsbestand (AB) + Zugang – Abgang = Endbestand (EB = Saldo).

▸ **Erfolgskonten** erfassen Aufwendungen und Erträge, die einmal jährlich in der Gewinn- und Verlustrechnung (GuV) ausgewiesen werden. *Erfolg* nach der GuV bedeutet sowohl einen Wertzuwachs (Ertrag) als auch eine Wertminderung (Aufwand) infolge eines Geschäftsvorfalles. Insofern werden in der GuV die Erfolgsquellen sichtbar. Da Erfolgskonten nur den Aufwand und die Erträge einer Periode registrieren, gibt es hier im Gegensatz zu den Bestandskonten keine Anfangsbestände. Aus dem Saldo der Zugänge von Erträgen und Aufwendungen ergibt sich der Endbestand (EB).

Für die Buchführung gelten die *Grundsätze ordnungsgemäßer Buchführung und Bilanzierung* (GoB), die in den Rechnungslegungsvorschriften des Handelsgesetzbuches (HGB) vielfältig Eingang gefunden haben (vgl. Coenenberg et al. 2009a, S. 53 ff.; Schmalen/Pechtl 2009, S. 467 ff.).

Zur Vereinheitlichung und Systematisierung der Buchführung werden Kontenrahmen und Kontenpläne verwendet. *Kontenrahmen* sind den Bedürfnissen bestimmter Wirtschaftszweige (Branchen) angepasste Organisations- und Gliederungspläne von Konten. In der Industrie werden insbesondere der (ältere) Gemeinschafts-Kontenrahmen (GKR) und der (neuere) Industrie-Kontenrahmen (IKR) verwendet (Schierenbeck/Wöhle 2008, S. 598). Beide Kontenrahmen enthalten zehn Kontenklassen (0 bis 9), die weiter untergliedert werden (vgl. Schierenbeck/Wöhle 2008, S. 598 ff.). *Kontenpläne* sind unternehmensspezifische Anpassungen bzw. Auslegungen eines Kontenrahmens eines bestimmten Wirtschaftszweiges.

Kontenrahmen

8.9.1.3 Grundbegriffe des Rechnungswesens

Das Rechnungswesen verwendet eindeutig definierte Begriffe, um seine Aufgaben erfüllen zu können. Die Abb. 8.25 enthält die Grundbegriffe des Rechnungswesens mit ihren gültigen Definitionen (vgl. auch Coenenberg et al. 2009a, S. 12 ff.). Die Begriffe müssen stets gut voneinander abgegrenzt werden, wie dies am Begriffspaar Kosten (vgl. zum Kostenbegriff Kap. 4.2.) und Aufwand in Abb. 8.26 dargestellt ist.

Kosten und Aufwand umfassen sowohl gemeinsame als auch unterschiedliche Bestandteile. Der Aufwand bezieht sich auf den gesamten Güterverzehr, also sowohl auf den leistungsbezogenen (Kosten) als auch auf den nicht leistungsbezogenen

Kosten und Aufwand

Güterverzehr. Der *Zweckaufwand* ist der leistungsbezogene Aufwand. Er ist mit den *Grundkosten*, also Kosten, die gleichzeitig Aufwand darstellen (z. B. Fertigungslöhne), identisch (vgl. Weber/Kabst 2009, S. 324). Aufwand, der nicht mit der eigentlichen Leistungserstellung verbunden ist, heißt neutraler Aufwand (z. B. Spenden für karitative Zwecke). Kosten, die nicht gleichzeitig Aufwand sind, werden als Zusatzkosten bezeichnet (z. B. kalkulatorische Kosten).

Abb. 8.25

Grundbegriffe des Rechnungswesens

Strömungsgrößen		Bestandsgrößen
Abfluss bzw. Verzehr von Mitteln/Gütern	Zufluss bzw. Entstehung von Mitteln/Gütern	
Auszahlung Abfluss von liquiden Mitteln in einer Periode	*Einzahlung* Zufluss von liquiden Mitteln in einer Periode	*Liquide Mittel* (Bargeld und Buchgeld)
Ausgabe Abfluss von liquiden Mitteln + Schuldenzunahme + Forderungsabnahme in einer Periode	*Einnahme* Zufluss von liquiden Mitteln + Schuldenabnahme + Forderungszunahme in einer Periode	
Aufwand Nach gesetzlichen Regeln bewerteter Güterverzehr in einer Periode	*Ertrag* Nach gesetzlichen Regeln bewertete Güterentstehung in einer Periode	*Gewinn*
Kosten Bewerteter Güterverzehr durch betriebliche Leistungserstellung in einer Periode	*Leistung/Erlöse* Wert aller erbrachten betrieblichen Leistungen in einer Periode	*Betriebsergebnis*

Quelle: in Anlehung an Weber/Kabst 2009, S. 323

Leistung und Ertrag

Analog wie zwischen Kosten und Aufwand müssen die Begriffe Leistung und Ertrag voneinander abgegrenzt werden (vgl. Abb. 8.27). Der *Zweckertrag* fließt dem Unternehmen aus der betrieblichen Tätigkeit innerhalb der betrachteten Periode zu und wird in der Kostenrechnung als *Erlös* übernommen. Die Grundleistung in der Kosten- und Leistungsrechnung entspricht dem Zweckertrag. Neutrale Erträge sind z. B. Zinserträge aus Wertpapierbesitz. Ein Beispiel für Zusatzleistungen sind eigene Patente, die nicht als Ertrag erfasst werden dürfen (vgl. Weber/Kabst 2009, S. 324).

Die Größen bzw. Begriffe des Rechnungswesens knüpfen an unterschiedliche Rechnungen an (vgl. Weber/Kabst 2009, S. 325). Vermögen und Kapital sowie Aufwand und Ertrag sind Bestandteile des Jahresabschlusses (vgl. Kap. 8.9.2) und somit Gegenstand des externen Rechnungswesens. Das interne Rechnungswesen erfasst Kosten und Leistungen im Rahmen der Kostenrechnung (vgl. Kap. 8.9.3) sowie Ein- und Auszahlungen für die Investitionsrechnung und Finanzplanung (vgl. Kap. 8.8).

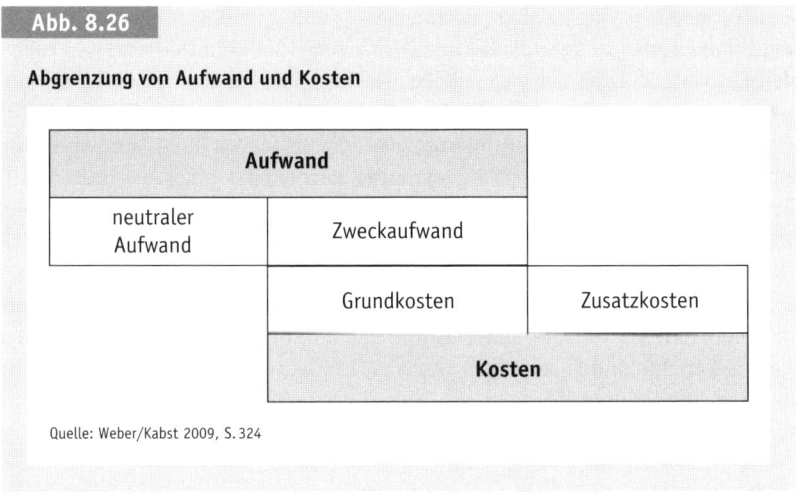

Abb. 8.26

Abgrenzung von Aufwand und Kosten

Aufwand		
neutraler Aufwand	Zweckaufwand	
	Grundkosten	Zusatzkosten
	Kosten	

Quelle: Weber/Kabst 2009, S. 324

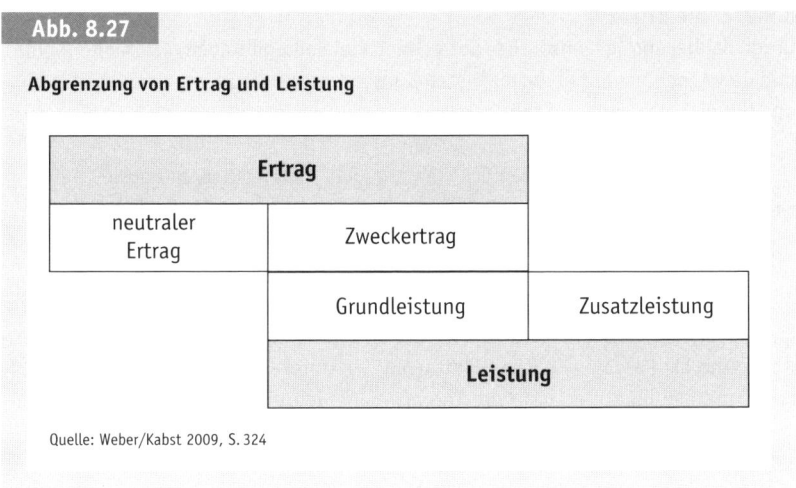

Abb. 8.27

Abgrenzung von Ertrag und Leistung

Ertrag		
neutraler Ertrag	Zweckertrag	
	Grundleistung	Zusatzleistung
	Leistung	

Quelle: Weber/Kabst 2009, S. 324

8.9.2 Der Jahresabschluss

8.9.2.1 Aufgaben und Rechnungslegungsvorschriften

Der *Jahresabschluss* dient der Dokumentation der Geschäftsvorfälle, der Rechenschaftslegung der Unternehmensleitung gegenüber bestimmten Adressaten und der Ermittlung des ausschüttbaren Periodengewinns.

Prinzipiell hat der Jahresabschluss die Aufgabe, »allen Interessierten genügend Einblick in die Vermögens-, Finanz- und Ertragslage des Unternehmens zu gewähren« (Coenenberg et al. 2009a, S. 20). Die Aufstellung des Jahresabschlusses unterliegt den Bestimmungen des Handelsgesetzbuches (§§ 238–342 HGB) sowie den *Grundsätzen ordnungsgemäßer Buchführung und Bilanzierung* (GoB). Konzerne müssen neben den Einzelabschlüssen der angeschlossenen Unternehmen auch einen *Konzernabschluss* aufstellen (§§ 290–315a HGB).

IFRS / US-GAAP

Deutsche Unternehmen, die international agieren, stellen ihren Jahresabschluss zunehmend nach international akzeptierten Rechnungslegungsvorschriften auf. Eine herausragende Rolle spielen dabei die Rechtsnormen des angelsächsischen Wirtschaftsraumes IFRS (International Financial Reporting Standards) und US-GAAP (United States-Generally Accepted Accounting Principles; vgl. Weber/Kabst 2009, S. 339 ff.). Der Jahresabschluss umfasst die Bilanz sowie die Gewinn- und Verlustrechnung (GuV) für Personenunternehmen und für Kapitalgesellschaften zusätzlich weitere Berichte und Ergänzungen (Anhang, Lagebericht, Sozialbilanzen, Umwelt- und Nachhaltigkeitsberichte etc.; vgl. Wöhe/Döring 2010, S. 708). Angaben-, Erläuterungs- und Offenlegungspflichten sind bei Kapitalgesellschaften zudem von der Größe der Gesellschaft abhängig (vgl. Coenenberg et al. 2007, S. 50).

8.9.2.2 Die Bilanz

Saldierung

Durch Saldierung (gegenseitiges Aufrechnen von Soll und Haben) sämtlicher Konten und den Abschluss auf übergeordneten Konten werden die Bilanz sowie die Gewinn- und Verlustrechnung ermittelt.

> Die *Bilanz* ist eine auf einen Stichtag bezogene, zweiseitige, betragsmäßig ausgeglichene und nach bestimmten Kriterien gegliederte Gegenüberstellung von Vermögenswerten (*Aktiva*) einerseits und Kapitalbeträgen (*Passiva*) eines Unternehmens andererseits (vgl. Eisele 2005b, S. 459 f.).

Sie lässt sich als Konto darstellen (vgl. Abb. 8.28). Als Aktiva werden alle Vermögenswerte und als Passiva alle Verpflichtungen des Unternehmens gegenüber Eigentümern und Gläubigern erfasst (vgl. Thommen/Achleitner 2009, S. 445 ff.). Hinsicht-

Abb. 8.28

Aufbau einer Bilanz

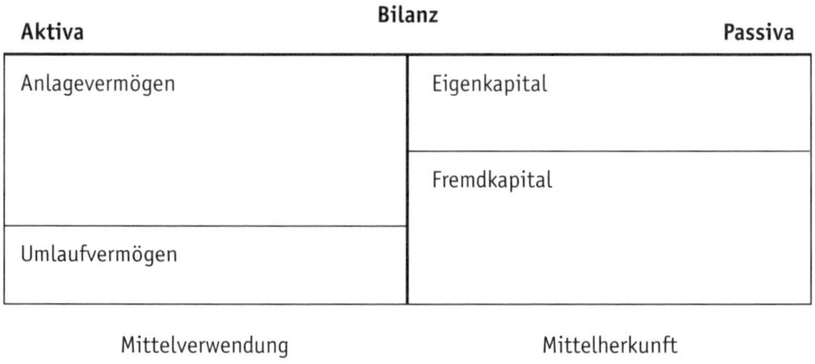

Aktiva	Bilanz	Passiva
Anlagevermögen	Eigenkapital	
	Fremdkapital	
Umlaufvermögen		
Mittelverwendung	Mittelherkunft	

lich der *Bilanzgliederung* gibt das Handelsgesetzbuch (HGB) Mindestvorschriften in Abhängigkeit von der Größe bzw. Rechtsform des Unternehmens vor (§ 266 HGB; vgl. Abb. 8.28).

Die Aktivseite (Vermögenswerte) der Bilanz gibt Auskunft über die *Mittelverwendung* und die Passivseite (Kapital) über die *Mittelherkunft*. Vermögenswerte werden nach Anlage- und Umlaufvermögen unterschieden (vgl. Schierenbeck/Wöhle 2008, S. 609). *Anlagevermögen* stellen Wirtschaftsgüter dar, die über einen längeren Zeitraum (oft viele Jahre) im Unternehmen zur Nutzung verbleiben. Dazu gehören immaterielle Vermögenswerte (z. B. Patente und Lizenzen), Sachanlagen (z. B. Maschinen, Gebäude) und Finanzanlagen (z. B. Beteiligungen an anderen Unternehmen). Zur bilanziellen Bewertung wird noch zwischen abnutzbarem (z. B. Maschinen) und nicht abnutzbarem Anlagevermögen (z. B. Grundstücke) unterschieden. Durch *Abschreibungen* wird der Wertverlust von Anlagevermögen in Folge der Abnutzung über die Nutzungsdauer als Aufwand erfasst. Dabei können unterschiedliche Abschreibungsverfahren zum Einsatz kommen (vgl. Eisele 2005b, S. 525 ff.). Wirtschaftsgüter, die nur kurzfristig im Unternehmen verbleiben, bilden das *Umlaufvermögen*. Hierzu gehören Vorräte an Rohstoffen und Endprodukten, Ansprüche gegenüber Dritten (Forderungen), kurzfristig gehaltene Wertpapiere und alle liquiden Mittel (vgl. Abb. 8.29; Schierenbeck/Wöhle 2008, S. 655 ff.; Thommen/Achleitner 2009, S. 446). *Forderungen* sind Zahlungs- bzw. Leistungsansprüche des Unternehmens gegenüber Dritten.

Aktivseite der Bilanz

Die Passivseite der Bilanz enthält das dem Unternehmen zur Verfügung gestellte Eigen- und Fremdkapital (vgl. Abb. 8.28). Das *Eigenkapital* umfasst die von den Eigentümern (z. B. Gesellschaftern, Aktionären) dem Unternehmen zur Verfügung gestellten finanziellen Mitteln wie Kapitaleinlagen bzw. gezeichnetes Kapital, Gewinne und Arten der Gewinnverwendung (z. B. *Rücklagen*). Das *Fremdkapital* setzt sich aus den *Rückstellungen*, das sind Verbindlichkeiten, die im Geschäftsjahr verursacht wurden, deren exakte Höhe und Fälligkeit allerdings noch nicht bekannt sind (z. B. Pensionsrückstellungen), und *Verbindlichkeiten* des Unternehmens gegenüber

Passivseite der Bilanz

Abb. 8.29

Grundsätzliche Bilanzgliederung nach § 266 HGB

Aktiva	Bilanz	Passiva

A. Anlagevermögen
  I. Immaterielle Vermögensgegenstände
  II. Sachanlagen
  III. Finanzanlagen
B. Umlaufvermögen
  I. Vorräte
  II. Forderungen
  III. Wertpapiere
  IV. Kassenbestand, Schecks, Guthaben bei Kreditinstituten
C. Rechnungsabgrenzungsposten
		A. Eigenkapital
		  I. Gezeichnetes Kapital
		  II. Kapitalrücklage
		  III. Gewinnrücklage
		  IV. Gewinn-/Verlustvortrag
		  V. Jahresüberschuss/Jahresfehlbetrag
		B. Rückstellungen
		C. Verbindlichkeiten
		D. Rechnungsabgrenzungsposten

Dritten zusammen (vgl. Schierenbeck/Wöhle 2008, S. 657 ff.; Thommen/Achleitner 2009, S. 415 f.). Die *Rechnungsabgrenzungsposten* dienen der periodengerechten Zuordnung von Vermögensänderungen (§ 250 HGB). *Verbindlichkeiten* sind Zahlungs- bzw. Leistungsansprüche von Dritten (Gläubigern) gegenüber dem Unternehmen.

Für die Aufstellung der Bilanz gelten die sogenannten *Bilanzierungsgrundsätze* der Klarheit, Wahrheit, Kontinuität und Vorsicht, die in § 243 Abs. 2 und § 252 HGB kodifiziert sind (vgl. Eisele 2005b, S. 507). Unternehmen in Deutschland sind zur Aufstellung einer *Handelsbilanz* (folgt den Vorschriften des HGB) und einer *Steuerbilanz*, die der Ermittlung des zu versteuernden Periodengewinns nach den Vorschriften des Einkommenssteuergesetzes dient, verpflichtet. Die Steuerbilanz wird nach dem *Maßgeblichkeitsprinzip* aus der Handelsbilanz abgeleitet (vgl. Wöhe/Döring 2010, S. 712). Nach dem Maßgeblichkeitsprinzip sind die Wertansätze der Handelsbilanz auch für die Steuerbilanz anzusetzen, wenn nicht zwingende steuerliche Vorschriften ein Abweichen davon verlangen. Die folgenden Ausführungen beziehen sich auf die Handelsbilanz. Bilanzen sind auch *Informationsinstrumente*, um bestimmte Adressaten (z. B. Aktionäre, Gläubiger, Fiskus, Öffentlichkeit) über Geschehnisse im Unternehmen zu unterrichten (vgl. Eisele 2005b, S. 464 ff.).

8.9.2.3 Die Gewinn- und Verlustrechnung

Die Gewinn- und Verlustrechnung (GuV) ist eine *Erfolgsrechnung*.

> Aus der *Gewinn- und Verlustrechnung* (GuV) wird der Periodenerfolg (Gewinn/ Jahresüberschuss oder Verlust/Jahresfehlbetrag) eines Unternehmens als Differenz zwischen Erträgen und Aufwendungen einer Periode ermittelt.

Durch die doppelte Buchführung sind Bilanz und GuV eng miteinander verknüpft. Somit sind die in der Bilanz und in der GuV ausgewiesenen *Jahresüberschüsse* bzw. Jahresfehlbeträge identisch. Die GuV liefert zusätzlich Einblicke in die Höhe und Struktur der Erfolgsquellen (vgl. Eisele 2005b, S. 557). Es handelt sich bei der GuV um ein (Gewinn)Konto, auf dessen Soll-Seite alle Aufwandspositionen und auf dessen Haben-Seite die Ertragspositionen aufgelistet werden (vgl. Abb. 8.30).

Abb. 8.30

Grundaufbau der Gewinn- und Verlustrechnung

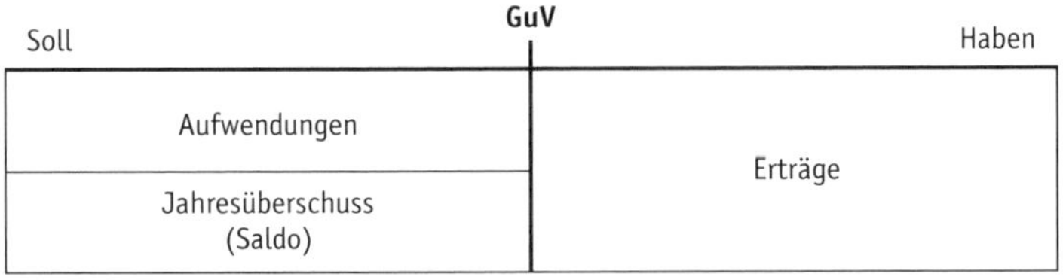

Das Handelsgesetzbuch legt eine *Staffelform* als Gliederung der GuV fest (§ 275 HGB). Für große Kapitalgesellschaften gibt § 275 Abs. 2 u. 3 HGB eine *Mindestgliederung* der Erfolgsrechnung vor. Diese Gliederung kann nach dem Gesamtkostenverfahren (§ 275 Abs. 3 HGB) oder nach dem Umsatzkostenverfahren (§ 275 Abs. 2 HGB) erstellt werden (vgl. Eisele 2005b, S. 557 ff.; Thommen/Achleitner 2009, S. 459). Bei dem *Gesamtkostenverfahren* werden den Erträgen einer Periode (einschließlich der noch nicht abgesetzten Produkte) sämtliche Aufwendungen dieser Periode gegenübergestellt. Im Vergleich dazu werden bei dem *Umsatzkostenverfahren* nur die zur Produktion der abgesetzten Produkte erforderlichen Aufwendungen den in dieser Periode erzielten Umsätzen gegenübergestellt (vgl. Abb. 8.31).

Abb. 8.31

Verfahren zur Ermittlung des Betriebserfolges

Ertrag	Umsatzerlöse der Periode + Bestandsmehrung fertiger und unfertiger Erzeugnisse zu Herstellkosten – Bestandsminderung fertiger und unfertiger Erzeugnisse zu Herstellkosten + andere aktivierende Eigenleistungen + sonstige betriebliche Erträge	Ertrag	Umsatzerlöse der Periode + sonstige betriebl. Erträge
– Aufwand	– Gesamter Produktionsaufwand der Periode (betriebliche Aufwendungen, Material, Abschreibungen, Personal, sonstige betriebliche Aufwendungen)	– Aufwand	– Umsatzaufwendungen für abgesetzte Erzeugnisse: Gesamter Produktionsaufwand der Periode +/– laufende Bestandsveränderungen fertiger und unfertiger Erzeugnisse – Aufwand für aktivierte Eigenleistung – Vertriebs- und allg. Verwaltungskosten – sonstige betriebl. Aufwendungen
= Erfolg	= Betriebserfolg	= Erfolg	= Betriebserfolg
Gesamtkostenverfahren		**Umsatzkostenverfahren**	

Quelle: Thommen/Achleitner 2009, S. 460

Anhang und Lagebericht

Der *Anhang* dient dem besseren Verständnis und der Interpretation des Jahresabschlusses. Er enthält ergänzende Hinweise und Angaben zur Bilanz und GuV (z. B. angewandte Bilanzierungs- und Bewertungsmethoden). Der *Lagebericht*, der kein gesetzlicher Bestandteil des Jahresabschlusses ist, soll Informationen über den Geschäftsverlauf und die wirtschaftliche Lage des Unternehmens enthalten. Die Aufgaben und Anforderungen des Lageberichts sind im § 289 HGB geregelt (vgl. Schierenbeck/Wöhle 2008, S. 669 ff.).

8.9.3 Die Kosten- und Leistungsrechnung

Die Kosten- und Leistungsrechnung (abgekürzt: Kostenrechnung) ist Teil des internen Rechnungswesens. Während das externe Rechnungswesen das Betriebsgeschehen für externe Adressaten dokumentiert, dient das interne Rechnungswesen dazu, dem Management die erforderlichen *Informationen* zu liefern, die zur rationalen Entscheidungsfindung notwendig sind (vgl. Kußmaul 2007, S. 237).

> Die *Kostenrechnung* dient der systematischen Erfassung, Verteilung und Zurechnung von Kosten, die durch betriebliche Leistungserstellungs- und -verwertungsprozesse entstehen.

Solche Informationen sind z. B. bei Entscheidungen über den Einsatz neuer Produktionsanlagen oder für die Festlegung von Absatzpreisen erforderlich. Dafür ist die *Kalkulation* der Selbstkosten eines Produktes eine wichtige Aufgabe der Kostenrechnung. Eine weitere Aufgabe der Kostenrechnung ist die Kontrolle der *Wirtschaftlichkeit* betrieblichen Handelns. Hier geht es darum zu prüfen, ob die betrieblichen Ressourcen effizient eingesetzt wurden (vgl. Kußmaul 2007, S. 237). Eine wesentliche Grundlage der Wirtschaftlichkeitsanalyse ist die Unterscheidung zwischen Ist- und Plankosten. Durch die Erfassung von Plankosten im Rahmen der *Plankostenrechnung* sind aussagefähige Soll-Ist-Kostenvergleiche möglich (vgl. Kußmaul 2007, S. 265 ff.). Die Kostenrechnung unterstützt also mit ihren Informationen die Unternehmensleitung bei der Planung, Kalkulation und Kontrolle betrieblicher Leistungen und Prozesse. *Kosten und Leistungen* als Rechengrößen der Kostenrechnung berücksichtigen nur den auf die *eigentliche betriebliche Tätigkeit* bezogenen Wertverzehr (Kosten) bzw. Wertzuwachs (Leistung) und nicht, wie es bei der GuV der Fall ist, den über Aufwendungen und Erträge erfassten *gesamten* Wertverzehr bzw. Wertzuwachs einer Unternehmung innerhalb einer Periode (vgl. Kußmaul 2007, S. 239). Nach der Möglichkeit, Kosten auf die betrieblichen Leistungen zurechnen zu können, werden *Einzelkosten* (direkte Zurechnung möglich) und *Gemeinkosten* (direkte Zurechnung nicht möglich) unterschieden. Die Kostenrechnung umfasst die folgenden Teilbereiche (vgl. Abb. 8.32):

Kostenartenrechnung

Einzel- und Gemeinkosten

> Die *Kostenartenrechnung* erfasst und systematisiert die Kosten nach Kostenarten (z. B. Personalkosten) und teilt sie in Einzel- und Gemeinkosten auf.

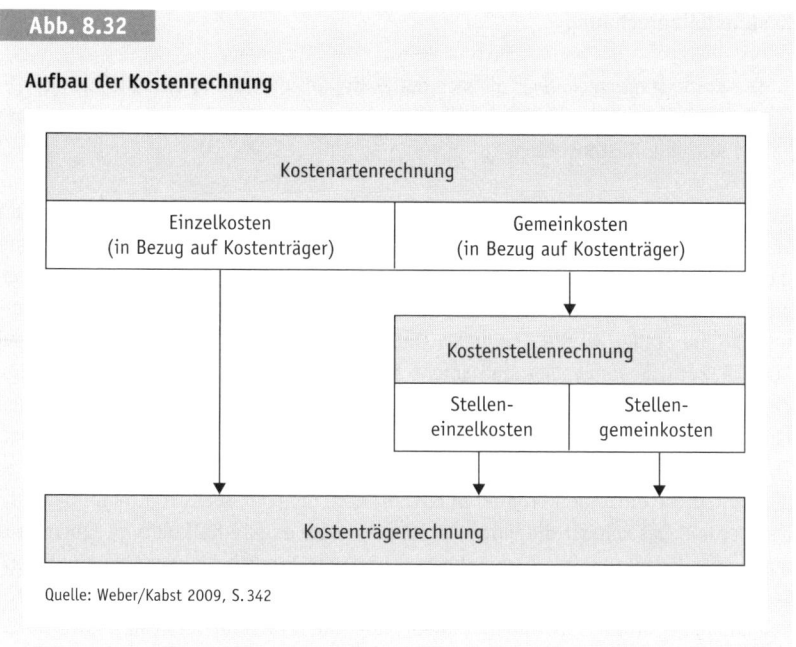

Abb. 8.32

Aufbau der Kostenrechnung

Quelle: Weber/Kabst 2009, S. 342

Die Kostenartenrechnung beantwortet die Frage, *welche* Kosten angefallen sind (vgl. Kußmaul 2007, S. 244). Zur Erfassung der Kosten ist es erforderlich, zum einen die Kosten von den Aufwendungen des Unternehmens abzugrenzen und zum anderen, die einzelnen Kostenarten genau zu beschreiben, damit eindeutige Kostenzuordnungen möglich sind. *Einzelkosten* können den Produkten direkt zugerechnet werden (z. B. Fertigungslöhne). Dagegen sind *Gemeinkosten* entweder nicht verursachungsgerecht den Produkten zuzuordnen (z. B. Lohn für den Pförtner) oder eine Einzelzurechnung ist zu aufwendig. Damit eine detaillierte Erfassung der Kostenarten möglich ist, muss ein systematisch gegliederter *Kostenplan* entwickelt werden. Nur so kann eine korrekte Zuordnung dieser Kosten zu einzelnen Kostenstellen und Kostenträgern erfolgen (vgl. Weber/Kabst 2009, S. 343 f.). Ein Kostenartenplan kann z. B. folgende *Kostenarten* enthalten (vgl. Weber/Kabst 2009, S. 344):

▸ Materialkosten,
▸ Personal- und Sozialkosten,
▸ Betriebsmittelkosten (Abschreibungen),
▸ Fremdleistungskosten (z. B. Kosten für einen Sicherheitsdienst),
▸ Kapitalkosten (Zinsen),
▸ Wagniskosten und
▸ Abgabekosten.

Kostenstellenrechnung

> Die *Kostenstellenrechnung*, die sich der Kostenartenrechnung anschließt, hat
> die Aufgabe der Wirtschaftlichkeitskontrolle und der Gemeinkostenverteilung
> auf einzelne Kostenstellen.

Als Bindeglied zwischen der Kostenarten- und der Kostenträgerrechnung übernimmt
sie die *Gemeinkosten* aus der Kostenartenrechnung und ordnet diese anteilig und
möglichst verursachungsgerecht den Bereichen im Unternehmen zu, wo die Kosten
entstanden sind (sogenannte Kostenstellen). Die Kostenstellenrechnung beantwortet also die Frage, *wo* die Kosten im Unternehmen angefallen sind (vgl. Kußmaul
2007, S. 246). *Kostenstellen* sind solche betrieblichen Teilbereiche, für die Kosten
geplant, erfasst und kontrolliert werden (vgl. Kußmaul 2007, S. 246). Diese müssen
nach der Art der Leistung und nach Verantwortungsbereichen gebildet werden (vgl.
Thommen/Achleitner 2009, S. 541). Durch die Verteilung der Gemeinkosten ist es
möglich, diese einzelnen Produkten zuzuordnen, die jetzt als Kostenträger bezeichnet werden. Das schafft die Voraussetzung für eine exakte Kalkulation. Ein Instrument zur Verteilung der Gemeinkosten und zur Ermittlung von Gemeinkosten-
Zuschlagssätzen ist der *Betriebsabrechnungsbogen* (vgl. Kußmaul 2007, S. 247 ff.;
Schmalen/Pechtl 2009, S. 538 f.). Zudem bildet die Erfassung der Kosten dort, wo sie
entstanden sind, in den Kostenstellen, die Grundlage für eine Wirtschaftlichkeits-
kontrolle betrieblicher Teilbereiche.

Kostenträgerrechnung

> Die *Kostenträgerrechnung* gibt Aufschluss darüber, wofür die Kosten innerhalb
> des Leistungserstellungsprozesses angefallen sind.

Als *Kostenträger* werden Produkte bzw. Leistungseinheiten eines Unternehmens (z. B.
Computer, Versicherungsabschlüsse) innerhalb der Kostenrechnung bezeichnet.
Aufgabe der *Kostenträger-Stückrechnung* ist die Feststellung der Kosten je hergestell-
ter Leistungseinheit (*Herstell- und Selbstkosten*) durch Zurechnung der jeweiligen
Einzelkosten (aus der Kostenartenrechnung) und Gemeinkosten (aus der Kostenstel-
lenrechnung). Damit soll jede Leistungseinheit mit denjenigen Kosten belastet wer-
den, die sie verursacht. Es gibt verschiedene Verfahren, die Kosten den einzelnen
Kostenträgern zuzurechnen (vgl. Thommen/Achleitner 2009, S. 545 ff.).

Kalkulation

Diese auf die Leistungseinheit bezogene Kostenbestimmung wird auch als Kalkulation bezeichnet (vgl. Weber/Kabst 2009, S. 344 ff.). Das in der Praxis am häufigsten
zum Einsatz kommende Kalkulationsverfahren ist die *Zuschlagskalkulation*, das Ein-
zel- und Gemeinkosten getrennt ausweist (vgl. Kußmaul 2007, S. 252). Zur Darstellung einer differenzierten Zuschlagskalkulation soll das folgende Schema dienen
(vgl. Kußmaul 2007, S. 252; Weber/Kabst 2009, S. 346):

Selbstkosten

Die Selbstkosten (Stückkosten) können als langfristige *Preisuntergrenze* aufgefasst werden. Durch einen prozentualen Preiszuschlag kann ein Angebotspreis ermittelt werden. Die bilanziellen *Herstellungskosten*, die sämtliche Aufwendungen für die

Abb. 8.33

Beispiel für eine Zuschlagskalkulation

		€/Stück
	Materialeinzelkosten (z.B. Fertigungsmaterial)	10,00.–
+	Materialgemeinkosten (10 % des Fertigungsmaterials)	1,00.–
+	Fertigungseinzelkosten (z.B. Fertigungslöhne)	8,00,–
+	Fertigungsgemeinkosten (150 % der Fertigungslöhne)	12,00.–
=	**Herstellkosten**	31,00.–
+	Verwaltungsgemeinkosten (10 % der Herstellkosten)	3,10.–
+	Vertriebsgemeinkosten (5 % der Herstellkosten)	1,55.–
=	**Selbstkosten**	35,65.–

Quelle: in Anlehnung an Weber/Kabst 2009, S. 346

Herstellung einer Leistungseinheit erfassen, unterscheiden sich dann von den *Herstellkosten* der Kostenrechnung, wenn den kalkulatorischen Kosten keine Aufwendungen entgegenstehen (vgl. Eisele 2005b, S. 515). Im Gegensatz zur Kostenträger-Stückrechnung werden in der *Kostenträger-Zeitrechnung* (Betriebsergebnisrechnung) zur Analyse des Unternehmenserfolges alle in einer Abrechnungsperiode entstandenen Kosten nach Kostenträgern gegliedert und den Erlösen einer Periode gegenübergestellt (vgl. Kußmaul 2007, S. 253 ff.).

Kontrollfragen Kapitel 8.9

1. *Welche Aufgaben hat das betriebliche Rechnungswesen?*
2. *Welche drei Funktionen übt das Rechnungswesen aus?*
3. *Welche beiden Bereiche werden im Rechnungswesen unterschieden?*
4. *Grenzen Sie Aufwand von Kosten und Ertrag von Leistung ab.*
5. *Welches ist die Aufgabe der Finanzbuchführung?*
6. *Wozu dient die Buchführung und was wird unter der Doppik verstanden?*
7. *Was ist ein Konto?*
8. *Erläutern Sie den Unterschied zwischen Bestands- und Erfolgskonten.*
9. *Grenzen Sie die Begriffspaare Aufwand/Kosten und Ertrag/Leistung voneinander ab.*
10. *Was ist der Jahresabschluss und welche Aufgaben erfüllt er?*
11. *Was ist eine Bilanz und wie ist sie aufgebaut?*
12. *Was versteht man unter Anlagevermögen und was unter Umlaufvermögen?*
13. *Erläutern Sie die Passiva-Positionen einer Bilanz.*
14. *Was bedeutet das Maßgeblichkeitsprinzip?*
15. *Was ist eine Gewinn- und Verlustrechnung?*
16. *Welche Aufgaben erfüllt die Kosten- und Leistungsrechnung?*
17. *Erläutern Sie die drei Teilbereiche der Kostenrechnung.*
18. *Welches sind die jeweiligen Aufgaben der Kostenarten-, Kostenstellen- und Kostenträgerrechnung?*

19. Was sind Kostenstellen?
20. Erläutern Sie das Schema der Zuschlagskalkulation.

Weiterführende Literatur

Coenenberg, A. G./Haller, A./Mattner, G./Schultze, W. (2009): Einführung in das
    Rechnungswesen, 3. Aufl., Stuttgart.

Domschke, W./Scholl, A. (2008): Grundlagen der Betriebswirtschaftslehre, 4. Aufl.,
    Berlin u. a.

Eisele, W. (2005a): Rechnungswesen als Informationssystem, in: Bea, F. X./Friedl,
    B./Schweitzer, M. (Hrsg.), Allgemeine Betriebswirtschaftslehre, Bd. 2: Führung,
    9. Aufl., Stuttgart, S. 451–458.

Eisele, W. (2005b): Bilanzen, in: Bea, F. X./Friedl, B./Schweitzer, M. (Hrsg.),
    Allgemeine Betriebswirtschaftslehre, Bd. 2: Führung, 9. Aufl., Stuttgart,
    S. 459–667.

Köhler, R. (2001): Marketingcontrolling, in: Küpper, H.-U./Wagenhofer, A. (Hrsg.),
    Handwörterbuch Unternehmensrechnung und Controlling, 4. Aufl., Stuttgart,
    Sp. 1243–1254.

Kußmaul, H. (2007): Kostenrechnung, in: Busse von Colbe, W./Coenenberg, A. G./
    Kajüter, P./Linnhoff, U./Pellens, B. (Hrsg.), Betriebswirtschaft für Führungs-
    kräfte, 3. Aufl., Stuttgart, S. 237–274.

Schierenbeck, H./Wöhle, C. B. (2008): Grundzüge der Betriebswirtschaftslehre,
    17. Aufl., München.

Thommen, J.-P./Achleitner, A.-K. (2009): Allgemeine Betriebswirtschaftslehre,
    6. Aufl., Wiesbaden.

Weber, W./Kabst, R. (2009): Einführung in die Betriebswirtschaftslehre, 7. Aufl.,
    Wiesbaden.

Weber, J./Schäffer, U. (2008): Einführung in das Controlling, 12. Aufl., Stuttgart.

Zahn, E. (2005): Informationstechnologie und Informationsmanagement, in: Bea,
    F. X./Friedl, B./Schweitzer, M. (Hrsg.), Allgemeine Betriebswirtschaftslehre,
    Bd. 2: Führung, 9. Aufl., Stuttgart, S. 394–449.

8.10 Controlling

Lernziele

▶ Sie können den Begriff Information präzisieren.

▶ Sie können den Aufbau eines Informationssystems zur Führungsunterstützung erklären.

▶ Sie können den Controlling-Begriff präzisieren.

▶ Sie kennen die Aufgaben des Controllings.

▶ Sie kennen unterschiedliche Organisationsformen und Arten des Controllings.

▶ Sie wissen, was Kennzahlen sind und welche das Controlling verwendet.

8.10.1 Grundlagen der Informationswirtschaft

Für ein erfolgreiches Wirtschaften sind Kenntnisse, Interpretationen und Analysen von Informationen von entscheidender Bedeutung. Informationen werden als zweckorientiertes Wissen definiert (vgl. Domschke/Scholl 2008, S. 376). Sie stellen den Wissensbestand eines Unternehmens dar (»Information ist Wissen«) und dienen zum weiteren Wissensaufbau (»Information schafft Wissen«; vgl. Weber/Schäffer 2008, S. 76).

Informationen

> *Wissen* bündelt und vernetzt Informationen über bestimmte Objekte und Phänomene und dient der Lösung von Problemen.

Von *Meta-Wissen* wird gesprochen, wenn die Generierung, Verfügbarmachung und Integration von Wissen gemeint ist (vgl. Zahn 2005, S. 397). Wissen kann sowohl *explizit* (z. B. im Unternehmen niedergeschriebene Verfahrensregeln) als auch *implizit* (z. B. als Bestandteil der Unternehmenskultur) im Unternehmen vorliegen (vgl. Weber/Schäffer 2008, S. 76). Es wird von *Daten* gesprochen, wenn Informationen mit Hilfe von Datenverarbeitungssystemen (DV-Systemen) verarbeitet werden können.

Informationen sind inzwischen zu einem eigenständigen, dispositiven Produktionsfaktor geworden und stellen eine wesentliche *Unternehmensressource* dar (vgl. Zahn 2005, S. 398). Deshalb sollte die Informationswirtschaft bzw. das Informationsmanagement (auch als Wissensmanagement bezeichnet) eine zentrale Stellung im Führungssystem eines Unternehmens einnehmen (vgl. Domschke/Scholl 2008, S. 376 f.; auch Gronau 2001). Zielorientiertes, betriebliches Handeln erfordert Informationen und Wissen als Basis rationaler Entscheidungen (vgl. Kap. 3.2.1). Sowohl das Informationsangebot als auch die Informationsnachfrage sind in den letzten Jahrzehnten stark angestiegen. Die Gründe dafür liegen einerseits in der rasanten Entwicklung der Informations- und Kommunikationstechnologie (z. B. Internet) und andererseits in der zunehmenden Komplexität und Dynamik wirtschaftlicher Prozesse. Oft wird von einem Übergang der Industriegesellschaft in eine *Informations- und Wissensgesellschaft* gesprochen (vgl. Weber/Kabst 2009, S. 359 f.).

Wissensmanagement

Die *Informationswirtschaft* hat unter Einsatz von modernen Datenverarbeitungs- (DV-Technologien) sowie Informations- (IT) und Kommunikationstechnologien (IuK-Technologien) für die Beschaffung, Verarbeitung, Speicherung, Übertragung, Aufbereitung und Bereitstellung von solchen unternehmensinternen und -externen Informationen zu sorgen, die die Führungs- bzw. Managementaufgaben unterstützen (vgl. Domschke/Scholl 2008, S. 376 f.; Thommen/Achleitner 2009, S. 1058 ff.). Entwicklung und Anwendung solcher IT-Systeme ist Aufgabe der *Wirtschaftsinformatik*. Informationssysteme zur Unterstützung der Unternehmensführung wurden in den 1960er Jahren unter der Bezeichnung »*Management-Informationssysteme*« (MIS) entwickelt. Wegen der noch recht schwachen Leistungsfähigkeit damaliger DV-Anlagen scheiterten die Versuche, das vollständige Betriebsgeschehen mit solchen Systemen abzubilden (vgl. Weber/Schäffer 2008, S. 95). Heutige »Managementunterstützungssysteme« (MUS) bzw. »Executive Information Systems« (EIS) haben auf Grund der enormen technologischen Entwicklungen im IT-Bereich (z. B. hohe Rechnerleistungen, effiziente lokale Netzwerke, Automatisierung der Datenerfassung) diese Beschränkungen zum großen Teil überwunden (vgl. Zahn 2005, S. 440 ff.; Weber/Schäffer 2008, S. 95). Ein Informationssystem (EIS) zur Unterstützung des Managements hat nach Weber/Schäffer (2008, S. 97) fünf Komponenten (vgl. Abb. 8.34):

▸ **Vorsysteme:** In Unternehmen fallen viele unterschiedliche, oft sehr detaillierte unternehmensinterne und -externe Daten an (vgl. Weber/Schäffer 2008, S. 96 f.). Diese Daten bilden die Grundlage für die betriebliche Informationsversorgung. Sie werden, je nach *Softwaresystem*, permanent (z. B. Kostenbeträge) oder nur auf Anforderung (z. B. Marktforschungsstudien) erhoben.

▸ **ETL-Schicht:** Werkzeuge einer sogenannten Extraktions-, Transformations- und Ladeschicht übernehmen Aufgaben des Abrufes, der Aufnahme, des Filters, Ver-

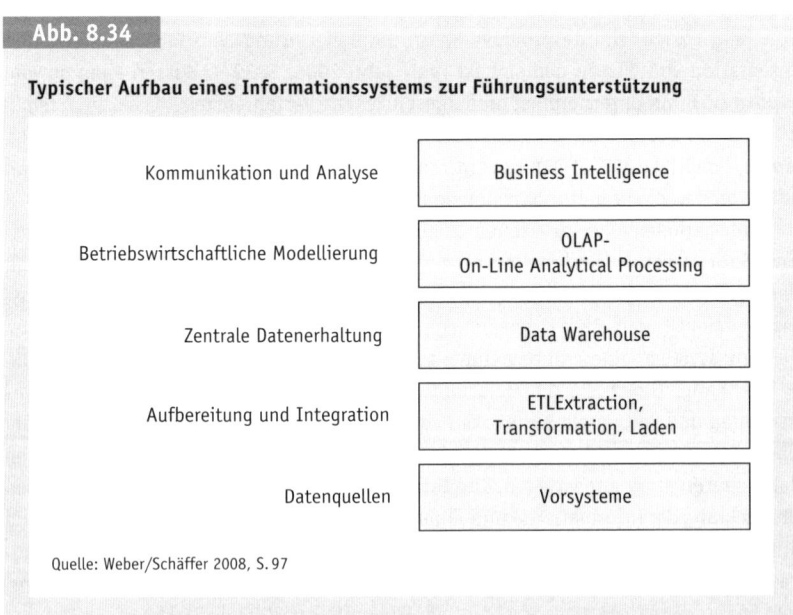

Abb. 8.34

Typischer Aufbau eines Informationssystems zur Führungsunterstützung

Kommunikation und Analyse	Business Intelligence
Betriebswirtschaftliche Modellierung	OLAP-On-Line Analytical Processing
Zentrale Datenerhaltung	Data Warehouse
Aufbereitung und Integration	ETLExtraction, Transformation, Laden
Datenquellen	Vorsysteme

Quelle: Weber/Schäffer 2008, S. 97

dichtens, Harmonisierens und Zusammenfügens von Informationen (vgl. Weber/ Schäffer 2008, S. 97).

▸ **Data Warehouse:** Hierbei handelt es sich um eine themenorientierte Datenbank mit einem einheitlichen und homogenen Datenbestand aus unterschiedlichen Quellen (vgl. Weber/Schäffer 2008, S. 97; Zahn 2005, S. 343).

▸ **OLAP-Engine** (*On-Line Analytical Processing*): Diese Komponente dient dem schnellen Zugriff auf die Daten des *Data Warehouse* sowie der Bereitstellung grundlegender Analysemethoden (z. B. Zeitreihenanalyse; vgl. Weber/Schäffer 2008, S. 97 f.). *Data Mining* sind intelligente Such- und Analyseinstrumente, die nicht erkannte Zusammenhänge und spezifische Muster (z. B. Merkmalskombinationen in einer Kundendatei) in Dateien entdecken können (vgl. Zahn 2005, S. 416).

▸ **Business Intelligence:** Die bereitgestellten, aufbereiteten (z. B. Grafiken) und analysierten Daten verbessern das Geschäftsverständnis von Managern und dienen dazu, Entscheidungen rationaler zu treffen (sogenannte *Decision-Support-Systeme*). Es können Berichte (*Reports*) erstellt und im Unternehmen verteilt werden (z. B. Umsatzentwicklungen).

Die Informationswirtschaft liefert diejenigen Informationen, die für die Unternehmensführung von Bedeutung sind. Im Sinne einer Informationspyramide werden auf der untersten Ebene sehr umfangreiche und detaillierte Informationen gesammelt, die die Realität möglichst umfassend abbilden sollen (vgl. Abb. 8.35). Zur Entschei-

Informationspyramide

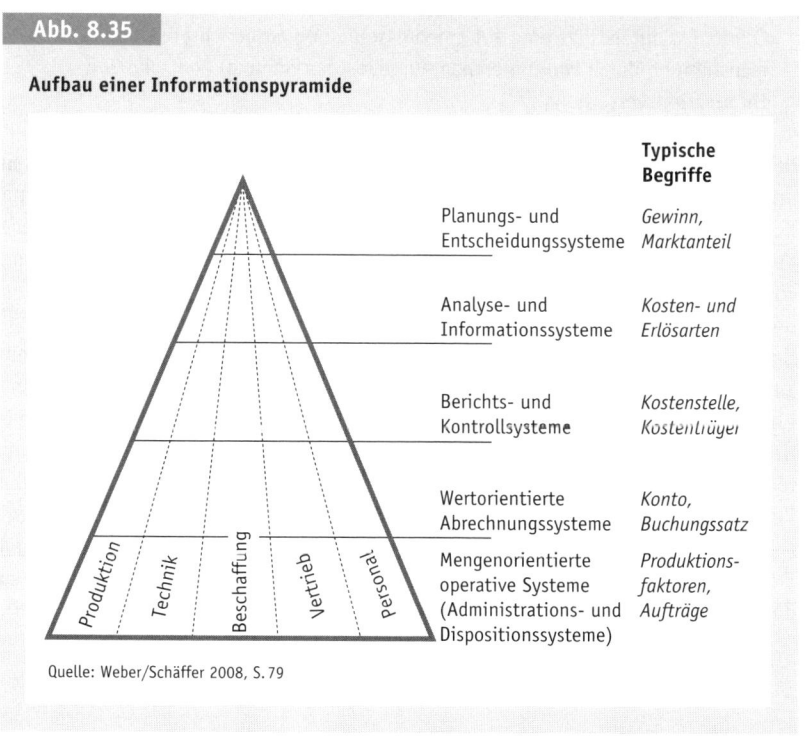

Abb. 8.35

Aufbau einer Informationspyramide

Quelle: Weber/Schäffer 2008, S. 79

dungsunterstützung des Managements ist es allerdings erforderlich, diese Datenmassen in mehrstufigen Filterungsprozessen zu konzentrieren und zu verdichten (vgl. Weber/Schäffer 2008, S. 79). Die Planung, Koordination und Steuerung informatorischer Prozesse im Unternehmen übernimmt das Controlling. *Controlling* koordiniert als eine Steuerungshilfe für die Unternehmensführung die Informationsversorgung zur effizienten Erfüllung von Managementaufgaben (vgl. Köhler 2001).

8.10.2 Gegenstand und Ziele des Controllings

Controlling wird nicht einheitlich in der Literatur definiert (vgl. Weber/Schäffer 2008, S. 19 ff.). *Weber/Schäffer* (2008, S. 26) sehen die Aufgabe des Controllings in der *Rationalitätssicherung* der Führung. Damit ist gemeint, dass Rationalitätsschwächen und -defizite beim Management infolge beschränkter kognitiver Fähigkeiten und Informationsverarbeitungskapazitäten von Managern durch das Controlling vermindert bzw. sogar verhindert werden sollen. Controlling steigert nach dieser Auffassung die Rationalität und damit die Effizienz und Effektivität von Führungsentscheidungen. Der aus dem englischen Verb »to control« abgeleitete Begriff Controlling wird in der deutschen Übersetzung mit »steuern, regeln, lenken« als Synonym für Führung bzw. Management sehr weit aufgefasst. Unzutreffend ist deshalb die viel zu enge Gleichsetzung von Controlling mit Kontrolle.

Koordination

> *Controlling* unterstützt eine auf Ergebnissteuerung ausgerichtete Unternehmensführung durch koordinierende Aufgaben der Planung, Kontrolle und Informationsversorgung.

Nach *Horváth* (2009, S. 141 ff.) hat Controlling die Funktion einer systembildenden und systemkoppelnden, ergebniszielorientierten Koordination von Planung und Kontrolle sowie der Informationsversorgung (vgl. Abb. 8.36). Die *systembildende* Koordination umfasst die Schaffung von Strukturen und Systemen zur Abstimmung von Aufgaben (z. B. Planungs-, Kontroll- und Informationsversorgungssysteme) und unter einer *systemkoppelnden* Koordination werden die jeweiligen Koordinationstätigkeiten verstanden (vgl. Horváth 2009, S. 102 f.). *Koordination* bedeutet in diesem Zusammenhang »das Abstimmen einzelner Entscheidungen auf ein gemeinsames Ziel hin« (Horváth 2009, S. 102). Insbesondere geht es um die Koordination der Informationserzeugung und -bereitstellung mit dem definierten Informationsbedarf. Controlling dient somit der Unterstützung der Unternehmensführung, indem es für die Koordination von Planungs-, Kontroll- und Informationsversorgungsaufgaben sorgt (vgl. Küpper 2008, S. 25 ff.). Controllingziele richten sich auf die Sicherung und Erhaltung der Entscheidungsfähigkeit des Managements, d. h. die Gewährleistung der Koordinations-, Reaktions- und Adaptionsfähigkeit der Führung (vgl. Abb. 8.36).

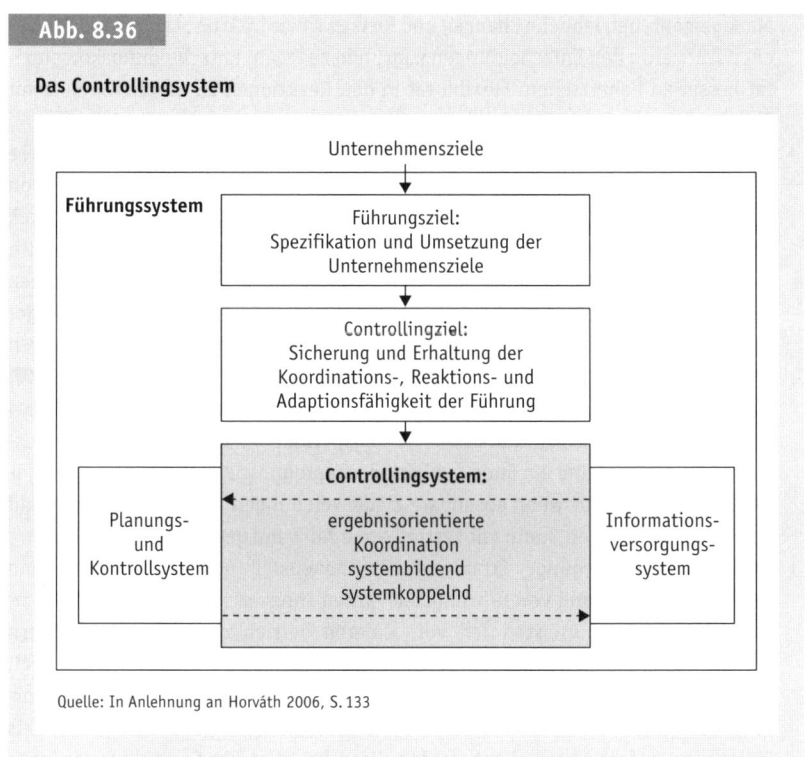

Abb. 8.36

Das Controllingsystem

Unternehmensziele

Führungssystem

Führungsziel:
Spezifikation und Umsetzung der
Unternehmensziele

Controllingziel:
Sicherung und Erhaltung der
Koordinations-, Reaktions- und
Adaptionsfähigkeit der Führung

Controllingsystem:

ergebnisorientierte
Koordination
systembildend
systemkoppelnd

Planungs-
und
Kontrollsystem

Informations-
versorgungs-
system

Quelle: In Anlehnung an Horváth 2006, S. 133

8.10.3 Aufgaben des Controllings

Neben der zentralen Koordinationsaufgabe werden dem Controlling auch die Informationsversorgung des Managements sowie die Planung und Kontrolle als wichtige Aufgabenbereiche zugewiesen (vgl. Weber/Schäffer 2008, S. 26):

▸ **Koordination:** Vermeidung bzw. Reduktion von Abstimmungsproblemen zwischen betrieblichen Funktionsbereichen (z. B. zwischen F&E, Produktion und Vertrieb) durch Übernahme von Koordinationsaufgaben. Alle Unternehmensbereiche sind miteinander vernetzt und es bedarf der Koordination, diese einzelnen Bereiche auf die einheitlichen Unternehmensziele auszurichten. Das erfordert auch, dass die Teilpläne aufeinander abgestimmt werden (vgl. Franz/Kajüter 2007, S. 457 f.). Die Aufgabe der Unterstützung bei der Bewältigung der vielfältigen Schnittstellenprobleme kann beispielsweise von einem »Schnittstellen-Controller« wahrgenommen werden.

▸ **Planung:** Entwurf, Gestaltung und Implementierung effektiver und effizienter Planungssysteme (vgl. Horváth 2009, S. 160). Durch das Erkennen bzw. möglichst genaue Vorhersagen zukünftiger betrieblich relevanter Ereignisse und Sachverhalte (*Planung*) soll versucht werden, Zielabweichungen möglichst frühzeitig zu erkennen, um gegensteuern zu können. Das Controlling unterstützt damit das

Management, betriebliche Chancen und Risiken sowie interne Stärken und Schwächen frühzeitig den Entscheidungen zugrunde zu legen, Entscheidungskomplexität besser zu beherrschen, Flexibilität in den Reaktionen zu erhöhen, um somit Zielabweichungen zu minimieren bzw. zu vermeiden.

▸ **Kontrolle** der Zielerreichung (*Soll-Ist-Vergleich*) und Zielabweichungsanalyse (Gap-Analyse). Unter Kontrolle versteht man im Allgemeinen den Vergleich von Soll-Ist-Werten. Die in der Planung festgelegten *Planzahlen* liefern als Ausdruck der Zukunftserwartungen die Basis für die Soll-Werte (vgl. Franz/Kajüter 2007, S. 458). Um rechtzeitig Planabweichungen feststellen und darauf noch reagieren zu können, werden in der Praxis oft »unterjährige« Soll-Ist-Vergleiche durchgeführt, die als Frühaufklärungsinformationen mögliche Gesamtzielabweichungen am Ende des Jahres (der Periode) anzeigen sollen (vgl. Franz/Kajüter 2007, S. 465). Es wird von einer Plan-Vorausschau-Abweichung (*Soll-Wird-Vergleich*) gesprochen, wenn innerhalb einer Planungsperiode versucht wird, die voraussichtliche Abweichung am Ende der Periode zu prognostizieren (vgl. Franz/Kajüter 2007, S. 476). Nur wenn absehbare Zielabweichungen frühzeitig erkannt und kommuniziert werden, kann mit vertretbarem Aufwand gegengesteuert werden.

▸ **Informationsversorgung**: Erfassung, Zusammenstellung, Aufbereitung und gezielte Bereitstellung von führungsrelevanten Informationen (*Informationsversorgung*), die zum größten Teil von anderen betrieblichen Funktionsträgern erstellt bzw. beschafft werden (z. B. Rechnungswesen, Marktforschung; vgl. Weber/Schäffer 2008, S. 78 ff.). So verstanden, könnte Controlling auch als Informationslogistik und Sicherung der Informationsversorgung des Managements als logistische Aufgabe bezeichnet werden. Dazu benötigt das Controlling moderne Informations- und Kommunikationstechnologien (*IuK-Technologien*).

Informations-
versorgungsfunktion

Da die Informationsversorgung eine notwendige Voraussetzung für die weiteren Aufgaben des Controllings ist, soll sie hier etwas ausführlicher besprochen werden. Hier gilt, insbesondere dafür zu sorgen, dass die für Managemententscheidungen erforderlichen Informationen am richtigen Ort, zum richtigen Zeitpunkt, in der richtigen Qualität und Quantität und zu möglichst geringen Kosten zur Verfügung stehen (*Informationsversorgungsfunktion*). Informationen sollten einheitlich und konsistent, richtig und verlässlich, zeitnah und robust bereitgestellt werden (vgl. Weber/Schäffer 2008, S. 92 f.). Für den Manager müssen diese Informationen objektiv, nachvollziehbar, verwendbar und problemadäquat sein (vgl. Weber/Schäffer 2008, S. 93 f.; auch Horváth 2009, S. 296 ff.). Die Informationsversorgungsfunktion des Controllings erfolgt im Spannungsfeld zwischen dem Informationsangebot, der Informationsnachfrage und dem Informationsbedarf (vgl. Weber/Schäffer 2008, S. 86). Der betriebliche *Informationsbedarf* stellt die Grundlage für die Gestaltung des Informationsversorgungssystems dar (vgl. Horváth 2009, S. 310). Der Informationsbedarf richtet sich insbesondere auf (vgl. Horváth 2009, S. 325)

▸ die Erkennung von *Chancen und Risiken* auf Märkten sowie die Bewertung von *Stärken und Schwächen* der Unternehmung im Rahmen der strategischen Planung und Kontrolle (für das Marketing z. B. Informationen zur Neuproduktentwicklung, zur Entwicklung der Nachfrage, zu den Präferenzen der Konsumenten und zur Angebotsgestaltung von Konkurrenten),

▸ die Bereitstellung von Daten des *Rechnungswesens* (vgl. Kap. 8.9) im Rahmen der taktischen und operative Planung und Kontrolle, insbesondere in Form von Planungs- und Kontrollrechnungen, Finanz- und Finanzierungsrechnungen sowie Wirtschaftlichkeitsrechnungen (z. B. Informationen aus der Finanzbuchhaltung, Kostenrechnung und Investitionsrechnung) sowie auf

▸ die Bereitstellung steuerlich relevanter Informationen.

Die Betonung informationsbereitstellender Aufgaben für das Management macht zugleich den integrativen Ansatz des Controllings deutlich, mit dem eine ergebniszielorientierte Ausrichtung sowie eine horizontale und vertikale Abstimmung aller Leistungspotenziale und -prozesse erreicht werden sollen. Ohne Controlling besteht die Gefahr, dass mangels geeigneter Informationen keine systematische Planung erfolgt oder die notwendige Rückkopplung zwischen Planung und Kontrolle unterbleibt. Zudem würden der systematische Aufbau und die Pflege notwendiger Informationssysteme sowie die Koordination vernachlässigt werden. Die in dynamischen Märkten und Umfeldern notwendige Flexibilität von Unternehmen erfordert entsprechend flexible Konzepte und Instrumente des Controllings (vgl. Baum et al. 2004, S. 103).

8.10.4 Organisation und Bereiche des Controllings

Organisatorisch können das gesamte Unternehmen, einzelne Geschäfts- und Funktionsbereiche als Objektbereiche des Controllings aufgefasst werden. Dabei kann jeweils zwischen organisatorischen Einheiten der Primär- und der Sekundärorganisation weiter differenziert werden (z. B. Abteilungen in der Primärorganisation, Projekte in der Sekundärorganisation; vgl. Specht et al. 2002, S. 337). Diese zweckmäßige und in der Praxis weit verbreitete Differenzierung führt zur Unterscheidung eines Bereichs- und eines Projekt-Controllings, die jeweils unterschiedliche Schwerpunkte aufweisen. Zudem wird das zentrale und dezentrale Controlling unterschieden. Das *zentrale Controlling* ist in der Regel sehr weit oben in der Unternehmenshierarchie in der Nähe des Vorstandes angesiedelt und übernimmt Planungs-, Kontroll- und Steuerungsaufgaben (vgl. Franz/Kajüter 2007, S. 460). Dagegen ist das *dezentrale Controlling* (Bereichscontrolling) in einzelnen Werken des Unternehmens sowie in den Funktionsbereichen vorzufinden. Hier werden Aufgaben der Informationsbereitstellung, methodischen Unterstützung der Planung sowie der Beratung von Führungskräften übernommen (vgl. Franz/Kajüter 2007, S. 461).

Das F&E-Controlling soll hier als Beispiel für ein *Bereichscontrolling* dienen. F&E- **F&E-Controlling** Controlling umfasst alle Tätigkeiten, mit denen eine ergebnisorientierte Ausrichtung und Koordination der F&E-Potenziale und -Prozesse unterstützt werden sollen (vgl. Specht et al. 2002, S. 447 ff.). Es ist zweckmäßig, wenn das Oberziel der Entwicklung in einzelne, etappenweise zu erreichende Teilziele zerlegt wird. Dies führt zur Unterscheidung einzelner *Meilensteine* im Prozess der Abwicklung eines F&E-Projekts (vgl.

Specht et al. 2002, S. 483 ff.). Solche Meilensteine sind zugleich eine Voraussetzung für die Kontrolle der Erreichung definierter Teilziele. Bei positivem Ausgang einer Meilensteinkontrolle erfolgt eine sogenannte Freigabeentscheidung für die Bearbeitung des F&E-Projekts im nächsten Prozessschritt. Zur Messung der Effektivität und der Effizienz von F&E ist zu prüfen, ob

- deren Ergebnisse den Leistungsanforderungen und Preiserwartungen der Kunden gerecht werden,
- relativ niedrige Entwicklungskosten und relativ kurze Entwicklungszeiten erreicht werden können,
- geplante Entwicklungszeiten eingehalten werden können,
- der Entwicklungsprozess an Veränderungen von Technologien und Kundenerwartungen angepasst werden kann und
- das einzelne F&E-Ergebnis positive Ausstrahlungseffekte auf andere F&E-Projekte aufweist.

Projekt-Controlling

Im Mittelpunkt eines Projekt-Controllings stehen sowohl ökonomische als auch nicht-ökonomische Ergebnisziele der Projekte. Das Projekt-Controlling unterstützt zudem das Bereichscontrolling bei der Ermittlung des Budget- und Ressourcenbedarfs einzelner Projekte, Teilprojekte oder Arbeitspakete. Der detaillierte Budget- und Ressourcenbedarf ist nach der Durchführung der Projektstruktur- und Ablaufplanung zu ermitteln, mit der Termin- und Kostenplanung abzustimmen und vom Projekt-Controlling kritisch zu bewerten. Budget- und Ressourcenänderungen sind vor allem bei großen Projekten ein wichtiger Gegenstand der Kontrolle. Es können generelle und bereichsbezogene Methoden, Verfahren und Instrumente unterschieden werden. Zu den generellen Methoden des Controllings zählen beispielsweise Verfahren zur Ermittlung des Unternehmenswerts (z. B. *Due Diligence-Analysen*) und bereichsübergreifende Kennzahlen und Kennzahlensysteme (z. B. Cashflow, ROI-Kennzahlensysteme, Balanced Scorecard). Im bereichsbezogenen Controlling geht es z. B. um Instrumente des F&E-Controlling (z. B. Meilenstein-Trendanalysen, Methoden der Projektablaufplanung, F&E-Benchmarking) und des Produktionscontrolling (z. B. Methoden zur optimalen Kapazitätsauslastung, Simulationsmethoden für Produktionsprozesse).

Strategisches Controlling

Es wird weiterhin zwischen strategischem und operativem Controlling unterschieden. Das strategische Controlling betrifft den Aufbau langfristiger Leistungs- und Erfolgspotenziale des Unternehmens zur nachhaltigen Sicherung der Unternehmensexistenz. Insbesondere ist es die Aufgabe des strategischen Controllings, die Unternehmensleitung mit entscheidungsrelevanten Informationen zu versorgen und für eine erfolgsorientierte Koordination relevanter Subsysteme innerhalb und außerhalb des Unternehmens zu sorgen (vgl. Baum et al. 2007, S. 9).

Operatives Controlling

Das operative Controlling hingegen ist auf Effektivität und Effizienz von Funktionsbereichen und -prozessen ausgerichtet und zielt auf die Erreichung kurzfristiger Erfolgsziele wie Gewinn und Liquidität. Hierbei gilt es, insbesondere unternehmensinterne Subsysteme (z. B. Kosten- und Leistungsrechnung, Finanzrechnung) zu koordinieren (vgl. Baum et al. 2007, S. 9). Die Controllinginstrumente müssen diese Unterschiede im zeitlichen Horizont von strategischem Controlling (Langfristplanung) und operativem Controlling (Kurzfristplanung) berücksichtigen. Im Mittelpunkt der Unterstützung des Managements durch ein operatives Controlling steht die Ausrichtung der Prozesse auf Periodenziele einzelner Funktions- und Produktbereiche und auf meilensteinorientierte Ziele in Projekten. Während im strategischen Controlling Erfolgspotenziale im Vordergrund stehen, ist das operative Controlling in erster Linie prozess- und ergebniszielorientiert, was sich in unterschiedlichen Zielgrößen niederschlägt. Zusammenfassend soll davon ausgegangen werden, dass Controlling alle Tätigkeiten betrifft, mit denen eine ergebniszielorientierte Ausrichtung und Koordination der Leistungspotenziale und prozesse eines Unternehmens unterstützt werden. Das *operative Controlling* hingegen hat dafür zu sorgen, dass in Funktionsbereichen Rahmenbedingungen für eine effektive und effiziente Durchführung der Prozesse geschaffen und verfügbare Ressourcen optimal genutzt werden. Die Vielfalt der Methoden und Instrumente des operativen Controllings ist kaum überschaubar. An dieser Stelle sollen lediglich Hinweise auf einige der Methoden und Instrumente gegeben werden. Zu den *Basismethoden* des Controllings gehören z. B. die ABC-Analyse, das Projektmanagement, die Kennzahlen- und Nutzwertanalyse (vgl. Eschenbach/Siller 2009, S. 95).

8.10.5 Kennzahlen und Kennzahlensysteme im Controlling

Controlling richtet sich in seiner Aufgabe, der Unterstützung eines ergebnisorientierten Managements, auf *Erfolgsgrößen*. Unternehmen verfolgen heute oft mehrere Ziele gleichzeitig (z. B. Marktanteils-, Gewinn- und Liquiditätsziele; vgl. Kap. 5.2). Neben finanzwirtschaftlichen (z. B. Umsatzrendite) sind auch nicht-finanzwirtschaftliche Ziele (z. B. Grad der Erfüllung von Kundenwünschen) zu berücksichtigen. Diese Ziele sind allerdings für viele Aktivitäten im Unternehmen nicht genügend operational, d. h., sie sind als Orientierungsbasis für konkrete Entscheidungen relativ wenig geeignet. Zielgrößen des Controllings knüpfen daher an den Ursachen bzw. Determinanten von Erfolgsgrößen wie Gewinn und Rentabilität an. Konkrete Ergebnisziele für spezifische Unternehmensbereiche und -prozesse bilden, als Bindeglied zwischen Unternehmenserfolg und einzelnen Aktivitäten, die Basis für die Gestaltung und den Ablauf des Controllings (vgl. Reichmann 2006, S. 3 f.).

Da Ziele durch Kennzahlen konkretisiert und operationalisiert werden können, werden im Controlling zahlreiche Kennzahlen eingesetzt.

> *Kennzahlen* sind quantitative Daten, die über betriebswirtschaftliche Sachverhalte und Entwicklungen oft in verdichteter Form Auskunft geben (vgl. Weber/Schäffer 2008, S. 167).

Oftmals bündeln sie eine Vielzahl von Einzelinformationen. Neben der Zieloperationalisierung und Kontrolle übernehmen Kennzahlen im Controlling noch Aufgaben der Frühaufklärung, Bilanzanalyse, Steuerung und Regelung betrieblicher Prozesse, des Vergleichs und der Kontrolle sowie der Kommunikation (vgl. Eschenbach/Siller

2009, S. 104 f.). Kennzahlen als Mengen- oder Wertgrößen ermöglichen einen zeitpunkt- oder zeitraumbezogenen Vergleich. Sie bilden die Basis sowohl inner- als auch zwischenbetrieblicher *Vergleiche* und helfen damit, Probleme und deren Ursachen aufzudecken (vgl. Reichmann 2006, S. 18 f.). Trends können durch die Gegenüberstellung von Kennzahlen aus verschiedenen Zeiträumen erkannt werden. Trenddaten machen das Ausmaß der Abweichung in Relation zu vorgegebenen Zielen sichtbar und zeigen auf, ob Abweichungen auf temporäre oder strukturelle Probleme zurückzuführen sind.

Kennzahlenarten

Es werden folgende Kennzahlenarten unterschieden (vgl. Eschenbach/Siller 2009, S. 105 f.; Weber/Schäffer 2008, S. 173 f.):
- absolute (z. B. durchschnittlicher Deckungsbeitrag) und relative Kennzahlen (z. B. Eigenkapitalquote),
- finanzielle (z. B. Return on Investment) und nicht-finanzielle Kennzahlen (z. B. Auslastungsgrade von Anlagen),
- lokale (bereichsspezifische) und globale (bereichsunspezifische) Kennzahlen,
- vorlaufende (*leading*) und nachlaufende (*lagging*) Kennzahlen.

Kennzahlensysteme

Werden Kennzahlen zueinander in Beziehung gesetzt, entstehen Kennzahlensysteme. Kennzahlensysteme ordnen die Gesamtheit aller über einen Sachverhalt vollständig informierenden Kennzahlen, die miteinander in Beziehung stehen (vgl. Horváth 2009, S. 507). Kennzahlensysteme werden nach der Art der Zusammensetzung unterschieden (vgl. Weber/Schäffer 2008, S. 186 ff.). Solche Kennzahlensysteme weisen Baumstrukturen mit horizontalen und vertikalen Beziehungen auf, wobei in der Regel die zentralen Oberziele den Ausgangspunkt bilden. Dabei wird berücksichtigt, dass zwischen verschiedenen Kennzahlen Interdependenzen bestehen können. Mit Hilfe von Kennzahlensystemen lassen sich komplexe Sachverhalte übersichtlich abbilden, weshalb sie eine ganzheitliche Beurteilung von Funktions- und Produktbereichen oder Projekten unter Berücksichtigung der relevanten Zielgrößen erleichtern (vgl. Reichmann 2006, S. 19). Damit bilden Kennzahlensysteme eine wesentliche Komponente des Informations- und Kontrollsystems des Unternehmens und seiner Geschäftsbereiche. Während traditionelle Kennzahlensysteme oft auf finanzwirtschaftliche Aspekte fokussieren (z. B. das DuPont System; vgl. Weber/Schäffer 2008, S. 187 f.), wird in dem Konzept der *Balanced Scorecard* die finanzwirtschaftliche Perspektive noch durch eine Kunden-, interne Prozess- und eine Lern- und Entwicklungsperspektive ergänzt (vgl. Kap. 6.4.4).

Neben einer direkten Messung von Erfolgs- und Zielgrößen in Form von Kennzahlen liefern sogenannte *Indikatoren* indirekt Auskunft über Veränderungen bestimmter Zielgrößen (vgl. Baum et al. 2007, S. 332 f.). Von einem Indikator wird erwartet, dass er zeitlich der jeweiligen Zielgröße vorwegläuft (*Leading Indicator*), ohne dass der Wirkzusammenhang zwischen Indikator und Zielgröße genau bekannt ist (vgl. Küpper 2008, S. 394). Indikatoren werden insbesondere in der *strategischen Frühaufklärung* eingesetzt. Das Controlling hat die Aufgabe, für bestimmte Zielgrößen geeignete Kennzahlen und Indikatoren zu finden.

Kontrollfragen Kapitel 8.10

1. *Welche Aufgaben umfasst die betriebliche Informationswirtschaft?*
2. *Was versteht man unter Managementunterstützungssystemen (MUS)?*
3. *Wie ist ein Executive Information System (EIS) aufgebaut?*
4. *Was wird unter Data Warehouse verstanden?*
5. *Wie ist eine Informationspyramide aufgebaut?*
6. *Was wird unter Controlling verstanden?*
7. *Welche Ziele verfolgt das Controlling?*
8. *Welche Aufgaben hat das Controlling?*
9. *Was ist mit der Aufgabe der Rationalitätssicherung des Controllings gemeint?*
10. *Welche Anforderungen sind an Informationen zu stellen?*
11. *Worauf richtet sich der betriebliche Informationsbedarf?*
12. *Grenzen Sie das zentrale vom dezentralen Controlling ab.*
13. *Erläutern Sie die Unterscheidung des Controllings in strategisches und operatives Controlling.*
14. *Was wird unter einem Bereichscontrolling verstanden?*
15. *Welche unternehmensbezogenen Basismethoden und Instrumente des Controllings kennen Sie?*
16. *Was sind Kennzahlen und welche Arten können unterschieden werden?*
17. *Was ist ein Kennzahlensystem und wozu dient es?*
18. *Was sind Indikatoren und wozu dienen sie?*

Weiterführende Literatur

Baum, H.-G./Coenenberg, A. G./Günter, Th. (2007): Strategisches Controlling, 4. Aufl., Stuttgart.

Eschenbach, R./Siller, H. (2009): Controlling professionell, Stuttgart.

Franz, K.-P./Kajüter, P. (2007): Controlling, in: Busse von Colbe, W./Coenenberg, A. G./Kajüter, P./Linnhoff, U./Pellens, B. (Hrsg.), Betriebswirtschaft für Führungskräfte, 3. Aufl., Stuttgart, S. 457–480.

Horváth, P. (2009): Controlling, 11. Aufl., München.

Küpper, H.-U. (2008): Controlling, 5. Aufl., Stuttgart.

Reichmann, T. (2006): Controlling mit Kennzahlen und Managementberichten, 7. Aufl., München.

Weber, J./Schäffer, U. (2008): Einführung in das Controlling, 12. Aufl., Stuttgart.

9 Schlussbemerkung

Die Spezialisierung ist in vielen Teilbereichen der Betriebswirtschaftslehre so weit fortgeschritten, dass von der Bildung relativ autonomer Disziplinen innerhalb der Betriebswirtschaftslehre gesprochen werden kann. Auf der anderen Seite setzt sich jedoch die Erkenntnis durch, dass eine Problemlösung, gerade auch auf wirtschaftlichem Gebiet, ohne interdisziplinäre Zusammenarbeit nicht zufrieden stellend möglich ist. Diese Zusammenarbeit erfordert sowohl eine Öffnung der Betriebswirtschaftslehre gegenüber sozialwissenschaftlichen Nachbardisziplinen (z. B. Soziologie und Psychologie) als auch gegenüber den Ingenieurwissenschaften und der Informatik (z. B. *Wirtschaftsinformatik*). Besonders intensiv wird die Öffnung der Betriebswirtschaftslehre gegenüber der Philosophie und Ethik diskutiert (vgl. Kreikebaum 1996). Ausgangspunkt ist die Feststellung, dass rein wirtschaftlich-rationales, oft auf kurzfristige Gewinnmaximierung ausgerichtetes Verhalten zu ethisch, gesellschaftlich und ökologisch nicht tragbaren Konsequenzen führen kann, wie etwa inhumane Arbeitsbedingungen bei Lieferanten in sogenannten »Billiglohnländern«, um nur ein Beispiel zu nennen. Das Ziel sollte unternehmerisches Handeln sein, das Wirtschaft, Gesellschaft und Umweltschutz nicht als Widersprüche bzw. unvereinbare Gegensätze auffasst, sondern Chancen in der Balance dieser drei Bereiche erkennt. Das gesellschaftliche Leitbild der Nachhaltigkeit (*Sustainable Development*) bzw. der umfassenden gesellschaftlichen Verantwortung von Unternehmen (*Corporate Social Responsibility*) fordert von Unternehmen Umwelt- und Sozialverträglichkeit wirtschaftlichen Handelns (vgl. Balderjahn 2004). Unternehmen, deren Geschäftsführung bzw. Management und deren Mitarbeiterinnen und Mitarbeiter müssen sich dieser Verantwortung bewusst werden. Betriebswirtschaftslehre muss entscheidend dazu beitragen, Unternehmen erfolgreich auf die zukünftigen Herausforderungen von Umwelt (z. B. Klimawandel) und Gesellschaft (z. B. Schaffung von Arbeitsplätzen) vorzubereiten. Dabei geht es allerdings nicht nur allein um unternehmerische Interessen, sondern das gesellschaftliche Gemeinwohl ist hier die zentrale Zielvorgabe. Unternehmerische Tätigkeit und unternehmerischer Erfolg werden sich nur in intakten gesellschaftlichen und ökologischen Zusammenhängen dauerhaft realisieren lassen. Der Bestand des Gemeinwesens ist eine notwendige Voraussetzung für wirtschaftliches Handeln. Nachhaltiges Wirtschaften ist kein Nischenphänomen für Paradiesvögel, sondern eine Verpflichtung für alle, die in der betriebswirtschaftlichen Forschung und Lehre verantwortungsvoll arbeiten.

Literaturverzeichnis

Abell, D. F./Hammond, J. S. (1979): Strategic Market Planning, Englewood Cliffs, N. J.

Al-Laham, A./Welge, M. K. (2007): Strategisches Management, in: Busse von Colbe, W./Coenenberg, A. G./Kajüter, P./Linnhoff, U./Pellens, B. (Hrsg.), Betriebswirtschaft für Führungskräfte, 3. Aufl., Stuttgart, S. 87–116.

Backhaus, K./Voeth, M. (2010): Industriegütermarketing, 9. Aufl., München.

Balderjahn, I. (1993): Marktreaktionen von Konsumenten, Berlin.

Balderjahn, I. (1995): Bedürfnis, Bedarf, Nutzen, in: Tietz, B./Köhler, R./Zentes, J. (Hrsg.), Handwörterbuch des Marketing (HWM), 2. Aufl., Stuttgart, S. 179–190.

Balderjahn, I. (2000): Standortmarketing, Stuttgart.

Balderjahn, I. (2003): Erfassung der Preisbereitschaft, in: Diller, H./Herrmann, A. (Hrsg.), Handbuch Preispolitik, Wiesbaden, S. 387–404.

Balderjahn, I. (2004): Nachhaltiges Marketing-Management, Stuttgart.

Balderjahn, I. (2007): Umweltschutz und Unternehmung, in: Köhler, R./Küpper, H.-U./Pfingsten, A. (Hrsg.), Handwörterbuch der Betriebswirtschaftslehre, 6. Aufl., Stuttgart, Sp. 1761–1770.

Balderjahn, I./Mennicken, C./Berger, M./Minx, E. (1996): Neuprodukt-Marketing: Ein phasenintegrierendes und methodengestütztes Konzept, in: Ahsen, A. v./Czenskowsky, T. (Hrsg.), Marketing und Marktforschung: Entwicklungen, Erweiterungen und Schnittstellen im nationalen und internationalen Kontext, Hamburg, S. 299–317.

Balderjahn, I./Scholderer, J. (2002): Benefit- und Life Style-Segmentierung, in: Albers, S./Herrmann, A. (Hrsg.), Handbuch Produkt-Management, 2. Aufl., Wiesbaden, S. 267–288.

Balderjahn, I./Scholderer, J. (2007): Konsumentenverhalten und Marketing, Stuttgart.

Bamberg, G./Coenenberg, A. G./Krapp, M. (2008): Betriebswirtschaftliche Entscheidungslehre, 14. Aufl., München.

Baum, H.-G./Coenenberg, A. G./Günter, Th. (2007): Strategisches Controlling, 4. Aufl., Stuttgart.

Bea, F. X. (2005): Einleitung: Führung, in: Bea, F. X./Friedl, B./Schweitzer, M. (Hrsg.), Allgemeine Betriebswirtschaftslehre, Bd. 2: Führung, 9. Aufl., Stuttgart, S. 1–15.

Bea, F. X. (2009a): Entscheidungen des Unternehmens, in: Bea, F. X./Schweitzer, M. (Hrsg.), Allgemeine Betriebswirtschaftslehre, Bd. 1: Grundfragen, 10. Aufl., Stuttgart, S. 332–437.

Bea, F. X. (2009b): Wirtschaftsordnung, in: Bea, F. X./Schweitzer, M. (Hrsg.), Allgemeine Betriebswirtschaftslehre, Bd. 1: Grundfragen, 10. Aufl., Stuttgart, S. 163–177.

Bea, F. X./Friedl, B./Schweitzer, M. (2006): Einleitung Leistungsprozess, in: Bea, F. X./Friedl, B./Schweitzer, M. (Hrsg.), Allgemeine Betriebswirtschaftslehre, Bd. 3: Leistungsprozess, 9. Aufl., Stuttgart, S. 1–7.

Benkenstein/Uhrich, M. (2009): Strategisches Marketing, 3. Aufl., Stuttgart.

Berthel, J./Becker, F. G. (2007): Personal-Management, 8. Aufl., Stuttgart.

Bloech, J./Lücke, W. (2006): Produktionswirtschaft, in: Bea, F. X./Friedl, B./Schweitzer, M. (Hrsg.), Allgemeine Betriebswirtschaftslehre, Bd. 3: Leistungsprozess, 9. Aufl., Stuttgart, S. 183–252.

Bonse, A./Linnhoff, U./Pellens, B. (2007): Jahresabschlüsse, in: Busse von Colbe, W./Coenenberg, A. G./Kajüter, P./Linnhoff, U./Pellens, B. (Hrsg.), Betriebswirtschaft für Führungskräfte, 3. Aufl., Stuttgart, S. 481–517.

Brockhoff, K. (1999): Forschung und Entwicklung, 5. Aufl., München, Wien.

Bruhn, M. (2010): Marketing, 10. Aufl., Wiesbaden.

Bundesministerium für Umwelt, Naturschutz und Reaktorsicherheit (BMU) (2002): Wirtschaftliche Globalisierung und Umwelt, Berlin.

Bundesverband der Deutschen Industrie e. V. (2006): Leitfaden Kartellrecht (BDI-Drucksache Nr. 367), Berlin.

Coenenberg, A. G./Schultze, W. (2007): Akquisition und Unternehmensbewertung, in: Busse von Colbe, W./Coenenberg, A. G./Kajüter, P./Linnhoff, U./Pellens, B. (Hrsg.), Betriebswirtschaft für Führungskräfte, 3. Aufl., Stuttgart, S. 339–370.

Coenenberg, A. G./Haller, A./Mattner, G./Schultze, W. (2009a): Einführung in das Rechnungswesen, 3. Aufl., Stuttgart.

Coenenberg, A. G./Haller, A./ Schultze, W. (2009b): Jahresabschluss und Jahresabschlussanalyse, 21. Aufl., Stuttgart.

Diller, H. (2007): Grundprinzipien des Marketing, 2. Aufl., Nürnberg.

Domschke, W./Scholl, A. (2008): Grundlagen der Betriebswirtschaftslehre, 4. Aufl., Berlin u. a.

Drukarczyk, J. (2006): Finanzierung, in: Bea, F. X./Friedl, B./Schweitzer, M. (Hrsg.), Allgemeine Betriebswirtschaftlehre, Bd. 3: Leistungsprozess, 9. Aufl., Stuttgart, S. 401– 516.

Ebers, M./Gotsch, W. (2006): Institutionenökonomische Theorien der Organisation, in: Kieser, A./Ebers, M. (Hrsg.), Organisationstheorien, 6. Aufl., Stuttgart, S. 247–308.

Eisele, W. (2005a): Rechnungswesen als Informationssystem, in: Bea, F. X./Friedl, B./Schweitzer, M. (Hrsg.), Allgemeine Betriebswirtschaftslehre, Bd. 2: Führung, 9. Aufl., Stuttgart, S. 451–458.

Eisele, W. (2005b): Bilanzen, in: Bea, F. X./Friedl, B./Schweitzer, M. (Hrsg.), Allgemeine Betriebswirtschaftslehre, Bd. 2: Führung, 9. Aufl., Stuttgart, S. 459–667.

Eschenbach, R./Siller, H. (2009): Controlling professionell, Stuttgart.

Franz, K.-P./Kajüter, P. (2007): Controlling, in: Busse von Colbe, W./Coenenberg, A. G./Kajüter, P./Linnhoff, U./Pellens, B. (Hrsg.), Betriebswirtschaft für Führungskräfte, 3. Aufl., Stuttgart, S. 457–480.

Fritz, W./v.d. Oelsnitz, D. (2006): Marketing, 4. Aufl., Stuttgart.

Gaitanides, M. (2007): Prozessorganisation, 2. Aufl., München.

Gege, M. (1997): Kosten senken durch Umweltmanagement, München.

Gelbmann, U./Vorbach, S. (2007a): Das Innovationssystem, in: Strebel, H. (Hrsg.), Innovations- und Technologiemanagement, 2. Aufl., Wien, S. 95–155.

Gelbmann, U./Vorbach, S. (2007b): Strategisches Innovationsmanagement, in: Strebel, H. (Hrsg.), Innovations- und Technologiemanagement, 2. Aufl., Wien, S. 157–211.

Gerpott, T. J. (2005): Strategisches Technologie- und Innovationsmanagement, 2. Aufl., Stuttgart.

Gerum, E./Mölls, S. (2009): Unternehmensordnung, in: Bea, F. X./Schweitzer, M. (Hrsg.), Allgemeine Betriebswirtschaftslehre, Bd. 1: Grundfragen, 10. Aufl., Stuttgart, S. 224–309.

Gronau, N. (Hrsg.) (2001): Wissensmanagement. Systeme, Anwendungen, Technologien, Aachen.

Hauschildt, J. (1997): Innovationsmanagement, 2. Aufl., München.

Heinen, E. (1991): Industriebetriebslehre, 9. Aufl., Wiesbaden.

Hentze, J./Heinecke, A./Kammel, A. (2001): Allgemeine Betriebswirtschaftslehre, Bern u. a.

Horsch, A./Paul, St./Rudolph, B. (2007): Finanzmanagement, in: Busse von Colbe, W./Coenenberg, A. G./Kajüter, P./Linnhoff, U./Pellens, B. (Hrsg.), Betriebswirtschaft für Führungskräfte, 3. Aufl., Stuttgart, S. 371–418.

Horváth, P. (2009): Controlling, 11. Aufl., München.

Howard, J. A./Sheth, J. N. (1969): The Theory of Buyer Behavior, New York.

Hungenberg, H. (2008): Strategisches Management in Unternehmen, 5. Aufl., Wiesbaden.

Kaplan, R. S./Norton, D. P. (1997): Balanced Scorecard: Strategien erfolgreich umsetzen, Stuttgart.

Kirsch, W./Seidl, D./van Aaken, D. (2007): Betriebswirtschaftliche Forschung, Stuttgart.

Köhler, R. (1993): Beiträge zum Marketing-Management, 3. Aufl., Stuttgart.

Köhler, R. (2001): Marketingcontrolling, in: Küpper, H.-U./Wagenhofer, A. (Hrsg.), Handwörterbuch Unternehmensrechnung und Controlling, 4. Aufl., Stuttgart, Sp. 1243–1254.

Korndörfer, W. (2003): Allgemeine Betriebswirtschaftslehre, 13. Aufl., Wiesbaden.

Kossbiel, H. (2006): Personalwirtschaft, in: Bea, F. X./Friedl, B./Schweitzer, M. (Hrsg.), Allgemeine Betriebswirtschaftslehre, Bd. 3: Leistungsprozess, 9. Aufl., Stuttgart, S. 517–622.

Kotler, P./Keller, L. K./Bliemel, F. (2007): Marketing-Management, 12. Aufl., München u. a.

Kreikebaum, H. (1996): Grundlagen der Unternehmensethik, Stuttgart.

Kroeber-Riel, W./Weinberg, P./Gröppel-Klein, A. (2009): Konsumentenverhalten, 9. Aufl., München.

Krüger, W. (2005): Organisation, in: Bea, F. X./Friedl, B./Schweitzer, M. (Hrsg.), Allgemeine Betriebswirtschaftslehre, Bd. 2: Führung, 9. Aufl., Stuttgart, S. 140–234.

Küpper, H.-U. (2008): Controlling, 5. Aufl., Stuttgart.

Kuß, A./Tomczak, T./Reinecke, S. (2007): Marketingplanung, 5. Aufl., Stuttgart.

Kußmaul, H. (2007): Kostenrechnung, in: Busse von Colbe, W./Coenenberg, A. G./Kajüter, P./Linnhoff, U./Pellens, B. (Hrsg.), Betriebswirtschaft für Führungskräfte, 3. Aufl., Stuttgart, S. 237–274.

Lewin, K. (1963): Feldtheorie in den Sozialwissenschaften, Bern.

Linnhoff, U./Pellens, B. (2007): Investitionsrechnung, in: Busse von Colbe, W./Coenenberg, A. G./Kajüter, P./Linnhoff, U./Pellens, B. (Hrsg.), Betriebswirtschaft für Führungskräfte, 3. Aufl., Stuttgart, S. 307–338.

Macharzina, K./Wolf, J. (2010): Unternehmensführung, 7. Aufl., Wiesbaden.

Meffert, H./Burmann, Ch./Kirchgeorg, M. (2008): Marketing, 10. Aufl., Wiesbaden.

Müller-Merbach, H. (1976): Einführung in die Betriebswirtschaftslehre, München.

Müller-Stewens, G./Lechner, Ch. (2005): Strategisches Management, 3. Aufl., Stuttgart.

Nieschlag, R./Dichtl, E./Hörschgen, H. (2002): Marketing, 19. Aufl., Berlin.

Peters, S./Brühl, R./Stelling. J. N. (2005): Betriebswirtschaftslehre, 12. Aufl., München, Wien.

Picot, A./Reichwald, R./Wigand, R. T. (2003): Die grenzenlose Unternehmung, 5. Aufl., Wiesbaden.

Porter, M. E. (1980): Competitive Strategy, New York.

Porter, M. E. (2000): Wettbewerbsvorteile. Spitzenleistungen erreichen und behaupten, 6. Aufl., Frankfurt am Main.

Raffée, H. (1974): Grundprobleme der Betriebswirtschaftslehre, Göttingen.

Reichmann, T. (2006): Controlling mit Kennzahlen und Managementberichten, 7. Aufl., München.

Rühli, E. (1975): Beiträge zur Unternehmensführung und Unternehmenspolitik, Bern, Stuttgart.

Saatweber, J. (2005): Nutzen- und Qualitätsmanagement im Entwicklungsprozess – Kundenanforderungen systematisch umsetzen und Risiken minimieren, in: Schäppi, B./Andreasen, M. M./Kirchgeorg, M./Rademacher, F. J. (Hrsg.), Handbuch Produktentwicklung, München, Wien, S. 357–396.

Schaltegger, St./Dyllick, T. (2002): Nachhaltig managen mit der Balanced Scorecard, Wiesbaden.

Schanz, G. (2009): Wissenschaftsprogramme der Betriebswirtschaftslehre, in: Bea, F. X./Schweitzer, M. (Hrsg.), Allgemeine Betriebswirtschaftslehre, Bd. 1: Grundfragen, 10. Aufl., Stuttgart, S. 83–161.

Schierenbeck, H./Wöhle, C. B. (2008): Grundzüge der Betriebswirtschaftslehre, 17. Aufl., München.

Schierenbeck, H. (2004): Übungsbuch zu Grundzüge der Betriebswirtschaftslehre, 9. Aufl., München, Wien.

Schmalen, H./Pechtl, H. (2009): Grundlagen und Probleme der Betriebswirtschaft, 14. Aufl., Stuttgart.

Schneider, D. (1987): Allgemeine Betriebswirtschaftslehre, München, Wien.

Schneider, D. (1995): Betriebswirtschaftslehre, Bd. 1, 2. Aufl., Wiesbaden.

Schweiger, G./Schrattenecker, G. (2009): Werbung, 7. Auf., Stuttgart.

Schweitzer, M. (2009a): Gegenstand und Methoden der Betriebswirtschaftslehre, in: Bea, F. X./Schweitzer, M. (Hrsg.), Allgemeine Betriebswirtschaftslehre, Bd. 1: Grundfragen, 10. Aufl., Stuttgart, S. 23–80.

Schweitzer, M. (2009b): Grundfragen, in: Bea, F. X./Schweitzer, M. (Hrsg.), Allgemeine Betriebswirtschaftslehre, Bd. 1: Grundfragen, 10. Aufl., Stuttgart, S. 1–22.

Schweizer, M./Schweitzer, M. (2006): Erfolgreiches Innovationsmanagement, in: Bea, F. X./Friedl, B./Schweitzer, M. (Hrsg.), Allgemeine Betriebswirtschaftslehre, Bd. 3: Leistungsprozess, 9. Aufl., Stuttgart, S. 9–112.

Seelbach, H. (2006): Investition, in: Bea, F. X./Friedl, B./Schweitzer, M. (Hrsg.), Allgemeine Betriebswirtschaftlehre, Bd. 3: Leistungsprozess, 9. Aufl., Stuttgart, S. 337–400.

Silberer, G. (1979): Warentest, Informationsmarketing, Verbraucherverhalten, Berlin.

Specht, G. (1971): Grundlagen der Preisführerschaft, Wiesbaden.

Specht, G. (1986): Grundprobleme eines strategischen markt- und technologieorientierten Innovationsmanagements, in: Wirtschaftswissenschaftliches Studium, 15. Jg., H. 12, S. 609–613.

Specht, G. (2000): Schnittstellenmanagement: Marketing und Forschung und Entwicklung, in: Herrmann, A./Hertel, G./Virt, W./Huber, F. (Hrsg.), Kundenorientierte Produktgestaltung, München, S. 265–285.

Specht, G./Beckmann, C./Amelingmeyer, J. (2002): F&E-Management, 2. Aufl., Stuttgart.

Specht, G./Fritz, W. (2005): Distributionsmanagement, 4. Aufl., Stuttgart u. a.

Speckbacher, G./Bischof, J. (2000): Die Balanced Scorecard als innovatives Managementsystem, in: Die Betriebswirtschaft, 60. Jg., S. 795–810.

Speckbacher, G./Bischof, J./Pfeiffer, T. (2003): A descriptive Analysis on the Implementation of Balanced Scorecards in German speaking Countries, in: Management Accounting Research, Vol. 14, No. 4, S. 361–387.

Staehle, W. H. (1999): Management, 8. Aufl., München.

Steinmann, H./Schreyögg, G. (2005): Management, 6. Aufl., Wiesbaden.

Theisen, M. R. (2007a): Steuerpolitik der Unternehmen, in: Busse von Colbe, W./ Coenenberg, A. G./Kajüter, P./Linnhoff, U./Pellens, B. (Hrsg.), Betriebswirtschaft für Führungskräfte, 3. Aufl., Stuttgart, S. 419–435.

Theisen, M. R. (2007b): Rechtsformen und Corporate Governance, in: Busse von Colbe, W./Coenenberg, A. G./Kajüter, P./Linnhoff, U./Pellens, B. (Hrsg.), Betriebswirtschaft für Führungskräfte, 3. Aufl., Stuttgart, S. 151–176.

Thommen, J.-P./Achleitner, A.-K. (2009): Allgemeine Betriebswirtschaftslehre, 6. Aufl., Wiesbaden.

Trommsdorff, V./Steinhoff, F. (2007): Innovationsmarketing, München.

Troßmann, E. (2006): Beschaffung und Logistik, in: Bea, F. X./Friedl, B./Schweitzer, M. (Hrsg.), Allgemeine Betriebswirtschaftslehre, Bd. 3: Leistungsprozess, 9. Aufl., Stuttgart, S. 113–181.

Ulrich, H. (1970): Die Unternehmung als produktives System, Bern, Stuttgart.

Vahs, D./Burmester, R. (2005): Innovationsmanagement, 3. Aufl., Stuttgart.

Wagner, D. (Hrsg.) (1995): Arbeitszeitmodelle: Flexibilisierung und Individualisierung, Göttingen.

Warning, S./Welzel, P. (2007): Industrieökonomik, in: Busse von Colbe, W./Coenenberg, A. G./Kajüter, P./Linnhoff, U./Pellens, B. (Hrsg.), Betriebswirtschaft für Führungskräfte, 3. Aufl., Stuttgart, S. 47–85.

Weber, J./Schäffer, U. (2008): Einführung in das Controlling, 12. Aufl., Stuttgart.

Weber, W./Kabst, R. (2009): Einführung in die Betriebswirtschaftslehre, 7. Aufl., Wiesbaden.

Webster, F. E./Wind, Y. (1972): Organizational Buying Behaviour, New Jersey.

Wöhe, G./Döring, U. (2010): Einführung in die Allgemeine Betriebswirtschaftslehre, 24. Aufl., München.

Zahn, E. (2005): Informationstechnologie und Informationsmanagement, in: Bea, F. X./Friedl, B./Schweitzer, M. (Hrsg.), Allgemeine Betriebswirtschaftslehre, Bd. 2: Führung, 9. Aufl., Stuttgart, S. 394–449.

Zander, E./Wagner, D. (2005): Handbuch Entgeltmanagement, München.

Stichwortverzeichnis